Nick Reimer / Toralf Staud

Deutschland 2050

Schriftenreihe Band 10779

Nick Reimer / Toralf Staud

Deutschland 2050

Wie der Klimawandel unser Leben verändern wird

Nick Reimer, Jahrgang 1966, studierte Energie- und Umweltverfahrenstechnik in Freiberg, Prag und Berlin. Seit 1993 ist er Journalist, unter anderem als Redakteur bei der *Berliner Zeitung*, bei der *Morgenpost* und der *taz*.

Toralf Staud, Jahrgang 1972, studierte Journalismus und Philosophie in Leipzig und Edinburgh. Seit 2005 schreibt er als freier Journalist und Buchautor vor allem über Rechtsextremismus und Klimawandel, unter anderem beim Wissenschaftsportal *klimafakten.de*.

Bonn 2023
Sonderausgabe für die Bundeszentrale für politische Bildung
Adenauerallee 86, 53113 Bonn

2., aktualisierte Auflage 2023

Umschlaggestaltung: Michael Rechl, Kassel
Umschlagfoto: © picture alliance / dpa / Dr. Christoph Sommergruber.
1. August 2021: Eine Wasserhose fegt vor Friedrichshafen über den Bodensee.

Satz: Buch-Werkstatt GmbH, Bad Aibling
Druck und Bindung: GGP Media GmbH, Pößneck

ISBN 978-3-7425-0779-2

www.bpb.de

Inhalt

Vorwort
zur Taschenbuch-Ausgabe 2023

Zwei (fast) verlorene Jahre

Für das Klima sind zwei Jahre eine sehr kurze Zeit. Fürs Wettrennen um seine Stabilisierung jedoch eine ziemlich lange

Es gibt Ereignisse, Tage, an denen etwas kippt. Der 15. Juli 2021 war so ein Tag. Am Vorabend waren in Teilen Westdeutschlands extreme Regenmengen niedergegangen. In der Nacht stiegen Ahr, Erft und andere Mittelgebirgsflüsse auf sintflutartige Pegel. Am nächsten Morgen dann kommen nach und nach unfassbare Bilder etwa aus dem Ahrtal. Autos, die wie Korken in den Fluten schaukeln. Häuser, von denen nur einzelne Mauern geblieben sind. Ein ganzer Straßenzug in Erftstadt-Blessem, den eine Kiesgrube verschluckt hat; mannshohe Kanalisationsrohre liegen herum wie Legosteine. Es werden Tragödien bekannt wie jene des Lebenshilfe-Heims in Sinzig, wo zwölf behinderte Menschen ertranken.

An jenem 15. Juli 2021 kamen die Folgen des Klimawandels endlich an im Bewusstsein der deutschen Öffentlichkeit. Bis dahin kannte man solche Bilder aus Bangladesch oder von den Philippinen. Aber aus Rheinland-Pfalz? Aus Nordrhein-Westfalen?

Es war ein Ereignis, wie es hierzulande kaum jemand für möglich gehalten hatte. Mehr als 180 Menschen starben, die schwerste sogenannte Naturkatastrophe seit der Sturmflut 1962 in Hamburg. Es war ein Szenario, wie wir es (ab Seite 98) beschrieben hatten im Wasserkapitel dieses Buches, das ein paar Wochen zuvor herausgekommen war. Staunend wurden wir hinterher gefragt, wie wir das haben wissen können. Nun, wir hatten es lediglich aufgeschrieben – »gewusst« hat es die Forschung. Sie hat seit Jahren vor häufigeren und extremeren Starkregen im Zuge des Klimawandels gewarnt. Nur hatte die breite Öffentlichkeit nicht hingehört.

Flutkatastrophen, Hitzewellen, Feuersbrünste – doch der Ausstoß an Treibhausgasen geht praktisch ungebremst weiter

Vor fünf Jahren, nach dem Hitze-und-Dürresommer 2018, entstand die Idee zu diesem Buch. Vier Jahre ist es her, dass wir mit den Recherchen begannen. Zwei Jahre sind vergangen, seit *Deutschland 2050* im Mai 2021 schließlich erschien. Was ist seither passiert?

Viel und wenig zugleich.

Vor allem ist die Menschheit ein Stück weitergerutscht in die selbst verursachte Heißzeit. Zwei weitere Jahre hat sie fast ungebremst Treibhausgase ausgestoßen. Nachdem die weltweiten Emissionen 2020 infolge der Corona-Lockdowns etwas gefallen waren, stiegen sie 2021 und 2022 erneut, unter anderem wegen wieder hochschnellender Passagierzahlen im Flugverkehr. Auf rund 40,5 Milliarden Tonnen hat das *Global Carbon Project* die 2022er-Emissionen geschätzt.[1] Sie lagen damit etwa wieder auf dem Niveau von 2019 – immerhin also ist der Ausstoß seit einigen Jahren nicht mehr gewachsen.

Doch das reicht nicht. Die Emissionen müssen sinken. Schnell. Praktisch auf null, wenn sich die Erde nicht weiter erhitzen soll. Denn

Die Komfortzone der Menschheit

Manchmal heißt es, die Erde habe sich doch auch früher schon erwärmt. Das stimmt, im Laufe der Erdgeschichte gab es viele Wechsel zwischen Kalt- und Warmphasen. Zuletzt waren vor rund 23 000 Jahren in der sogenannten Weichsel-Eiszeit weite Teile Nordeuropas von Gletschern bedeckt, auch das heutige Berlin lag unter dickem Eis.

Doch vor rund 12 000 Jahren begann eine Phase ungewöhnlicher Klimastabilität – und die Geschichte der menschlichen Zivilisation.

Treibhausgase reichern sich in der Atmosphäre an und sorgen, einmal ausgestoßen, teils jahrhundertelang für höhere Temperaturen.

Die Weltorganisation für Meteorologie meldete Ende 2022 ein weiteres Mal Rekordwerte für Kohlendioxid, Methan und Lachgas in der Atmosphäre. Um mehr als 1,1 Grad Celsius gegenüber vorindustriellem Niveau hat sich die Welt bereits erwärmt, so heiß war es zuletzt vor rund 125 000 Jahren. Geht es weiter wie bisher, sind in neun Jahren so viele Treibhausgase in der Luft, dass die Durchschnittstemperatur der Erde dauerhaft über jene Erwärmungsschwelle von 1,5 Grad Celsius steigt, die auf dem UN-Klimagipfel 2015 in Paris als Limit beschlossen wurden.[2]

Anderthalb Grad – das klingt nach wenig. Wie viel es tatsächlich ist, machen wir am Fuß dieser und der folgenden Seiten klar. Schon 1,5 Grad Celsius wären ein Sprung in der Erdmitteltemperatur, der beispiellos ist in der Geschichte der modernen Menschheit. Ihre gesamte Zivilisation hat sich in einer historischen Glücksphase entwickelt, in 12 000 Jahren ungewöhnlich stabilen Klimas, in einem schmalen Band der genau richtigen Temperatur. Fachleute sprechen (angelehnt an ein klassisches englisches Märchen) von einer *»goldilocks zone«* der Temperatur – und aus dieser Zone katapultieren wir uns gerade heraus.

Die Konsequenzen sind zunehmend zu spüren. Der Starkregen etwa, der an Ahr und Erft zur Katastrophe führte, war durch den Klimawandel bis zu neunmal wahrscheinlicher geworden. An immer mehr Extremwettern kann die Wissenschaft den Einfluss der Erderhitzung zeigen. Das westkanadische Lytton zum Beispiel schrieb sich ebenfalls 2021 in die Geschichtsbücher der Klimakrise. Während einer Hitzewelle stieg dort das Thermometer auf ungeheure 49,6 Grad Celsius, kurz danach wurde das Dorf bei einem Waldbrand na-

5 °C
Nach jahrtausendelanger Erwärmung stabilisiert sich ab etwa 9700 v. Chr. die Erdmitteltemperatur, das sogenannte Holozän beginnt.

0 °C
Das heutige Deutschland ist eisfrei, dichte Birken- und Kiefernwälder breiten sich aus. Aus Südeuropa wandern Jäger und Sammler nach Norden.

Im Vorderen Orient werden erste Menschen sesshaft und beginnen aus Gräsern Getreide zu züchten, Rundhäuser zu bauen.

5 °C

hezu komplett vernichtet. Ohne den Klimawandel, stellten Forscher fest, wäre solche Hitze »praktisch unmöglich« gewesen.[3]

2022 ging es weiter mit dem Horrorticker: Im März meldete die Nasa, dass in der bislang stabilen Ostantarktis das Conger-Eisschelf kollabiert ist. In Somalia setzte sich die schlimmste Dürre seit vier Jahrzehnten fort. Eine brutale Hitzewelle suchte im April und Mai Pakistan und Indien heim, im Juli eine den Irak. In Großbritannien erreichten die Temperaturen erstmals seit Beginn der Wetteraufzeichnungen mehr als 40 Grad Celsius. In den Dolomiten brach ein großer Teil des Marmolata-Gletschers ab. Die fünf weltgrößten Ölkonzerne verbuchten derweil Rekordgewinne, allein im zweiten Quartal 2022 rund 62 Milliarden US-Dollar.

Im August litt dann China unter einer Hitzewelle, wie sie die Welt noch nicht gesehen hatte – in manchen Gegenden hielt sie 70 Tage an. In Italien trocknete der Po fast aus, in Frankreich riefen fast alle Departements Dürrealarm aus, in Spanien und Portugal wüteten Waldbrände. Im September verursachte Hurrikan *Ian* in den USA Schäden von rund hundert Milliarden Dollar. Im Oktober traf es wieder Pakistan, diesmal ein Extremregen, mehr als 1500 Menschen starben. Im November erschien im Fachjournal *Nature* eine Studie, der zufolge Teile des grönländischen Eisschildes dreimal schneller schmelzen als bislang gedacht. »Wir unterschätzen, was passiert«, sagt Angelika Humbert, Gletscherforscherin am Alfred-Wegener-Institut für Polar- und Meeresforschung in Bremerhaven. Und die Internationale Energieagentur (IEA) gab bekannt, dass der globale Kohleverbrauch 2022 einen Höchstwert erreichte, erstmals waren es in einem Jahr mehr als acht Milliarden Tonnen.[4]

Auch in Deutschland war 2022 eines der wärmsten Jahre seit Beginn der Aufzeichnungen. Es brachte massive Waldbrände etwa in

9000 v. Chr.
+0,5°C
0°C
-0,5°C

um 8500 v. Chr.
Steinzeitliche Jäger und Sammler im heutigen Norddeutschland nutzen Feuersteinklingen und Pfeile mit Knochenspitzen.

um 8300 v. Chr.
Das erste bekannte Bauwerk aus Stein: der rund acht Meter hohe Turm von Jericho

der Sächsischen Schweiz und wochenlang Niedrigwasser im Rhein. Im Sommer fiel 40 Prozent weniger Regen als im langjährigen Mittel. »Wir dürften damit in Zeiten des Klimawandels einen bald typischen Sommer erlebt haben«, kommentierte ein Sprecher des Deutschen Wetterdienstes. Das Jahr endete mit einem Silvestertag, an dem vielerorts T-Shirt-Wetter herrschte.

Immer wieder seit Erscheinen des Buches fühlte es sich an, als seien wir schon in Deutschland 2050. Beim Schreiben hatten wir noch Sorge, man könnte uns des Alarmismus bezichtigen. »Deutschland steht ein großflächiges Waldsterben bevor« heißt es etwa zu Beginn des Waldkapitels (S. 113); vieljährige Dürren würden dazu führen, dass es 2050 »ganze Regionen ohne alte Bäume« gibt. Als wir dies formulierten, war es eine düstere Erwartung der Forschung – Ende 2022 jedoch hatten manche Gegenden Deutschlands bereits das fünfte Trockenjahr in Folge hinter sich, riesige Flächen sind kahl. Der Verlust entspreche fast fünf Prozent der gesamten Waldfläche, ermittelte das Deutsche Zentrum für Luft- und Raumfahrt (DLR) mit Satelliten.[5]

Immerhin ist die Medienaufmerksamkeit viel größer geworden. Als wir *Deutschland 2050* recherchierten, gab es noch kaum Artikel oder Sendungen zu lokalen und regionalen Folgen der Erderhitzung; das ist heute ganz anders. Ein Netzwerk Klimajournalismus hat sich 2021 in Deutschland gegründet, im Jahr darauf auch in Österreich, der Schweiz, in Frankreich. 2022 waren die Hitzewellen Topthema in den Medien, und erstmals gab es Debatten, dass man sie vielleicht nicht mit Gute-Laune-Fotos aus Freibädern illustrieren sollte, dass noch kaum eine Kommune einen Hitzeaktionsplan zum Schutz der Bevölkerung hat und so weiter. Der neue Ton war etwa im ZDF-*heute journal* zu hören, wo auf dem Höhepunkt einer Hitzewelle nicht nur klar der Zusammenhang mit dem Klimawandel benannt

Wärmere Temperaturen lassen das Eis an den Polen weiter schmelzen, der Meeresspiegel steigt stark, die Britischen Inseln werden vom Festland getrennt.

um 7400 v. Chr.
In Çatalhöyük (Anatolien) entsteht die wohl weltweit erste Stadt, in rechteckigen Lehmziegelhäusern mit Flachdach leben mehrere Tausend Menschen zusammen.

wurde, sondern Moderator Christian Sievers die Lage eindringlich-irritierend auf den Punkt brachte: »Es kann sein, dass dies der kälteste Sommer ist für den Rest unseres Lebens.“[6]

Etliche neue Forschungsarbeiten sind erschienen, die das Bild dichter und detaillierter machen

Natürlich lieferte die Forschung in den vergangenen zwei Jahren neue Erkenntnisse. Etliche Studien zu regionalen Folgen des Klimawandels sind seit 2021 erschienen – sie haben nirgends das Bild geändert, das wir auf den folgenden 380 Seiten zeichnen, wohl aber weitere Belege und Beispiele geliefert.

Hier nur zu einigen Kapiteln die wichtigsten Neuigkeiten:

Mensch – Einen wahren Datenschatz zu Folgen des Klimawandels für die Gesundheit legte der Landesverband Nordwest der Betriebskrankenkassen (BKK) vor. Eine Studie wies auf der Basis von zehn Millionen Versicherten nach, dass an Hitzetagen zum Beispiel mehr Kinder und Alte in Kliniken eingeliefert werden, dass in Hitzejahren die Zahl von Krankschreibungen in die Höhe schnellt (was auch große Verluste für die Wirtschaft bedeutet) und dass durch Zecken übertragene Krankheiten bereits deutlich zugenommen haben.[7]

Für die Asiatische Tigermücke (die Tropenkrankheiten wie das Denguefieber übertragen kann) wurden Ende 2022 aus 21 Orten am Oberrhein Kolonien gemeldet, doppelt so vielen wie bei Erscheinen des Buches. Auch weiter nach Norden hat es das Insekt schon geschafft; nicht mehr Jena, sondern eine Kleingartenanlage in Berlin-Treptow gilt nun als nördlichstes Vorkommen.[8]

7000 v. Chr.

+0,5 °C

um 7000 v. Chr. im Vorderen Orient
Erste Keramikgefäße, eine Revolution in der Vorratshaltung.

0 °C

um 6700 v. Chr.
Nach weiterem Anstieg der Meere ergießt sich das Mittelmeer plötzlich ins Schwarze Meer – in der Bibel als Sintflut überliefert.

−0,5 °C

Die mit Abstand gefährlichste Klimafolge ist jedoch Hitze, auch EU-weit, wie ein Report der Europäischen Umweltagentur (EEA) feststellte.[9] Der Sommer 2022 war der erste, für den hierzulande fast in Echtzeit Daten zu Hitzetoten verfügbar waren. Früher gab es sie erst mit Verzögerung (oder gar nicht), diesmal legten Robert Koch-Institut und Statistisches Bundesamt schnell Zahlen vor. Etwa 4500 Menschen starben demnach 2022 an hohen Temperaturen, in einer besonders heißen Juliwoche lag die sogenannte Übersterblichkeit bei rund 24 Prozent. Hitze hat damit in vier von fünf Sommern seit 2018 nachweislich Tausende Todesopfer in Deutschland gefordert.[10]

Wie künftige Hitzewellen konkret ausfallen, haben Helmholtz-Forscher mit neuen Methoden simuliert. Temperaturspitzen, zeigten sie, steigen viel heftiger als der Temperaturdurchschnitt: Eine mittlere globale Erwärmung um vier Grad zum Beispiel würde die Maxima um zehn Grad anheben – bei einer Simulation etwa für Köln wurden aus 37 Grad Celsius Spitzenwert einer Hitzewelle 47 Grad. Dazu passt eine Studie der ETH Zürich: Sogenannte »Freak-Hitzewellen«, die frühere Temperaturrekorde weit übertreffen, werden bei ungebremsten Emissionen nach 2050 drei- bis 21-mal häufiger. Und das Sterberisiko während einer Hitzewelle steigt besonders stark, wenn es auch nachts nicht mehr abkühlt, zeigte eine Studie aus Asien.[11]

Das wohl größte Aufsehen in der Fachwelt erregte eine andere Studie zur Gesamtwirkung der gesundheitlichen Klimafolgen: Sie identifizierte Hunderte von Krankheiten, bei denen der Klimawandel Schwere oder Häufigkeit verstärkt, etwa weil er die Verbreitung von Bakterien, Viren, Pilzsporen oder auch Algen fördert.[12]

Natur – Mehrere neue Studien vervollständigen das Bild, wie sehr Arten und Ökosysteme durch den Klimawandel bereits aus dem Takt ge-

Auch in Europa setzen sich Ackerbau und Viehzucht durch.

Siedlungen aus hölzernen Langhäusern, in denen je 20 bis 30 Menschen leben, oft am Rande von Flussniederungen

raten oder geschädigt sind. Ein internationales Forscherteam etwa wies für Zugvögel, die zwischen Europa und Afrika pendeln, eine Verschiebung der Abflug- bzw. Ankunftszeiten seit den 1960er-Jahren zwischen 16 und 63 Tagen nach.[13] Für fein austarierte Nahrungsketten zum Beispiel können solche Veränderungen schwere Folgen haben.

Eine australische Untersuchung zeigte anhand besonders weit zurückreichender Daten, dass sich die Lebensdauer von Bäumen in Tropenwäldern innerhalb von 35 Jahren etwa halbiert hat, wohl vor allem durch zunehmende Trockenheit. Dazu passen Befunde aus dem Amazonas, dass der dortige Regenwald seit den frühen 2000er-Jahren auf drei Vierteln seiner Fläche an Vitalität verloren hat und sich dem Zusammenbruch nähert. Der wäre verheerend: Bislang bremste der Amazonas den Klimawandel, er zog pro Jahr viele Millionen Tonnen CO_2 aus der Luft. Doch wie eine andere Studie zeigte, haben Teile des Waldes in den vergangenen Jahren die Fähigkeit zur CO_2-Aufnahme verloren und setzen nun selbst Treibhausgase frei.[14]

Ähnlich besorgniserregend sind Befunde aus den Alpen. Die erhitzen sich doppelt so schnell wie der weltweite Durchschnitt. Der letzte der fünf deutschen Gletscher werde bis 2050 verschwunden sein, hatten wir im Naturkapitel (S. 88) prophezeit. Inzwischen rechnet die Forschung bereits für Anfang der 2030er-Jahre damit. Beim Südlichen Schneeferner an der Zugspitze war es schon 2022 so weit; der heiße Sommer hat ihn auf einen so traurigen Eishaufen schrumpfen lassen, dass die Bayerische Akademie der Wissenschaften ihre Messgeräte abbaute und ihn aus der Gletscherliste strich.[15]

Was der Klimawandel mit Tieren und Pflanzen der Alpen macht, hat eine Schweizer Studie analysiert. Viele passen sich an und wandern in die Höhe. Rund 70 Meter müssten sie pro Jahrzehnt vorankommen, um in ihrer Klimazone zu bleiben. Doch die meisten Arten sind

+0,5°C Erfindung des Rades

5 000 v. Chr.

0°C

-0,5°C

Menschen schmelzen und verarbeiten ein erstes Metall, Kupfer – neuartige Werkzeuge, Schmuckstücke und Waffen werden möglich.

ab etwa 4 000 v. Chr. Tontafeln in Mesopotamien, das erste Schreib- und Speichermedium der Menschheit

zu langsam; anderen nützt ihr eigenes Tempo wenig, weil zum Beispiel Nahrungspflanzen nicht mitkommen. Auf die Gefahr von Tierwanderungen für den Menschen blickte eine globale Untersuchung: Weil sich die Lebensräume vieler Säuger verschieben, besonders stark in Asien und Afrika, wird es zu Tausenden neuartiger Virusübertragungen kommen – das Risiko neuer Krankheiten (»Zoonosen«) und möglicher Pandemien wie bei Sars-CoV-2 steigt drastisch.[16]

Wasser – Als wir *Deutschland 2050* schrieben, gab es zwar viele Indizien dafür, dass Starkregen (wie jener an Ahr und Erft) durch den Klimawandel zunehmen, aber für Deutschland erst wenige harte wissenschaftliche Belege. In den vergangenen zwei Jahren sind sowohl neue Analysen mit weltweitem Blick erschienen als auch erste zu Deutschland: So werteten zwei Kollegen der *Süddeutschen Zeitung* historische Daten des Deutschen Wetterdienstes seit 1931 mit neuer Methodik aus und stießen auf eine klare Zunahme von Tagen, an denen es irgendwo im Land extreme 150 Millimeter oder noch mehr Regen gab. Der DWD selbst wies anhand von Radarmessungen seit 2001 nach, dass kleinräumige, extreme Starkregen in den Sommermonaten bereits zugenommen haben, milder, großflächiger Dauerregen hingegen seltener wurde.[17]

Zugleich ist seit Erscheinen des Buches die zunehmende Trockenheit unübersehbar geworden. Bei unseren Recherchen hatten wir noch vom Sprecher der Wasserbetriebe einer deutschen Großstadt gehört: »Machen Sie sich keine Sorgen, Deutschland ist ein wasserreiches Land!« Heute warnen Versorger landauf, landab vor Knappheit. In Brandenburg deckelt inzwischen der Wasserverband Strausberg-Erkner (wo sich Tesla angesiedelt hat) in Neuverträgen mit Privathaushalten die garantierte Liefermenge.

um 3250 v. Chr.
Beim Versuch, die Alpen zu überqueren, stirbt ein etwa 45-jähriger Mann – seine 1991 gefundene Mumie wird »Ötzi« getauft.

um 3100 v. Chr.
Stonehenge

Europaweit sei die aktuelle Trockenphase die schlimmste Dürre seit mindestens 250 Jahren, ergab eine Studie, eine andere fand sogar in den vergangenen 2100 Jahren nichts Vergleichbares. Mit ihren Klimamodellen kann die Forschung auch schon ungefähr beziffern, wie viel schlimmer die Lage noch werden könnte. Bei ungebremsten Emissionen würde bis Ende des Jahrhunderts die mittlere Dauer einer Dürre auf mehr als 200 Monate steigen, fanden Leipziger Forscher, dann könnten Trockenphasen also im Mittel mehr als 16 Jahre andauern. Würden wir endlich mit starkem Klimaschutz beginnen, stiege die Dürredauer ebenfalls, jedoch »nur« auf bis zu 100 Monate.[18]

Was es vor zwei Jahren ebenfalls noch nicht gab, waren deutschlandweite Informationen zu sinkenden Grundwasserpegeln; auch hier haben Medien die Lücke geschlossen und Datensammlungen veröffentlicht. Und eine Studie zeigte, dass die Pegel weiter sinken werden: je stärker der Klimawandel, desto drastischer. Und am deutlichsten in Nord- und Ostdeutschland.[19]

Wirtschaft – Wie teuer der Klimawandel ist und wird, zeigen immer mehr Analysen. Laut des Wirtschaftsforschungsunternehmens Prognos zum Beispiel haben die Hitze-und-Dürresommer 2018/19 in Deutschland mindestens 35 Milliarden Euro Schäden angerichtet. Für die Flutkatastrophe 2021 ermittelte das Institut mehr als 40 Milliarden Euro. Seit 2001 summierten sich klimabedingte Schäden auf mindestens 145 Milliarden – ein Jahresschnitt von 6,6 Milliarden Euro.[20]

Und es wird noch schlimmer kommen. Der Versicherungsriese Swiss Re rechnet bis 2040 in Deutschland mit einem Anstieg der Schäden durch Naturkatastrophen um 90 Prozent. Ebenfalls laut Swiss Re würde die Wirtschaft der EU ohne Klimaschutz bis 2050

+0,5 °C Domestizierung des Hauspferdes

2600–2500 v. Chr. Pyramiden von Gizeh

3000 v. Chr.

0 °C

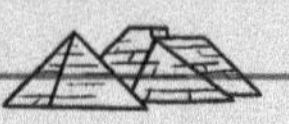

Hünengräber in Norddeutschland, monumentale Grabanlagen aus riesigen Steinen

−0,5 °C

elf Prozent des möglichen Wachstums einbüßen, weltweit sieht die Analyse mögliche Verluste von 18 Prozent (China würde mit 24 Prozent übrigens noch härter getroffen). Bei starkem Klimaschutz jedoch und einem Bremsen der Erderhitzung unter zwei Grad ließen sich die globalen Verluste auf vier Prozent begrenzen. »Die Klimakrise ist langfristig das mit Abstand größte Risiko für die Weltwirtschaft«, fasst der Chefökonom der Swiss Re, Jérôme Haegeli, zusammen. »Klimapolitik ist Wirtschaftspolitik.«[21]

Unter zunehmender Extremhitze, haben weitere Studien gezeigt, leidet weltweit die Arbeitsproduktivität (am stärksten in Süd- und Südostasien, dem südlichen Afrika und Mittelamerika), nach Hitzewellen gehen die Exporte eines Landes merklich zurück. Auch Starkregen schaden nachweislich der Wirtschaftskraft, am größten ist der Effekt in reichen Industrieländern.[22]

Wie sehr sich starke Klimapolitik für Deutschland lohnen würde, hat die Beratungsfirma Deloitte vorgerechnet. Ohne Klimaschutz drohen der hiesigen Wirtschaft demnach in den nächsten 50 Jahren rund 730 Milliarden Euro Schäden und der Verlust von bis zu 470 000 Jobs. Brächte man Deutschland hingegen auf einen 1,5-Grad-Pfad, würde dies zwar erst mal hohe Investitionen erfordern, so Deloitte, bis 2030 wären es etwa 0,5 Prozent der jährlichen Wirtschaftsleistung. 2038 aber komme der »Wendepunkt«, danach liege das Wachstum höher als in einer Welt ohne Klimaschutz, und das Wohlstandsplus stiege fortan von Jahr zu Jahr.

Zum gleichen Ergebnis kamen Analysten der Europäischen Zentralbank (EZB), nachdem sie die gesamte EU-Wirtschaft einem »Klima-Stresstest« unterzogen hatten. Der Klimawandel sei ein großes systemisches Risiko für das Wirtschafts- und Finanzgefüge der

um 1600 v. Chr.
Bronzene Himmelsscheibe von Nebra

Entstehung der Maya-Hochkultur in Mittelamerika

um 1200 v. Chr.
Trojanischer Krieg

EU, so das Fazit. »Die kurzfristigen Kosten [eines klimafreundlichen Umbaus der Wirtschaft] verblassen vor den mittel- und langfristigen Kosten eines ungebremsten Klimawandels.“[23]

Landwirtschaft – Selbst wenn die hiesigen Bauern es schaffen, sich anzupassen, die weltweiten Folgen des Klimawandels für die Landwirtschaft werden auch uns schwer treffen, zeigte 2021 eine Studie. Mehr als 44 Prozent der Agrarimporte der EU – etwa an Zuckerrohr, Palmöl, Kakao oder Kaffee – werden künftig hochanfällig sein für Dürren in den Erzeugerländern.

Neuere Forschungsarbeiten liefern eher noch düstere Ausblicke, als wir im Landwirtschaftskapitel beschreiben: Die aktuellste Generation von klima- und agrarwissenschaftlichen Modellen ergibt deutlich früher heftige Ernteeinbußen, für einige exportstarke Gebiete bereits vor 2040. In den Hauptanbaugebieten von Reis, Soja, Mais und Weizen, so eine Studie, werde wegen zunehmenden Wassermangels das Risiko von Missernten bis 2050 bis zu 25-mal höher sein als heute. Weltweit mache der Klimawandel Hungersnöte wahrscheinlicher, fasste der IPCC den Forschungsstand zusammen.[24]

Die Politik? Macht weiter *business as usual*. Ein Lichtblick ist nur das Bundesverfassungsgericht

Die Lage also ist in den vergangenen zwei Jahren noch dramatischer geworden, das Handeln noch dringlicher. Das hat – um nur eine allerletzte Studie zu nennen – im September 2022 ein internationales Forschungsteam im Fachjournal *Science* klargemacht: Bereits im Bereich von 1,5 bis zwei Grad Erhitzung könnte das Klimasystem der

1 000 v. Chr.
+0,5 °C
0 °C
−0,5 °C
600 v. Chr.
Homers »Odyssee«
490 v. Chr.
Schlacht bei Marathon, ein Bote rennt 42 km nach Athen und meldet »Wir haben gesiegt«.
650 v. Chr.
Im Königreich Lydien (heutige Türkei) werden erstmals Münzen geprägt.
140 v. Chr.
Erfindung des Papiers
18 v. Chr.
Die Römer gründen Trier als Augusta Treveroru

Erde bis zu sechs sogenannte Kipppunkte überschreiten; zum Beispiel könnte schon dann die Schmelze der Eisschilde auf Grönland und der Westantarktis unumkehrbar angestoßen sein, viele Meter Meeresspiegelanstieg unwiderruflich werden.[25] Unter 1,5 Grad Celsius zu bleiben, wäre also eminent wichtig.

Die Öffentlichkeit hat dies auch verstanden. 82 Prozent der Wahlberechtigten sagen in Umfragen, der Handlungsbedarf beim Klimaschutz sei groß oder sehr groß. Unter den Anhängern *aller* Parteien (außer der AfD) gibt es dafür riesige Mehrheiten.[26] Was aber hat sich seit Erscheinen des Buches in der Politik getan? Verheerend wenig.

Dabei hatte es ermutigend angefangen: mit einem Donnerschlag aus Karlsruhe. Das Bundesverfassungsgericht entschied Anfang 2021, dass schwache Klimapolitik die Freiheitsrechte künftiger Generationen unzulässig beschneide. Und verpflichtete die (Noch-Merkel-)Regierung zur Nachbesserung. Es folgte eine Bundestagswahl, in der sich Olaf Scholz als »Klimakanzler« plakatieren ließ, bei der die Grünen zweitstärkste Kraft wurden. »Die Klimaschutzziele von Paris zu erreichen, hat für uns oberste Priorität«, hieß es im Koalitionsvertrag, den als dritte Partei die FDP unterschrieb.

Doch dann ließ Wladimir Putin seine Armee die Ukraine überfallen und setzte fossile Energie als Druckmittel gegen die EU ein. Einerseits wurde dadurch restlos deutlich, dass erneuerbare Energien nicht nur dem Klima nützen, sondern auch der nationalen Sicherheit. Andererseits schob sich auf der Tagesordnung der Regierung der Krieg (verständlicherweise) vor das Klima. Sie kümmerte sich erst mal um Notmaßnahmen, ließ alte Kohlekraftwerke wieder hochfahren und für viele Milliarden Euro LNG-Terminals zum Import klimaschädlichen Flüssiggases bauen. So ist die Bilanz unterm Strich frustrierend. Zwar sank 2022 der Energieverbrauch deutlich, die hohen Preise für

Jesus von Nazareth

79
Pompeji versinkt in Glut und Asche.

um 700
Erste Windmühlen in Persien

9
Schlacht im Teutoburger Wald

632
Prophet Mohammed stirbt in Medina.

9. Jh.
Wassermühlen liefern in vielen Teilen Mitteleuropas verlässliche Energie.

fossile Rohstoffe zwangen zum Sparen und machten die Erneuerbaren noch konkurrenzfähiger – aber strapazierten zugleich den sozialen Zusammenhalt der Gesellschaft.

Zwar hat Klimaminister Robert Habeck dicke Gesetzespakete für den Ausbau von Solar- und Windkraft durchs Parlament gebracht, der unter Angela Merkel ausgebremst wurde. Doch bis sie wirken, wird es dauern. Kurzfristig sind die deutschen Emissionen durch die höhere Kohleverstromung erst mal wieder gestiegen. Im Verkehrsbereich wiederum blockiert die FDP substanziellen Fortschritt.

Und weltweit? Zwar wurden in Australien und Brasilien Regierungen abgewählt, die desaströs waren fürs Klima. In den USA wurde das größte Klimaschutz-Förderprogramm aller Zeiten beschlossen. Auch die EU hat Ende 2022 mit dem Ausbau ihres Emissionshandels und einem neuen Einfuhrzoll gegen klimaschädlich hergestellte Waren zwei große Schritte getan. Der globale Wind- und Solarboom wird immer stärker; laut Internationaler Energieagentur werden die Erneuerbaren schon in zwei bis drei Jahren die Kohlekraft überholen. Doch 2021 und 2022 endeten zwei weitere UN-Klimagipfel enttäuschend: Ein Aus für Erdöl und -gas wurde wieder nicht beschlossen. Im Gegenteil, weltweit werden noch immer neue Lagerstätten angebohrt.

Ja, es passiert etwas – aber es ist zu wenig zu langsam.

Dieses Buch beschreibt Deutschland im Jahr 2050; das ist etwa der Zeitpunkt, zu dem sich die Linien rechts auf der Seite verzweigen. Im Moment bewegt sich die Menschheit auf einem Pfad, der ab dann irgendwo zwischen den beiden oberen Kurven verläuft.

Berlin, Februar 2023

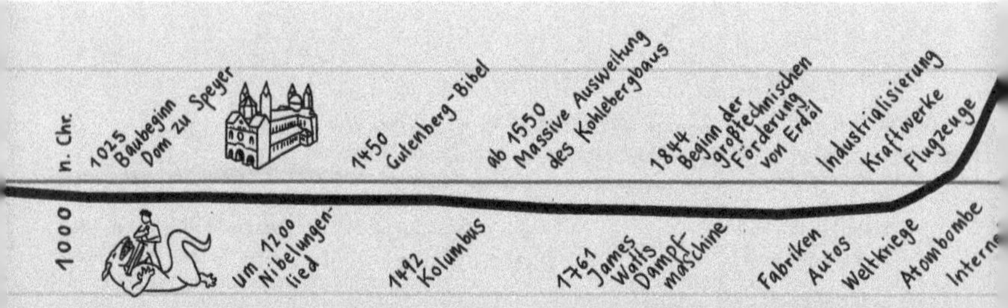

,0

Die internationale Klima-Diplomatie scheitert, es gibt kaum Klimaschutz, der weltweite Energiebedarf wird weiterhin zu einem erheblichen Teil mit Kohle gedeckt – die Erde erhitzt sich bis 2100 um katastrophale 4 °C und dann bis 2300 noch weiter auf **rund 8 °C** (Szenario SSP3-7.0 des IPCC).

0

Die gestrichelten Linien zeigen die absehbare Erderhitzung, wie sie bis zum Jahr 2300 in drei verschiedenen Szenarien verläuft.

0

Der Klimaschutz bleibt weltweit schwach, der Ausstoß an Treibhausgasen erreicht 2040 seinen Höhepunkt und halbiert sich zum Ende des Jahrhunderts – die Erde erhitzt sich bis 2100 um rund 3 °C und bis 2300 auf **etwa 3,5 °C** (Szenario SSP2-4.5).

,0

2,0

Weltweite Wende zu nachhaltiger Entwicklung, erneuerbare Energien werden massiv ausgebaut, die CO_2-Emissionen sinken schon bis 2030 stark, später auf null – die Erwärmung wird bis 2100 bei **rund 2 °C** gebremst und lässt langfristig sogar wieder etwas nach (Szenario SSP1-2.6).

0 Zwischen 2011 und 2020 war die Erde bereits wärmer als je zuvor im Holozän – und auch wärmer als in den letzten rund 125 000 Jahren.

5

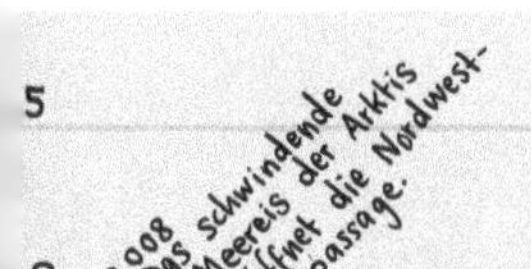
2008
Das schwindende Meereis der Arktis öffnet die Nordwest-passage.

,0

n. Chr.

iPhone

Die Kurve auf dieser und den vorherigen Seiten zeigt die geglättete Durchschnittstemperatur an der Erdoberfläche im Vergleich zum Mittel der Jahre 1850 bis 1900; Quelle: Kaufman/McKay 2022 – DOI: 10.5194/cp-18-911-2022.

Einleitung

Die Zukunft ist auch nicht mehr, was sie mal war

Der Klimawandel ist nicht irgendwo weit weg – sondern längst da. Er wird Deutschland drastisch verändern. Aber noch haben wir es in der Hand, ob die Veränderungen beherrschbar bleiben

Erinnern Sie sich an das Jahr 1990? Es war das Jahr der deutschen Wiedervereinigung, der Bundeskanzler hieß Helmut Kohl, sein Innenminister Wolfgang Schäuble. Das Automodell mit den meisten Neuzulassungen war der VW Golf. Matthias Reims »Verdammt, ich lieb' Dich« und Sinead O'Connors »Nothing Compares 2 U« standen wochenlang an der Spitze der Charts. An das iPhone war noch nicht zu denken, aber Funktelefone gab es schon: schwere, schuhkartongroße Geräte mit langer Antenne. Das Spaceshuttle *Discovery* setzte das Weltraumteleskop »Hubble« in seiner Umlaufbahn aus. Bei der Fußball-WM in Italien schoss Andy Brehme mit einem umstrittenen Foul-Elfmeter die deutsche Elf unter Teamchef Franz Beckenbauer zum Sieg. Die Bundesrepublik gab sich ein erstes Klimaziel: die Verringerung der CO_2-Emissionen um mehr als 25 Prozent bis zum Jahr 2005.

Einerseits ist all dies eine ganze Weile her. Andererseits fühlt sich 1990 noch ziemlich nah an. Gut 30 Jahre sind seither vergangen.

Fast genauso weit entfernt ist das Jahr 2050 – nur nicht in der Vergangenheit, sondern in der Zukunft. Und doch klingt diese Jahreszahl in unseren Ohren weit weg, fast wie Science-Fiction.

Vielleicht ist es so angelegt im menschlichen Gehirn, dass sich derselbe Zeitraum nach vorn viel länger anfühlt als nach hinten. Die Zukunft ist schwer greifbar, unwirklich. Mit ihr verbinden sich keine konkreten Bilder, wie sie das Gedächtnis bereithält von dem, was wir schon erlebt haben. Doch diese verzerrte Zeitwahrnehmung ist fatal bei einem Thema, bei dem es ums Überleben der Menschheit geht. Und die Verzerrung verstärkt, was beim Klimawandel ohnehin ein Problem ist: die »psychologische Distanz«.

Mit diesem Begriff beschreiben Sozialpsychologen das Phänomen, dass die meisten Menschen den Klimawandel weit entfernt wähnen – sowohl zeitlich als auch räumlich: Okay, die armen Eisbären in der Arktis, all die bedauernswerten Menschen in Bangladesch – die bekommen sicherlich ein Problem. Vermutlich auch mein Ur-Ur-Enkel. Aber ich selbst?

Meinungsumfragen zeigen das Phänomen sehr anschaulich: Als für eine Studie (in den USA) Menschen sagen sollten, wen oder was sie bedroht sehen durch den Klimawandel, nahm das Gefühl stetig ab, je näher sich die Befragten dem jeweils Geschädigten fühlten: 71 Prozent hielten Pflanzen- und Tierarten für gefährdet durch die Erderhitzung, 70 Prozent sahen künftige Generationen bedroht, Menschen in Entwicklungsländern mehr als 60 Prozent. Dass auch US-Bürger gefährdet sind, räumten immerhin noch 59 Prozent ein. Ging es aber um Bewohner der eigenen Gemeinde, sahen nur noch 46 Prozent eine Betroffenheit. Und dass sie persönlich die Folgen der Klimaerhitzung zu spüren bekämen, glaubten bloße 41 Prozent.[1]

Angesichts der Risiken, die der Klimawandel mit sich bringt, müssten wir in heller Aufregung sein. Doch anders als Corona lässt uns das Thema seltsam kalt. Neben der (leider) menschlichen Tendenz, unangenehme Dinge zu verdrängen, hat dies auch damit zu tun, dass der Klimawandel keine täglich neuen Infektionszahlen liefert. Die Erderhitzung geht schleichend vor sich. Die über Jahrzehnte messbaren Veränderungen des Klimas sind mit menschlichen Sinnen kaum wahrnehmbar, gehen in den täglichen und jährlichen Schwankungen des Wetters unter.

Warum das menschliche Gehirn am Klimawandel scheitert, haben zum Beispiel der Harvard-Psychologe Daniel Gilbert und der britische Kommunikationsberater George Marshall analysiert: Es fehlt ein einzelner, klar identifizierbarer Bösewicht, der mit Treibhausgas unsere Zukunft zerstört – gäbe es ihn, würden wir umgehend Armeen losschicken. Unser Sinnes- und Denkapparat ist im Laufe der Evolution auf plötzliche, unmittelbare Gefahren trainiert worden – auf einen Säbelzahntiger zum Beispiel würden wir sofort reagieren. Sehen wir jedoch in der Zeitung eine wissenschaftliche Grafik zum Temperaturanstieg, blättern wir weiter.[2]

Die Klimaforschung hat ihren Teil beigetragen zur psychologischen Distanz. Zwar legt sie seit Jahrzehnten immer besorgniserregendere Befunde zur Erderhitzung vor, aber sie tut dies in der ihr eigenen, nüchternen, distanzierten Sprache. Sie verwendet Maßeinheiten (»ppm«), die kaum jemandem etwas sagen. Sie betont Ungewissheiten ihrer Forschungsergebnisse und liefert stets Fehlermargen mit – was wissenschaftlich überaus korrekt ist, aber in der Laienöffentlichkeit den irrigen Eindruck erweckt, die Forscher seien bei kaum etwas wirklich sicher. Tatsächlich jedoch ist lange klar: Der Klimawandel ist Realität. Seine Hauptursache ist der Mensch. Die möglichen Folgen sind verheerend. An diesen drei Punkten sind keine vernünftigen Zweifel mehr möglich.[3]

Wer die Augen nicht absichtlich zukneift, der sieht es inzwischen auch: Laut Daten des Deutschen Wetterdienstes (dem selbst verbohrte Leugner des Klimawandels vertrauen, wenn sie wissen wollen, ob es morgen regnet) ist die Durchschnittstemperatur in

Deutschland seit 1881 bereits um 1,6 Grad Celsius gestiegen. Die Nordsee am Pegel Cuxhaven steht heute 40 Zentimeter höher als 1843. Die Zahl der sogenannten Heißen Tage (an denen das Thermometer 30 Grad Celsius überschreitet) hat seit 1951 um 170 Prozent zu-, die der Schneetage um 42 Prozent abgenommen. Der Beginn der Vegetationsperiode im Frühjahr hat sich seit 1961 um bis zu drei Wochen nach vorn verschoben.[4]

Der Deutsche Wetterdienst kann auch schon sagen, wie es weitergeht. Immer ausgefeiltere Klimamodelle und immer leistungsfähigere Großrechner erlauben immer verlässlichere Blicke in die Zukunft. Auch andere Institute und Forscherteams haben bergeweise Studien zum Klimawandel in Deutschland vorgelegt. Doch wie gesagt: Fast immer sind diese Publikationen in der schwer verständlichen Sprache der Wissenschaft abgefasst. Und was die Ergebnisse im Detail bedeuten werden, ihre praktischen Konsequenzen – das beschreiben die Studien fast nie.

Genau deshalb gibt es dieses Buch. Wir haben unzählige Forschungsberichte und Studien gesichtet, Tagungen besucht, mehrere Hundert Interviews mit Expertinnen und Experten aus Wissenschaft und Praxis geführt. Die folgenden Kapitel sind das Ergebnis monatelanger Recherchen. Sie sind nicht spekulativ, sondern basieren auf belastbaren Forschungsergebnissen – nur haben wir stets versucht herauszufinden, was denn *konkret* aus ihnen folgt. Deutschland 2050 buchstabiert also theoretische Erkenntnisse ins Praktische aus. Nicht mehr, aber auch nicht weniger.

Deutschland wird heißer. Es wird zugleich trockener und nasser – und unser Leben unsicherer

Wir sind also auf Reisen gegangen: zum Beispiel nach Thüringen in den Nationalpark Hainich, zu BASF in Ludwigshafen, zum Zentrum für Agrarlandschaftsforschung im brandenburgischen

Müncheberg. Und haben dann so anschaulich wie möglich zu beschreiben versucht, wie Deutschland und das Leben hierzulande in 30 Jahren aussehen werden. Manches haben wir erwartet, aber häufig waren wir überrascht – obwohl wir seit vielen Jahren über Klimawandel und Klimaforschung schreiben.

Deutschland wird 2050 jedenfalls ein anderes Land sein – ein heißeres. Hitze- und Dürresommer wie 2018 und 2019 werden Mitte des Jahrhunderts normal sein, ebenso extrem milde Winter wie jener 2019/20. Es wird immer öfter Sturzregen und Überflutungen geben, und doch vielerorts viel trockener sein als heute. Es wird mehr Unwetter geben und höhere Sturmfluten an den Küsten. Unser Leben wird 2050 unsicherer sein – und was dies für die sicherheitsfixierten Deutschen bedeutet, kann man nur ahnen.

Der Wortakrobat Karl Valentin soll einmal gesagt haben: »Prognosen sind schwierig, besonders wenn sie die Zukunft betreffen.« Der Satz trifft dieses Buch nicht. Zwar sind die Bibliotheken in der Tat prall gefüllt mit Vorhersagen, die völlig danebenlagen. Den Zweiten Weltkrieg haben Historiker genauso wenig kommen sehen wie die deutsche Wiedervereinigung. Ausgerechnet der einstige Chef des Elektronikriesen IBM prognostizierte mal, weltweit gebe es einen Bedarf »für vielleicht fünf Computer«.

Doch dieses Buch handelt bewusst nicht von politischen oder ökonomischen, von technologischen oder sozialen Entwicklungen. Auch wir wissen selbstverständlich nicht, wer 2050 Kanzlerin ist (und auch nicht, ob die Bundesrepublik dann überhaupt noch eine parlamentarische Demokratie sein wird). Wir schreiben auf den folgenden Seiten nichts davon, mit welchen Verkehrsmitteln wir uns in 30 Jahren fortbewegen oder mit welchen Geräten wir dann kommunizieren werden. Vorhersagen hierzu sind – da hatte Karl Valentin recht – hochgradig unzuverlässig.

Ausgangspunkt dieses Buches ist nicht die Soziologie, nicht Politik- oder Wirtschaftswissenschaft – sondern die Physik. Es dürfte kaum einen Bereich geben, in dem sich verlässlicher in die Zukunft blicken lässt als beim Klima. (Ungleich verlässlicher jedenfalls als bei den regelmäßigen Steuerschätzungen – auf deren Grundlage aber ganz selbstverständlich weitreichende politische Entscheidungen gefällt werden.)

Die Grundmechanismen des Klimasystems sind seit vielen Jahren bekannt, manche gar seit mehr als anderthalb Jahrhunderten. Es ist deshalb sicher, dass sich die Erde 2050 weiter erhitzt haben wird. Wie stark der weltweite Temperaturanstieg ausfallen wird, ist ebenfalls schon ziemlich klar (dazu kommen wir gleich). Und dank immer kleinteiligerer Klimamodelle weiß die Forschung auch bereits relativ gut, was daraus für verschiedene Gegenden Deutschlands folgt und was zum Beispiel an Hitze zu erwarten ist, bei Starkregen, beim Meeresspiegel. Geht man mit diesen Daten zu Bauern oder Ärzten, zu Forstwirten oder Stadtplanern, dann können die einem mit oft bemerkenswerter Gewissheit sagen, was diese Veränderungen jeweils für ihren Fachbereich bedeuten.

Es drohen horrende Kosten für die Anpassung an ein verändertes Klima – und mehr gesellschaftliche Ungleichheit

In diesem Buch geht es nicht um Klimaschutz, also darum, wie sich der Ausstoß an Treibhausgasen senken ließe. Dass und wie dies möglich ist – konkret: wie die deutschen Emissionen bis 2020 hätten halbiert werden können –, haben wir 2007 in unserem Buch *Wir Klimaretter* aufgeschrieben.

Auf den folgenden Seiten geht es auch nicht darum, wie man sich an das künftige Klima anpassen könnte. Natürlich, an einigen Stellen des Buches wird es zur Sprache kommen – aber das ist nicht unser eigentliches Thema. Denn wie genau Menschen auf Klimaveränderungen reagieren werden, ist spekulativ. Zum Beispiel rechneten unlängst zwei Forscher vor, dass es technisch durchaus möglich sei, die Nordsee mit gigantischen Dämmen vom Atlantik abzutrennen und so auch gleich noch die Ostsee vor dem Anstieg des Meeresspiegels zu schützen. 637 Kilometer Sperranlagen müssten gebaut werden, zwischen Norwegen und Schottland sowie zwischen Frankreich und England, mindestens 50 Meter breit und 100 bis 320 Meter hoch (also tief). Auf rund 550 Milliarden Euro taxierten die Wissenschaftler die Kosten.[5]

Wer weiß? Vielleicht entscheiden sich die Anrainerstaaten von Nord- und Ostsee irgendwann tatsächlich für ein solches Giga-Projekt. Vielleicht siedeln sie aber auch Küstenstädte um. Oder tun etwas ganz anderes. Niemand kann wissen, welche Risiken eine Gesellschaft einzugehen bereit ist, wie stoisch sie eventuell welche Schäden hinnimmt, welche Kosten für Gegenmaßnahmen sie für angemessen hält, welche technologischen Optionen für vertretbar.

Lange Zeit haben Klimaschützer ungern über Anpassung geredet. Vermutlich hatten sie Sorge, damit Druck aus der Klimadebatte zu nehmen – also die Diskussion wegzulenken von der existenziellen Frage, wie der Ausstoß von Treibhausgasen gesenkt werden kann. Die Befürchtung ist durchaus berechtigt. Denn flüchtig betrachtet mag es so wirken, als wäre Anpassung an den Klimawandel eine Alternative zu unbequemen und bisweilen teuren Emissionsminderungen. Als wäre es einfacher, sich halt ein bisschen auf ein verändertes Klima einzustellen.

Das Gegenteil ist richtig. Je weiter man sich ins Thema Anpassung vertieft, desto mehr Probleme tauchen auf. So sagt es sich schnell, dass – um nur ein Beispiel zu nennen – in 30 Jahren alle Krankenhäuser und Altenheime in Deutschland Klimaanlagen brauchen. Doch Tausende Großeinrichtungen mit verlässlich und halbwegs energieeffizienter Kühlung nachzurüsten, bringt eine unüberschaubare Fülle technischer und praktischer Schwierigkeiten mit sich (von den Kosten ganz zu schweigen).

Apropos Kosten. Beschäftigt man sich mit den absehbaren Folgen des Klimawandels in Deutschland, wird schnell offenkundig, dass in den kommenden Jahrzehnten gewaltige Ausgaben auf das Land zukommen. Ein leistungs- und handlungsfähiger Staat ist in Zeiten des Klimawandels mindestens so überlebenswichtig wie während der Corona-Pandemie.

Bisher gibt es keine belastbaren Daten dazu, was genau die Folgen des Klimawandels für Deutschland finanziell bedeuten werden – und vermutlich ist es unmöglich, die notwendigen Ausgaben für Anpassung und erwartbare Schäden auch nur halbwegs verlässlich zu beziffern. Aber es ist schon erstaunlich, wie oft (und laut) über Kosten von Emissionssenkungen debattiert wird. Wie sich manchmal an einem einzelnen Windrad verbissene Konflikte entzünden, die ganze Dörfer entzweien. Wenn es jedoch tatsächlich ums Überleben geht – nämlich um die konkreten Auswirkungen der künftig viel gefährlicheren Klimaverhältnisse –, herrscht weitgehend Schweigen. Da wird weder über praktische Umsetzbarkeit geredet noch über die Verteilung von Lasten. Und auch nicht darüber, ob – verglichen mit den horrenden Kosten einer Klimaanpassung – die Ausgaben für Minderungen des Treibhausgas-Ausstoßes nicht vielleicht sehr viel besser angelegtes Geld sind.

Hier nur ein paar Zahlen: Nach dem Dürresommer 2018 zahlten Bund und Länder mehr als 300 Millionen Euro Soforthilfen an Landwirte, 2019 gab es 800 Millionen für die Forstwirtschaft. Nach den verheerenden Waldbränden jenes Jahres schaffte allein Mecklenburg-Vorpommern neue Feuerwehrtechnik für 50 Millionen Euro an, in den Küstenschutz hat das Bundesland seit 1991 rund 450 Millionen Euro investiert. Orkan »Sabine« richtete im Februar 2020 bundesweit etwa 675 Millionen Euro Schäden an, wobei der Sturm noch als relativ glimpflich galt: Orkan »Kyrill« 2007 kostete allein die Versicherer mehr als drei Milliarden. Das Hochwasser an Elbe und anderen Flüssen 2013 verursachte nach Angaben der Münchner Rückversicherung Schäden von mehr als zwölf Milliarden Euro. Der Klimawandel macht Extremwetter in den kommenden Jahrzehnten deutlich häufiger. »Wir werden dauerhaft mehr Geld brauchen«, brachte es der baden-württembergische Agrarminister Peter Hauk (CDU) Ende 2019 auf den Punkt.

Und noch ein vollkommen vernachlässigtes Thema fällt auf: Der Klimawandel wird – auch dies ist keine spekulative Aussage – soziale Ungleichheiten vertiefen. Weltweit ist bereits offensichtlich, dass ärmere Staaten wie auch ärmere Menschen (obwohl sie viel weniger zum Klimawandel beitragen) stärker unter den Folgen leiden als reiche. Dasselbe Phänomen wird sich in Deutschland zeigen. Auch hierzulande verursachen Wohlhabendere deutlich mehr Treibhausgase. Doch wer genug Geld hat, kann sich in seiner Wohnung eine Klimaanlage leisten (oder lebt sowieso in einem Häuschen mit schattigem Garten). Wer Vermögen hat, wird einfacher fortziehen können aus flutgefährdeten Gegenden. Schon heute beeinflusst das Einkommen die Wohnqualität, Gesundheit und Lebenserwartung – beispielsweise wohnen an lauten Hauptstraßen mit schlechter Luft überproportional viele ärmere Leute. Der Klimawandel wird die ungleiche Belastung mit Risiken verstärken.

Bauern, Forstwirte, Architekten – Klimawandel bedeutet auch eine radikale Entwertung von Erfahrungswissen

Ein dritter Punkt schließlich, der kaum jemandem klar ist – aber in seiner Tragweite kaum zu überschätzen: Wir alle, also jeder Mensch wie auch ganze Gesellschaften, verlassen uns permanent auf unsere Erfahrungen. Wir gehen (bewusst oder unbewusst) davon aus, dass man aus der Vergangenheit ableiten kann, wie man sich sinnvollerweise heute und künftig verhalten sollte. Welche Pflanzen ein Landwirt anbaut, wann er aussät, wann er erntet; wie und wo man sein Haus baut; wo eine Gesellschaft Städte ansiedelt, und wie sie diese organisiert – all dies ist abgeleitet aus Gewohnheiten und aus Wissen, das häufig über Generationen oder gar Jahrhunderte gewachsen ist.

Doch wenn sich das Klima deutlich verändert, dann passen Bauernregeln, Bauvorschriften und vieles andere nicht mehr. Klimawandel bedeutet deshalb auch eine radikale Entwertung menschlichen Erfahrungswissens. Die Zukunft ist künftig unberechenbar (beziehungsweise muss mit Supercomputern erst sehr aufwendig berechnet werden, weil sie eben nicht mehr sein wird, wie sie immer war). Forstexperten zum Beispiel diskutieren längst, was es bedeutet, wenn Erfahrungen keine verlässliche Entscheidungsgrundlage mehr darstellen. Unmöglich werden Leben und Wirtschaften unter solchen Umständen sicherlich nicht – aber man kann sich vorstellen, wie schwierig und teuer es werden wird, dass es Menschen belasten und in die Verzweiflung treiben wird.

Die folgenden 350 Seiten konzentrieren sich auf Deutschland, um – siehe oben – die psychologische Distanz zum Klimawandel zu überbrücken. Doch vermutlich unterschätzen wir dadurch, was auf Deutschland tatsächlich zukommen wird. In vielen Bereichen nämlich warnen Experten, dass indirekte Rückwirkungen von Veränderungen anderswo uns sogar noch stärker treffen werden als die direkten Konsequenzen des Klimawandels hierzulande: Dass es weltweit viel mehr Flüchtlinge geben wird, dass Kriege um Wasser ausbrechen, dass der deutschen Exportwirtschaft Absatzmärkte im Ausland wegbrechen oder Importe notwendiger Rohstoffe schwieriger werden – all dies sind plausible Erwartungen, all dies wird Folgen für uns haben. Doch ist bei solchen indirekten Auswirkungen des Klimawandels die Ungewissheit größer, das Abschätzen der Folgen für Deutschland schwieriger – und damit das Risiko, doch spekulativ zu werden.

Weshalb wir 2050 als Horizont des Buches gewählt haben? Zum einen, weil dieses Jahr für die meisten Menschen in Deutschland noch innerhalb ihrer Lebenszeit liegt. Wenn Sie unter 50 sind, dann haben Sie gute Chancen, dieses Jahr noch zu erleben. Für Ihre Kinder, erst recht Ihre Enkel gilt das umso mehr. Zum anderen, weil die Klimaverhältnisse des Jahres 2050 (leider) schon ziemlich feststehen, da wir den größten Teil der Treibhausgase, die in 30 Jahren unser Klima und Wetter beeinflussen werden, bereits freigesetzt haben.

Die größere Unsicherheit beim Blick in die weitere Klimazukunft resultiert schlicht daraus, dass ungewiss ist, welche Mengen an Treibhausgasen die Menschheit künftig noch ausstoßen wird. In der Forschung wird deshalb mit verschiedenen Entwicklungsszenarien gerechnet. Wir haben für dieses Buch vor allem auf jene geblickt, in denen kein oder nur schwacher Klimaschutz betrieben wird. Nicht weil wir Pessimisten, sondern weil wir Realisten sind.

Von einem Pfad, der zum Erreichen der Pariser Klimaziele führen würde, ist die Welt meilenweit entfernt. Drei oder gar vier Grad Temperaturanstieg bis Ende des Jahrhunderts sind im Moment viel wahrscheinlicher als zwei oder gar nur 1,5 Grad Celsius. Und vier Grad mehr – das wäre wirklich eine komplett andere Welt. Wie sie aussähe, hat die Wochenzeitung *DIE ZEIT* eindrücklich ausgemalt: Bisher unvorstellbare Hitzewellen würden Teile der Welt unbewohnbar machen, weite Gebiete in Afrika und am Amazonas wären Wüste. Im Süden Chinas wären Flüsse ausgetrocknet, Millionen Menschen geflohen. Die verbleibende Menschheit müsste sich vor allem in Kanada, Nordeuropa und Nordrussland zusammendrängen.[6]

Mancher tut solche Szenarien als apokalyptisch ab – doch die Apokalypse wirkte plötzlich nicht mehr so irreal, als 2020 Australien und Kalifornien in einem Feuerinferno versanken und über den Atlantik so viele Hurrikans fegten wie nie seit Beginn der Aufzeichnungen, als der eigentlich feucht-sumpfige Pantanal in Brasilien in Flammen aufging und über Ostafrika Heuschreckenschwärme in biblischen Dimensionen herfielen, als im nordsibirischen Werchojansk, normalerweise einer der kältesten Orte der Welt, plötzlich 38 Grad Hitze gemessen wurden und auch in den Weiten der Taiga gewaltige Flächenbrände wüteten. 2020 war erneut eines der heißesten Jahre seit Beginn der Aufzeichnungen, sowohl in Deutschland als auch weltweit.[7]

Klimaschutz mag wirken wie ein Totalumbau des Landes. In Wahrheit sorgt er dafür, dass *nicht* alles völlig anders wird

Im Jahr 2050 fallen die Unterschiede zwischen den verschiedenen Klimaszenarien noch gering aus – selbst wenn die Welt ab jetzt entschieden handeln würde. Das Klimasystem der Erde ist träge, viele Elemente reagieren mit erheblicher Verzögerung. Erst nach Mitte des Jahrhunderts laufen die Varianten der Zukunft deutlich auseinander. Entschließt sich also die Menschheit (und die Bundesregierung) doch noch zu strengem Klimaschutz, dann flacht die Erhitzungskurve ab Mitte des Jahrhunderts ab. Dann werden die Wetterverhältnisse des Jahres 2100 stark jenen von 2050 ähneln. Land und Leben sehen dann zwar deutlich anders aus als heute, aber man wird es noch wiedererkennen. Deutschland wäre zwar ein erheblich heißeres Land – aber das Klima würde sich langfristig auf diesem Niveau einpegeln.

Bleiben jedoch schnelle und drastische Emissionssenkungen aus, beschleunigt sich der Klimawandel weiter – und dann wird auch Deutschland Ende des Jahrhunderts vor Schwierigkeiten stehen, die kaum noch zu bewältigen sein werden. Bei galoppierender Erderhitzung kämen wir mit der Anpassung kaum noch hinterher: Gerade sind neue Wälder mit Baumarten herangewachsen, die mit den gestiegenen Temperaturen klarkommen – schon würden sie wieder unter Klimastress gesetzt. Kaum hätten wir die Deiche an der Nordseeküste erhöht, würden sie schon wieder mit höheren Sturmfluten konfrontiert.

Halbwegs stabile Wetterverhältnisse sind von unschätzbarem Wert – nicht zufällig hat sich die menschliche Zivilisation in den vergangenen rund zehntausend Jahren in einer Phase geringer Klimaschwankungen entwickelt. Wenn nicht in den kommenden zehn Jahren scharfe Einschnitte beim Treibhausgasausstoß gelingen, wird ein galoppierender Klimawandel in Gang gesetzt, dessen Folgen für die Menschheit wirklich unkalkulierbar wären.

Verfechter eines strengeren Klimaschutzes sagen bisweilen, es müsse sich alles ändern. Wirtschafts- und Lebensweise der westlichen Welt seien nicht zukunftsfähig. Essensvorlieben, Konsumgewohnheiten, Reiseverhalten, Energieversorgung – nichts dürfe bleiben, wie es ist. Zugleich wundern sie sich über Widerstände. Doch die sind alles andere als überraschend. Große Teile der Gesellschaft haben in den vergangenen Jahren und Jahrzehnten bereits Unmengen von Veränderungen und Umbrüchen erlebt – im Berufsalltag, bei sozialen Sicherungssystemen, bei der Vielfalt der Gesellschaft, die sie umgibt, zuletzt durch die Corona-Pandemie und die einschneidenden Gegenmaßnahmen. Viele Leute haben schlicht die Nase voll von Veränderungen. Sie sehnen sich nach Ruhe und Stabilität – und da ist dann das Windrad am Horizont oder der Veggie-Tag in der Kantine der Tropfen, der das Fass zum Überlaufen bringt.

Dabei ist es ja eigentlich genau andersherum: Neben den Veränderungen, die ein ungebremster Klimawandel für die Welt und auch für Deutschland brächte, verblassen die Umbauten, die zur Senkung der Treibhausgasemissionen nötig sind. In Wahrheit bedeutet nicht Klimaschutz eine große Veränderung – vielmehr würde ein Verzicht auf Klimaschutz unser aller Leben auf den Kopf stellen.

Dieses Buch schildert, wie ein Deutschland aussieht, das gegenüber vorindustriellem Niveau rund zwei Grad Celsius wärmer ist. Gelegentlich schauen wir auch auf Verhältnisse, die bei ungebremsten Emissionen drohen – vier Grad mehr (oder gar noch höhere Werte) in Deutschland, *das* würde alles ändern. Strenger Klimaschutz rettet also zumindest noch etwas Stabilität. Man könnte sagen, er sichert unser Zuhause, unser Eigentum, unsere Städte. Oder noch kürzer: Klimaschutz bewahrt Heimat.

Wer verhindern will, dass Deutschland sich noch stärker verändert, als in diesem Buch geschildert, muss sofort mit dem schärfsten Klimaschutz anfangen, den er sich überhaupt vorstellen kann.

Kapitel 1: **Klimamodelle**

Heißes Land

Dank immer schnellerer Großrechner und immer besserer Klimamodelle kann der Deutsche Wetterdienst bereits heute ziemlich genau sagen, was uns Mitte des Jahrhunderts erwartet

Die Zeitmaschine steht in Offenbach, Frankfurter Straße 135. Hier hat der Deutsche Wetterdienst (DWD) seinen Hauptsitz. Fast einen ganzen Häuserblock nimmt das moderne sechsstöckige Bürogebäude ein. Im Erdgeschoss arbeitet, aufwendig gesichert, der DWD-Zentralcomputer. Mit ihm kann man in die Zukunft schauen: für ein paar Tage, also auf das Wetter von übermorgen in der Hocheifel oder in der Uckermark – aber auch auf das Klima in Deutschland im Jahr 2050.

Mit einer Chipkarte öffnet Pressesprecher Uwe Kirsche eine schwere Glastür. Ein paar Meter weiter eine zweite. »Das hier ist Hochsicherheitsgebiet«, sagt Kirsche. Eine Zugangsberechtigung zum Deutschen Meteorologischen Rechenzentrum, so der offizielle Titel, bekommt man nur nach einer intensiven Überprüfung – unter anderem durch den Bundesnachrichtendienst. Verlässliche Wetterdaten, das kann man ohne Übertreibung sagen, sind systemrelevant für eine moderne Gesellschaft. »Der gesamte Luftverkehr, der Katastrophenschutz, nicht zuletzt die Bundeswehr«, erklärt Kirsche, »verlassen sich auf unsere Vorhersagen.« Dasselbe gilt für Behörden, die Wirtschaft – und nicht zuletzt jede und jeden von uns, die wir nach einem Blick auf das Smartphone oder die Wetterkarte der Tagesschau die großen und kleinen Dinge des Lebens planen.

Dann öffnet Uwe Kirsche eine dritte Tür. Dahinter liegt der Serverraum, groß wie ein Tanzsaal. Es ist laut hier wie in einer Autowaschanlage und warm wie in einem Heizungskeller, aber alles blitzblank sauber. Auf einem Boden aus massiven Metallrosten – darunter läuft die Verkabelung – stehen Computerschränke, lang wie Schiffscontainer. Ihre glatte Außenhaut ist mit Wolkenwirbeln bedruckt, aufgenommen aus dem Weltall. »Cray« steht darauf. 2013 lieferte der US-Hersteller von Supercomputern dem Wetterdienst sein aktuelles Großhirn, 2016 wurde es aufgerüstet, 2018 noch einmal. Pro Sekunde schafft die Maschine zweimal 1000 Billionen Rechenoperationen – wollte man dieselbe Leistung mit Heimcomputern erbringen, man bräuchte 30 000 von ihnen.[8]

Die Prozessoren erzeugen so viel Abwärme, dass sie mit Wasser gekühlt werden müssen. Sollte einmal der Strom wegbleiben, springt in Sekundenschnelle ein Dieselgenerator an. Bricht ein Feuer aus, wird der Raum mit Argon-Gas geflutet, um den Brand zu ersticken. Fällt der Rechner dennoch aus irgendwelchen Gründen einmal aus, steht an anderer Stelle eine baugleiche Kopie bereit, die sofort übernimmt. Hinter dem Cray XC40 wird an weiteren Schränken gearbeitet. Techniker installieren bereits den Nachfolger; er kommt vom japanischen Konkurrenten NEC und wird noch leistungsfähiger sein.

In einer anderen Ecke des Saals stehen Speichersilos, jedes groß wie ein Wohnzimmer. Durch ein Gittergeflecht sind unendlich lange Reihen schwarzer Magnetband-Kassetten zu sehen. Sie sind billiger als Festplatten und verbrauchen weniger Strom; in jeder stecken 1000 Meter Band, fünf Mikrometer dick. Auf Schienen rasen automatische Greifer hin und her, ziehen Kassetten aus den Regalen, fahren sie zum Lesegerät und wieder zurück. Dies ist das Deutsche Wetter- und Klimaarchiv. Es enthält fast alle verfügbaren Beobachtungsdaten, die es seit 1881 für Deutschland und seit Mitte der 1960er weltweit gibt. Und täglich treffen Millionen neuer Daten aus allen Ecken der Erde in Offenbach ein, von Wetterwarten, Wetterbojen, Wetterschiffen, Wetterballons, Wetterradars, Wettersatelliten – ein Datenschatz von unermesslichem Wert. Denn wer in die Zukunft schauen möchte, wer verlässlich Wetter und Klima vorausberechnen will, braucht Milliarden penibel aufgezeichneter Daten aus Gegenwart und Vergangenheit.

»Wetter und Klima sind natürlich unterschiedliche Dinge«, sagt Barbara Früh, die beim Deutschen Wetterdienst das Sachgebiet »Klimaprojektionen und Klimavorhersagen« leitet. Wetter ist der momentane Zustand der Atmosphäre, Klima der langjährige Durchschnitt. Doch bei der Vorhersage haben beide dieselben Grundlagen, erklärt Früh. Sie basieren gleichermaßen auf Physik, auf den Hauptsätzen der Thermodynamik und den Gesetzen der Energie- und Masseerhaltung; auf Mathematik, Chemie, Meteorologie – und jahrzehntelanger Wetterbeobachtung.

Die Grundidee der Wetter- wie auch der Klimamodellierung ist simpel: Kennt man erstens den Ausgangszustand der Atmosphäre und kennt man zweitens die physikalischen Prozesse, die in der Atmosphäre ablaufen, dann kann man drittens die künftige Entwicklung berechnen. Zumindest wenn es Fachleuten wie Barbara Früh gelingt, eine mathematische Gleichung zu formulieren, die beispielsweise ausrechnet, wie stark die Sonnenstrahlung unsere Ozeane erhitzt, wie schnell erwärmte Luft nach oben strömt und wie viel Feuchtigkeit sie dabei mit sich reißt. Wann und wo dadurch Druckunterschiede entstehen, die Wind zur Folge haben, der aber verwirbelt wird, zum Beispiel an einer Gebirgskette. Und so weiter.

Barbara Früh beschäftigt sich seit den 1980er-Jahren mit dem Thema. Sie studierte Meteorologie an der Universität Mainz, wo damals Paul Crutzen lehrte, der für seine Arbeiten im Gebiet der Atmosphärenchemie später den Nobelpreis erhielt. Mathematik und das Beschreiben der Realität mittels vereinfachender Gleichungen, das liegt ihr: Früh promovierte im Jahr 2000 zur »Entwicklung und Evaluierung einer Modellhierarchie zur Simulation der aktinischen Strahlung in aerosolbelasteter und bewölkter Atmosphäre«. Vereinfacht gesagt ging es um die Frage, wie Sonnenstrahlen eigentlich durch die Atmosphäre die Erde erreichen.

Virtuelle Luftpakete wandern um die Welt, Modellmeere heizen sich auf, simulierte Stürme brauen sich zusammen

Auf dem Cray XC40 läuft also eine unglaublich komplexe Software: das Wettermodell des Deutschen Wetterdienstes (eigentlich besteht es aus mehreren Modellen, aber dazu später). Erdoberfläche und Meere und Eismassen sind darin nachgebildet, die Lufthülle der Erde, ihre genaue chemische Zusammensetzung.

Die Welt ist in dem Modell in Millionen von Quadern zerteilt: Über die Erdoberfläche wurde ein Gitternetz gelegt und die Luft über jedem einzelnen Gitter dann auch noch zusätzlich in Scheiben geschnitten. Für jedes dieser Abermillionen Kästchen berechnet die Software in jedem Rechenschritt meteorologische Größen wie Temperatur, Luftdruck, Feuchte, Windgeschwindigkeit und vieles mehr. Die Ergebnisse werden dann jeweils an die Nachbarkästchen gemeldet, wo sie als Ausgangspunkt für den nächsten Rechenschritt dienen. Dann werden erneut alle Gleichungen gelöst, die Resultate weitergemeldet, und dann noch einmal – und so weiter. So werden virtuelle Luftpakete durch die Quader geschoben, simulierte Wassermassen heizen sich auf, Modell-Sturmfronten brauen sich zusammen und entladen sich wieder.

Je weiter eine Wetterprognose vorausschauen soll, desto weiträumiger muss gerechnet werden. Zum Beispiel hängt das Wetter in der Uckermark in zehn Minuten vor allem vom aktuellen Wetter in der Umgebung der Uckermark ab. Doch je weiter der Blick, desto größer das Gebiet, das Einfluss nimmt – und das man deshalb berechnen muss. Desto mehr muss man sich um die Ozeane kümmern, das Meereis, die Landoberfläche in immer ferneren Regionen. Für Vorhersagen von fünf Tagen in Deutschland muss der Deutsche Wetterdienst bereits das Wetter auf der ganzen Erdkugel berechnen. Denn ob es nächste Woche in der Uckermark regnet, hängt vom Luftdruck über dem Mittelmeer genauso ab wie von der Wassertemperatur am Nordpol oder der Windgeschwindigkeit hinter dem Ural.

Viermal am Tag – um 0 Uhr, 6 Uhr, 12 Uhr und 18 Uhr – startet der Supercomputer die Wettervorausberechnung von vorn. Als Ausgangspunkt werden jeweils aktuelle Messdaten genommen, also das reale Wetter zum Zeitpunkt X. Nach rund zwei Stunden Rechenzeit hat die Maschine das Ergebnis für 78 Stunden Wetterzukunft ermittelt. Die Enddaten werden dann von weiteren, kleineren Computern für alle möglichen Abnehmer aufbereitet, sie werden in Wetterkarten umgewandelt, an Fluglotsen und Radioredaktionen übermittelt, auf Wetter-Apps ausgespielt.

Je kleiner die Quader im Modell, desto genauer kann das Wetter für bestimmte Orte berechnet werden – aber je mehr Quader ein Modell hat, desto größer ist natürlich der Rechenaufwand, desto schnellere Supercomputer braucht man. Um Aufwand zu sparen, schalten die Wetterexperten des DWD drei verschiedene Modelle zusammen: Jenes für Deutschland, genannt COSMO-DE, ist besonders feinmaschig; hier haben die Quader nur eine Kantenlänge von 2,8 Kilometer. Das europäische Umland ist gröber modelliert, hier sind die Gitterzellen 6,5 Kilometer groß. Für den Rest der Welt nutzt der Deutsche Wetterdienst ein Modell namens ICON mit einer Maschenweite von 13 Kilometer. Daraus ergeben sich 315 Millionen Gitterpunkte, welche der Cray XC40 in jedem Rechenschritt durchackern muss.

Eine zweite Einflussgröße für die Genauigkeit der Prognose sind die Ausgangsdaten der Berechnungen: Je exakter und vollständiger die Wetterdaten für heute sind, desto verlässlicher lässt sich das Wetter für übermorgen ableiten. Natürlich prüfen die Meteorologen ständig, ob das, was sie prognostiziert haben, später auch tatsächlich eingetroffen ist; schon allein um ihre Modelle zu verbessern. Das Ergebnis ist in den vergangenen Jahrzehnten stetig besser geworden und mittlerweile verblüffend exakt: In mehr als 90 Prozent der Fälle tritt nach zwei Tagen tatsächlich das vorherberechnete Wetter ein.

Hundertprozentige Sicherheit wird wohl niemals möglich sein – selbst bei unendlicher Rechenleistung und noch exakteren Modellen. »Das Wettersystem in der Atmosphäre ist chaotisch«, erklärt Barbara Früh. »Bei nur geringsten Verschiebungen der Anfangsbedingungen resultieren möglicherweise ganz andere Ergebnisse.« Sie benutzt das Bild eines Schmetterlings, der im peruanischen Regenwald mit den Flügeln schlägt, was hier ein Donnerwetter auslösen könne. Doch die Fortschritte, die der Deutsche Wetterdienst und andere Wissenschaftler gemacht haben, sind beachtlich: Heute sind ihre Sieben-Tages-Prognosen genauer als die Vorhersage für den übernächsten Tag in den 1970er-Jahren.

»Im Prinzip arbeiten wir bei der Klimamodellierung genauso wie bei der Wettervorhersage«, sagt Barbara Früh. Doch während ihre Wetterkollegen die Temperatur, den Regen, die Stürme der kommenden Woche berechnen, schaut sie in die ferne Zukunft. Mehr als 20 Leute arbeiten in Frühs Team, in jahrelanger Arbeit haben sie gemeinsam mit Kollegen anderer Institute das Klimamodell COSMO-CLM entwickelt und immer weiter verfeinert. Weil aber selbst bei Supercomputern wie dem Cray XC40 die Rechenleistung begrenzt ist, sind die Rechenschritte größer als bei den Wetterberechnungen. Die Daten werden in jedem Modellquader nicht alle paar Sekunden berechnet, sondern lediglich in Intervallen von gut drei Minuten; und ausgegeben werden die Ergebnisse nur in

Stundenschritten. Zudem sind in den Klimamodellen die Kantenlängen der berechneten Quader größer. Verglichen mit den Klima-Berechnungen wirkt die Erstellung der Wetterberichte fast wie eine Bierdeckel-Kalkulation. Um das Klima für Deutschland über die nächsten 80 Jahre durchzurechnen, ist der Supercomputer fünf bis sechs Monate beschäftigt.

Trotz aller Klimagipfel und Regierungsversprechen steigt der Kohlendioxid-Gehalt der Atmosphäre weiter und weiter

»Wir unterteilen die Erde in Gitterzellen von rund hundert mal hundert Kilometer«, sagt Barbara Früh. Rheinland-Pfalz zum Beispiel ist etwa drei solcher Zellen groß. »Wichtig ist, alles zu ermitteln, was sich an solch einem Gitterpunkt auf das Wetter auswirkt«, erklärt die Meteorologin. Nehmen wir zum Beispiel die Gitterzelle mit dem Mittelpunkt 50,02° N, 6,56° O im geografischen Koordinatensystem der Erdoberfläche – der Punkt liegt im Eifelkreis Bitburg-Prüm am Westrand des Bundeslandes, in einem Wäldchen nahe dem Dorf Fließem. Es ist eine wellige Hochfläche, von einzelnen, fast 700 Meter hohen Bergrücken durchzogen, von der Schnee-Eifel zum Beispiel, der Kalk- und der Waldeifel. Tonschiefer, Quarzite und Sandstein bilden hier im Wesentlichen den geologischen Untergrund, Richtung Osten folgen Gebirgszüge vulkanischen Ursprungs.

Bei der Erstellung des Klimamodells muss in einem ersten Schritt die Topografie dieses Stückchens Rheinland-Pfalz nachgebildet werden. Ein nächster Schritt betrifft die Hydrologie, in der Sprache der Fachleute lautet die Frage: Wie wird das Relief entwässert? In unserer Beispiel-Zelle sind es Flüsschen wie die Prüm, Nims, Salm oder Kyll, die auf der Bodenoberfläche das Niederschlagswasser sammeln und sich später in die Mosel ergießen. Auch der Bewuchs der Gitterzelle ist wichtig. Der Boden in den waldreichen Gegenden der Eifel zum Beispiel speichert deutlich mehr Wasser als jener im Nordpfälzer Bergland, wo auf oft sandig-lehmigem Grund viel Landwirtschaft betrieben wird.

Aus solchen Erkenntnissen ergeben sich Parameter, auf denen das Modell aufgebaut wird – Werte, die den Nordwesten von Rheinland-Pfalz möglichst akkurat charakterisieren. Am Ende steht allein für die Bodeneigenschaften ein Datenblatt mit zwei Seiten voller Angaben, mit denen wohl nur Leute wie Barbara Früh etwas anfangen können: Mittlere Orografie – 254,1583099365234 Meter; Oberflächen-Hintergrund-Albedo – 0,1787201762199402; Bodentiefe bis zum Grundgestein – 0,083 Meter; volumetrische Bodenfeldkapazität – 0,2879999876022339. Und so weiter. Die Werte geben jeweils einen Durchschnitt für die gesamte Gitterzelle an – und je besser sie sind, desto verlässlicher bildet das Modell ab, wie dieses Stückchen Erdoberfläche in der Realität Wetter und Klima beeinflusst.

Weil das System Erde unglaublich groß ist und so komplex, dass nicht einmal alle Supercomputer zusammengenommen alle Vorgänge nachrechnen könnten, müssen die Modellierer natürlich vereinfachen. Sie müssen manche Vorgänge im Klimasystem ausblenden, und manche Zusammenhänge auf der Erde sind schlicht auch noch nicht genügend erforscht. Doch das heißt nicht, dass die Modelle falsch sind. Sie sind so etwas wie eine Wanderkarte: Man kann sich gut damit orientieren, aber natürlich sieht man nicht jeden Stein und jeden Grashalm.

»Wesentlichster Unterschied unserer Arbeit gegenüber der Wettermodellierung ist, dass wir nicht nur die Atmosphäre betrachten, sondern auch die Ozeane – und damit deutlich mehr Variablen haben«, sagt Früh. Vor allem aber schauen sie und ihr Team nicht nur ein paar Tage in die Zukunft, sondern Jahrzehnte. Und über diese Zeiträume nimmt ein weiterer Faktor Einfluss auf das Klimasystem: der Mensch. Zum Beispiel produziert er massenweise Gase wie Kohlendioxid oder Methan und verändert so die

Zusammensetzung der Atmosphäre – sie hält dadurch immer mehr Sonnenenergie auf der Erde zurück. Und diese Erhitzung hat weitreichende Folgen fürs Klima und Wetter. Beispielsweise kann wärmere Luft mehr Wasserdampf speichern, was zur Folge hat, dass auch mehr Niederschlag fallen kann. Ein anderes Beispiel: Mehr als 90 Prozent der zusätzlich auf der Erde gehaltenen Wärme wandert in die Weltmeere. Heizen sich die Ozeane auf, verändert das die Meeresströmungen, was wiederum Rückwirkungen für die großräumigen Luftbewegungen hat.

All diese Veränderungen – und noch viele mehr – müssen Klimamodellierer berücksichtigen, wenn sie ihre Software zum Blick in die Zukunft programmieren. Daneben gibt es natürlich reihenweise Konstanten, physikalische Gesetzmäßigkeiten zum Beispiel, oder andere Dinge, die der Mensch nicht beeinflusst, etwa die gut erforschten Einflüsse der Sonne aufs Erdklima.

»Zum Glück haben wir breite Unterstützung«, sagt Barbara Früh. »Es gibt viele Wissenschaftler, die uns ihre Erkenntnisse zuliefern.« Neben Physikern und Chemikern, Astronomen und Ozeanologen arbeiten auch Ökonomen und andere Sozialwissenschaftler an den Modellen mit. Denn für das Klima der Zukunft ist extrem wichtig, wie sich die Menschheit verhält. Wie viele Städte werden in den kommenden Jahrzehnten gebaut und wo? Wie viel Wald steht 2050 in den Gitterzellen der Eifel? Klar, dass hier oft geschätzt werden muss, dass bestimmte Annahmen getroffen werden müssen.

Die wichtigste Variable von Klima-Modellrechnungen ist natürlich: Wie viel Treibhausgase wird die Menschheit künftig noch in die Luft blasen? Dies kann weder Früh noch sonst ein Forscher wissen, weshalb die Klimamodelle verschiedene Zukünfte berechnen – im Fachjargon: Szenarien. Eine dieser Zukunftsberechnungen nimmt zum Beispiel an, dass jetzt endlich mit echtem Klimaschutz begonnen wird, so, wie im Abkommen von Paris 2015 beschlossen. Damals einigten sich die Staats- und Regierungschefs der Welt darauf, die Erderwärmung »auf deutlich unter zwei Grad Celsius« zu begrenzen, besser noch auf höchstens 1,5 Grad über dem vorindustriellen Niveau. RCP2.6 nennen Klimaforscher diese Zukunft, das optimistischste Szenario.

Allerdings folgten der gefeierten Absichtserklärung von Paris kaum Taten. Laut Berechnungen der UN müsste der weltweite Ausstoß an Treibhausgasen bis 2030 pro Jahr um mehr als sieben Prozent sinken, wenn man die Erderhitzung tatsächlich noch auf 1,5 Grad Celsius begrenzen wollte. In der Realität jedoch stiegen die Emissionen auch nach Paris immer weiter, Jahr für Jahr. Erst die brutale Vollbremsung von Teilen der Weltwirtschaft infolge der Corona-Pandemie sorgte 2020 für einen Rückgang – aber nur kurzzeitig. Den Anstieg der Kohlendioxid-Konzentration in der Atmosphäre hat der Einbruch nur minimal verlangsamt.[9] Und nach der Krise wird das Wachstum wohl wieder weitergehen.

Deshalb berechnen die Modellierer beim Deutschen Wetterdienst und anderswo auch Szenarien ohne oder fast ohne Klimaschutz-Maßnahmen. Das pessimistischste heißt RCP8.5 und beschreibt einen praktisch ungebremsten Ausstoß an Treibhausgasen. (Daneben gibt es noch Szenarien namens RCP6.0 und RCP4.5, die ein wenig oder etwas mehr weltweiten Klimaschutz simulieren.)

Rund zwei Grad wärmer wird es in Deutschland bis 2050 – ohne Klimaschutz könnten es bis 2100 sechs Grad werden

Wie ihre Wetterkollegen überprüfen auch die Klimaexperten des Deutschen Wetterdienstes ständig die Qualität ihrer Modelle. Beim Wetterbericht kann man das jeden Tag tun, wenn die Vorhersage von gestern mit dem tatsächlichen Wetter von heute verglichen wird. So ähnlich funktioniert auch der Prüfmodus von Klimamodellen: Die ersten ihrer Art entstanden bereits in den 1960er-Jahren. Es liegen deshalb schon so alte Modellergebnisse vor, dass man die damaligen Vorhersagen (Klimaforscher sprechen übrigens nie von »Prognosen«, sondern ziemlich bescheiden von »Projektionen«) mit der späteren Realität vergleichen kann. Und tatsächlich erwiesen sie sich als ziemlich korrekt.[10]

Eines der ersten Klimamodelle stammte unter anderem von Syukuro Manabe. Der gebürtige Japaner forschte damals bei der US-Wetterbehörde und publizierte 1967 im Journal of the Atmospheric Sciences ein Papier, das unter Fachkollegen bis heute als einflussreichste Klimastudie aller Zeiten gilt.[11] Es ist nur 19 Seiten lang, gefüllt mit Diagrammen, Tabellen und komplexen mathematischen Gleichungen. »Gemäß unserer Schätzung«, so das Fazit, »lässt eine Verdoppelung des CO_2-Gehalts der Atmosphäre ihre Temperatur um etwa zwei Grad Celsius steigen.« Manabe ist heute 89 Jahre alt, die aktuellen Messwerte bestätigen seine mehr als fünf Jahrzehnte alte Arbeit: Seit Beginn der Industrialisierung hat der Mensch die Kohlendioxid-Konzentration in der Luft um ziemlich genau die Hälfte erhöht. Und tatsächlich stieg die Erdmitteltemperatur um die Hälfte des von Manabe genannten Werts, um rund ein Grad Celsius.

Seit damals ist die Leistung der Großrechner millionenfach gestiegen, die Kantenlängen der einzelnen Quader im Modell konnten im Laufe der Jahre immer kürzer gemacht, das Klima immer kleinteiliger berechnet werden. Immer mehr Zusammenhänge im Klimasystem wurden verstanden, immer mehr Erkenntnisse aus der Forschung in die Modelle integriert.

Die zweite Möglichkeit, um die Qualität von Klimamodellen zu testen, ist der Blick in die Vergangenheit: ein Rückwärtsberechnen des Klimas. Aus natürlichen Archiven, etwa Jahresringen uralter Bäume, Tropfsteinen aus Höhlen oder Sedimentablagerungen in Seen, konnten Klimaforscher die Temperaturen der Vergangenheit rekonstruieren (Paläoklimatologie heißt diese Teildisziplin). Aus Eisbohrkernen, die sie zum Beispiel aus dem Frostpanzer der Antarktis zogen, extrahierten sie Luftbläschen, die Hunderttausende von Jahren alt waren und Auskunft gaben, wie viele Treibhausgase damals in der Atmosphäre waren. Um ihre Modelle zu überprüfen, füttern also Barbara Früh und ihre Kollegen überall auf der Welt ihre Supercomputer auch mit historischen CO_2-Daten – und schauen, ob die daraus rückblickend berechneten Temperaturen mit den paläoklimatischen Messdaten übereinstimmen. Ergebnis: Ja. Wissenschaftlern des Potsdam-Instituts für Klimafolgenforschung ist es kürzlich gelungen, auf diese Weise das Klima der vergangenen drei Millionen Jahre in einem Modell zu reproduzieren. Es hat die Entwicklungen des Meeresspiegels und der Eisschilde während mehrerer Eiszeitzyklen zutreffend berechnet.[12]

Längst sind die Wetter- und Klimamodelle so komplex, dass Forscherteams und Institute weltweit kooperieren, um die Arbeit zu schaffen – der Deutsche Wetterdienst zum Beispiel hat seine Modelle gemeinsam mit dem Max-Planck-Institut für Meteorologie in Hamburg entwickelt und arbeitet unter anderem mit den Wetterdiensten von Israel, Italien, Russland und der Schweiz zusammen. Weltweit gibt es derzeit mehr als 30 Klimamodelle; man könnte sagen, jede Nation, die zur Forschungselite der Welt zählen will, betreibt eigene Klimamodellierung: Frankreich natürlich, China, die USA, Großbritannien, aber auch Kanada, Südkorea, Australien oder Südafrika. Unter den Teams gibt es regen Austausch, denn der hilft, eigene Schwachstellen zu erkennen. »Vor ein paar Jahren prognostizierte das japanische Modell für Europa ganz komische Sachen«, erinnert sich Barbara Früh, die seit 2010 mit dem Klimamodell des Deutschen Wetterdienstes arbeitet. Bei der Überprüfung stellten die Forscher fest, dass die japanischen Kollegen über eine vorzügliche Beschreibung der physikalischen Eigenschaften im pazifischen Raum verfügten, jene für Europa aber nicht stimmte. »Durch unsere Zusammenarbeit sind dann beide Modelle besser geworden.«

Dazu kommen immer mehr Regionalmodelle, also solche, die mit kleineren Gitterabständen rechnen. Allein in Deutschland gibt es inzwischen rund ein halbes Dutzend. Neben jenem des Deutschen Wetterdienstes zum Beispiel REMO, beides sogenannte dynamische Regionalmodelle, die auf physikalischen Gleichungssystemen beruhen. Daneben existieren statistische Regionalmodelle (mit Namen wie EPISODES und WETTREG), die aus Wetterlagen der Vergangenheit das voraussichtliche Wetter in einem künftigen Klima ableiten. Eines der bislang größten Modellierungsprojekte in Deutschland lief von 2014 bis 2017 unter dem Titel ReKliEs-De. Es schaltete mehr als zwei Dutzend Klimamodelle zusammen, beteiligt waren neben dem DWD unter anderem das Hessische Landesamt für Umwelt, die Universitäten Cottbus und Hohenheim und das Potsdam-Institut für Klimafolgenforschung.

Aber bleiben wir im Erdgeschoss des Deutschen Wetterdienstes in Offenbach. Was hat denn nun der Cray XC40 fürs Klima in Deutschland 2050 errechnet? Wie wird es bei uns in 30 Jahren aussehen?

Vor der Leiterin der Klimamodellierung liegen die Auswertungen der jüngsten Berechnungen, Tabellen, Grafiken. Wie für seriöse Wissenschaftlerinnen und Wissenschaftler typisch erläutert Barbara Früh erst einmal die Grenzen ihrer Arbeit, also Ungewissheiten bei den Projektionen. Die gibt es natürlich, aber sie sind vergleichsweise klein. Man kann sich das Verhältnis von Sicherheit und Ungewissheit bei Klimamodellen ungefähr vorstellen wie eine Vorhersage fürs Wasserkochen: Dreht man unter einem Topf die Flamme hoch, dann wird – bei normalem Luftdruck – das Wasser bei einhundert Grad Celsius sieden und zu blubbern beginnen. Ungewiss jedoch ist, an genau welcher Stelle im Topf dann Gasblasen aufsteigen, in welcher Reihenfolge und in welcher Größe – dies kann kein Wissenschaftler der Welt vorhersagen.

Klimamodelle sagen deshalb auch nicht für ein bestimmtes Jahr oder gar für einen bestimmten Monat der Zukunft das Wetter voraus, sondern sie berechnen Durchschnittswerte des Wetters für einen längeren Zeitraum – genau das ist ja »Klima«. Für ihre Projektionen lassen die Wissenschaftler ihre Modelle dutzend-, hundert-, tausendfach laufen, sie variieren minimal Eingangsdaten und Anfangszeitpunkte und sortieren dann die Vielzahl der ausgeworfenen Daten, sondern Ausreißer nach oben und unten aus, bilden Mittelwerte, erstellen Ergebniskorridore. Denn, wie gesagt, bei einem chaotischen System kann man nie ganz exakt vorhersagen, wie es sich verhält. Kommt aber eine große Zahl von Rechenläufen zu ähnlichen Ergebnissen, dann sind sie verlässlich.

Barbara Früh hat also in ihren Papieren Spannbreiten für die künftigen Temperaturen in Deutschland: Bis spätestens 2050 werden sie – gegenüber dem Beginn der Aufzeichnungen 1881 – um 1,9 bis 2,3 Grad Celsius steigen.[13] Mitte des Jahrhunderts wird also in Deutschland bereits eine stärkere Erhitzung erreicht sein, als im Pariser Abkommen als globales Limit beschlossen wurde.

Neben diesem langfristigen Ausblick hat der Deutsche Wetterdienst auch eine Vorausschau für das laufende Jahrzehnt berechnet – also bis 2029. Demnach wird die Erhitzung der vergangenen Jahre ohne Verschnaufpause weitergehen. Besonders stark dürfte sie in Westdeutschland (Saarland, Rheinland-Pfalz, Nordrhein-Westfalen und Hessen) ausfallen sowie in Ostdeutschland (Thüringen, Sachsen, Sachsen-Anhalt, Berlin und Brandenburg) – etwas weniger stark hingegen im Norden und Süden Deutschlands.[14]

Im Jahr 2050 liegen die Szenarien mit oder ohne Klimaschutz noch ziemlich nahe beieinander. Der Grund dafür ist die Trägheit des Klimasystems und die lange Lebensdauer von Treibhausgasen. Kohlendioxid zum Beispiel verbleibt Hunderte von Jahren in der Atmosphäre, es wird durch natürliche Prozesse nur sehr langsam abgebaut. Den größten Teil der Erhitzung, die wir 2050 spüren werden, haben wir daher längst ausgelöst. Doch je weiter der Blick in die Zukunft geht, desto stärker spreizt sich die Entwicklung. Bei strengem Klimaschutz steigen die Temperaturen nach 2050 praktisch nicht mehr, auch zum Ende des Jahrhunderts liegen sie dann laut der DWD-Modelle »nur« rund zwei Grad über dem Niveau zu Beginn der Industrialisierung. Steigen jedoch die Emissionen weiterhin stark, dann wird sich Deutschland bis Ende des Jahrhunderts um rund 4,5 Grad erhitzt haben. Im Wörtchen »rund« steckt auf diese lange Sicht eine erhebliche Spannbreite: Es könnten auch 3,5 Grad oder extreme sechs Grad sein.[15]

Aber was bedeuten die rund zwei Grad bis Mitte des Jahrhunderts ganz konkret für unser Land, für unser Leben?

Barbara Früh schüttelt den Kopf: »Ich bin für die Modellierung zuständig«, sagt sie. »Die Auswertung der Daten übernehmen Kolleginnen und Kollegen.«

»Kälte wird es nur etwas weniger geben. Dafür bekommen wir mehr Hitze – und vor allem mehr extreme Hitze«

Zum Beispiel Andreas Walter, der beim Deutschen Wetterdienst für das Sachgebiet »Anpassung an den Klimawandel« zuständig ist. 2001 promovierte Walter über statistische Klimatologie, beste Voraussetzung also, um aus Gitternetzpunkten, Spannbreiten und Temperaturentwicklungen praktische Aussagen abzuleiten. »Der globale Klimawandel und seine Auswirkungen für Deutschland« lautet die Überschrift seines Vortrags, mit dem er seit Jahren durch Rathäuser, Behörden oder Universitätshörsäle tourt.

Zuerst räumt Walter mit einem verbreiteten Missverständnis auf: »Ein wärmeres Klima in Deutschland bedeutet nicht, dass es keine frostigen Winter mehr geben wird!« Um dies zu verdeutlichen, zeigt Walter eine Gauß'sche Glockenkurve. Sie ist benannt nach dem Mathematiker Carl Friedrich Gauß, der Anfang des 19. Jahrhunderts die Verteilung von Wahrscheinlichkeiten beschrieb. Als Diagramm gezeichnet sieht die Verteilung aus wie eine Glocke: in der Mitte hoch (heißt: Werte nah am Mittelwert kommen häufig vor), an den Rändern flach (bedeutet: Extreme sind selten).

Als erste Folie seines Vortrags zeigt Andreas Walter zwei solcher Gaußkurven: »bisheriges Klima« steht auf der einen, »zukünftiges Klima« auf der anderen. Man sieht sofort: Die Glocke des künftigen Klimas liegt insgesamt weiter rechts auf der Skala, also bei höheren Temperaturen. Doch sie ist nicht einfach verschoben – sie beginnt links etwa am gleichen Punkt, aber zieht sich viel breiter auseinander. Andreas Walter: »Das bedeutet: Es wird in Deutschland auch weiterhin sehr kalte Jahre geben, allerdings viel weniger.« Auf der anderen Seite werden es dafür mehr heiße Jahre – und es kommen am Ende der Glockenkurve Jahre mit Temperaturen dazu, die hierzulande bisher unbekannt waren. Insgesamt ist die Kurve dadurch flacher als die heutige. »Kurz gesagt bekommen wir nur etwas weniger Kälte. Dafür aber mehr Hitze – und vor allem mehr Extreme.«

Geht es etwas genauer, Herr Walter? Wie wird denn das Wetter der Zukunft, zum Beispiel 2050 in Hannover?

Andreas Walter bremst. Das Wetter an einem einzelnen Ort zu einem bestimmten Zeitpunkt könnten Klimatologen auch mit noch besseren Modellen und Großrechnern nicht vorhersagen, betont er.

Klima ist der langjährige Durchschnitt des Wetters. Den Unterschied zwischen beiden kann man sich am Beispiel eines Schwimmbeckens vorstellen: Die Füllhöhe des Pools ist das Klima. Die Wellen auf der Oberfläche jedoch, die der Wind kräuselt oder hineinspringende Kinder aufwerfen – das ist Wetter. Die menschengemachten Treibhausgase wiederum sind wie ein Schlauch, der zusätzliches Wasser in den Pool leitet und den Pegel steigen lässt. Klimamodelle berechnen nun – unter Berücksichtigung einerseits der Stärke des Wasserstrahls und andererseits der Verdunstungsrate im Pool –, wie hoch zum Zeitpunkt X das Schwimmbecken gefüllt sein wird. Klar ist, dass dann auch die Wellen höherschlagen werden – und wenn man die heutigen Wellen (das Wetter) kennt, kann man auch abschätzen, wie hoch sie künftig schwappen. Aber wann genau es welche Welle gibt, und wie hoch jede einzelne sein wird: Das weiß kein Klimamodell.

Aussagen zum Klima treffen Meteorologen üblicherweise anhand sogenannter Kenn-Tage, erklärt Andreas Walter. Sie sprechen also beispielsweise über die Zunahme sogenannter Heißer Tage (an denen das Thermometer über 30 Grad Celsius steigt) oder die Verschiebung jenes Tages, an dem im Frühjahr die Blüte des Haselstrauches beginnt.

Bei seinen Vorträgen spricht er meistens nicht über die Erwärmung gegenüber dem vorindustriellen Niveau oder dem Beginn der Wetteraufzeichnungen. Stattdessen bezieht er sich auf das Niveau Ende des 20. Jahrhunderts, also den Durchschnitt der Periode 1971 bis 2000, weil sich viele seiner Zuhörerinnen und Zuhörer an diesen Zeitraum noch persönlich erinnern können.

Und dann geht Walter ins Detail:

-- ***Jahreszeiten und Regionen***
  Im Jahresdurchschnitt werden die Temperaturen in Deutschland bis 2050 um rund 1,4 Grad Celsius zunehmen. Dabei erwärmen sich die Jahreszeiten unterschiedlich – das Frühjahr etwas weniger stark, dafür Herbst und Winter noch deutlicher.[16] Sehr milde Winter wie jener 2019/20, in denen zum Beispiel in Berlin nicht an einem einzigen Tag auch nur ein bisschen Schnee lag, werden dann nichts Besonderes mehr sein.
  Auch regional wird es Unterschiede geben: Im Süden und vor allem in den Alpen steigen die Temperaturen deutlich stärker als im deutschlandweiten Durchschnitt, an den Küsten von Ost- und vor allem Nordsee hingegen etwas weniger.
-- ***Der Südwesten – von Freiburg bis Mainz/Wiesbaden***
  »Spätestens ab 2050 wird das Leben ungemütlich für Menschen in der Region Wiesbaden, Mainz, Mannheim, Karlsruhe, im Oberrheingraben bis hinunter nach Freiburg«, sagt Andreas Walter. »Das sind ja schon heute die heißesten Gegenden in Deutschland.« Früher (also im Durchschnitt der Jahre 1971 bis 2000) war es dort an nicht einmal 30 Tagen pro Jahr wärmer als 25 Grad Celsius. Mitte des Jahrhunderts werden es bis zu 80 Tage sein, Ende des Jahrhunderts sogar mehr als 120 Tage.

Das Thermometer wird nicht nur immer häufiger steigen, sondern auch immer höher. Das heißt, es dürfte dann auch Tage mit Spitzentemperaturen von mehr als 45 Grad geben – so was kennt man als Deutscher heute höchstens aus dem Urlaub in Dubai. »Nicht nur das: Die Zahl der ›Tropischen Nächte‹ nimmt bis auf 20 zu – Nächte, in denen sich die Umgebung nicht mehr auf unter 20 Grad abkühlt.« Wer wissen will, wie sich das Leben in Frankfurt/Main nach dem Jahr 2070 anfühlt, solle im Sommer einige Wochen in Mailand verbringen oder im südfranzösischen Montélimar, sagt Walter. »Das ist vergleichbar.«

-- ***Köln, Aachen und das Ruhrgebiet***

Hitze wird in einigen Jahrzehnten auch in Westdeutschland viel häufiger sein, besonders in der Kölner Bucht und im Ruhrgebiet: Sorgte früher der klimatische Einfluss des Atlantiks rheinaufwärts bis Düsseldorf oder Neuss für gemäßigte Sommer, so werden ab Mitte des Jahrhunderts auch hier die tropischen Tage mehr. »Im Ruhrgebiet trägt die dichte Bebauung ihren Teil zum Hitzestress bei.«

-- ***Berlin, Leipzig, Dresden, die Lausitz***

Von der Hauptstadt über die Leipziger Tieflandbucht bis nach Dresden werden in Südostdeutschland steigende Temperaturen unter kontinentalem Einfluss für den Anstieg unerträglicher Hitze sorgen. Auch die Lausitz ist stark betroffen. »Die Entwicklung kann man bereits heute nachweisen«, sagt Andreas Walter und kramt eine Liste mit in der Vergangenheit gemessenen Heißen Tage hervor. »Sie sehen: Über Jahre hat ihre Anzahl in den betroffenen Gebieten sehr stark zugenommen.«

-- ***Nord- und Ostseeküste***

Auch an den Küsten wird es dramatische Änderungen geben, hier sind es auch steigende Wasser-Temperaturen von Nord- und Ostsee, die dafür sorgen, dass es immer wärmer wird. »Der kühlende Effekt, der heute noch von den Ozeanen ausgeht, wird zurückgehen.« Eine weitere Gefahr seien steigende Meeresspiegel und das damit verbundene höhere Auflaufen von Sturmfluten. »Das Leben der Küstenbewohner wird sich langfristig drastisch verändern.« So richtig werde dies erst ab Ende des Jahrhunderts sichtbar, die Entwicklung aber habe längst begonnen.

- *Die Mittelgebirge*

  »Was ich besonders frappierend finde: Selbst in den Höhenlagen von Schwarzwald, Erzgebirge oder im Bayerischen Wald wird die Zahl der Heißen Tage zulegen.« Dagegen wird Frost immer seltener. Die Zahl der Tage, an denen das Thermometer die null Grad nicht überschreitet, wird bis Ende des Jahrhunderts im Erzgebirge, im Harz, im Thüringer Wald um bis zu einhundert Tage sinken. Jährlich hundert Tage weniger Frost im Erzgebirge? Wird es dort überhaupt noch Schnee geben? Walter sagt: »Am wahrscheinlichsten ist das in den Höhenlagen.«

- *Regen: im Winter mehr, im Sommer weniger – und viel mehr Wolkenbrüche*

  Überhaupt, die Niederschläge: »Mitte des Jahrhunderts wird es erhebliche Änderungen geben: Im Sommer fällt weniger Regen, im Winter dagegen mehr.« Zudem wird der Regen im Sommer nicht mehr so fallen, wie es sich Bauern erhoffen, gleichmäßig über einen längeren Zeitraum.

  Walter erklärt: »Was heutzutage vielleicht über zwei Wochen verteilt fällt, kommt dann binnen weniger Stunden runter. Dem Starkregen folgen Sturzfluten und Überschwemmungen, mit den entsprechenden Schäden in der Landwirtschaft, aber zum Beispiel auch in den dicht bebauten Städten, in denen das Wasser nicht abfließen kann.«

- *Wassermangel von Brandenburg bis Niedersachsen*

  In Niedersachsen wird das Wasser knapp werden: Bereits heute verdunstet dort mehr Wasser, als in den Sommermonaten an Niederschlag fällt. »Ein Trend, der sich verstärkt«, sagt Andreas Walter, denn mit den steigenden Temperaturen transpirieren die Pflanzen mehr Wasser, insbesondere die Bäume; und Wasser, das die Flora umsetzt, wird dem Boden entzogen. »Wir müssen davon ausgehen, dass sich das Wasserdefizit in der zweiten Hälfte des Jahrhunderts dort verdoppelt.«

Aber auch Bauern in Vorpommern, Brandenburg und Sachsen-Anhalt werden stark mit Wassermangel zu kämpfen haben: Mit 400 bis 600 Millimeter Niederschlag ist der nordostdeutsche Raum bereits heute die trockenste Gegend Deutschlands und dringend auf regelmäßige Niederschläge angewiesen. Die aber werden 2050 eher die Ausnahme sein.

-- ***Der Frühling startet immer früher, der Winter schrumpft***

Die Phänologie ist die Lehre vom Einfluss der Witterung und des Klimas auf die jahreszeitliche Entwicklung der Pflanzen und Tiere – und auch hier werden sich deutliche Veränderungen zeigen. Erwartet wird etwa, dass die Apfelbäume Ende des Jahrhunderts zwei Wochen früher als heute zu blühen beginnen.

»In Zukunft wird der Frühling viel eher einsetzen«, sagt Walter und verzieht dann sein Gesicht. Was manchem von uns willkommen erscheinen mag, wird dramatische Auswirkungen auf Flora und Fauna haben. »Denken Sie nur an den Frühling 2019: In Sachsen standen die Apfelbäume schon Ende April in voller Blüte. Aber Anfang Mai kam der Frost zurück.« Ein sich erwärmendes Klima bedeute eben nicht, dass es nicht auch immer wieder einmal sehr kalt werden kann.

Klimamodelle haben die bisherige Erwärmung ziemlich gut vorhergesagt. Warum sollten sie sich für die Zukunft irren?

Mit solchen Daten also zieht Andreas Walter durchs Land, er besucht Lokalpolitiker und Beamte, berät Entscheidungsträger. Sind die nicht oft erschrocken? »Ich glaube schon«, sagt Walter.

Aber vielleicht irren sich Barbara Früh, Andreas Walter und die Kollegen vom Deutschen Wetterdienst ja auch?

Dafür spricht – leider – nichts. Warum sollten die Modelle für die Zukunft irren, wenn sie in der Vergangenheit die heutige Realität bereits vorhersahen? Wie gut Klimamodellierung funktioniert, hat ausgerechnet die Forschungsabteilung des weltgrößten Erdölkonzerns, ExxonMobil, vorgeführt. Weil die Firmenspitze sich schon in den 1970er-Jahren um ihr Geschäftsmodell, die Freisetzung von Treibhausgasen, sorgte, startete sie ein eigenes Klimaforschungsprogramm. Die Wissenschaftler gehörten zur Weltspitze, aber ihre Ergebnisse blieben geheim. Die Konzernforscher warnten eindringlich vor der Erderhitzung – doch in der Öffentlichkeit schürte ExxonMobil Zweifel an deren Existenz, zum Beispiel in teuren Werbeanzeigen. 2015 deckte das US-Online-Magazin InsideClimateNews auf, wie viel die Firma bereits seit Jahrzehnten von der drohenden Klimakatastrophe gewusst hat. Bei fortgesetzter Verbrennung von Kohle und Öl, schrieben die Exxon-Forscher schon im November 1982 in einem internen Memo, werde die CO_2-Konzentration in der Atmosphäre binnen 40 Jahren auf etwa 415 ppm (Teilchen pro Million Moleküle) steigen, was die Oberflächentemperatur der Erde um mindestens 0,8 Grad aufheizen werde – mit entsprechenden Folgen: schmelzende Eisschilde, Hitzewellen, zunehmende Dürren.[17]

Fast genauso ist es eingetroffen. Im November 2020, exakt 38 Jahre später, veröffentlichte die Weltorganisation für Meteorologie (WMO) ihr neuestes Treibhausgas-Bulletin – demnach lag der Kohlendioxid-Wert erstmals über 410 ppm. Und die Temperatur der Erde ist bereits um rund ein Grad gestiegen.

Kapitel 2: **Mensch**

»Der Hitze entkommt man nicht«

Extremtemperaturen, Tropenkrankheiten, Allergien und vieles mehr – der Klimawandel bringt neue Gesundheitsgefahren und verstärkt bestehende

Physikalisch betrachtet ist der Mensch nichts anderes als eine Wärmekraftmaschine. Er nimmt Nahrung auf, die sein Stoffwechsel verbrennt, um daraus Energie zu gewinnen für die Arbeit der Muskeln oder des Gehirns oder für andere Körperfunktionen. Die Betriebstemperatur der Maschine liegt bei etwa 37 Grad Celsius – und sie darf nicht weit darunterfallen oder darübersteigen.

Im menschlichen Körper entsteht ständig Abwärme – bei jeder Bewegung, beim Atmen, beim Denken. Wenn zum Beispiel ein Muskel arbeitet, werden mehr als zwei Drittel der dabei verbrauchten Energie nicht in Kraft umgewandelt, sondern als Wärme frei; beim Laufen beträgt der mechanisch genutzte Energieanteil höchstens ein Viertel.[18] Im Normalfall heizt sich die Maschine also selbst. Wird es ihr dennoch zu kühl, setzt ein Zittern ein – schnelle Muskelkontraktionen erzeugen Wärme. Aber die Maschine kann sich auch durch absichtliches Bewegen aufwärmen, sie läuft also einfach ein bisschen herum. Oder sie isoliert ihre Körperoberfläche, also zieht sich Kleidung an. Oder sie baut sich schützende Behausungen. Oder entzündet ein Feuer.

Schwieriger wird es für die Wärmemaschine Mensch, wenn sie überhitzt. Ab einer Kerntemperatur von etwa 39 Grad Celsius wird es für den menschlichen Körper ungemütlich, ab 41 Grad gefährlich, 43 Grad sind tödlich. Wird es ihm zu warm, kann ein Mensch seine Kleidung ausziehen – aber halt nur, bis er nackt ist. Er kann seine wärmende Unterkunft verlassen – aber was, wenn es draußen noch wärmer ist? »Gegen Hitze bin ich machtlos«, sagt Andreas Matzarakis, Professor an der Universität Freiburg und Leiter des Zentrums für Medizin-Meteorologische Forschung des Deutschen Wetterdienstes (DWD). »Der Hitze entkomme ich nicht. Das Einzige, was ich tun kann, ist, mein Verhalten anzupassen und mich zum Beispiel wenig zu bewegen.«

Doch selbst im kompletten Ruhezustand produziert ein menschlicher Körper Wärme (jedenfalls solange er lebt). Allein die Basisfunktionen des Stoffwechsels heizen das Körperinnere auf, pro Stunde um rund 1 Grad Celsius. Selbst ein Mensch, der absolut nichts tut, würde ohne funktionierende Wärmeabfuhr also nicht einmal einen halben Tag überleben.

Im Normalfall transportiert der Blutkreislauf die Hitze aus dem Körperinnern: Warmes Blut wird unter die Hautoberfläche geleitet, wo sie abkühlt, dann fließt sie zurück in den Körper, wieder nach außen und so weiter. Dieser Mechanismus funktioniert problemlos, solange die Umgebungstemperatur deutlich unter 37 Grad Celsius liegt (und der Mensch gesund ist). Ist es zu warm, versucht sich der Körper durch Schwitzen zu helfen. Auf der feuchten Hautoberfläche entsteht Verdunstungskälte. Doch diese Notkühlung verbraucht viel Wasser, ein Mensch kann durch Schwitzen durchaus einen Liter Flüssigkeit pro Stunde verlieren. Trinkt er nicht schnell genug nach, reagiert der Körper mit einem quälenden Durstgefühl. Passiert weiter nichts, wird das Blut dicker, das Gehirn wird nicht mehr genügend durchblutet, es kommt zu Schwindel, unsicherem Gang, Sprachstörungen. Bei anhaltendem Wassermangel versagen irgendwann die Nieren, sie können den Körper nicht mehr entgiften. Er stirbt.

Alles Trinken aber ist zwecklos, wenn die Umgebung nicht nur heiß, sondern auch sehr feucht ist: Wenn nämlich die Luft bereits mit Wasser gesättigt ist, kann sie kein weiteres mehr aufnehmen. Der Schweiß auf der Körperoberfläche verdunstet einfach nicht, die Notkühlung versagt. Hitzekrämpfe, Hitzeerschöpfung, Hitzekollaps, Hitzschlag drohen. Wichtiger als die reine Temperatur der Körperumgebung ist deshalb die Kombination aus Lufttemperatur und Luftfeuchte. Für sie gibt es spezielle Maßeinheiten, etwa den Hitzeindex, der auf einen US-Wissenschaftler zurückgeht, den »Humidex«, der von einem Kanadier entwickelt wurde, oder auch die *wet-bulb globe temperature* (WBGT), die zum Beispiel von der US-Armee verwendet wird, um die Einsatzbedingungen für ihre Truppen einzuschätzen. In Deutschland wird oft von »gefühlter Temperatur« gesprochen, die neben der reinen Temperatur auch den Einfluss von Luftfeuchte, Wind und Sonnenstrahlung berücksichtigt: Eine Temperatur von 33 Grad Celsius etwa fühlt sich bei einer Luftfeuchtigkeit von 60 Prozent an wie 40 Grad.[19] Erhöhte Gefahr für den menschlichen Körper droht zum Beispiel ab einem Hitzeindex von 54: Beträgt die Luftfeuchte 40 Prozent, ist dieser Wert erst bei 42 Grad Celsius erreicht; bei hundertprozentiger Luftfeuchte jedoch schon bei 32 Grad.

Feuchte Hitze bedeutet also besonders großen Stress für die Wärmekraftmaschine Mensch. Das Gehirn gibt das Signal, noch mehr zu schwitzen und noch mehr Blut unter die Hautoberfläche zu pumpen. Der Schweiß läuft buchstäblich am Körper herunter. Das Herz schlägt schneller, der Puls rast. Geht das über längere Zeit, ist eine Mangeldurchblutung in anderen Körperteilen die Folge. Lebenswichtige Organe wie Herz oder Hirn, Leber oder Lunge erhalten zu wenig Sauerstoff.

Durch die hohe Temperatur im Körperinneren werden Zellen auch direkt geschädigt und setzen Giftstoffe frei. Verbreiten sich diese, kommt es zu multiplen Entzündungen im Körper. Die toxischen Substanzen machen zudem die Darmwand durchlässiger, Darminhalt gelangt ins Blut. Dies allein kann schon zum Tod führen. Durch komplizierte physiologische Prozesse nimmt die Blutgerinnung zu, Blutpfropfen behindern zusätzlich die Versorgung unverzichtbarer Organe.

»27 Wege, auf denen dich eine Hitzewelle umbringen kann«, lautete der Titel eines vielbeachteten Aufsatzes von US-Medizinern, der 2017 im Fachjournal *Circulation: Cardiovascular Quality and Outcomes* erschien.[20] Darin zählten sie mehr als zwei Dutzend physiologische Mechanismen auf, durch die eine zu hohe Umgebungstemperatur zur tödlichen Gefahr für den menschlichen Körper werden kann. »Während einer Hitzewelle zu sterben, ist wie ein Horrorfilm mit 27 schlechten Enden, von denen man sich eines aussuchen kann«, kommentierte Hauptautor Camilo Mora von der University of Hawaii. Zwar seien Kranke, Alte und Kinder besonders verletzlich – aber bei großer Hitze sei jeder in Gefahr, betont er, auch junge und gesunde Körper können schnell an ihre Grenzen kommen. »Der Mensch ist anfälliger für Hitze, als die meisten Leute denken.« Angesichts dessen, so Mora im typischen Understatement eines Wissenschaftlers, »ist es bemerkenswert, welche Gleichgültigkeit die Menschheit gegenüber den Gefahren eines fortschreitenden Klimawandels an den Tag legt«.

Und es ist ja tatsächlich so: Vor allem in nördlichen Breiten – zum Beispiel an einem dieser typisch deutschen nasskalten Novembertage, wenn der graue Himmel wie ein vollgesogener Scheuerlappen aufs Gemüt drückt – sehnt man sich nach ein bisschen Sonne, nach Wärme. Wie gefährlich hohe Temperaturen sein können, blendet man da gern aus. Doch die Erwärmung der Welt bringt Deutschland eben nicht nur einen früheren Frühlingsbeginn, laue Sommerabende oder einen längeren, oft goldenen Herbst – sondern auch tödliche Hitzewellen. Bereits in den vergangenen Jahren haben sie merklich zugenommen, sowohl in Deutschland als auch weltweit.

Schon heute leben etwa 30 Prozent der Weltbevölkerung in Gegenden, in denen an mindestens 20 Tagen pro Jahr potenziell tödliche Hitze herrscht. Teile Indiens oder Gegenden am Persischen Golf gehören dazu, dort ist an solchen Tagen der Aufenthalt im Freien lebensgefährlich. Selbst bei sofortigem Klimaschutz wird sich die Erde bis Ende des Jahrhunderts um durchschnittlich ein weiteres Grad Celsius aufheizen – Gebiete mit mindestens 20 Extremhitzetagen dehnen sich dann so weit aus, dass knapp die Hälfte der Weltbevölkerung betroffen sein wird. Wie gesagt, dies ist ein sehr optimistisches Szenario.

Realistischer ist derzeit – leider – eine Entwicklung, in der die Emissionen weiter deutlich steigen. Dann werden bis Ende des Jahrhunderts sogar drei Viertel der Weltbevölkerung in Gegenden mit jährlich mindestens 20 Tagen Extremhitze leben – zum Beispiel auch Teile Griechenlands, Italiens, Spaniens und Südfrankreichs werden dann betroffen sein.[21] Was der Welt – und damit auch Deutschland – droht, bringt der US-Mediziner Camilo Mora auf den Punkt: »Wir haben die Wahl zwischen mehr tödlicher Hitze und einer ganzen Menge mehr.«

Allein die Hitzewelle von 2003 forderte in Deutschland mehr als 7000 Menschenleben

Bereits vor zehn Jahren warnte eine Kommission des renommierten Medizin-Fachblatts *The Lancet:* »Der Klimawandel ist die weltgrößte Gesundheitsgefahr im 21. Jahrhundert.«[22] In der Tat verblasst neben den vielfältigen und langfristigen Folgen der Erderhitzung selbst die aktuelle Corona-Pandemie mit all ihren Verheerungen – und gegen den Klimawandel helfen keine einfachen Abstandsregeln, Mund-Nasen-Masken oder Impfungen. Die Weltgesundheitsorganisation (WHO) rechnet schon für den Zeitraum 2030 bis 2050 damit, dass durch den Klimawandel jedes Jahr weltweit etwa 250 000 Menschen zusätzlich sterben – außer durch Hitze zum Beispiel durch Überschwemmungen, Krankheiten wie Malaria und Dengue oder durch Unterernährung infolge von Ernteausfällen. Ende des Jahrhunderts, warnen US-Forscher, könnte der Klimawandel weltweit mehr Todesopfer fordern als alle Infektionskrankheiten zusammengenommen.[23]

Auch für Deutschland ergeben Klimamodelle bei ungebremstem Treibhausgas-Ausstoß eine starke Zunahme von Hitze: In Norddeutschland sehen sie bis Ende des Jahrhunderts bis zu fünf zusätzliche Hitzewellen pro Jahr (verglichen mit dem Zeitraum 1971 bis 2000), für Süddeutschland gar bis zu 30 zusätzliche Hitzewellen. Die Konsequenz fasste das *Deutsche Ärzteblatt* im August 2019 in einem Satz zusammen: »Je wärmer es wird, desto mehr Tote wird es geben.«[24]

Höhere Temperaturen haben vielerlei Folgen für die Gesundheit: Exotische Mückenarten breiten sich aus und können neue Krankheiten übertragen. Asthmatiker und Allergiker werden stärker leiden, unter anderem weil sich die Pollenflugsaison verlängert. Indirekt verstärken hohe Temperaturen die Probleme mit Luftschadstoffen wie bodennahem Ozon (»Sommersmog«). Das Bundesamt für Strahlenschutz hat bereits vor mehr Krebsfällen infolge des Klimawandels gewarnt: Wenn die heißen, sonnigen Tage zahlreicher werden, nehmen die Gefahren durch UV-Strahlen und damit von Hautkrebs deutlich zu.

Doch die meisten Opfer werden hierzulande, da sind sich Fachleute einig, die zunehmenden Hitzeextreme fordern. »Das ist sicherlich das Thema, was in Deutschland die größte Rolle spielen wird«, sagt auch DWD-Experte Andreas Matzarakis. Während andere Wetterextreme wie Stürme oder Starkregen meist lokal begrenzt auftreten und deshalb die Folgen noch relativ gut beherrschbar sind, treffen Hitzewellen meist größere Gebiete und damit sehr viele Menschen auf einmal.

Will man eine Ahnung von der drohenden Zukunft bekommen, braucht man nur ein paar Jahre zurückzuschauen:

Karlsruhe, 9. August 2003. Das Thermometer klettert auf 40,2 Grad Celsius. Seit Tagen ächzen weite Teile Westeuropas unter einer heftigen Hitzewelle, in Deutschland sind vor allem der Oberrhein und Gegenden in Bayern betroffen. Freiburg zum Beispiel verzeichnet im August 2003 eine Durchschnittstemperatur von 25,5 Grad – mehr als das nordafrikanische Algier. Bei derartiger Hitze wird das Leben schnell unerträglich, vor allem in Städten.

Am 12. August meldet die Chefin eines Karlsruher Altenpflegeheims dem örtlichen Gesundheitsamt eine Häufung ihr rätselhafter Todesfälle: Gemeinsames Merkmal sind plötzliches Fieber, in manchen Fällen bis über 42,5 Grad Celsius, außerdem eine Austrocknung des Körpers. Fast ein Fünftel der 160 Bewohnerinnen und Bewohner ist betroffen. Antibiotika und fiebersenkende Mittel schlagen nicht an. Ärzte und Pflegepersonal sind ratlos. Haben sie es mit einer bis dato unbekannten Infektionskrankheit zu tun?

Das Robert-Koch-Institut (RKI) in Berlin wird informiert. Dort laufen ähnliche Meldungen aus sieben weiteren Landkreisen in vier Bundesländern ein. Das RKI veröffentlicht daraufhin in seinem wöchentlichen *Epidemiologischen Bulletin* eine Warnmeldung.[25] Eine genauere Untersuchung wird veranlasst, Spezialisten vom RKI und dem Landesgesundheitsamt Baden-Württemberg fahren in das Karlsruher Altenheim. Zehn der Patientinnen und Patienten sind inzwischen gestorben. Krankenakten werden durchforstet, Proben auf alle denkbaren Erreger getestet. Ergebnislos. Die Krankheitsfälle waren in allen Gebäudeteilen des Heimes aufgetreten, in verschiedenen Stockwerken und Zimmern. Die Wasserleitungen werden auf Legionellen untersucht. Ebenfalls ohne Befund.

Alle anderen Seniorenheime der Stadt werden abgefragt: Sie melden 56 ähnliche Fälle. Dort waren 17 der Erkrankten gestorben, die Symptome sehr ähnlich.

Vier Wochen nach der ersten Warnmeldung erscheint schließlich im *Epidemiologischen Bulletin* des RKI das Ergebnis der Untersuchung.[26] Ein genauer Blick auf die Daten der Wetterstation Karlsruhe und der Vergleich mit einer Kontrollgruppe nicht erkrankter Heimbewohner aus denselben oder aus Nachbarzimmern hatte die Spezialisten irgendwann auf die richtige Spur gebracht: Die meisten Patienten waren am 10. August gestorben, also dem Tag nach dem Temperaturrekord von 40,2 Grad Celsius. Und die meisten von ihnen waren bettlägerig. Sie hatten also nicht der Hitze in ihrem Zimmer entkommen und mal zum Beispiel auf einen kühleren Flur gehen können. Zudem hatten besorgte Pflegekräfte die vermeintlich fiebernden Patienten offenbar noch extra zugedeckt – und so unwissentlich die Todesgefahr sogar verschärft. Im Rückblick wirkt es fast unglaublich: Wie gefährlich Hitze sein kann, war damals niemandem bewusst.

Schätzungsweise 7600 Menschen starben in jenem Jahr in Deutschland an der Extremhitze, europaweit forderte der Sommer 2003 rund 70 000 Todesopfer.[27]

Andere Länder haben schnell auf die zunehmenden Hitzerisiken reagiert, etwa Frankreich oder die Schweiz

»Die Ereignisse von 2003 in diesem Altenheim in Karlsruhe und so ähnlich auch in einigen anderen Städten waren eine Initialzündung – zumindest für die Fachwelt«, erinnert sich Henny Annette Grewe, Professorin am Fachbereich Pflege und Gesundheit der Hochschule Fulda. Zuvor waren die Gesundheitsrisiken von Hitze hierzulande in der medizinischen Literatur und der Ausbildung kaum thematisiert worden – nach der Hitzewelle 2003 wurden immerhin Forschungsprojekte angeschoben, das Personal in Pflegeeinrichtungen und Krankenhäusern besser geschult.

Alte Menschen sind bei Hitze ganz besonders gefährdet, erklärt Grewe: Häufig ist ihr Herz-Kreislauf-System bereits geschwächt, oder es gibt andere Vorerkrankungen. Manche trinken weniger oder erhalten Medikamente, die Flüssigkeit ausschwemmen. Ihr Körper produziert aus physiologischen Gründen oder aufgrund der

(Neben-)Wirkung von Medikamenten weniger Schweiß. Und wer bettlägerig ist, kann – ganz profan – über jenen Teil der Körperfläche, der auf der Matratze liegt, keine Hitze abführen. Zudem leben alte Menschen nicht selten allein, und soziale Isolation hat sich in vielen Studien als besonderer Risikofaktor bei Hitze herausgestellt.

Andere Länder reagierten nach der Hitzewelle von 2003 schnell. Unter anderem in der Schweiz und Österreich, in Belgien und Frankreich wurden sogenannte Hitzeaktionspläne erlassen. In einigen Schweizer Kantonen werden zum Beispiel Personen, die durch hohe Temperaturen besonders gefährdet sind, identifiziert und während einer Hitzewelle besonders betreut. In Frankreich wurde unter anderem eine Vorschrift erlassen (und im zentralistischen Staatssystem auch zügig umgesetzt), die für jedes Altenheim im gesamten Land zumindest einen klimatisierten Raum vorschreibt. In Frankreich ist der Katastrophensommer 2003 bis heute viel stärker im öffentlichen Bewusstsein. Weil damals etliche Krankenhäuser in ihren Kühlkellern keinen Platz mehr hatten für die Toten, parkten vielerorts Kühl-Lkw vor den Kliniken – was schockierende Bilder für die Medien gab; ähnlich aufrüttelnd wie im Frühjahr 2020 die Aufnahmen von Militärlastwagen in Norditalien, mit denen in nächtlichen Kolonnen die Leichen von Corona-Opfern abtransportiert wurden.

In Deutschland hingegen fehlen bis heute systematische Vorbereitungen auf die nächste Hitzewelle. Zwar tagten nach 2003 diverse Expertenkommissionen. Doch es dauerte bis März 2017, also fast 14 Jahre, bis sich Bund und Länder zumindest auf »Handlungsempfehlungen« für Hitzeaktionspläne einigten.[28] Vieles in dem 18-seitigen Papier ist sehr allgemein formuliert; und ein Beteiligter erzählt, dass es nicht anders gegangen sei, weil sich sonst Bundesländer und Kommunen quergestellt hätten – sie sind in der föderalen Bundesrepublik für das Thema Gesundheit zuständig und achten eifersüchtig darauf, dass der Bund nicht in ihre Kompetenzen eingreift.

»Hätte es 2003 ein Massensterben unter Säuglingen gegeben, oder wären Hitzeerkrankungen ansteckend, wären die Reaktionen sicher anders gewesen«, sagt Henny Annette Grewe sarkastisch. Sie versucht seit Jahren, zum Beispiel Politiker für die Gefahren durch Hitze zu sensibilisieren. Das Interesse sei bislang meist mäßig gewesen, sagt sie. »Wenn mal einer zuhörte, dann stellte sich meist heraus, dass er selbst betagte Eltern hat und daher einen persönlichen Bezug zum Thema.« Die heißen Sommer 2018 und 2019 könnten jedoch, hofft Grewe, zu einem Umdenken führen – in ersten Kommunen und Bundesländern erkennt sie Bewegung.

Um sich die Probleme vorzustellen, vor denen Deutschland 2050 stehen wird, braucht man sich nur zwei Dinge bewusst zu machen: Auf der einen Seite wird ein Sommer wie 2003 dann ziemlich normal sein (und Ende des Jahrhunderts sogar als eher kühl wahrgenommen werden)[29] – und auf diese neuen Normaltemperaturen kommen ja noch Ausschläge nach oben, auf vielleicht 45 Grad Celsius oder gar noch mehr. Zugleich wird die Zahl alter und sehr alter Menschen viel höher liegen als heute: 2018 lebten hierzulande laut Statistischem Bundesamt rund 5,4 Millionen über 80-Jährige, 2050 werden es zwischen 8,9 und 10,5 Millionen sein. Während heute fast jeder 16. Deutsche älter als 80 Jahre ist, wird es 2050 (bei geschrumpfter Gesamtbevölkerung) rund jeder achte sein. In anderen EU-Staaten sieht es ähnlich aus, weshalb das Fachmagazin *The Lancet* eindringlich warnt: Wegen seiner alternden Bevölkerung, einer starken Urbanisierung und der hohen Zahl von Wohlstandsleiden wie Diabetes oder Herz-Kreislauf-Beschwerden sei Europa die weltweit »am stärksten durch Hitze verletzbare Region«.[30]

Doch auch gesunde und jüngere Menschen sind durch Hitze gefährdet, vor allem bei körperlicher Arbeit oder Sport. Wie schnell selbst Hochleistungsathleten an körperliche Grenzen kommen, konnte man im Herbst 2019 live im Fernsehen sehen: Bei der Leichtathletik-WM in Katar kollabierten nacheinander 28 Marathonläuferinnen, mehr als ein Drittel des gesamten Starterfeldes (dabei herrschten »nur« 32,7 Grad Celsius, allerdings bei 73,3 Prozent Luftfeuchte). Im Hitzesommer 2018 berichteten Ärzte aus deutschen Krankenhäusern, dass immer wieder Jogger eingeliefert wurden, die die Wärme unter- und sich selbst überschätzt hatten. Man kann hoffen, dass sich bis Mitte des Jahrhunderts herumgesprochen hat, dass Sport in der Sommerglut keine so gute Idee ist.

Das Arbeiten einzuschränken, dürfte schwerer fallen: Viele Tätigkeiten in Schutzkleidung, etwa bei Feuerwehr oder Polizei, lassen sich ja nicht einfach absagen, auch wenn sie in den Sommern der Zukunft gesundheitsgefährdend sein werden. Schon heute warnt zum Beispiel die Berufsgenossenschaft der Bauwirtschaft in Broschüren vor sommerlichen Gesundheitsrisiken etwa im Straßenbau und rät zu längeren Pausen oder geringerem Arbeitstempo. Arbeitgeber sollten, so ein weiterer Ratschlag, während Hitzeperioden ihre Angestellten nicht im Akkord arbeiten lassen.[31] Im Deutschland 2050 wird es Standard sein, dass zum Beispiel Fahrerkabinen von Baumaschinen eine Klimaanlage haben, im Sommer die Arbeitszeit vieler Leute schon im Morgengrauen beginnt und dafür über die Mittagszeit eine Siesta eingelegt wird. Und was heute schon in tropischen Ländern, in Indien, den US-Südstaaten oder Australien ein großes Problem ist, wird auch hierzulande ein Thema: die Beeinträchtigung der Arbeitsproduktivität durch Hitze.[32]

Die Gefahren der Erwärmung wiegen deutlich schwerer als ihre positiven Folgen

Studien zu Gesundheitsrisiken, die direkt oder indirekt aus hohen Temperaturen folgen, füllen ganze Bibliotheken: Zum Beispiel verstärken sich die Beschwerden von Multiple-Sklerose-Patienten deutlich, wenn es warm ist. Hitze erhöht das Risiko von Frühgeburten, wie unter anderem Untersuchungen aus den USA oder Belgien zeigen. Findet eine Krankenhaus-OP an einem warmen Tag statt, ist es deutlich wahrscheinlicher, dass sich hinterher die Operationswunde entzündet. In heißen Sommern, ergab eine groß angelegte Untersuchung mit Daten aus Frankfurt/Main, liegt die Zahl von Rettungswagen-Einsätzen um bis zu 17 Prozent über dem Normalwert.[33]

Forscher der Universität Duisburg und der US-amerikanischen Cornell University kamen nach einer Auswertung von rund acht Millionen Todesfällen aus den Jahren 1999 bis 2008 zu dem Ergebnis, dass an heißen Tagen die Sterblichkeit in Deutschland um rund sieben Prozent erhöht ist. Laut einer anderen Studie kostete der Hitzesommer 2018 allein in Berlin mehr als 400 Menschenleben, in Hessen mehr als 700. Länger andauernde Hitze ist besonders gefährlich – Studien verzeichnen ab etwa dem dritten Tag eine deutlich höhere Sterblichkeit.[34] Die Liste ließe sich schier unendlich fortsetzen.

Leugner des menschengemachten Klimawandels behaupten gern, höhere Temperaturen seien kein Drama – weil der Zuwachs an Hitzetoten dadurch ausgeglichen werde, dass es im Gegenzug im Winter weniger Kältetote geben werde. Doch das ist falsch, wie Forschungsergebnisse belegen: Natürlich stimmt es, dass auch sehr niedrige Temperaturen für den Körper Stress bedeuten und im Winter regelmäßig Krankheits- und Todesfälle zunehmen. Doch zum einen zeigen Klimamodelle, dass auch in einem wärmeren Klima harte Winter nicht völlig verschwinden werden (wegen veränderter Wettermuster in der Arktis könnte der Klimawandel paradoxerweise sogar gelegentlich härtere Kältewellen bringen als bisher). Und zum anderen ergeben medizinische Studien für Deutschland, dass heißere Sommer schwerer wiegen als mildere Winter. »In der Bilanz«, so das Robert-Koch-Institut, »wird die Zahl der hitzebedingten Todesfälle nicht durch die geringere Zahl kältebedingter Todesfälle ausgeglichen.«[35]

Zum gleichen Ergebnis kamen 2019 bayerische Mediziner – mit einer spannenden Differenzierung: Sie werteten Daten aus 14 Jahren zu Herzinfarkten in der Region Augsburg aus, ermittelten deren Temperaturabhängigkeit und errechneten dann die künftige Entwicklung für verschiedene Klima-Szenarien. Würde die Erderhitzung auf 1,5 Grad Celsius begrenzt, wie es im Klimaabkommen von Paris eigentlich vereinbart ist, dann sänke die Gesamtzahl der Herzinfarkte leicht, weil im Winter tatsächlich mehr Erkrankungen wegfielen als im Sommer hinzukämen. Bei einer stärkeren Erderhitzung jedoch – und danach sieht es im Moment aus – nimmt der Saldo der Herzinfarkte erheblich zu.[36]

Es ist deshalb sicher, dass im heißeren Deutschland der Zukunft viele Menschen krank oder sterben werden – auch wenn sich die Zahl nicht exakt ermitteln lässt. Ein Grund dafür ist, dass eine Gesellschaft natürlich auf die zunehmende Hitze reagieren wird.[37] »Menschen können sich an höhere Temperaturen gewöhnen«, erklärt Sabine Gabrysch, die an der Berliner Charité die erste und bislang einzige deutsche Universitätsprofessur für Klimawandel und Gesundheit innehat. »Aber es gibt physiologische Grenzen.«

Und die werden in Deutschland 2050 wohl immer häufiger überschritten werden. Eine umfangreiche Studie zum Thema erstellte vor ein paar Jahren der Deutsche Wetterdienst (DWD) im Auftrag des Umweltbundesamtes.[38] Konkrete Zahlen zu künftigen Krankheits- und Todesfällen werden darin zwar nicht genannt, dennoch ist die Prognose deutlich: Hitzewellen werden in der zweiten Hälfte des Jahrhunderts viel häufiger, länger und heißer als heute. Zum Beispiel gab es noch vor einigen Jahren (1971 bis 2000) bundesweit pro Jahr zwischen 12 und 13 sogenannte Hitzewellentage. Schon bis 2050 steigt diese Zahl in Nord-, West- und Ostdeutschland auf rund 19, in Süddeutschland auf mehr als 21. Für die zweite Jahrhunderthälfte werden noch drastischere Steigerungen erwartet: auf 36 bis 37 Hitzewellentage pro Jahr in Nord, West und Ost und sogar 42 bis 43 im Süden. »Dies entspricht fast der Hälfte der Tage im Sommer und würde eine gravierende thermische Belastung durch Hitzewellen sowie eine Zunahme der Mortalität bedeuten.« Als Gegenden mit einem besonders hohen Anstieg des »thermisch bedingten Mortalitätsrisikos« werden die Täler von Rhein und Donau sowie die Lausitz genannt.

Noch krasser steigt laut der DWD-Studie die Zahl der besonders gesundheitsgefährdenden feucht-heißen Tage (gemessen mit dem eingangs erwähnten Humidex-Index). Während es solche tropischen Tage in Deutschland früher fast nie gab (bis zum Jahr 2000 nur durchschnittlich ein einziger Tag pro Jahr), werden bis 2050 – je nach Region – zwischen ein und vier derartige Tage erwartet. Bis Ende des Jahrhunderts droht dann in etlichen Regionen sogar eine Vervielfachung: In Südostdeutschland, einem breiten Streifen von Görlitz über Dresden und Leipzig bis Erfurt, wird dann an etwa acht bis zehn Tagen pro Jahr Tropenwetter herrschen; ebenso entlang des Rheins im Raum Düsseldorf, Köln, Bonn, Koblenz bis hinüber nach Frankfurt/Main. In weiten Teilen Bayerns (am stärksten im Südosten) und Baden-Württembergs dürften es zwölf bis 14 Tage werden, im deutschen Hotspot Oberrheingraben zwischen Karlsruhe und Freiburg sogar 16 bis 18 Tage.

Bis Ende des Jahrhunderts würden hierzulande durch die zunehmende Hitze, so das Robert-Koch-Institut in einer vorsichtigen Schätzung, pro Jahr zwischen 5000 und 8500 Menschen zusätzlich sterben. Studien für ganz Europa kommen auf jährlich rund 90 000 zusätzliche Tote bis 2050, in der zweiten Jahrhunderthälfte sogar auf mehr als 130 000.[39] Mitte des Jahrhunderts könnten also in Europa so viele Menschen durch stärkere Hitze sterben, wie ungefähr in Flensburg, Zwickau oder Tübingen leben – und das Jahr für Jahr; Ende des Jahrhunderts so viele wie in Göttingen, Heilbronn oder Würzburg.

Ein Sommer im Deutschland 2050 wird ziemlich anders aussehen als heute. Beim Wetterbericht im Radio oder Fernsehen (oder was immer man in 30 Jahren hört oder sieht) werden die Moderatoren nicht mehr gut gelaunt »tolles Badewetter« ankündigen, wenn die Temperaturen steigen. Stattdessen wird es Mahnungen geben, viel zu trinken, nach älteren Nachbarn zu schauen, mittags das Haus nur zu verlassen, wenn es wirklich nötig ist. Altenheime, Schulen und Kindergärten werden mindestens teilweise klimatisiert sein.[40] Die Kosten für den Einbau werden in die Milliarden gehen, von den Betriebskosten ganz zu schweigen.

Bundesweit gibt es derzeit knapp 2000 Krankenhäuser, bislang sind häufig nur Operationssäle und Intensivstationen mit Klimaanlagen ausgerüstet. Und die besonders schönen Zimmer für Privatpatienten waren bislang häufig die sonnigen nach Süden …

Auch die mehr als 70 000 Arztpraxen in Deutschland sind bisher nur selten klimatisiert, was bei Hitzewellen ein umso größeres Problem ist, weil sie genau dann besonders viele Patienten versorgen müssen. Sollte es künftig im Sommer zu einem größeren Stromausfall kommen, wird das nicht mehr – wie heute – nur unschön sein, sondern lebensbedrohlich.

In den Sommern der Zukunft wird wohl öfter der Katastrophenfall ausgerufen werden, Krisenstäbe werden zusammentreten, spezielle Notruf-Telefone für alte und kranke Leute eingerichtet. An heißen Tagen werden »Public Cooling Center« ihre Türen öffnen, also öffentlich zugängliche klimatisierte Räume, in die man aus überheizten Wohnungen oder der brütenden Sonne flüchten kann. Kinderspielplätze werden mit Sonnensegeln überdacht sein, ebenso Fußgängerzonen und öffentliche Plätze. Schulsport wird im Sommer eher morgens stattfinden, und mittags werden die Kinder vielleicht nicht mehr auf den Pausenhof gehen. Während man heute den Sommer gern draußen genießt, wird man in einigen Jahrzehnten vor der Hitze in Häuser flüchten.

Sommer 2050 – das wird immer öfter Stress, Quälerei sein. Hitze kann zermürben, wohl jeder weiß es aus eigener Erfahrung. Studien zufolge verschlimmern sich auch psychische Erkrankungen bei hohen Temperaturen, die Zahl von Selbstmorden nimmt ebenso zu.[41]

Hitze macht aggressiv: Verhaltensforscher haben in Experimenten gezeigt, dass man andere Leute negativer einschätzt, ihnen gegenüber feindlicher gestimmt ist und sie eher angreift, wenn einem heiß ist. Hohe Temperaturen lassen die Kriminalität steigen, wie Studien zum Beispiel aus den USA zeigten; wegen zunehmender Hitze durch den Klimawandel wird dort in den kommenden Jahrzehnten zusätzlich mit Zehntausenden Morden und Vergewaltigungen und

Millionen Fällen von Körperverletzung gerechnet. Aber Hitze hat auch viel profanere Folgen: Bei hohen Sommertemperaturen sinkt die Aufmerksamkeit von Autofahrern, es passieren mehr Unfälle.[42]

In den Städten werden die Sommer besonders hart, weil sich dichte Bebauung und versiegelte Flächen stark aufheizen. Beton und Asphalt scheinen zu glühen, Dachwohnungen werden zu Brutkästen. Vor allem die sogenannten Tropennächte sind ein Problem. Darunter verstehen Meteorologen Nächte, in denen die Temperatur nicht unter 20 Grad Celsius fällt. Üblicherweise sinken in Deutschland bisher auch im Sommer die Temperaturen nachts deutlich – der menschliche Körper kann sich erholen, Gebäude durch Lüften etwas herunterkühlen. Früher gab es in Deutschland fast nie Tropennächte (daher der exotische Name). Doch mit dem Klimawandel nimmt ihre Zahl in vielen Teilen Deutschlands massiv zu, was »zu Gesundheitsbelastungen bis hin zu einer akuten Gefährdung von Menschenleben führen« könne, wie es im sogenannten Vulnerabilitätsbericht des Umweltbundesamtes von 2015 heißt.[43] Mit solchen Berichten analysiert die Behörde regelmäßig auf vielen Hundert Seiten die Verwundbarkeit Deutschlands für den Klimawandel.

Der Report nennt eine Reihe von Städten, in denen schon heute die Sommerhitze besonders belastend ist: Berlin, Karlsruhe, Ludwigshafen/Mannheim, Mainz/Wiesbaden, Nürnberg, Frankfurt/Main sowie Köln und Düsseldorf. Im Zuge des Klimawandels kommen München und Stuttgart hinzu, Dresden und Leipzig sowie die gesamte Region um Magdeburg. Und wenn der Klimawandel stark ausfällt, wird die Liste noch länger. Dann werden auch das weit nördlich gelegene Hamburg betroffen sein, außerdem Städte wie Dortmund oder Würzburg – und nicht mehr nur große Städte, sondern »teilweise ganze Regionen«, wie es heißt, insbesondere im Osten sowie ganz im Westen Deutschlands und im Südwesten.

Für die 2021er-Ausgabe des Vulnerabilitätsberichts hat der Deutsche Wetterdienst die künftigen Hitzewellen mit neuesten Klimamodellen genauer simuliert. Demnach werden sie nicht nur häufiger, sondern auch länger. Früher dauerten Hitzewellen in Deutschland drei oder vier, höchstens mal fünf Tage. Bis Mitte des Jahrhunderts werde die Länge – regional unterschiedlich – um vier bis sieben Tage zunehmen, sich also mehr als verdoppeln. Bis Ende des Jahrhunderts drohe mancherorts sogar eine Verdreifachung. Die längsten Hitzewellen werde es dann im Berliner Raum geben, in Teilen des Oberrheingrabens (vor allem auf der Höhe des Pfälzer Waldes) und im südwestlichen Saarland.[44]

Gute Zeiten für Zecken und Mücken – und für tropische Krankheiten

Hamburg, das Bernhard-Nocht-Institut für Tropenmedizin, ein imposanter, vierstöckiger Backsteinbau mit Blick über den Hafen. Unter dem schwarz gedeckten Spitzdach des hundertjährigen Gebäudes züchtet Professor Jonas Schmidt-Chanasit Stechmücken. Eine schmale Betontreppe führt nach oben, an Gitterverschlägen und Haustechnik vorbei gelangt man zu zwei klimatisierten Containern. In ihnen ist es schwülwarm. Auf Stahlregalen stehen lange Reihen durchsichtiger Kisten, etwa so groß wie Umzugskartons. An jeder hängt ein Zettel mit dem lateinischen Namen der Mückenart, die darin gehalten wird. In den Kästen schwirren ausgewachsene Tiere, und es stehen kleine Wasserbecher darin, in denen Eier und Larven schwimmen. Schmidt-Chanasit und sein Team züchten hier oben nicht nur die üblichen, hierzulande heimischen Stechmücken, sondern auch exotische Arten.

Bislang sind Mücken in Deutschland vor allem lästig. Sie können einem den netten Sommerabend auf dem Balkon vermiesen, mit ihrem hohen Summen nachts den Schlaf rauben. Mückenstiche jucken, manchmal höllisch, und die Beulen sind unschön. Aber das wohl Schlimmste, was gesundheitlich passieren kann, ist, dass man eine dieser Quaddeln aufkratzt und die sich entzündet. »Früher brauchte man vor Mückenstichen keine Angst zu haben«, sagt Schmidt-Chanasit. »Künftig könnte man dadurch schwer erkranken – und im Extremfall möglicherweise sterben.«

Das liegt zum einen an der Asiatischen Tigermücke (zoologischer Name: *Aedes albopictus*), sie stammt – wie der Name sagt – ursprünglich aus den süd- und südostasiatischen Tropen und Subtropen. Im Zuge der Globalisierung hat sie sich weltweit verbreitet, sie reiste im Ei-Stadium auf Schiffen, in Warencontainern, sehr gern in kleinen Pfützen im Innern von Altreifen. An Land verbreitet sich die Tigermücke oft als blinder Passagier in Autos oder Lastwagen. Vermutlich in den 1990er-Jahren kam sie in Italien an, breitete sich fast im ganzen Land und darüber hinaus aus. Inzwischen ist sie in weiten Teilen Südeuropas heimisch, an der spanischen Mittelmeerküste, in Südfrankreich, in Kroatien, Albanien, Griechenland.

Im Jahr 2007 wurden erstmals Asiatische Tigermücken (genauer: von ihr abgelegte Eier) in Deutschland entdeckt, tief im Südwesten, auf dem Rastplatz Rheinaue an der Autobahn A 5 nahe Efringen-Kirchen in Baden-Württemberg.[45] Früher konnte diese Mücke hierzulande nicht überleben, weil es zu kalt war. Doch verglichen mit anderen tropischen Arten ist die Asiatische Tigermücke robust, weil ihre Eier auch längeren Frost überstehen können. Und im Zuge des Klimawandels sind die Winter in Deutschland deutlich milder und die Sommer bereits so warm geworden, dass Tigermücken sich auch hier wohlfühlen und gut vermehren können.

Ein paar Jahre nach dem ersten Eierfund wurde 2014 am Oberrhein nahe Freiburg erstmals ein größeres Vorkommen registriert, in den Sommern 2015 und 2016 auch entlang von Autobahnen in anderen Teilen Baden-Württembergs, in Rheinland-Pfalz und in Hessen. Inzwischen sind die Mücken in einigen größeren Städten angekommen, haben sich Populationen in Freiburg, Heidelberg und sogar weit entfernt, im thüringischen Jena, etabliert.

Wer die Tigermücke schon mal erlebt hat, beschreibt sie als viel nerviger als die einheimischen Arten: Sie ist kleiner, sie ist sehr aggressiv, und sie sticht gern auch tagsüber. Nachts unter einem Moskitonetz zu schlafen, hilft deshalb nur wenig gegen die Tigermücke. Das Brisanteste aber: Anders als die heimischen Stechmücken kann sie auch Viren verbreiten, die tropische Krankheiten wie Chikungunya-, Dengue- oder Gelbfieber hervorrufen.

Damit zum Beispiel Dengue-Viren übertragen werden, müssen mehrere Dinge zusammenkommen: Zuerst braucht es natürlich eine geeignete Mücke, die das Virus übertragen kann, zum Beispiel eben die Asiatische Tigermücke. Dann muss es einen infizierten Menschen geben, der just zu dem Zeitpunkt, wenn die Mücke ihn sticht, viele Viren im Blut hat. Dann müssen sich die Viren in der Mücke vermehren, hier ist die Temperatur der wohl wichtigste Faktor. Sticht die Mücke schließlich einen weiteren Menschen, ist eine Infektion möglich.

Weltweit erkranken jedes Jahr zig Millionen Menschen an Dengue. Dabei kommt es typischerweise zu hohem Fieber, zu Schüttelfrost, Hautausschlag, schweren Kopf- und Gliederschmerzen – sie sind so stark, dass die Krankheit umgangssprachlich Knochenbrecherfieber genannt wird. Nicht selten kommt es zu schweren Komplikationen, pro Jahr sterben weltweit 20 000 bis 25 000 Menschen an Dengue, vor allem in Asien, vor allem Kinder. In Deutschland werden jährlich einige Hundert Erkrankungen registriert – aber bislang gingen alle Infektionen auf Auslandsaufenthalte zurück, etwa einen Thailand-Urlaub. In Südeuropa jedoch ist die Tigermücke schon heute so weit verbreitet, dass das Dengue-Virus auch vor Ort übertragen wird. Aus Nizza zum Beispiel oder aus Montpellier und anderen südfranzösischen Orten wurden in den vergangenen Jahren Fälle gemeldet, ebenso aus dem spanischen Valencia oder aus Kroatien.[46]

Akribisch erforschen Schmidt-Chanasit und sein Team in Hamburg die Übertragung solcher Krankheitserreger. In ihren Containern unterm Dach züchten sie auch die Asiatische Tigermücke. In Hochsicherheitslaboren – streng abgeschirmt nach außen – infizieren die Wissenschaftlerinnen und Wissenschaftler sie dann mit den gefährlichen Viren. Dazu werden Tiere in kleinen Gefäßen mit Kohlendioxid betäubt, und jeder Mücke wird mit einer Spritze mit winziger Nadel eine exakt abgemessene Menge virenverseuchtes Blut injiziert. Zwei Wochen lang werden die Tiere dann im Labor unter kontrollierten Bedingungen gehalten. Am Ende untersuchen die Forscher, ob das Virus in der Mücke überlebt hat – und wenn ja, wie stark es sich vermehren konnte. Die Ergebnisse zeigen deutlich, dass Dengue & Co. durch den Klimawandel auch in Deutschland absehbar zum Problem werden.

Denn es ist klar: Die Asiatische Tigermücke wird sich weiterverbreiten. Forscher der Universität Bayreuth haben die in Deutschland anstehende Erwärmung mit den Lebensbedingungen abgeglichen, die die Tigermücke braucht. Auf Karten haben sie das Ergebnis eingezeichnet, rot markiert sind Gebiete, in denen es warm genug ist, dass sich die Art etablieren kann. Für die Gegenwart gibt es nur einen tiefroten Streifen im Oberrheingraben und einen größeren hellen Fleck in NRW nördlich von Aachen zwischen dem Rhein und der niederländischen Grenze. In diesen Gebieten wäre es schon heute möglich, dass zum Beispiel Dengue-Viren durch Tigermücken von Mensch zu Mensch übertragen werden – die höchste Wahrscheinlichkeit, so die Forscher, bestehe in Freiburg, Speyer und Karlsruhe. Doch derzeit ist das Risiko noch ziemlich begrenzt, weil die Zahl der Tigermücken zu klein ist für eine massenhafte Übertragung und außerdem nicht sehr viele Menschen in diesen Regionen wohnen, etwa eine halbe Million.

Wegen der steigenden Temperaturen sieht die Karte schon in rund zehn Jahren komplett anders aus: Weite Teile von Baden-Württemberg, Hessen, Nordrhein-Westfalen und dem Saarland sind tiefrot, ebenso einige Regionen in Rheinland-Pfalz und Bayern. Ein ausgedehnter Fleck helleren Rots (also nicht ganz so gute, aber doch erhöhte Ausbreitungschancen) erstreckt sich über Teile Berlin-Brandenburgs und Sachsen-Anhalts und das nördliche Sachsen.

Am höchsten werde das Übertragungsrisiko um 2030, so die Studie, in den Städten Mannheim, Köln, Heidelberg, Frankfurt/Main und Ludwigshafen sein sowie in den Landkreisen Karlsruhe, Emmendingen, Rhein-Pfalz-Kreis, Rhein-Neckar-Kreis und Germersheim. Knapp neun Millionen Menschen leben in diesen Gebieten – achtzehn Mal so viele wie in den heute betroffenen Regionen. Und es werden viele weitere Gebiete hinzukommen. Modellberechnungen belgischer Wissenschaftler zeigen Ende des Jahrhunderts fast ganz Deutschland in Rot-Tönen; bis hinauf nach Dänemark und sogar in Südschweden wird es dann günstige Bedingungen für Tigermücken geben.[47]

Es dürfte also bloß eine Frage der Zeit sein, bis es zum ersten lokal übertragenen Fall zum Beispiel von Dengue kommt. Epidemien mit Tausenden Erkrankten wie jüngst im Bürgerkriegsland Jemen sind hierzulande wegen des funktionierenden Gesundheitssystems zwar kaum zu befürchten – aber an Dengue zu erkranken, wird in Deutschland 2050 nichts Ungewöhnliches sein.

Noch größer ist die Gefahr durch das West-Nil-Virus – und zwar nicht erst in der Zukunft, sondern bereits heute. Dieses Virus befällt eigentlich Vögel, kann aber durch Mückenstiche auch auf Menschen oder andere Säugetiere übertragen werden, zum Beispiel Pferde. Erstmals wurde das West-Nil-Fieber 1937 bei einer Frau im ostafrikanischen Uganda beobachtet. Dabei entwickelt die Mehrzahl der Infizierten keinerlei Symptome, nur jeder Fünfte erkrankt, meist zeigen sich Fieber, ein Hautausschlag, Kopf- und Gliederschmerzen. Bei rund einem Prozent der Fälle aber – vor allem älteren Personen mit Vorerkrankungen – kommt es zu einer Hirnhaut- oder Gehirnentzündung, die tödlich enden kann.

Das Virus verbreitet sich vor allem durch Zugvögel. In den 1990er-Jahren wurden erste Ausbrüche in Europa registriert, zum Beispiel in Rumänien oder auch Tschechien. Schlagzeilen machte West-Nil ab 1999: Damals begann das Virus plötzlich, in Nordamerika zu grassieren, in New York fielen Krähen tot von den Bäumen, und bald wurde der Erreger auf Menschen übertragen. Bis heute wurden in den USA Zehntausende Fälle registriert, mehr als 2300 Menschen starben. Das Besondere am West-Nil-Virus: Es braucht, anders als etwa Dengue, keine für unsere Breitengrade exotischen Mücken, um sich auch hierzulande auszubreiten – mehr Wärme genügt schon.

In ausgedehnten Testreihen haben die Forscher des Hamburger Tropeninstituts nachgewiesen: Das Virus vermehrt sich auch in Stechmücken der Gattung *Culex*, wie wir sie in Deutschland seit Langem kennen. Entscheidend ist die Temperatur: »Je wärmer es ist«, erklärt Schmidt-Chanasit, »desto rascher vervielfältigen sich die Viren in der Mücke, und desto höher ist das Risiko, dass die Insekten uns infizieren können.« Gefährlich wird es, wenn die Tagesmitteltemperaturen länger als zwei Wochen am Stück bei über 20 Grad Celsius liegen. Früher waren die deutschen Sommer schlicht nicht heiß genug beziehungsweise die Hitzephasen zu kurz, als dass sich eine relevante Übertragungsgefahr oder gar eine Epidemie entwickeln konnte. Dies hat sich geändert.

Experten hatten schon länger damit gerechnet, dass das West-Nil-Virus in Deutschland ankommt. Seit gut zehn Jahren breitet es sich etwa in Griechenland und auf dem Balkan aus, ebenso in Italien. Man hatte eigentlich erwartet, dass der Erreger – wie die Tigermücke – den Weg über den besonders warmen Oberrheingraben nimmt. Doch dann kamen 2018 und 2019 plötzlich Meldungen aus Sachsen, Sachsen-Anhalt und Brandenburg. Dutzende tote Wild- und Zoo-Vögel wurden dort gefunden, verendet an West-Nil. Im Spätsommer 2019 erkrankte im Leipziger Umland ein 70-jähriger Mann an einer Gehirnentzündung, in einer eingeschickten Blutprobe wiesen die Hamburger Tropenmediziner das West-Nil-Virus nach. In kurzem Abstand folgten vier weitere Fälle, noch zwei aus dem Raum Leipzig, einer aus dem etwas nördlich gelegenen Wittenberg, einer aus Berlin. 2020 meldete das Robert-Koch-Institut schon mehr als zehn West-Nil-Erkrankungen, wieder vor allem aus dem Raum Leipzig und Berlin, außerdem aus Halle/Saale und Meißen. Drei Patienten lagen zeitweise auf der Intensivstation.

Die Region war überraschend, aber alles andere als Zufall: Schmidt-Chanasit und sein Team analysierten die Wetterdaten der beiden Hitzejahre 2018 und 2019. Und da zeigte sich, dass es (außer am Oberrhein und im Rhein-Main-Gebiet) insbesondere in Süd-Ostdeutschland sehr warm gewesen war – so warm, dass sich das Virus innerhalb weniger Tage in Stechmücken stark vervielfältigen konnte.[48] Und gleich hinter der sächsischen Grenze in Tschechien war West-Nil ja schon länger präsent – per genetischer Analyse wiesen die Hamburger Forscher nach, dass der Erreger exakt von dort eingeschleppt wurde, wohl durch Wildvögel.

»In den kommenden Sommern müssen wir mit weiteren West-Nil-Infektionen rechnen«, ist deshalb auch für Lothar Wieler klar, den Präsidenten des Robert-Koch-Instituts. Denn Temperaturen wie in den Sommern 2018 und 2019 werden in den nächsten Jahren häufiger, Mitte des Jahrhunderts Standard sein. Und die Zahl der Erkrankten kann schnell steigen: Der Raum Leipzig ist nicht sehr dicht besiedelt, das Übertragungsrisiko war deshalb beim ersten deutschen Ausbruch begrenzt. Was uns erwartet, deutet sich in Südeuropa bereits an: Mehr als 300 West-Nil-Erkrankungen wurden 2020 innerhalb der EU registriert, 37 Patienten starben, vor allem in Griechenland, Spanien und Italien.[49]

Sommer – das wird nicht mehr die unbeschwerte Jahreszeit sein, auf die man sich den ganzen Winter freut

Dieses Muster zeigt sich bei einer ganzen Reihe von Infektionskrankheiten: Der Klimawandel mit seinen höheren Temperaturen erlaubt es neuen Erregern, in Deutschland heimisch zu werden; und bereits bekannte breiten sich weiter aus – je mehr Klimagase die Menschheit ausstößt, desto stärker. Das ebenfalls durch Tigermücken übertragene Chikungunya-Virus zum Beispiel ist seit 2007 mehrfach in Italien und Südfrankreich ausgebrochen, teilweise gab es dort mehr als 300 Fälle. Ende des Jahrhunderts könnten, wie Studien zeigen, auch in einigen Gegenden in Südwestdeutschland Infektionen möglich sein.[50]

Im Sommer 2019 wurde erstmals in Deutschland (in der Nähe von Siegen in NRW) ein Mensch durch eine tropische Riesenzecke Hyalomma mit Fleckfieber infiziert, weitere Fälle sind in den kommenden Jahren zu erwarten. Auch die hierzulande schon lange bekannten Zecken profitieren vom Klimawandel: In warmen Sommern vermehren sie sich stärker, im Laufe der Jahre haben sie sich weiter nach Norden und in größere Höhen ausgebreitet.[51] Zecken übertragen Erreger wie Borreliose-Bakterien oder FSME-Viren, Letztere können zu gefährlichen Gehirnentzündungen führen. Im Hitzejahr 2018 erreichte die Zahl der FSME-Fälle in Deutschland einen Höchststand. Inzwischen hat das Robert-Koch-Institut bereits 164 Landkreise (und damit mehr als die Hälfte aller Kreise) zu Risikogebieten erklärt: praktisch ganz Bayern und Baden-Württemberg, außerdem die südlichen Teile von Hessen, Thüringen und Sachsen, dazu einzelne Landkreise in Rheinland-Pfalz und dem Saarland. 2019 kam mit dem Emsland in Niedersachsen erstmals ein Kreis in Norddeutschland hinzu.

Auch bei Hantaviren erwarten Experten zunehmende Probleme: Hier gibt es verschiedene Typen, sie werden durch den Kot von Rötelmäusen und anderen Nagetieren übertragen. Der Klimawandel wird häufigere Ausbrüche begünstigen, weil in milderen Wintern mehr Wirtstiere überleben. Oder die Leishmaniose: Diese durch Sandfliegen übertragene Krankheit, bei der es unter anderem zu schweren Hautgeschwüren und Organschäden kommen kann, gibt es bisher in Europa nur im Mittelmeerraum. Mit fortschreitendem Klimawandel wird ihr Auftreten auch in den warmen Gebieten in Süd- und Westdeutschland entlang des Rheins wahrscheinlich.[52]

Der Klimawandel führt außerdem dazu, dass sich in Badeseen immer öfter Blaualgen bei hohen Temperaturen massenhaft vermehren und sie mit toxischen Stoffen verseuchen. Auch ein Bad in Nord- und Ostsee ist dann kein unbedenkliches Vergnügen mehr. Weil das Meerwasser wärmer wird, können sich Vibrio-Bakterien immer besser vermehren. Sie mögen Wasser mit geringem Salzgehalt und Temperaturen über 20 Grad Celsius. Gelangen sie in offene Wunden, können sich hochgefährliche Entzündungen entwickeln, das Risiko betrifft vor allem ältere oder bereits erkrankte Menschen. Einen Vorgeschmack auf die Zukunft gaben auch hier 2018 und 2019: Während der Hitzejahre starben in Deutschland bereits mehrere Personen nach einem Bad in der Ostsee an Vibrio-Infektionen. Auch an der schwedischen und finnischen Küste wurden in den vergangenen Jahren (teils bis in den hohen Norden, bis kurz vor den Polarkreis) schon zahlreiche Fälle verzeichnet.[53]

Die relativ flache Ostsee hat sich durch den Klimawandel bereits deutlich erwärmt, und es geht weiter. Ihr brackiges Wasser wird deshalb in den Sommern der Zukunft nahezu optimale Bedingungen für Vibrionen bieten. An der deutschen Ostseeküste, so zeigen es Studien, wird 2050 stellenweise über drei bis vier Monate ein hohes Infektionsrisiko herrschen.[54] Was sich dadurch ändert, bringt Maylin Meincke auf den Punkt, wissenschaftliche Mitarbeiterin am Robert-Koch-Institut: »Bisher hieß es generell: Salzwasser hilft super bei kaputter Haut. Mit Vibrionen aber wird das ein ganz schlechter Rat.« Ältere und kranke Leute müssen sich also künftig gut überlegen, ob und wo sie baden gehen.

Und dann sind da auch noch – scheinbar – banale Folgen höherer Temperaturen: Lebensmittel werden bei Hitze schneller schlecht. Der Fakt dürfte jedem klar sein, die Konsequenzen eher nicht. Wenn es warm ist, vermehren sich Bakterien wie Salmonellen und Campylobacter viel besser, verdorbene Lebensmittel sind schon heute im Sommer ein erhebliches Gesundheitsproblem. Die Zahlen bakterieller Magen-Darm-Entzündungen schnellen in Deutschland stets während der warmen Jahreszeit nach oben, Schätzungen zufolge führt eine um ein Grad erhöhte Temperatur zu vier bis fünf Prozent mehr Erkrankungen.[55] »Bei gleichbleibenden Küchengewohnheiten und Hygieneverhalten«, sagt Epidemiologin Meincke, »könnten wir künftig im Sommer deutlich mehr Lebensmittelvergiftungen sehen.«

Jedenfalls werden in Deutschland 2050 die Sommer nicht mehr wie bisher die unbeschwerte Jahreszeit sein, die Wochen lauer Abende im Freien und kurzärmliger Ausflüge in die Natur, nach denen man sich den langen, dunklen Winter über sehnt. Sommer – das wird, wie in vielen Weltgegenden heute schon, auch die Zeit quälender Hitze. Von Tagen mit gleißender Sonnenglut und Nächten, in denen man sich in viel zu warmen Betten schlaflos hin und her wälzt.

»Gegen Zecken kann man sich ja noch relativ leicht schützen«, sagt Tropenmediziner Jonas Schmidt-Chanasit: Man muss sich halt von Wald oder hohem Gras fernhalten. »Stechmücken sind da etwas ganz anderes: Die kommen von selbst angeflogen.« Insektengitter in allen Fenstern zu haben, wird bald auch hierzulande Standard sein. Fast das Einzige, was man darüber hinaus gegen Dengue, West-Nil & Co. machen kann, ist: Einsprühen. Man wird also sich und seinen Kindern bei »schönem Wetter« nicht nur Sonnencreme auftragen, sondern ständig auch Mückenspray. Oder langärmlige Kleidung tragen – in den ohnehin immer heißeren Sommern. Wirksame Impfungen gibt es (anders als etwa bei FSME) bisher nicht.

Um besonders gefährdete Menschen zu schützen, werden zum Beispiel um Kindergärten, Krankenhäuser oder Pflegeheime Mückenfallen installiert; und wer sie sich leisten kann (gute Exemplare kosten derzeit 150 bis 250 Euro), wird sie auch im eigenen Garten oder auf dem Balkon haben. Dennoch: Nicht mehr sorgenfrei draußen sitzen zu können, stets auf der Hut sein zu müssen vor potenziell tödlichen Krankheiten – das wird hart werden für die Deutschen mit ihrem hohen Sicherheitsbedürfnis. Gut möglich, dass dann in ganz Deutschland Mückenbekämpfungstrupps ausrücken.

Die Asiatische Tigermücke vermehrt sich schon heute in vielen Städten – und wird in einer Art Kleinkrieg bekämpft

Die Rheinwiesen nahe Rastatt, ein milder Tag im März. Auf einem Feldweg steht ein Hubschrauber, neben ihm an Seilen ein runder weißer Behälter, der wie ein riesiger Trichter aussieht. Immer wieder steigt der Helikopter auf und trägt den Container über die Rheinauen. Unten aus der Öffnung rieselt Eisgranulat mit einem natürlichen Gift, hergestellt aus dem Bazillus Bti – wenn die Larven der Stechmücken dieses Granulat fressen, sterben sie. Zwanzig Kilogramm verteilt der Hubschrauber pro Hektar, über Tümpel, tote Rheinarme, feuchte Wiesen, vollgelaufene Senken.

Jedes Jahr aufs Neue, immer während der Schlupfzeiten, werden auf diese Weise am Oberrhein Insekten bekämpft. Seit den 1970er-Jahren bereits kümmert sich in der Region ein Zusammenschluss örtlicher Gemeinden – die Kommunale Aktionsgemeinschaft zur Bekämpfung der Schnakenplage (KABS) – um die Stechmücken (in der lokalen Mundart »Schnaken« genannt). Das Einsatzgebiet erstreckt sich über 350 Rheinkilometer von Freiburg im Süden bis Bingen in Rheinhessen, weit mehr als hundert Tonnen Granulat werden im Laufe eines Jahres verstreut. Der Verein mit Sitz in Speyer hat 40 Angestellte und Hunderte Helfer – ohne deren Arbeit, hört man längs des Flusses, wären viele Gebiete kaum bewohnbar. Alte Leute können noch von schaurigen Mückenplagen erzählen – selbst im Hochsommer habe man bei der Gartenarbeit Mantel und dicke Handschuhe getragen, um nicht völlig zerstochen zu werden.

Seit sich die Tigermücke in einigen Gegenden Südwestdeutschlands etabliert hat, geht die KABS auch gegen sie vor – eine ganze

Reihe von Städten hat die Mückenspezialisten bereits beauftragt, unter anderem Freiburg, Heidelberg, Karlsruhe, Ludwigshafen, Weil am Rhein. Das Problem: Anders als die heimischen Arten vermehrt sich die Asiatische Tigermücke nicht in offenen Gebieten wie den Rheinauen, nicht in Teichen und Tümpeln – viel lieber legen die Weibchen dieser Art ihre Eier mitten in der Stadt ab, in Regentonnen, Eimern, Blumenuntersetzern auf dem Balkon, in verstopften Dachrinnen, Friedhofsvasen, sogar in Wasserlachen, die sich in herumliegendem Müll bilden. Da können Hubschrauber nichts ausrichten.

Mitarbeiter und Helfer der KABS gehen deshalb von Tür zu Tür, verteilen Faltblätter mit fetten signalroten Balken: »Die Asiatische Tigermücke ist in Ihrem Wohngebiet! Ihre Mithilfe entscheidet! Beseitigen Sie alle Brutstätten!« Die Flyer enthalten Fotos der schwarz-weiß geringelten, kaum einen Zentimeter großen Tierchen – und dringende Ratschläge: Ungenutzte Gießkannen und Eimer zum Beispiel sollen umgedreht gelagert, Regentonnen mit Moskitonetzen abgedeckt werden. Selbst die offenen Rohre von Sonnenschirmständern solle man verschließen – zum Beispiel mit Sektkorken. Den Faltblättern beigelegt ist das Mückengift Bti in Tablettenform, um damit Regentonnen oder andere Wasserbehälter zu präparieren. Zusätzlich zieht geschultes Personal mit Rückenspritze durch die Gärten, um Brutstätten mit Bti zu besprühen.

»Das funktioniert sehr gut«, sagt Norbert Becker, der Ende 2019 nach 39 Jahren bei der KABS als Wissenschaftlicher Direktor in Ruhestand gegangen ist. »Es gibt nur wenige Querulanten, die unsere Leute nicht in den Garten lassen.« In solchen Fällen komme man dann in Begleitung des Ordnungsamtes wieder. Doch trotz aller Mühe lasse sich die Tigermücke allenfalls »stark einschränken«, sagt Becker. »Ganz los werden wir die nicht.« Und in ein paar Jahrzehnten werde man sicherlich auch anderswo in Deutschland so arbeiten.

Dann erzählt Becker noch, wie die Mückenbekämpfung in Singapur läuft: Dort seien offene Wasserbehälter im Freien strikt verboten, bisweilen klingle die Polizei unangekündigt an der Tür, marschiere auf den Balkon und kontrolliere, ob da nicht doch irgendwo ein Blumentopfuntersetzer voller Wasser steht. In Frankreich ist es bereits üblich, bei einem Ausbruch etwa von West-Nil-Fieber in größerem Umkreis der Bevölkerung Blut abzunehmen, um weitere Träger des Virus zu identifizieren. Ähnliches dürfte auch in Deutschland 2050 nötig sein – und nach der Corona-Krise und den teils tiefen Eingriffen in Freiheitsrechte wird das wahrscheinlich kaum noch jemand unangemessen finden.

Was dem Klima nützt, ist meist auch gut für die Gesundheit

Gegen viele Risiken, gegen Hitzewellen, Vibrionen oder Stechmücken kann man – in Maßen – etwas tun: Man kann sein Leben umstellen, bestimmte Orte meiden, Krankheitsüberträger bekämpfen. Bei vielen anderen Gesundheitsgefahren des Klimawandels jedoch ist man praktisch wehrlos: Waldbrände zum Beispiel werden in Deutschland zunehmen. Sie bedrohen natürlich Wälder und nahe liegende Siedlungen oder auch Feuerwehrleute, die zu löschen versuchen – daneben aber setzen sie riesige Mengen an Luftschadstoffen frei, die weit übers Land ziehen. Zahlreiche Studien zeigen, dass durch Waldbrände in der Umgebung Lungen- und Herz-Kreislauf-Erkrankungen und Todesfälle zunehmen.[56]

Oder Heuschnupfen: Schätzungsweise ein Drittel der Deutschen leidet unter Allergien, rund jeder siebte reagiert allergisch auf Pollen, zum Beispiel von Haselnuss, Erle, Birke, Eiche oder Süßgräsern. Der Klimawandel verschärft das Problem gleich auf mehrerlei Weise: Wegen der Erwärmung hat sich bereits in den vergangenen Jahrzehnten die Vegetationsperiode in Deutschland nach vorn verschoben, viele Pflanzen bilden deshalb auch immer früher ihre Blüten – in Hamburg zum Beispiel beginnt heute die Forsythienblüte rund vier Wochen früher als 1945. Diese Entwicklung wird sich fortsetzen. Außerdem kommen auch neue Pflanzenarten nach Deutschland, zum Beispiel das aus Nordamerika stammende Beifußblättrige Traubenkraut (Ambrosia). Es produziert besonders viele Pollen, die noch dazu besonders allergen sind; und diese Pflanze blüht sehr spät im Jahr, etwa von Juli bis in den Oktober. Weil zugleich die Haselblüte bereits heute in manchen Jahren schon im Januar einsetzt, wird die pollenfreie Zeit immer kürzer – beziehungsweise der Teil des Jahres mit Allergiebeschwerden immer länger.[57]

Damit nicht genug: Etliche Pflanzen produzieren bei hohen Temperaturen mehr Pollen. Dasselbe gilt bei einer gestiegenen CO_2-Konzentration in der Atmosphäre, zudem wird der Pollen dann aggressiver, zum Beispiel von Birke oder auch der Ambrosia. Ihre klimabedingte weitere Ausbreitung werde dazu führen, so ein Forscherteam aus mehreren europäischen Ländern, dass sich die Zahl der Allergie-Betroffenen in Europa mehr als verdoppeln wird; als Länder mit einem besonders starken Anstieg nannten sie Frankreich, Polen und – Deutschland.[58]

Etwas hoffnungsvoller ist das Bild bei Ozon. Das Molekül ist vor allem bekannt als Spurengas in der Stratosphäre, wo es UV-Strahlung der Sonne filtert (und wenn es fehlt – Stichwort »Ozonloch« –, steigt das Hautkrebsrisiko). Am Erdboden jedoch wird Ozon zum Problem. Bodennahes Ozon bildet sich durch komplizierte fotochemische Prozesse bei hohen Temperaturen und starker Sonnenstrahlung – vor allem aus Stickoxiden aus den Auspuffrohren von Autos und Lastwagen. Dieser sogenannte Sommersmog reizt die Atemwege, man leidet unter Husten, Kopfschmerzen, Atemnot, bei längerer Einwirkung steigt das Risiko, an Atemwegserkrankungen zu sterben. Heißere Sommer begünstigen die Bildung von Sommersmog, Studien zufolge könnte der Klimawandel allein auf diese Weise jährlich viele Tausend zusätzliche Tote in Europa verursachen. Doch zumindest indirekt kann man gegen Sommersmog etwas tun: Ein Umstieg auf Elektromobilität und erneuerbare Energien führt dazu, dass weniger Vorläufersubstanzen wie Stickoxide oder Feinstaub frei werden – und trotz heißerer Sommer, so lassen Studien hoffen, insgesamt doch nicht viel mehr Ozon entsteht als heute.[59]

Beim Sommersmog zeigt sich deutlich: Klimaschutzmaßnahmen wie der Abschied vom Verbrennungsmotor oder auch das Abschalten von Kohlekraftwerken senken nicht nur den Ausstoß von Treibhausgasen, sondern verringern auch Krankheitsrisiken. Im Klartext: Was gut fürs Klima ist, nützt oft zugleich der menschlichen Gesundheit. Dies gelte auch in vielen anderen Bereichen, betont Charité-Professorin Sabine Gabrysch.

Für das Problem der Erderhitzung findet sie deutliche Worte: »Wir haben es hier nicht mit einer leichten Grippe zu tun, wie manche vielleicht meinen, sondern mit einem planetaren medizinischen Notfall. Die Klimakrise ist ein Thema, das erste Priorität haben muss.« Doch, sagt sie, sie wolle sich nicht nur »mit den furchtbaren Auswirkungen des Klimawandels befassen« – sondern »mehr an den Lösungen arbeiten«. Es gebe reihenweise »Win-win-Lösungen«, betont sie.

Das gelte etwa für die Landwirtschaft: Ökologischere Anbaumethoden seien sowohl klimaschonender als auch gesünder. Oder weniger Fleisch zu essen – das vermeidet Treibhausgas-Emissionen ebenso wie Gesundheitsgefahren. Ein anderes Beispiel seien die Städte: »Wenn wir die fahrrad- und fußgängerfreundlicher machen, mit mehr Grünflächen und gutem Nahverkehr, blasen wir nicht nur weniger Kohlendioxid in die Atmosphäre – wir haben gleichzeitig sauberere Luft, bewegen uns mehr, haben weniger Atemwegserkrankungen, weniger Übergewicht, weniger Diabetes und Herz-Kreislauf-Krankheiten«, so Gabrysch. »Städte wie Amsterdam oder Kopenhagen zeigen, wie moderne Metropolen bewegungs-, umwelt-, klima- und menschenfreundlich gestaltet werden können.«

»Klimaschutz«, sagt Gabrysch, »ist eine Riesenherausforderung, aber auch eine Riesenchance.«

Kapitel 3: **Natur**

Todesurteil Klimawandel

Der Welt droht ein massenhaftes Verschwinden von Tier- und Pflanzenarten – mit schweren Folgen für uns Menschen. Auch Deutschland wird es treffen

Jedes Jahr im Mai pilgern Hunderttausende Hamburgerinnen und Hamburger an die Alster zum japanischen Kirschblütenfest. Ungefähr 2000 Japaner leben in der Hansestadt, mehr als hundert Firmen aus dem fernöstlichen Land haben sich hier angesiedelt, und diese Firmen spendeten über die Jahrzehnte 5000 japanische Kirschbäume, die vor allem an der Alster angepflanzt wurden. Seit 1968 bedankt sich die japanische Gemeinde Hamburgs mit dem Kirschblütenfest für die Gastfreundschaft, Highlight ist ein Feuerwerk über der Außenalster.

In Japan verwandelt die ostasiatische Kirsche (*Prunus serrulata*) ab Mitte März das ganze Land in kitschig-schönes Rosa. »Sakura«, die Kirschblüte, verkörpert nicht nur den Beginn des Frühlings, sondern auch Schönheit und Aufbruch; »Hanami«, das Kirschblütenfest, ist einer der wichtigsten Feiertage der Nation, zwei Wochen lang steht der sonst so geordnete japanische Alltag kopf. Oft ist die Blüte schon nach zwei Wochen vergangen, weshalb es für Japaner überaus wichtig ist, ihren Beginn genau vorherzusagen. Denn die Kirschblüte »wandert« durch das Land. Sie beginnt zuerst im warmen Süden, bis sie schließlich Ende April Sapporo auf der Insel Hokkaido im Norden erreicht.

Hier kommt die »Phänologie« ins Spiel, die »Lehre von den Erscheinungen«: Es geht um den jährlichen Wachstumszyklus von Pflanzen und Tieren. Phänologen interessieren sich beispielsweise für den Beginn der Blattentfaltung, für den Beginn der Blüte, für den Beginn der Blattverfärbung, das Ende des Laubfalls. Weil Tiere schwerer zu beobachten sind, stehen bei den Phänologen meist Pflanzen im Mittelpunkt. Und seit einigen Jahrzehnten sind die Erkenntnisse dieses Wissenschaftszweigs auch für die Klimaforschung von Belang: Nicht mehr nur Gärtner, Biologen oder Landwirte interessieren sich für phänologische Daten – am Puls der Natur lässt sich auch die Erderhitzung messen.

Seit mehr als 1300 Jahren wird in Japan der Tag festgehalten, an dem die Kirschblüte beginnt. Gelehrte des kaiserlichen Hofes dokumentierten die »Sakura« erstmals im Jahr 705 – ihre Aufzeichnungen gelten als die längste phänologische Beobachtungsreihe weltweit.[60] Um einzelne Extremjahre auszugleichen, werden in der Phänologie wie in der Klimaforschung Durchschnittswerte über längere Zeiträume gebildet. Schaut man sich eine so geglättete Datenlinie an, dann begannen über all die Jahrhunderte die Kirschen in der Kaiserstadt Kyoto ihre Blüten zwischen dem 100. und 110. Tag des Jahres zu entfalten – nach unserem Kalender also Mitte April. Doch etwa 1950 bricht die Linie plötzlich ein, immer öfter beginnt die Kirschblüte immer früher: Seit dem Jahr 2000 blühen die Kirschbäume in Kyoto im Durchschnitt bereits vor dem 100. Tag des Jahres. 2019 zum Beispiel entfalteten die Knospen in der Kaiserstadt ihr zartes Rosa am 86. Tag, 2020 sogar noch zwei Tage früher. Der japanische Wetterdienst beobachtet die Kirschblüte systematisch an 58 Orten im ganzen Land. Seit Mitte der 1950er-Jahre, so das Ergebnis, verschiebt sich »Sakura« um durchschnittlich einen Tag pro Jahrzehnt nach vorn.[61]

Phänologen unterteilen Frühling, Sommer und Herbst jeweils in Vor-, Voll- und Spät-; weshalb es bei den Naturbeobachtern neun Jahreszeiten gibt. Und natürlich noch den Winter: jene Zeit, in der die Pflanzen ihre Erscheinungsformen nicht ändern, es für Phänologen also nichts zu beobachten gibt. Der phänologische Winter ist die Zeit vom Fall der letzten Blätter, dem Ende des Spätherbstes, bis zum Austrieb der Haselblüte, dem Beginn des Vorfrühlings. Lange nämlich bevor der Haselstrauch seine Blätter austreibt, bildet *Corylus avellana* – so der botanische Name – seine männlichen Blüten, die wie dicke gelbe Wollfäden am Strauch des Birkengewächses herunterhängen.

Als Begründer der Phänologie in Europa wird Robert Marsham angesehen, der 1736 in Großbritannien begann, die »Vorboten des Frühlings« aufzuzeichnen. 15 Jahre später beschrieb der schwedische Naturforscher Carl von Linné in seiner *Philosophia botanica* erstmals Methoden der Phänologie. In Genf wurde 1808 damit begonnen, den Zeitpunkt der Blattentfaltung bei Rosskastanien zu notieren. Mitte des 19. Jahrhunderts gab es in Österreich ein landesweites phänologisches Beobachtungsnetz, das nach genau definierten Anleitungen arbeitete, die Ergebnisse werden seit 1851 in den *Jahrbüchern der Centralanstalt für Meteorologie und Erdmagnetismus* publiziert.[62] Und all diese Daten zeigen: In den letzten Jahrzehnten gab es rasante Veränderungen.

Unter Phänologen wird man mit Sicherheit niemanden finden, der die Realität des Klimawandels leugnet. Zu deutlich steht ihnen vor Augen, wie sich der Takt der Natur ändert. Zum Beispiel der Beginn der Apfelblüte in Hessen: Im Mittel der Jahre 1961 bis 1990 begannen die Bäume am 126. Tag im Jahr zu blühen, im Zeitraum 2010 bis 2018 öffneten sich die Blüten bereits am 112. Tag – also zwei Wochen früher. Das ist natürlich keine spezifisch hessische Entwicklung. Im Durchschnitt der Jahre 1961 bis 1990 war der phänologische Winter in Deutschland 120 Tage lang, im Zeitraum 1991 bis 2018 nur noch durchschnittlich 103 Tage. 2020 begann die Haselblüte und damit der Vorfrühling bereits am 23. Januar.[63] Andreas Friedrich vom Deutschen Wetterdienst sagt: »Aufgrund der Klimaerwärmung können wir feststellen, dass der Winter im Schnitt mindestens zehn bis 14 Tage kürzer geworden ist. In der Folge fangen Frühling, Sommer und Herbst deutlich früher an.«

»Kuckuck, kuckuck«, ruft's immer seltener aus dem Wald

Mancher von uns mag dies eine schöne Nachricht finden – für viele Tiere ist sie bedrohlich. Zum Beispiel für den Kuckuck. 9000 Flugkilometer braucht der Vogel aus seinem Winterquartier in Afrika, um Anfang Mai Deutschland, seine Kinderstube, zu erreichen. »Der Kuckuck ist die meiste Zeit des Jahres unterwegs«, sagt Sonja Dölfel vom Landesbund für Vogelschutz in Bayern, »bei uns ist er nur ein paar Monate.« Allerdings sind das die entscheidenden: Hier paart sich *Cuculus canorus* und legt seine Eier in die Nester sogenannter Wirtsvögel. Bislang waren dies vor allem Teichrohrsänger, Grasmücke oder Bachstelze: Nach nur zwölf Tagen Brütezeit schlüpfen die Kuckuckskinder, früher als ihre »Geschwister« und stoßen die anderen Eier aus dem Nest. In der dritten Woche sind die Jungkuckucke bereits größer als die ausgetricksten fremden Eltern, ausgewachsen erreichen sie Taubengröße – und im August starten die exzellenten Langstreckenflieger wieder ihren Weg ins Winterquartier.

Allerdings setzt der immer früher beginnende Frühling den Kuckuck unter Druck: Arten wie Teichrohrsänger, Grasmücke oder Bachstelze, die im Winter weniger weit gen Süden fliegen, sind viel eher zurück, ihr Brutbeginn richtet sich nach Temperatur, Nahrungsangebot, dem phänologischen Frühlingsbeginn. Vielerorts sind sie längst Eltern, wenn der fernreisende Kuckuck eintrifft. Die Kuckucksweibchen haben deshalb zunehmend Probleme, irgendjemandem ihre Eier unterzuschieben.

»Anders als der Frühjahrsanfang hat sich der innere Kompass des Kuckucks bislang nicht geändert«, sagt Vogelschützerin Dölfel. Seit vielen Jahren kartiert ihr Verband das Eintreffdatum, »bislang ohne nennenswerte Veränderungen«. Was nicht verwundert, denn der Kuckuck segelt mit exaktem Zeitplan durch die Welt. Ein großer Kraftakt ist im Herbst sein Überflug der Sahara, danach nimmt er sich 45 Tage Erholung in der östlichen Sahelzone. Von dort geht es 5000 Kilometer Richtung Zentralafrika, um rechtzeitig nach der Regenzeit das üppige Nahrungsangebot der Tropenwälder zu erreichen. Aber auch dort bleibt dem Kuckuck nicht viel Zeit, Anfang Februar tritt er seine Rückreise nach Mitteleuropa an, mit Zwischenstopps in Westafrika und Italien.

Hat er es Ende April endlich über die Alpen geschafft, heißt es immer häufiger: Alle anderen Vögel sind schon da – und immer häufiger eben auch schon deren Nachwuchs. Eine beliebige Auswahl hat der Kuckuck aber nicht, denn er muss die Farbe seines Eies exakt jener der Wirtseltern anpassen. Von Hellblau über Dunkelbraun bis hin zu gesprenkelten Farbtönen – Ornithologen haben in den Nestern von mehr als 125 verschiedenen Vogelarten Kuckuckseier gefunden, mit 125 verschiedenen Farbvarianten. Wie der Kuckuck erkennt, welche Farbe er für welches Nest wählen muss, ist noch nicht gut erforscht, es wird vermutet, dass er sein Ei jener Art ins Nest legt, bei der er selbst aufwuchs. Einen Plan B scheint es nicht zu geben. In Deutschland steht der Kuckuck mittlerweile mit einer Vorwarnung auf der »Roten Liste« der bedrohten Arten. Weniger als 69 000 Paare soll es hierzulande noch geben, Tendenz abnehmend.

Natürlich ist der Kuckuck nur ein Beispiel dafür, wie der Klimawandel die Natur aus dem Gleichgewicht bringt. Ein anderes ist der Siebenschläfer, der verlassene Vogelnester und Baumhöhlen nutzt, um seine Brut großzuziehen. Bislang ging das ganz problemlos: Seinen Namen verdankt das eichhörnchenähnliche Tier einem monströsen Schlafbedürfnis, seine Winterruhe dauert normalerweise bis

Ende Mai. Früher waren die Vogeljungen längst geschlüpft, wenn sich die Siebenschläfer paarten und einen geeigneten Aufzuchtplatz für ihren Nachwuchs suchten, die Nester und Brutkästen waren vogelfrei. Da nun aber der Frühling immer früher einsetzt und das Erdreich aufwärmt, wachen Siebenschläfer bis zu fünf Wochen eher auf. Leidtragende sind Trauerschnäpper, Meisen oder Kleiber – immer öfter fressen Siebenschläfer deren Nachwuchs, um Platz für den eigenen zu schaffen.

Andere Tiere verhungern schlichtweg. Igel zum Beispiel schlafen normalerweise von November bis April. In dieser Zeit fahren sie ihren Stoffwechsel so weit herunter, dass sie von den angefutterten Reserven leben können. Allerdings brauchen sie für diesen Ruhezustand beständig kühle Temperaturen. Doch war zum Beispiel der Februar 2020 in Deutschland der zweitwärmste Februar seit Messbeginn, vielerorts wurden zweistellige Temperaturen registriert. Frühlingshafte Verhältnisse holen die Igel aus ihrer Winterstarre, doch so früh im Jahr finden sie noch keine Nahrung.

»Wir befinden uns mitten im größten Artensterben seit dem Ende der Dinosaurier«

Zu spät kommen, verhungern, Konkurrenten beseitigen – die Erderwärmung sorgt in der Natur nicht nur für einzelne Dramen, sie bedroht das gesamte verzweigte und ausbalancierte Geflecht der Ökosysteme existenziell. Exemplarisch ist das Schicksal der Hummeln, einem der wichtigsten Helfer in der Landwirtschaft. Ein kanadisch-britisches Forscherteam hat in einer Langzeitstudie die Entwicklung Dutzender Hummelarten in Europa und Nordamerika dokumentiert – und festgestellt, dass die Zahl der in den untersuchten Gebieten vorkommenden Tiere massiv und flächendeckend zurückgegangen ist. Schuld seien längere und extremere Wärmeperioden, warnen die Biologen.[64] Hauptautor Peter Soroye von der Universität Ottawa: »Wenn der Rückgang in diesem Tempo weitergeht, könnten viele dieser Arten innerhalb weniger Jahrzehnte für immer verschwinden.«

Hummeln sind als Bestäuber ähnlich wichtig wie Bienen. Weltweit werden fast 90 Prozent aller Blütenpflanzen von Insekten bestäubt, bei den Nutzpflanzen immerhin 75 Prozent. Als »Ökosystemdienstleistung« bezeichnet die Wissenschaft diesen Aspekt des Insektenlebens, der ökonomische Nutzen der Bestäubung wird weltweit auf 153 Milliarden Euro pro Jahr geschätzt. Fehlen Hummeln und Bienen, ist das für Mensch wie Tierwelt ein Riesenproblem. Ohne Bestäuber gäbe es keine Samen, ohne die Früchte undenkbar sind, von denen sich Singvögel oder Käfer ernähren, die wiederum für andere Arten wichtige Beutetiere sind. Ein Großteil der Obst- und Gemüsesorten weltweit hängt von Bestäubern ab, gerade diese Früchte versorgen die Menschheit mit lebenswichtigen Nährstoffen wie Vitaminen, Calcium und Folsäure.

In Deutschland sind 36 Hummelarten heimisch, mittlerweile steht fast die Hälfte auf der »Roten Liste«. Für ihre Studie verglichen die Wissenschaftler die Verbreitungsgebiete der Hummeln rückblickend mit den jeweiligen Klimadaten wie Temperatur und Niederschlag. Das Ergebnis war überraschend eindeutig: Mit voranschreitender Erwärmung und der Zunahme von Hitzewellen und Dürre verlassen die Hummeln immer größere Teile ihrer einstigen Lebensräume. Dabei könne der Hummelschwund, so die Forscher, Vorbote einer viel breiteren Aussterbewelle sein.

Weltweit sind heute ungefähr 1,8 Millionen Arten beschrieben. Wissenschaftler schätzen, dass die tatsächliche Zahl näher an zehn Millionen liegen könnte. Viele noch unbekannte Lebensformen dürften verschwunden sein, bevor sie entdeckt werden. Peter Soroye formuliert es so: »Wir befinden uns mitten im sechsten Massenaussterben der Erde, der größten und schnellsten globalen Krise der biologischen Vielfalt, seit ein Meteor das Zeitalter der Dinosaurier ausgelöscht hat.«

Zwar hat sich das Klima im Laufe der Erdgeschichte immer verändert, Arten entwickelten sich, passten sich an und verschwanden auch wieder. Das Besondere am gegenwärtigen Klimawandel aber ist sein Tempo: Der menschengemachte Temperaturanstieg verläuft etwa hundertmal schneller – er überfordert deshalb das Anpassungsvermögen vieler Tier- und Pflanzenarten.[65]

Schon sehr bald drohe deshalb ein regelrechter Kollaps der biologischen Vielfalt, warnt ein internationales Forscherteam um Alex Pigot vom University College London. Für seine Studie hat es die Lebensbedingungen von mehr als 30 000 Meeres- und Landarten sowie die Klimaverhältnisse von 1850 bis 2100 analysiert. Das Ergebnis ist alarmierend: In den vergangenen Jahrzehnten seien viele Spezies näher und näher an ihre jeweilige Temperaturschwelle gerückt, hätten sich gerade noch auf die neuen Verhältnisse einstellen können. In Kürze aber sei bei vielen gleichzeitig das Limit erreicht. Bereits vor 2030 werde deshalb ein abruptes Massensterben in den tropischen Ozeanen einsetzen – und bis 2050 auch auf die tropischen Regenwälder und gemäßigte Breiten übergreifen. Jedenfalls verlaufe das Aussterben durch den Klimawandel nicht gleichmäßig wie beim langsamen Abrutschen an einem glitschigen Hang, so der Leitautor dieser Studie, Alex Pigot vom University College London. »Es ist eher wie eine Serie von Felsklippen, und verschiedene Orte stürzen zu verschiedenen Zeitpunkten ab.« Im seichten Teil des Mittelmeers vor der israelischen Küste, wo die Wassertemperaturen in den vergangenen Jahrzehnten besonders stark gestiegen sind, haben Forscher bereits einen Rückgang der Artenvielfalt um 95 Prozent dokumentiert.[66]

In Deutschland leben schätzungsweise 71 900 Tier- und Pflanzenarten, darunter allein 33 300 verschiedene Insekten. Bis zu 30 Prozent davon könnten in den kommenden Jahrzehnten wegen des Klimawandels aussterben, konstatierte bereits 2008 ein Bericht der Bundesregierung.[67] Amphibien wie der Moorfrosch, der Fadenmolch oder die Rotbauchunke zum Beispiel sind für ihren

Nachwuchs auf Kleinstgewässer angewiesen – zunehmende Dürrephasen aber trocknen viele Gewässer im Sommer aus, bevor die Larven voll entwickelt ihr Leben an Land beginnen können.

Bei anderen Arten verschwinden die Lebensräume nicht, aber sie verschieben sich – und aus verschiedenen Gründen ist für viele Pflanzen und Tiere ein Mitwandern schwierig. Wegen steigender Temperaturen haben sich die Lebensräume im weltweiten Durchschnitt bereits um rund 17 Kilometer pro Jahrzehnt in Richtung der Pole verschoben, umgerechnet 4,5 Meter pro Tag. Bei stärkerem Klimawandel nimmt das Tempo zu, und viele Tiere und Pflanzen werden dann schlicht nicht mehr hinterherkommen.[68] Etliche Schmetterlingsarten zum Beispiel können nicht in kühlere Gebiete in den Norden weiterziehen, sie sind auf bestimmte Futterpflanzen für ihre Raupen angewiesen, die bei uns wachsen.

Auch manche Pflanzenart kann vor der Hitze nicht mehr »fliehen«. Die Brockenanemone ist so ein Beispiel, ein Hahnenfußgewächs, das nur noch auf dem höchsten Berg des Harzes wächst. Zwar ist die kälteliebende Pflanze streng durch das Bundesnaturschutzgesetz geschützt. Das wird ihr aber nichts mehr nützen. »Die Pflanze hat sich vor zunehmender Hitze immer weiter zurückgezogen, sie wächst nur noch ganz oben auf der Bergspitze, auf wenigen Hektar«, sagt Horst Korn, Leiter der Abteilung internationaler Naturschutz beim Bundesamt für Naturschutz. Damit wird in wenigen Jahren Schluss sein, »es wird für die Brockenanemone selbst dort oben einfach zu warm.«

Eine Untersuchung des Bundesamtes für Naturschutz (BfN) von mehr als 500 in Deutschland geschützten Tierarten kam zu dem Schluss, dass lediglich elf Prozent von ihnen wohl relativ problemlos mit der zu erwartenden Klimaerhitzung klarkommen werden. Weiter steigende Temperaturen bringen für 77 Prozent der untersuchten Tierarten ein mittleres Überlebensrisiko, zwölf Prozent werden als Hochrisikogruppe klassifiziert.[69]

Auch auf die Pflanzenwelt kommen große Veränderungen zu: Eine weitere BfN-Studie ergab, dass in manchen Regionen ein drastischer Einbruch der Artenvielfalt droht. In einem ersten Schritt ermittelten die Experten, wo die artenreichsten Pflanzenbiotope zu finden sind: in den Alpen und im Alpenvorland, in den süddeutschen Mittelgebirgen, in Teilen des Erzgebirges und der zentralen Mittelgebirge. 350 bis 450 der 550 untersuchten Pflanzenarten sind dort heimisch. Artenärmer sind die Küstenregionen und das norddeutsche Tiefland, wo 115 bis 200 der untersuchten Spezies gefunden wurden. In einem zweiten Schritt betrachteten die Experten, was die absehbaren Klimaveränderungen für diese Pflanzenvorkommen bedeuten. Ergebnis: Bereits bis Mitte des Jahrhunderts gehen 15 bis 95 Arten an ihren jetzigen Standorten verloren. Besonders treffen wird es Gebiete, die sich schon stark erwärmt haben, der Rheingraben im Südwesten, Gebiete in Sachsen und Sachsen-Anhalt, am schwersten Brandenburg. Dort wird der Prognose zufolge bis zur Hälfte der heute anzutreffenden Pflanzen verschwinden.[70]

Allerdings wandern im Gegenzug neue Pflanzenarten ein, auch dies wird je nach Region sehr ungleichmäßig passieren. Unterm Strich gewönnen viele Regionen an Pflanzenarten, so der Bericht, in Süddeutschland könne es gar ein Plus von 31 Prozent geben. Im Osten und Nordosten jedoch überwiege der Verlust, weshalb in Brandenburg ein Minus von 35 Prozent der Artenvielfalt stehe.

Der Klimawandel lässt neue Arten gedeihen – für bestehende Biotope ist das oft ein großes Problem

Auch bei den Tieren kommen neue, hitzeresistentere Arten hinzu. Beispielsweise die Gottesanbeterin. »Zu meinen Studienzeiten in den 80er-Jahren gab es in Deutschland nur eine kleine Population im Kaiserstuhl«, sagt Horst Korn vom Bundesamt für Naturschutz. Das kleine Mittelgebirge vulkanischen Ursprungs in der Oberrheinischen Tiefebene zählt mit seinem mediterranen Klima zu den wärmsten Orten Deutschlands. Heute ist die ursprünglich aus Afrika stammende Fangschrecke bereits in ganz Baden-Württemberg und in Rheinland-Pfalz beheimatet, auch im Saarland wurde sie mehrfach gesichtet und selbst in Berlin-Schöneberg hat sich eine Population der *Mantis religiosa* etabliert.

Ein anderes Beispiel ist der Bienenfresser, ein wärmeliebender Vogel aus Südeuropa, der sich immer weiter nach Norden ausbreitet. Oder die Pazifische Auster, die in der Nordsee den heimischen Miesmuscheln erfolgreich den Lebensraum streitig macht. Ursprünglich ist *Crassostrea gigas* vor den Küsten Koreas und Japans zu Hause, es war nicht der Klimawandel, sondern der Mensch, der sie in die Nordsee brachte: Austernzüchter setzten sie erstmals Mitte der 1980er-Jahre vor Sylt in Drahtkörben im Wattenmeer aus. Damals glaubten die Züchter, das relativ kalte Wasser der Nordsee genüge zwar zum Wachstum, nicht aber zur Fortpflanzung. Doch schon in den warmen Sommern 1990 und 1994 vermehrten sich erstmals auch in der Nordsee Pazifische Austern, die viel robuster sind als Miesmuscheln. Ein defekter Drahtkorb und weiter steigende Wassertemperaturen genügten, um das Leben im Wattenmeer vor komplett neue Herausforderungen zu stellen: Möwen oder Eiderenten ernähren sich von Miesmuscheln, die dicken, sperrigen Schalen der Austern können sie hingegen nicht knacken. Aber das aggressive Ausbreiten der fremdländischen Auster hat die Bestände der Miesmuscheln stark dezimiert.

Solch eingeschlepptes Leben bezeichnet die Wissenschaft als »invasive Art«. Der Halsbandsittich zum Beispiel (*Psittacula krameri*) stammt aus den Savannengebieten Afrikas. Vermutlich sind einige der Ziervögel hierzulande irgendwann einmal ausgebüxt. Mit den steigenden Temperaturen entwickelte der Halsbandsittich eine frei lebende Population in Deutschland, zehntausend dieser Vögel leben mittlerweile entlang des Rheins, besonders viele in Wiesbaden, in Köln und im warmen Rhein-Neckar-Gebiet, wo sie sich in die Styroporverkleidung von wärmegedämmten Häusern picken, in denen es sich prima nisten lässt. Den Riesenbärenklau (*Heracleum mantegazzianum*) führten vor mehr als einhundert Jahren Botaniker als Zierpflanze aus Kleinasien ein. Die wärmeliebende, bis zu drei Meter hohe »Herkulesstaude« hat bei uns keinerlei Fressfeinde und vermehrt sich deshalb prächtig. Allerdings sondert der Riesenbärenklau einen giftigen Saft ab, was ihn besonders für Kinder zu einer gefährlichen Pflanze macht. Oder eben *Prunus serrulata*, die Ostasiatische Kirsche, die sich in Hamburg an der Alster wohlfühlt. Bis Mitte des Jahrhunderts erwarten Forscher, dass rund 2500 neue Arten nach Europa einwandern.[71]

Der Klimawandel wird also die hiesige Natur rasant verändern, am wohl augenfälligsten die Wälder. Die Fichte zum Beispiel braucht kühlere und nicht zu trockene Standorte – doch die gehen künftig verloren. Ihre Tage als prägender Baum sind gezählt. In Bonn erklärt Maximilian Weigend, der Direktor des Botanischen Gartens: »Palmen wachsen hier inzwischen besser als Buchen.« Dasselbe gelte für Pistazien- und Mandelbäume, Korkeichen und Erdbeerbäume. »Wir werden bei uns zunehmend Pflanzen aus dem Mittelmeerraum kultivieren.« Einen kleinen Garten mit alpinen Pflanzen hingegen, in den 1980er-Jahren angelegt, müsse man wohl oder übel aufgeben.[72]

Giftige Algenblüten, massenhaft tote Fische – in den Sommern der Zukunft kippen Seen und Flüsse immer öfter

Berlin, der Stadtteil Köpenick, ganz im Osten der Stadt. Hier liegt der Müggelsee, mit mehr als sieben Quadratkilometern das größte Gewässer der Hauptstadt. Es gibt viel Wald ringsherum und die Müggelberge, an den Ufern Strandbäder und Ausflugslokale, auf dem Wasser Freizeitkapitäne mit ihren Segeljachten. Und eine schwimmende Insel, auf der ein Container unter einem Solardach steht. Hier führt Rita Adrian vom Leibniz-Institut für Gewässerökologie und Binnenfischerei das Kommando. Die Professorin für Ökosystemforschung untersucht mit dieser Messstation seit vier Jahrzehnten den Müggelsee, um zu erfahren, wie sich die steigenden Temperaturen auf Deutschlands Binnengewässer auswirken. »Um 0,3 Grad pro Dekade hat sich im Sommer das Seewasser in den letzten Jahrzehnten erwärmt«, sagt Rita Adrian, »logisch, dass das nicht ohne Folgen für Flora und Fauna bleibt.«[73]

Die meisten Seen Deutschlands sind flach, sie sind geprägt von einem starken jahreszeitlichen Wechsel: Im Winter liegt die kalte Wasserschicht oben und die warme am Grund, im Sommer ist es umgekehrt. Weil sich die Schichten im Laufe der Jahreszeiten unterschiedlich aufwärmen und abkühlen, Wasser deshalb mal aufsteigt und mal absinkt, durchmischen sich die Seen auf natürliche Weise. Sauerstoffreiches Wasser von der Oberfläche gelangt so in die Tiefen. Der Klimawandel aber bringt diese Zirkulation durcheinander. In milderen Wintern kühlen die Seen nicht mehr so stark aus und frieren seltener zu, im Frühling und Sommer erwärmen sich die oberen Wasserschichten stärker und schneller. Dadurch verfestigt und verlängert sich die sogenannte thermische Schichtung der Seen. »Sauerstoff, der in den oberen lichtdurchfluteten Wasserschichten produziert wird, kann nicht mehr in die Tiefe transportiert werden«, erklärt Rita Adrian. »Der Sauerstoffgehalt ist aber entscheidend für die Gesundheit eines Sees.« Im Ergebnis kann das Tiefenwasser gänzlich sauerstofffrei werden. Und dies wiederum setzt im Sediment gebundene Nährstoffe frei, was zu einer zusätzlichen Düngung des Sees führt. Das klingt zwar vorteilhaft, ist es für die Gewässer aber nicht: Sie werden überdüngt, Algenblüten nehmen zu.[74]

Cyanobakterien gehören zu den Hauptprofiteuren des Klimawandels in den hiesigen Seen: Hohe Temperaturen, hohe Nährstoffkonzentrationen und eine stabile thermische Schichtung führen zu ihrer starken Blüte. Cyanobakterien, das sind jene, die wir als schlierenartige Blaualgenblüte kennen, die in heißen Sommern in manchem See den Badespaß verderben. Schluckt der Mensch Wasser, das solche Bakterien enthält, kann das zu Magen- und Darminfekten führen.

Wesentlich dramatischer sind die Auswirkungen auf das aquare Leben. Fische zum Beispiel müssen sich dann in den oberen warmen Bereichen aufhalten – und sind dort höherem Hitzestress ausgesetzt. Manchmal mit tödlichen Folgen. Zum Beispiel im Sommer 2018, als Spaziergänger im Bochumer Stadtpark eine grässliche Entdeckung machten: Auf einem Teich trieben massenhaft tote Fische. »So wie sich das hier darstellt, war es noch nie«, erklärte ein konsternierter Sprecher der Feuerwehr, die von den Passanten gerufen worden war. Wegen der langen Hitzewelle war der Teich »umgekippt«, es stank mörderisch: Den Tieren war der Sauerstoff ausgegangen, ihre erstickten Leiber begannen in der Hitze schnell zu verwesen. Die Feuerwehr sammelte nicht nur die Kadaver ein, sondern pumpte auch stundenlang Wasser ab und spritzte es in hohem Bogen wieder zurück in den Teich, um ihn so mit Sauerstoff anzureichern. Eine kurzfristige Notmaßnahme, die am eigentlichen Problem nichts ändert.[75]

Auch in den Flüssen werden steigende Lufttemperaturen – kombiniert mit künftig häufigeren Niedrigwassern – zu deutlich wärmerem Wasser führen. So erwarten Experten in Rhein und Elbe schon bis etwa 2050 einen Anstieg der durchschnittlichen Temperaturen um ein bis zwei Grad Celsius, nach 2070 könnten es sogar knapp vier Grad werden. An mehr als 30 Tagen pro Jahr muss dann damit gerechnet werden, dass die ökologisch kritische Temperaturschwelle von 25 Grad Celsius überschritten wird. Zum Vergleich: Früher (im Zeitraum 1971 bis 2000) war das am Rhein an höchstens drei Tagen pro Jahr der Fall, an der Elbe an höchstens sechs.[76] Höhere Wassertemperaturen bedeuten auch, dass weniger Sauerstoff im Wasser gelöst ist – und damit zunehmenden Stress für die Wasserorganismen.

Die Schwarze Elster, normalerweise ein stattlicher Nebenfluss der Elbe, trocknete 2018 nahe Senftenberg (Brandenburg) auf vier

Kilometern Länge gleich ganz aus. Hier, wo der Fluss normalerweise zehn Meter breit und 70 bis 80 Zentimeter tief ist, erstarb jedes Leben. Kein Einzelfall im Hitzesommer 2018: In Baden-Württemberg führte die Dreisam nahe des Kaiserstuhls keinerlei Wasser mehr, in der Schwäbischen Alb fiel das Flüsschen Schmiecha trocken, in Nordrhein-Westfalen trocknete im Oberbergischen Kreis die Dörpse aus. Solche Extreme werden zunehmend normal: 2019 fiel die Schwarze Elster neuerlich trocken, da sogar schon zum Ende des Frühlings, 2020 dann bereits das dritte Mal in Folge. In jenem Jahr gab es zum Beispiel auch im Linsensägbach kein Wasser, einem Nebenfluss der Isar, ebenso im Göhlbach in Hamburg-Harburg.

»Immerhin beobachten wir, dass sich solche Biotope nach einigen stabilen Jahren wieder revitalisieren können«, sagt Ökosystemforscherin Rita Adrian. Fließt das Wasser wieder lang genug, können Kleinstlebewesen zurückkehren, die Wasserpflanzen und schließlich auch Muscheln und Fische.

Für andere Lebensräume gibt es solche Hoffnung nicht, der Klimawandel droht sie ein für alle Mal von der Landkarte zu fegen. »Moore zum Beispiel, die wie ein Schwamm Wasser in der Landschaft halten«, sagt Horst Korn vom Bundesamt für Naturschutz. Trocknen diese speziellen Biotope aus, sind oft auch die Spezialisten unwiederbringlich verloren, die sich den Lebensraum einst eroberten. Die rosa blühende Purpurgrasnelke zum Beispiel, die es weltweit nur im Benninger Ried gibt – noch. Das größte zusammenhängende Kalkquellmoor Bayerns nahe Memmingen ist seit einigen Jahren immer stärker vom Austrocknen bedroht. Im Schwarzwald sind bereits zwei Moor-Pflanzen ausgestorben, bis 2050 droht zehn weiteren dasselbe Schicksal.[77]

Auch in den Alpen drohen Biotope zu verschwinden: Deutschlands größter Gletscher, der »Schneeferner«, bedeckte Mitte des 19. Jahrhunderts mit einer Ausdehnung von 300 Hektar noch das gesamte Zugspitzplatt. Heute messen seine Reste nicht einmal mehr

20 Hektar, bis 2050 wird er wohl gänzlich geschmolzen sein. Auf den ersten Blick wirkt ein Gletscher tot, doch ist er ein einmaliger Lebensraum: Algenarten besiedeln die Schnee- und Eisfläche direkt an der Zugspitze, mit 2962 Metern Deutschlands höchstem Berg. Auch Insekten wie der Winterhaft leben dort, genauso wie der Gletscherfloh, ein Anpassungskünstler, der eigentlich gar kein Floh ist, sondern genauer zur Klasse der Springschwänze gehört.

Ein Ausflug in die Hochalpen ist wie eine Wanderung aus dem Flachland zum Polarkreis: mit jedem Schritt, mit jedem Höhenmeter ändert sich das Klima. Deshalb zeigen die Alpen wie ein Vergrößerungsglas die Folgen der Erderhitzung für die Umwelt. Weil es im Sommer auch in höheren Lagen immer wärmer wird, verkriechen sich die Murmeltiere lieber in ihrem kühlen Bau. Dadurch verlieren sie viel Zeit – Zeit, in der sie eigentlich fressen müssten, um Fett anzusetzen. Murmeltiere verschlafen bis zu sieben Monate eines Jahres, dabei verlieren sie ein Drittel ihres Körpergewichts. Fehlt es Murmeltieren an Speicherfett, überleben sie den Winterschlaf nicht.

Es ist nicht nur moralische Pflicht, das Artensterben zu stoppen – es läge auch im Eigeninteresse der Menschheit

Natürlich ist die Erderhitzung nur ein Aspekt, der Arten unter Druck setzt. Die stetig fortschreitende Zerstörung natürlicher Lebensräume, die intensive Landwirtschaft mit ihren Ackergiften, das Zerschneiden zusammenhängender Naturräume und ihre Verschmutzung, Waldrodungen, die Überfischung, der ungebremste Rohstoffhunger – all dies trägt ebenfalls dazu bei. Der Klimawandel trifft auch deshalb so viele Arten so hart, weil sie bereits durch andere Stressfaktoren geschwächt sind. Das »Millennium Ecosystem Assessment« der UN hat schon im Jahr 2005 gezeigt, wie massiv die Ökosysteme in den vergangenen Jahrzehnten gelitten haben. Der

Bericht warnte, dass der ungeheure Verlust der Biodiversität für den Menschen ebenso bedrohlich sei wie der Klimawandel – dabei hängt beides unmittelbar zusammen: Die Erderhitzung ist ein Beschleuniger des Artensterbens. In der zweiten Hälfte des Jahrhunderts, erwarten Forscher, wird der Klimawandel die stärkste Gefahr für die weltweite Biodiversität überhaupt werden.[78]

Britische Wissenschaftler haben 2018 vorgerechnet, wie sich steigende Erdtemperaturen auf die Verbreitung von Pflanzen, Insekten und Wirbeltieren auswirken: Wird der Klimaschutz nicht verstärkt, werde knapp die Hälfte aller Insekten- und Pflanzenarten weltweit bis Ende des Jahrhunderts mindestens 50 Prozent ihres Verbreitungsgebiets einbüßen, bei den Wirbeltieren ein Viertel aller Arten. Welche Spezies tatsächlich aussterben und wann, lässt sich aber nur sehr schwer ermitteln, weil es von vielen unterschiedlichen Faktoren abhängt.[79]

Doch das Sterben ist bereits so alltäglich, dass es Horst Korn fassungslos macht. »Wir reden ja nicht über Eisbären am Nordpol oder Nashörner in Afrika. Das passiert vor unserer Haustür!« Der Moselapollofalter beispielsweise ist weltweit nur im Moseltal anzutreffen, wo er an den felsigen Steilhängen die Futterpflanze für seine Raupen findet, die Weiße Fetthenne. Normalerweise überwintern die Raupen bis zum April – aber wegen der ausbleibenden Frosttage schlüpfen sie jetzt immer früher und finden kein Futter, weil dann die Fetthenne noch nicht herangewachsen ist.

Muss der Mensch dafür sorgen, dass der Moselapollofalter überlebt? Brauchen wir Rotbauchunken, Gletscherfloh und Igel wirklich? Oder können die vielleicht weg? Und überhaupt: Gibt es nicht drängendere Probleme als das Überleben der Purpurgrasnelke?

Horst Korn versucht die Antwort mit einer Gegenfrage: »Brauchen wir denn den Kölner Dom?« Der Biologe meint das völlig ernst. Natürlich betreffe das Überleben bedrohter Spezies einen kulturellen Aspekt: »Wir Menschen haben Verantwortung – für das Überleben des Moselapollofalters genauso wie für den Erhalt dieses berühmten Gotteshauses.« Denn die Erderwärmung sei ja kein Naturphänomen, »sie ist menschgemacht, also von uns«.

Es gebe aber auch eine ökonomische Antwort, sagt Korn: »Eine reiche genetische Artenvielfalt sichert uns Menschen das Überleben.« Pflanzen seien wichtige Bausteine etwa in der Medizin oder in der Biotechnologie; und auch Tiere übernähmen für die Menschheit umfangreiche Dienstleistungen, nicht nur als Bestäuber von Agrarpflanzen, sondern zum Beispiel auch »als Aasfresser zum Beräumen der Flur«. Funktionierende Ökosysteme seien unverzichtbar für uns, »als Lieferant für Trinkwasser, Rohstoffe und Nahrung, als Speicher für Kohlendioxid, als Produzent nährstoffreicher Böden«. Und zu einem funktionierenden Ökosystem gehöre nun einmal der Kuckuck genauso wie die Brockenanemone: »Das Zusammenspiel der Arten in der Natur ist so komplex, dass wir die Zusammenhänge noch gar nicht alle verstanden haben.«

Und dann schlägt Horst Korn den Bogen zum Corona-Virus: »Für die Gesundheit der Menschen sind intakte Lebensräume genauso wichtig wie für Tiere und Pflanzen«, sagt er. So hat der rasante Verlust von Lebensraum in der jüngsten Vergangenheit immer wieder zum Ausbruch von Krankheiten und Epidemien beigetragen. »Wenn der Druck auf die Natur immer größer wird, dann schlägt das auf jene zurück, die den Druck verantworten – auf uns, die Menschen.«

Andere Experten sehen das genauso. Doreen Robinson, die Leiterin des Bereichs Wildtiere beim Umweltprogramm der Vereinten Nationen UNEP, erklärt: »Krankheiten, die von Tieren auf Menschen übertragen werden, nehmen zu, da die Welt weiterhin eine beispiellose Zerstörung freier Lebensräume durch menschliche Aktivitäten erlebt.« So wie zuvor bei Sars, Ebola oder der Vogelgrippe sind auch die neuen Corona-Viren von COVID-19 sogenannte zoonotische Erreger, also solche, die ursprünglich von Tieren stammen. In einem Bericht hatte die UNEP schon 2016 gewarnt: Entwaldung, Verstädterung, Intensivierung der Landwirtschaft, die wachsende Bevölkerung und die Auswirkungen des Klimawandels setzen die Lebensräume immer stärker unter Druck, der Mensch kommt den Wildtieren immer näher – und bietet so mehr Möglichkeiten für Krankheitserreger, von Tieren auf ihn überzuspringen. Just im April 2020, kurz nach Beginn der Corona-Pandemie, veröffentlichten Forscher aus den USA und Australien eine Studie speziell zu zoonotischen Erregern: Je stärker die Lebensräume von Wildtieren schrumpfen, desto höher das Übersprungsrisiko.[80]

»Die Welt könnte ein ziemlich unangenehmer Ort werden«, sagt Peter Daszak. Der britische Zoologe und Virenexperte ist einer der Autoren, die Ende Oktober 2020 einen Bericht des Weltbiodiversitätsrates über den Zusammenhang von intakter Natur und Pandemien vorlegten. Neben anderen Faktoren verstärke auch der Klimawandel die Gefahr neuer, verheerender Krankheitsausbrüche. »Wenn wir nicht rasch gegensteuern, werden wir schon sehr bald wesentlich öfter Pandemien erleben, die sich noch schneller ausbreiten als COVID-19, noch tödlicher verlaufen und die globale Wirtschaft in noch tiefere Krisen stürzen, als wir sie jetzt erleben.«[81]

Oder um es mit Horst Korn zu sagen: Uns Menschen kann es nur gut gehen, wenn es auch dem Kuckuck gut geht.

Kapitel 4: **Wasser**

Viel zu nass und viel zu trocken

Starkregen, Sturzfluten und Überschwemmungen wird es in Deutschland 2050 wesentlich häufiger geben als bisher. Doch zugleich nehmen auch Dürren zu, Wasser wird zum umkämpften Gut

Ganz Deutschland steht unter Beobachtung, zumindest der Luftraum. Permanent wird er mittels Radar überwacht. Die südlichste Anlage steht im Schwarzwald; das Ortungsgerät mit dem Kürzel FBG arbeitet auf dem Feldberg, mit 1493 Metern der höchste Punkt Baden-Württembergs. Hier oben, oberhalb der Baumgrenze, wo artenreiche Wiesen die subalpine Bergwelt prägen, hat man einen exzellenten Ausblick. Bei gutem Wetter ist es möglich, mit bloßem Auge im Osten die Zugspitze zu erkennen, im Süden den Eiger, Südsüdwest das Montblanc-Massiv, im Westen die Vogesen.

Egal ob bei Regen, Nebel, Schneesturm oder Dunkelheit – Radargerät FBG arbeitet zuverlässig bei jedem Wetter. Wie ein futuristischer Fußball sieht die Anlage auf dem Turm der alten Wetterwarte aus: Eine gigantische weiße Kuppel, das sogenannte Radom, schützt die Sende- und Messeinrichtungen vor der Witterung. In einem Radius von 150 Kilometern entgeht dem stationären Auge nichts.

Und FBG ist nicht allein: Das Feldbergradar arbeitet Hand in Hand zusammen mit TUR, der nächsten Station 200 Kilometer östlich in Türkheim, Unterallgäu. Sie liegt auf knapp 600 Höhenmetern am südlichsten Zipfel des Naturparks »Augsburg – Westliche Wälder«. Der weiße Radarfußball ist hier auf einem einfachen Gittermast montiert. Auch TUR beobachtet im 150-Kilometer-Radius, ostwärts reicht sein Sichtfeld bis Nürnberg, Ingolstadt und München.

Dahinter übernimmt dann die Radarstation EIS. Diese Abkürzung steht für den 771 Meter hohen Eisberg im Oberpfälzer Wald. Früher hielt ihn die Bundeswehr besetzt; hier, an der Grenze zu Tschechien, verlief damals die Frontlinie des Kalten Krieges, weshalb die Luftwaffe auf dem Gipfel eine sogenannte Dauereinsatzstellung betrieb. Kompanie »Echo 4« des Tieffliegermeldedienstes überwachte vom Eisberg aus den Luftraum des Warschauer Paktes. Heute zeugt davon nur noch ein verrosteter Stacheldrahtzaun rings um die Radaranlage EIS.

17 solcher Radarstationen sind notwendig, um den Himmel über ganz Deutschland zu überwachen. Allerdings geht es nicht mehr darum, feindliche Kampfjets aufzuspüren. Heute betreibt der Deutsche Wetterdienst (DWD) die Radarstationen – zur Regenüberwachung. »Dank der Anlagen können wir Starkregenereignisse wesentlich zuverlässiger erfassen«, sagt Andreas Becker, Niederschlagsexperte beim DWD. Und jedem Internetnutzer ermöglichen die 17 Stationen, auf Nachrichtenseiten oder in Wetter-Apps übers Land ziehende Niederschlagsfronten per »Regenradar« zu verfolgen.

Das System gibt es noch nicht lange. Bis zum Jahr 2001 bezogen die Meteorologen ihre Daten hauptsächlich von den etwa 2000 Wetterstationen, die der DWD übers ganze Land verteilt betreibt. Doch was Niederschlag angeht, vor allem sehr intensiven, waren diese Messdaten verblüffend ungenau. »Starkregen ist oft ein kleinräumiges Ereignis«, erklärt Referatsleiter Becker. Bis 2001 passierte es regelmäßig, dass über irgendeiner Ortschaft eine biblische Flut niederging – die Messzylinder der nächsten Wetterstation aber trocken blieben, weil sie zu weit entfernt lagen. »Wir wussten von dem Wolkenbruch«, sagt Becker, »aber wir konnten ihn nicht vermessen.« Und damit auch nicht in die Wetterstatistiken aufnehmen.

Starkregen: Das sind in der Definition des Deutschen Wetterdienstes Regengüsse, bei denen mindestens 25 Millimeter Wasser in der Stunde niedergehen. Millimeter Wasser? Der Grund, weshalb Niederschlag mit einem Längenmaß erfasst wird, liegt 240 Jahre zurück. Die ältesten wissenschaftlich erhobenen Wetterdaten stammen aus dem Jahr 1780. Damals ließ der pfalz-bayerische Kurfürst Karl Theodor in Mannheim die »Societas Meteorologica Palatina« gründen, die weltweit erste meteorologische Gesellschaft. »Die Wissenschaften, die einen unmittelbaren Einfluss auf des Menschen Leben und seine tägliche Beschäftigung haben, verdienen eine besondere Beachtung, Aufmerksamkeit und Fürsorge«, hieß es in der Gründungsrolle.[82]

Zum ersten Sekretär der »Societas« berief der Kurfürst den Physiker und Mathematiker Johann Jakob Hemmer. Das erwies sich als Glücksgriff für die Wissenschaft: Hemmer war ein Ordnungsfanatiker – sein Hang zur Norm und Systematik kreierte ein einheitliches Messverfahren für das Wetter. Erstmals wurden 1780 mit geeichten Geräten an verschiedenen Orten meteorologische Daten aufgezeichnet, und zwar exakt nach einer Anleitung, die Hemmer allen Ablesern zur Pflicht machte.

Dreimal am Tag wurde fortan gemessen, unter anderem Temperatur und Luftfeuchte, Windgeschwindigkeit oder Luftdruck – und zwar täglich um 7, 14 und 21 Uhr. Diese sogenannten Mannheimer Stunden sind noch heute in der Meteorologie weltweit Standard. Um die Regenmenge zu ermitteln, ließ Johann Jakob Hemmer geeichte Messzylinder aufstellen, damit der Niederschlag etwa in Dresden mit jenem in Mannheim vergleichbar werde. Und er ließ die Höhe des aufgefangenen Wassers in Millimetern ablesen. Das

Messnetz der Mannheimer »Societas« umfasste zu deren Hochzeiten 39 Orte in Europa, es reichte von Brüssel bis zum Ural, von Skandinavien bis ans Mittelmeer. Leider verfiel es nach dem Tod ihres ersten Sekretärs 1790. »Hemmers Grundlagen gelten heute aber immer noch«, sagt Andreas Becker vom Deutschen Wetterdienst. Und seit jener Zeit erfassen Meteorologen überall auf der Erde die Regenmengen in Millimetern.

Klimamodelle erwarten viel mehr Starkregen – auf den Regenradars zeichnet sich der Trend bereits ab

25 Millimeter Regen pro Stunde, das entspricht pro Quadratmeter 25 Litern, also zweieinhalb Wassereimern. Dass eine solche Menge innerhalb einer einzigen Stunde niedergeht, kommt in unseren Breiten selten vor – sie gilt den Meteorologen des Deutschen Wetterdienstes daher als Starkregenereignis. Für längere Zeiträume hat der DWD weitere Schwellenwerte definiert, ab denen ein Niederschlag als extrem gilt: zum Beispiel, wenn innerhalb von sechs Stunden 35 Millimeter fallen. Für zwölf, 24, 48 und 72 Stunden gibt es ähnliche Definitionen.

Die Definitionen werden wir in den kommenden Jahrzehnten viel häufiger brauchen als bisher. Klimawandel bedeutet nämlich nicht nur höhere Temperaturen, sondern auch andere Regenverhältnisse. Klimamodelle ergeben, dass Deutschland insgesamt etwas feuchter wird. In den kommenden Jahrzehnten wird demnach die Jahressumme der Niederschläge um rund fünf Prozent zunehmen.[83] Doch in den einzelnen Jahreszeiten klafft die Entwicklung auseinander: Die Winter werden nasser, die Sommer trockener. Und wenn es im Sommer künftig mal Niederschlag gibt, dann wird das immer öfter ein heftiger Wolkenbruch. Dazwischen jedoch – das ist die Kehrseite der Entwicklung – wird es häufigere und längere Trockenphasen geben. »Normaler Landregen, so, wie wir ihn heute noch kennen, das wird in Zukunft die Ausnahme sein«, sagt DWD-Experte Becker.

Offenbar läuft diese Entwicklung längst. Eine Studie des Potsdam-Instituts für Klimafolgenforschung hat nachgewiesen, dass extreme Niederschläge weltweit in den vergangenen Jahrzehnten bereits häufiger geworden sind.[84] Für Deutschland ist die Datenlage auf den ersten Blick weniger klar, aber auf den zweiten Blick doch deutlich. Seit Beginn der Aufzeichnungen 1881 hat die Summe der Jahresniederschläge um neun Prozent zugenommen. Zwar zeigten viele Studien auch für Starkregen eine Zunahme, andere aber waren nicht eindeutig oder ergaben gar einen Rückgang.[85] Doch bis 2001 war die Datenlage lückenhaft – es gab nur die Wetterstationen, an denen viele Wolkenbrüche vorbeigingen. Seit der Deutsche Wetterdienst die Hemmer'sche Methode der Regenmessung um die Technik des Radars erweitert hat, stieg die Zahl der registrierten Starkregen sprunghaft. »Nicht weil es plötzlich mehr waren, sondern weil wir sie jetzt erstmals nachweisen konnten«, wie Andreas Becker erläutert. Dank der Radarortung identifiziert der DWD nun auch kleinste Gewitterzellen.

Zwar ist die Radar-Datenreihe noch zu kurz, um daraus mit wissenschaftlicher Gewissheit Schlüsse abzuleiten. In der Klimaforschung werden mindestens 30-Jahres-Zeiträume betrachtet, die Radars aber arbeiten erst seit 20 Jahren. Doch Tendenzen lassen sich bereits erkennen – sogar wenn man 2006, 2014 und 2018 ausklammert, in denen es ganz besonders viele Starkregen gab und die deshalb das Gesamtbild verzerren könnten. »Selbst wenn wir extreme Jahre herausrechnen, sehen wir, dass die Zahl der Starkregenereignisse seit Beginn der Radarmessungen zugenommen hat.« Während der Wetterdienst Anfang der 2000er-Jahre 500 bis 700 Starkregen jährlich registrierte, stieg die Zahl zuletzt auf mehr als 1000 pro Jahr – besonders viele davon in den Sommermonaten. Becker: »Damit bestätigen die Messergebnisse in der Tendenz, was unsere Klimamodelle vorhersagen.«

Eine weitere Bestätigung sind lokale Messungen: Für die Emscher-Lippe-Region in Nordrhein-Westfalen zum Beispiel existieren Niederschlagsdaten, die weiter zurückreichen und detaillierter sind als für ganz Deutschland. Auch sie zeigen über die vergangenen Jahrzehnte einen deutlichen Anstieg kurzer Starkregen – und zwar vor allem im Sommer.[86]

Die Folgen sind gravierend: »Wir haben seit Einführung des Radars 22 000-mal die Schwellenwerte für eine Unwetterwarnung überschritten«, sagt Andreas Becker. Das sind im Durchschnitt täglich gut drei Fälle. »Weil aber die allermeisten Starkregen in den vier Monaten Mai bis August auftreten, sind es in dieser Zeit mehr als zehn Warnmeldungen pro Tag.«

Es kann jeden treffen, und das meist unverhofft. Zum Beispiel 2013 in Bochum, als ein Platzregen den U-Bahnhof Schauspielhaus flutete. Zum Beispiel 2014 in Münster, wo binnen sieben Stunden 292 Millimeter Regen fielen, zwei Menschen starben. Zum Beispiel 2015 in Tangerhütte im Norden Sachsen-Anhalts, hier prasselten an einem Abend 120 Millimeter nieder. Oder 2016 in Schwäbisch Gmünd, als ein Starkregen ebenfalls zwei Todesopfer forderte.

Es kann jeden treffen, und das immer öfter. Zum Beispiel in Berlin, wo im Juni 2017 an einem Dreivierteltag so viel Wasser vom Himmel fiel wie sonst im ganzen Quartal. Im Jahr darauf – 2018 ist eigentlich als Trockenjahr in Erinnerung – sorgte ein Platzregen in der Hauptstadt für ein derartiges Chaos, dass die Berliner Feuerwehr den Ausnahmezustand ausrufen musste. 2019 wiederholte sich das, innerhalb einer Stunde prasselten im Stadtteil Wedding 61 Millimeter Regen nieder.

»Wärmere Luft kann mehr Wasser aufnehmen«, erklärt Meteorologe Becker, ein Effekt, der in der Wissenschaft mit der Gleichung von Clausius-Clapeyron beschrieben wird: Pro Grad zusätzlich speichert Luft demzufolge sieben Prozent mehr Wasserdampf. Seit 1881 ist es in Deutschland bereits um rund 1,6 Grad Celsius wärmer geworden, bis 2050 wird eine Erwärmung um mehr als zwei Grad erwartet. Das bedeutet: Regenwolken könnten Mitte des Jahrhunderts schon rund 15 Prozent mehr Wasser transportieren als früher. 15 Prozent – das klingt nicht sehr beängstigend, doch Andreas Becker sagt: »Mehr Wasser bedeutet auch mehr Energie.«

Fällt ein Millimeter Regen auf einen Quadratmeter Boden, macht das – wenn nichts versickert, nichts verdunstet – genau einen Liter Wasser, der irgendwo hinmuss. Im sächsischen Zinnwald auf dem Kamm des Ost-Erzgebirges gingen am 12. und 13. August 2002 binnen 24 Stunden 312 Millimeter Regen nieder, also fast ein Drittelmeter – bislang der höchste je in Deutschland gemessene Wert. Im Laufe eines Tages fiel damit auf rund drei Quadratmetern ein Kubikmeter Wasser – der eine Tonne wiegt. Zinnwald liegt auf 800 Höhenmetern, von hier musste das ganze Wasser ins Tal abfließen. Mit einer Wucht, die kaum vorstellbar ist: Wenn 50 Kubikmeter Wasser ungebremst zehn Meter einen Abhang hinunterstürzen, haben sie – energetisch umgerechnet – dieselbe Wirkung wie ein 20 Tonnen schwerer Lastwagen, der mit 80 Stundenkilometern in ein Haus kracht.[87]

Starkregen können beschauliche Bäche in reißende Ströme verwandeln – und ganze Ortschaften verwüsten

Braunsbach und Simbach wissen, was das heißt. Beide Kommunen liegen in engen Tälern, und nach heftigen Starkregen verwandelten die sich in reißende Flussbetten. Das baden-württembergische Braunsbach, die »Perle im Kochertal«, wurde im Mai 2016 von einer Sturzflut verwüstet; Simbach am Inn in Niederbayern Anfang Juni 2016 von einem sogenannten tausendjährigen Hochwasser, im Fachjargon »HQ 1000«. Autos wurden gegen Wände geschleudert, Straßen und Brücken weggerissen, ganze Haushalte verschüttet. Simbach glich danach einem Trümmerfeld, in Braunsbach türmte das Wasser meterhohe Geröllberge mitten in den Ort: Auf

70 Millionen Euro bezifferten die Versicherungen allein die materiellen Schäden in den beiden kleinen Orten, fünf Menschen starben.

»HQ 1000« bedeutet, dass ein solches Ereignis statistisch einmal in tausend Jahren vorkommt – in menschlichen Zeithorizonten gedacht, also praktisch nie. »Wir gehen davon aus, dass wir es mit einem Phänomen in einer neuen Ausprägung zu tun haben«, sagt Martin Grambow, Leiter der Abteilung Wasserwirtschaft im bayerischen Umweltministerium und Professor an der Technischen Universität München.[88] Oder anders formuliert: So sieht der Klimawandel aus.

Längst sind schwere Sturzfluten keine Seltenheit mehr. Ständig gibt der Deutsche Wetterdienst Unwetterwarnung heraus, auf den Warnkarten und Wetterapps sind dann tiefrote bis violette Flächen zu sehen. 2017 traf es Goslar im Harz, 2018 erwischte es zuerst das Vogtland, dann Orte in der Eifel, Dudeldorf zum Beispiel, Kyllburg oder Hetzerode. 2019 war Kaufungen nahe Kassel dran oder Leißling nördlich von Naumburg an der Saale, 2020 dann das fränkische Herzogenaurach oder Mühlhausen in Thüringen.

Es gibt aber auch Wetterlagen, bei denen ganze Bundesländer dunkelrot bis violett eingefärbt werden: also großflächige lang anhaltende Regenfälle. 2002 war das an der Elbe der Fall: Eine sogenannte Fünf-b-Wetterlage über dem Erzgebirge sorgte für den Regenrekord an der Messstation in Zinnwald. Flüsschen mit sanften Namen wie Müglitz, Weißeritz, Bobritzsch, Gottleuba oder Mulde verwandelten sich in gurgelnde Ströme, die Brücken, Hausgiebel und Ortszentren mit sich rissen. Und weil all diese Bäche in die Elbe münden, stieg der Fluss am Pegel Dresden auf 9,40 Meter.

»Ein Jahrhunderthochwasser«, hieß es damals, »HQ 100«: Nie zuvor seit 1776, dem Aufzeichnungsbeginn des Pegelstandes der Elbe, stieg das Wasser hier so hoch. Aber schon vier Jahre später wurde Elbflorenz wieder überschwemmt, flussab der Pegelstand des Jahrhundertereignisses sogar übertroffen, in Hitzacker im nördlichen Lüchow-Dannenberg zum Beispiel oder in Lauenburg, der südlichsten Stadt Schleswig-Holsteins. Und als 2013 der Pegel in Dresden neuerlich auf 8,76 Meter anschwoll, in Meißen und Schöna sogar auf über zehn Meter, nahmen die Sachsen das dritte Jahrhunderthochwasser in nur elf Jahren fast schon routiniert.

Meteorologen haben für solche Phänomene einen festen Namen etabliert. Sie nennen die Großwetterlage »Tief Mitteleuropa« – ein in der Regel sehr stationäres Tiefdruckgebiet, also eines, das sich kaum bewegt. »Die Wetterlage ist häufig mit sehr starken Niederschlägen verbunden«, erklärt Thomas Deutschländer, Hydrometeorologe beim Deutschen Wetterdienst: ein ortsfestes Tief, »das feucht-warme Luftmassen aus dem Mittelmeerbereich nach Mitteleuropa führt«. Hier treffen diese Luftmassen dann auf kältere Strömungen aus dem Norden. »Und das führt dann eben dazu, dass es zu diesen heftigen Starkniederschlägen kommt.«[89]

Und zwar immer häufiger. Ein »Tief Mitteleuropa« war schuld am Frühjahrshochwasser 2010, als hierzulande Donau und Oder über die Ufer traten. Ein »Tief Mitteleuropa« bescherte im Mai 2013 der Donau und anderen Flüssen ein Jahrhunderthochwasser, in Passau stieg der Pegel auf 12,89 Meter, der höchste Stand seit 500 Jahren. Ein »Tief Mitteleuropa« war auch Ursache für die Unwetter im Mai 2016, besonders betroffen war Süddeutschland, elf Menschen verloren ihr Leben. Ein Jahr später sorgte ein »Tief Mitteleuropa« im Harz und seinem Umland für schwere Verwüstungen, Flüsschen wie die Oker und die Nette verzeichneten Jahrhunderthochwasser, der Wasserstand der Innerste stieg in Hildesheim auf sieben Meter, wo er sonst nur 2,50 Meter misst.

Derzeit droht »Tief Mitteleuropa« hierzulande durchschnittlich an etwa neun bis 15 Tagen im Jahr. »Die Zahl der Tage schwankt von Jahr zu Jahr sehr stark«, sagt Meteorologe Thomas Deutschländer. Aber es deute alles darauf hin, dass sie mit der Erderwärmung langfristig zunehmen. Seit den 1950er-Jahren sei diese Wetterlage bereits rund 20 Prozent häufiger geworden, bis zum Jahr 2100 wird ihre Zahl laut DWD etwa noch mal so stark steigen.[90]

Der Befund passt zu Ergebnissen anderer Klimamodelle: Auch kanadische Forscher erwarten bis Ende des Jahrhunderts eine deutliche Zunahme von Starkregen. Das Climate Service Center in Hamburg, eine Einrichtung des Helmholtz-Verbundes, kam in einer Studie für den Gesamtverband der Versicherungswirtschaft ebenfalls zu dem Fazit, dass es in Deutschland 2050 viel mehr Starkregentage geben wird. »In großen Teilen Deutschlands beträgt diese Zunahme mehr als 30 Prozent«, so die Experten. Besonders deutlich werde dies an der Nordseeküste und vor allem in den Mittelgebirgen – eine Karte der am stärksten betroffenen Landkreise zeigt einen breiten roten Streifen vom südlichen Nordrhein-Westfalen und Teilen Rheinland-Pfalz' quer über Hessen und Südthüringen bis hinunter in den Osten und die Mitte Bayerns.[91]

Selbstverstärkende Dürre: Ist ein Boden erst ausgetrocknet, nimmt er kein Wasser mehr auf – egal, wie viel es regnet

Leider führt mehr Regen nicht dazu, dass uns künftig Dürren erspart bleiben. Im Gegenteil. Mehr Starkniederschläge bedeuten paradoxerweise, dass auch die Trockenheit in Zukunft zunimmt.

Eine Ahnung davon hat man in den vergangenen Jahren bereits bekommen. »Der Rhein trocknet aus«, titelten 2018 die Zeitungen, im Gesamtjahr gab es bundesweit viel zu wenig Niederschlag – doch zu Himmelfahrt prasselten in Hamburg 60 Millimeter Regen in nur einer Stunde nieder, ein paar Tage später in Wuppertal 85 Millimeter oder in Freiberg (Sachsen) 40 Millimeter. Dasselbe Bild im Jahr darauf: Im Juli 2019 lag der Wasserstand der Elbe am Pegel Magdeburg bei nur 45 Zentimeter, hingegen meldete Schwerin einen Starkregen von 76 Millimeter binnen 75 Minuten, das oberbayerische Kreuth 139 Millimeter an einem Tag, Balderschwang im Allgäu 203 Millimeter in zwei Tagen. Solch eine Regenmenge war dort in den vergangenen hundert Jahren kein einziges Mal gemessen worden. 2020 war in weiten Teilen Deutschlands wieder zu trocken, die Elbe führte erneut Niedrigwasser – aber Wanzleben bei Magdeburg zum Beispiel erlebte mit 133 Millimetern einen neuen Regenrekord.

Die Rechnung ist ganz simpel: Fällt immer mehr Regen in kurzer Zeit, muss – selbst bei leicht höherer Jahresgesamtmenge – die Zahl jener Tage steigen, an denen gar kein Tropfen niedergeht.

Andreas Marx ist Hydrologe und betreut am Helmholtz-Zentrum für Umweltforschung in Leipzig den sogenannten Dürremonitor.[92] Dieser zeigt, täglich aktualisiert und im Internet für jedermann einsehbar, wie feucht oder trocken die Böden in Deutschland sind. Anfang Februar 2020 zum Beispiel waren weite Flächen der Deutschlandkarte tiefrot, die Signalfarbe für die höchste von fünf Trockenstufen. »Eine außergewöhnliche Dürre«, sagt Marx, »in einer Bodentiefe bis zu 1,80 Metern ist dort praktisch kein Wasser mehr vorhanden.« Und das nach einem Winter – also jener Jahreszeit, während der hierzulande üblicherweise viel Niederschlag fällt und die Böden gründlich durchfeuchtet. Fast ganz Sachsen war betroffen, der Süden Brandenburgs, die Altmark, Niederbayern von Passau bis nach Ingolstadt, die Schwäbische Alb, das Weserbergland und die Ostseeküste rund um Usedom.

Eine kontinuierliche Bodenfeuchte-Messung gibt es in Deutschland erst seit zehn Jahren. Die Ergebnisse haben die Leipziger Wissenschaftler mit ortsspezifischen Gegebenheiten – Bodenart, dessen Fähigkeit, Wasser zu leiten (die sogenannte hydraulische Leitfähigkeit), Bewuchs beispielsweise – und mit Wetterdaten des jeweiligen Zeitpunkts kombiniert. Daraus entwickelten sie das hydrologische Modell mHM, mit dem man nun bis zurück ins Jahr 1951 die Bodenfeuchte in allen Regionen Deutschlands rekonstruieren kann, weil seitdem aus Ost wie West detaillierte Wetterdaten vorliegen.[93] »Dürre ist kein absoluter Zustand«, erklärt Andreas Marx. »Als Dürremonat wird ein Monat beschrieben, der 80 Prozent weniger Bodenfeuchte aufweist als im Mittel der Jahre 1951 bis 2015.«

Wenn Marx im Gelände unterwegs ist, hat er eine Schaufel dabei, um den Boden zu untersuchen. Denn Boden ist eine wichtige Komponente in der Dürrewissenschaft: Sandige Böden nehmen Wasser zwar schneller auf als schwere, tonhaltige; sie speichern Feuchtigkeit aber wesentlich schlechter. Hitzewellen verstärken die Dürregefahr wiederum in allen Böden, denn Hitze trocknet die Erde aus, wodurch sich ihre hydraulische Leitfähigkeit minimiert. »Der Boden ist dann wie imprägniert, ausgedörrte Böden sind in der Regel selbst nach einem starken Regenguss staubtrocken«, sagt Andreas Marx. Zwar sehe die Oberschicht nach einem Platzregen oft nass aus, und sie fühle sich manchmal auch so an. Doch bis in die tieferen Schichten dringt der Regen nicht mehr vor. Andreas Marx vergleicht das mit dem Kuchenbacken: »Schüttet man Milch auf trockenes Mehl, vermengt sich beides kaum. Ein feuchter Teig hingegen nimmt Flüssigkeit sehr leicht auf.« Ausgedörrte Tiefenschichten also können Wasser nicht mehr aufnehmen, es perlt an ihnen ab, verbleibt in den höheren Bodenschichten oder fließt gleich an der Erdoberfläche ab.

Dürre ist jedenfalls mehr als die Regenmenge. Dürre ist auch eine Frage der Bodenbeschaffenheit, der hydraulischen Leitfähigkeit, der Verdunstung. Jede Nacht wird der Dürremonitor aktualisiert, Daten von ungefähr 2000 Wetterstationen des Deutschen Wetterdienstes werden eingespeist. Die Ergebnisse zeigen, dass Deutschland seit den 1950er-Jahren bereits deutlich trockener geworden ist. Seit dem Start des Dürremonitors 2014 gab es kein einziges Jahr mehr, in dem er nicht irgendwo in Deutschland tiefrote Gebiete zeigte.

Natürlich gab es auch früher trockene Jahre, erklärt Andreas Marx, etwa 1963/64 oder 1976. Doch 2018 und 2019 seien wirklich extrem gewesen: Gleich zwei Jahre hintereinander so großflächig so wenig Wasser – das gab es in Europa seit 250 Jahren nicht. Oder, wie Marx es ausdrückt: »seit der Französischen Revolution nicht mehr«. Modellrechnungen zeigen, wie sich das Problem verschärfen wird. Eine so extreme Trockenheit wie 2018/19, ermittelten Kollegen von Marx, wird bei ungebremstem Klimawandel bis Ende des Jahrhunderts etwa sieben Mal häufiger auftreten als bisher. Welchen Unterschied strenger Klimaschutz macht, führt eine andere Studie vor Augen: Erwärmt sich die Erde um drei Grad (angesichts laschen Klimaschutzes derzeit ein wahrscheinliches Szenario), wären in Mitteleuropa 40 Prozent mehr Gebiete von Dürre betroffenen als bei 1,5 Grad Erwärmung. Auch die Zahl der Dürremonate würde steigen, hierzulande wären besonders Ost- und Süddeutschland betroffen.[94]

Dass es in Deutschland genug Wasser für alle gibt – diese Gewissheit gilt angesichts des Klimawandels nicht mehr

Jahre mit zu wenig Niederschlag können die langfristige Bilanz dramatisch verschlechtern. So registrierten die Radargeräte des Deutschen Wetterdienstes zwischen April und Oktober 2018 vom Schwarzwald bis zur Ostsee beispielsweise 40 Prozent weniger Regen als im langjährigen Mittel. Auch mehr als zwei Jahre später hat sich Deutschland nicht erholt. Blickt man Ende 2020 mit Andreas Marx auf seinen Dürremonitor, dann ist der in vielen Gegenden noch immer tiefrot. Zwar hat es 2020 mehr geregnet als 2018 oder 2019, aber die Niederschläge waren regional sehr ungleich verteilt. »Mancherorts hatten wir deshalb jetzt schon das dritte Trockenjahr in Folge.«

Und insgesamt waren die Niederschläge bei Weitem nicht genug. »Ich habe das schon oft erlebt«, erzählt Marx: »Sobald es ein bisschen geregnet hat und die Leute irgendwo auf der Straße ein paar Pfützen sehen, meinen sie, alles sei wieder gut. Aber gräbt man mit dem Spaten ein bisschen in die Tiefe, ist der Boden vielerorts immer noch extrem trocken.« Wie extrem der Wassermangel ist, haben Wissenschaftler des Geoforschungszentrums in Potsdam mit Satelliten ermittelt: Stark vereinfacht gesagt, können sie die Gewichtsänderungen der Erde unter ihnen messen. In Mitteleuropa, so das

Ergebnis, fehlte 2019 die gewaltige Menge von 145 Milliarden Tonnen Wasser.[95] Andreas Marx: »Es gibt Gegenden in Deutschland, da müsste es über Wochen oder gar Monate ununterbrochen regnen, um das wieder aufzuholen.«

Die Folgen sind dramatisch: »Wenn wenig Wasser im Boden ist, steht auch wenig zur Grundwasserneubildung bereit«, erklärt Andreas Marx. Grundwasserneubildung: Das ist ein Begriff, der schnell existenziell werden kann. Die Wasserversorgung in Deutschland basiert zu 70 Prozent auf Grundwasser, also Vorkommen, die in bestimmten Tiefenschichten oder Gesteinsformationen lagern. Wasserwerke dürfen nur so viel davon fördern, wie sich auf Dauer neu bildet. Und da haben uns die jüngsten Sommer eine Gewissheit geraubt, die jahrzehntelang galt: Dass es genügend Wasser für alle gebe.

Zum Beispiel an der Müritz, Deutschlands größtem See im Norden. Gemeinsam mit dem Kölpiner See, dem Fleesen- und dem Plauer See bildet sie eine riesige Wasserfläche, 196 Quadratkilometer. Diese Wasserfläche ist direkt mit den regionalen Grundwasser-Leitern verbunden. Im Sommer 2019 lagen viele Bootsschuppen in der Stadt Waren auf dem Trockenen, der Pegel lag im Kurbad an der Müritz 30 Zentimeter unter dem Normalwert. 30 Zentimeter auf 196 Quadratkilometern!

Dasselbe Bild in Brandenburg, zum Beispiel am Seddiner See südlich von Potsdam. Dessen Wasserstand schwankt zwar von Jahr zu Jahr, aber langfristig betrachtet ist der Pegel bereits um rund einen halben Meter gesunken. Der kleinere Fresdorfer See, direkt nebenan, war Ende 2020 sogar komplett verschwunden. Der Glienicker See am Westrand Berlins verlor in den vergangenen 50 Jahren rund zwei Meter Wasserhöhe. Gegenüber den 1960er-Jahren, zeigen bundesweite Daten, sind an vielen Orten die Grundwasserstände bereits erheblich gesunken.[96] Das hat nichts mit hohem Verbrauch zu tun – im Gegenteil, unter anderem wegen sparsamer Haushaltsgeräte, sanierter Leitungsnetze und effizienter Fabriken wird heute sogar weniger

Wasser entnommen als früher.

Wird etwa während einer Dürre zu viel Grundwasser abgepumpt, kann das dauerhafte Probleme nach sich ziehen. Dann steigt aus tieferen Schichten Salzwasser nach, das sich vor allem in Küstenregionen oft unter den Grundwasserleitern befindet. Es steigt die Gefahr, dass Trinkwasserreservoirs versalzen – und dadurch unbrauchbar werden.

Wenn es heiß wird, erhöht sich der Wasserverbrauch. 2018 war zum Beispiel in Freiburg das wärmste je gemessene Jahr – es war auch jenes mit dem höchsten Wasserverbrauch. Täglich schossen 63 000 Kubikmeter durch die Leitungen, »absoluter Rekord«, sagt Frank Bartmann vom örtlichen Versorger Badenova: »Die Leute haben zwei- oder dreimal am Tag geduscht.« Andere Wasserwerke berichteten dasselbe. Schwere Hitzewellen schlagen sogar bis in die Jahresstatistik durch: Der Pro-Kopf-Verbrauch an Wasser, eigentlich langfristig sinkend, springt in Jahren mit Hitzesommern um mehrere Liter hoch. Und in Zukunft wird es immer neue Hitzerekorde geben: Ohne radikalen Klimaschutz wird in Europa ein Sommer der Jahre 2061 bis 2081 mit 90-prozentiger Wahrscheinlichkeit heißer sein als die heißesten, die bisher hier auftraten, ermittelten US-Forscher. In anderen Worten: Nahezu jedes Jahr wird es dann einen »Jahrhundertsommer« geben.[97]

Die vergangenen Sommer erlauben deshalb einen Blick in die Zukunft – und der ist, was die Wasserversorgung angeht, alles andere als beruhigend. Anzahl der Brunnen, Förderkapazitäten, Querschnitte von Rohrleitungen – die Wasserversorgung ist stets nur für eine bestimmte Kapazität ausgelegt. Ein Ausbau ist nicht beliebig möglich, in jedem Falle ist er langwierig und teuer. Also kommt es immer öfter zu Engpässen: Im Sommer 2018 zum Beispiel schlugen viele Versorger in Bayern Alarm, etwa in Aitrang nahe Kempten oder in Hallstadt (Landkreis Bamberg). In Kelkheim im Taunus legte die Feuerwehr Notschläuche, weil die öffentlichen Brunnen fast erschöpft waren. Im Sommer 2019 wurden in westfälischen Städten wie Bad Oeynhausen oder Löhne Rasensprengen und Autowaschen verboten. Im Kreis Siegen-Wittgenstein (Nordrhein-Westfalen) starteten Angler Kontrollgänge, ob irgendjemand illegal Wasser aus Bächen und Seen abzapft: »Manche haben einen englischen Rasen, aber die Fische haben kein Wasser mehr«, sagten sie zur Begründung. Im Sommer 2020 brach im niedersächsischen Lauenau im Landkreis Schaumburg die Wasserversorgung zeitweise zusammen. Die Feuerwehr fuhr mit Lautsprecherwagen durch den 4000-Einwohner-Ort und gab Wasser eimerweise ab, damit wenigstens das Klo gespült werden konnte. Auch Simmern-Rheinböllen im Hunsrück, Schmitten und Weilrod im Hochtaunuskreis oder Gemeinden in Vorpommern am Oderhaff schränkten die Wassernutzung ein.

Stauseen sind ein Rückgrat der Wasserversorgung – doch vielerorts herrscht schon seit drei Jahren Ebbe

Wasser, das in tiefere Schichten versickert, füllt die Grundwasservorräte auf; dabei wirkt der Boden wie ein Filter, mit jeder Schicht, die das Wasser passiert, wird es reiner. Der Klimawandel verursacht Dürren und sinkende Grundwasserstände nicht nur durch Regenmangel, es gibt noch weitere Effekte: Ist es wärmer, verdunstet an der Oberfläche mehr Wasser; es verbleibt selbst bei gleichbleibenden oder gar zunehmenden Niederschlägen weniger in Böden, Flüssen, Seen, und es kommt weniger im Grundwasser an. Weil der Klimawandel zudem die Vegetationsperiode nach vorn verschiebt, also Pflanzen schon eher anfangen zu grünen, verbrauchen sie Wasser bereits zu Zeiten, in denen Niederschlag früher noch das Grundwasser auffüllte. Genau diesen Effekt haben Wissenschaftler für 2018 nachgewiesen, ein sehr warmes Frühjahr verschärfte da die sommerliche Dürre drastisch.[98]

Fachbehörden aus Bayern, Baden-Württemberg und Rheinland-

Pfalz haben durchgerechnet, was der Klimawandel dort bis 2050 bringt: Die Zahl der Tage mit problematischer Trockenheit wird von bisher elf bis 14 pro Jahr auf 43 bis 75 zunehmen.[99] Weite Teile Brandenburgs und Sachsen-Anhalts weisen schon heute eine sogenannte negative klimatische Wasserbilanz auf – und die wird sich bis Mitte des Jahrhunderts drastisch verschärfen. Im nördlichen Teil Sachsen-Anhalts, in der Altmark, haben die Grundwasserpegel bereits einen historischen Tiefstand erreicht.

Das Bundesamt für Bevölkerungsschutz und Katastrophenhilfe warnt in einer Risikoanalyse, »lange Dürreperioden (insbesondere verbunden mit Hitzewellen) können zu Problemen bei der Versorgung der Bevölkerung mit Trinkwasser führen«. Gefährdet seien insbesondere »die östliche Lüneburger Heide und zentrale Bereiche Ostdeutschlands«; eine »erhöhte Betroffenheit« gebe es zudem »im süddeutschen Moränenland, im Südschwarzwald, im Rheinischen Schiefergebirge und im ostbayerischen Grundgebirge«.[100]

Dabei gibt es Regionen in Deutschland, in denen es überhaupt kein nutzbares Grundwasser gibt. Rund 30 Prozent der deutschen Wasserversorgung werden aus Talsperren, Seen und Flüssen gespeist – im Ruhrgebiet zum Beispiel, im Thüringer Becken, auf der Schwäbischen Alb, in Sachsen oder im Saarland. Wasser aus den Harz-Talsperren werden über Fernleitungen bis ins nördliche Niedersachsen und nach Bremen geliefert. Und diese Talsperren machten Ende 2020 die Dramatik sichtbar: Nach einem nicht einmal besonders trockenen Jahr war etwa die Okertalsperre, die größte Talsperre im Westharz, nur zu weniger als einem Drittel gefüllt. In anderen Wasserspeichern im Harz, der Grane-, Ecker- oder Sösetalsperre etwa, betrug die Füllhöhe höchstens zwei Drittel.

Der hessische Edersee, südwestlich von Kassel, ist flächenmäßig der zweitgrößte Stausee in Deutschland. Hinter der 48 Meter hohen Staumauer wurde einst auch ein historisches Viadukt geflutet, die vierbogige Aseler Brücke. Normalerweise ist der 1890 fertiggestellte Bau nicht zu sehen, sondern liegt komplett unter

Wasser. Doch 2018 und 2019 und auch 2020 wieder war das Speicherbecken so leer, dass Spaziergänger das Viadukt trockenen Fußes überqueren konnten. Damit sie nicht völlig leerläuft, senkte die Talsperre ihre Wasserabgabe, weshalb flussabwärts der Weser-Pegel bei Hann. Münden auf 70 Zentimeter sank, Schifffahrt auf der Weser war nur noch eingeschränkt möglich. Doch auch am See selbst, einem beliebten Naherholungsgebiet, war der Frust groß, weil Sportboote kaum noch Wasser unterm Kiel hatten.

Neben Wassermangel können die Temperaturen zum Problem werden. Die Rappbodetalsperre im Harz etwa, die eine Million Menschen vor allem im Süden Sachsen-Anhalts mit Trinkwasser versorgt, werde bei ungebremstem Klimawandel bis Ende des Jahrhunderts so warm wie heute der Gardasee, errechnete ein Helmholtz-Forschungsteam aus Leipzig. Das bedeute unter anderem einen geringeren Sauerstoffgehalt und damit Risiken für die Sauberkeit des Trinkwassers.[101]

Bevölkerung, Bauern, Industrie, Kraftwerke – alle wollen Wasser: »Wir müssen uns auf harte Konflikte einrichten«

»Wir ernten im Winter«, erklärt Heinz Gräfe von der Landestalsperrenverwaltung Sachsen. Normalerweise, müsste man inzwischen hinzufügen. Auch im Freistaat verzeichneten etliche Speicherbecken in den vergangenen Jahren und selbst im Winterhalbjahr unübliche Niedrigstände. Da müsse man sich schon Gedanken machen, wie es weitergeht. »Das ist wie in jedem Haushalt: Wenn das Haushaltsgeld am Monatsende knapper wird, muss man sich überlegen, wo man sparen kann.«[102]

Was das konkret bedeutet, bekommen Berlin und Brandenburg bereits zu spüren. In den Jahren 2018 bis 2020 gab es viel weniger Niederschlag im Einzugsgebiet der Spree, auch die Speicherbecken in Sachsen und Südbrandenburg gaben immer weniger zur

Regulierung her. Eigentlich sind die abzugebenden Wassermengen in Verträgen fixiert, doch in den zurückliegenden drei Jahren hatten die Sachsen selbst zu wenig. Zeitweise trafen sich Vertreter der Länder im Zwei-Wochen-Rhythmus, um jeweils kurzfristig neu zu entscheiden, wer wie viel von dem kostbaren Nass bekommt. 2020 zum Beispiel stand für Brandenburg gerade noch ein Drittel der eigentlich vereinbarten Menge zur Verfügung. In den kommenden Jahrzehnten werde sich die Situation weiter verschärfen, warnten 16 Wasserversorger aus der Region Ende 2020 in einem Brandbrief an die Politik. Die Trockenheit nehme wegen des Klimawandels zu, zugleich steige der Wasserbedarf in und um Berlin durch Bevölkerungszuwachs und Wirtschaftsansiedlungen teils um die Hälfte.

»Wir müssen uns wahrscheinlich auf regional harte Nutzungskonflikte einrichten«, fürchtet Michael Ebling, Präsident des Verbandes Kommunaler Unternehmen (VKU). Bisher, sagt Ebling, gab es hierzulande eigentlich genügend Wasser für alle. Allenfalls über die Qualität habe man gestritten, etwa mit den Bauern, deren Düngepraxis gefährliche Nitratrückstände im Grundwasser verursachte. »Da kommt nun die Quantitätsdiskussion obendrauf«, so Ebling. »2018 taten viele noch als Ausnahmejahr ab. Aber dann folgte 2019, und nach dem ebenfalls zu trockenen 2020 ist die Stimmung wirklich gekippt. Alle sollten wissen, dass wir im Umgang mit der Ressource Wasser umdenken müssen.«

Bundesumweltministerin Svenja Schulze hat schon zwei Jahre lang mit Betroffenen und Akteuren einen »Nationalen Wasserdialog« abgehalten, im Sommer 2020 forderte sie eine »Nationale Wasserstrategie«. »Wir sind es in Deutschland nicht gewohnt, dass Trinkwasser knapp werden kann«, sagt auch die SPD-Politikerin. Deshalb sei es wichtig, dass Politik und Gesellschaft frühzeitig darüber reden, wessen Ansprüche wie wichtig sind. Schulze: »Die höchste Priorität hat die Versorgung der Menschen mit Wasser zum Trinken, Kochen und Waschen.« Das sei ein Menschenrecht. »Doch danach wird es spannend. Muss zuerst das Schwimmbad dichtmachen? Oder bekommt zum Beispiel ein Lebensmittelhersteller oder der Landwirt kein Wasser mehr?«[103]

Mancherorts deuten sich die Konflikte bereits an. In Lohne im Oldenburger Land zum Beispiel betreibt der Wiesenhof-Konzern einen riesigen Geflügel-Schlachthof. Pro Tag werden dort bis zu 250 000 Tiere geschlachtet, für die Produktion und das Reinigen der Hallen verbraucht der Konzern viel Wasser. Zugleich saß während der Hitzewelle im Sommer 2019 ein Teil der Bevölkerung auf dem Trockenen, musste sich Trinkwasser im Supermarkt kaufen, weil das öffentliche Versorgungsnetz nichts mehr hergab. Oder der Autokonzern Tesla: Als der Elektropionier 2020 ankündigte, in Grünheide östlich von Berlin eine Gigafabrik zu errichten und dafür auch – ausgerechnet im trockenen Brandenburg – gigantische Mengen an Wasser zu brauchen, gingen Anwohner dagegen auf die Straße.

Weitgehend neu im Verteilungskampf ist die Landwirtschaft. In der Vergangenheit mussten Bauern in Deutschland ihre Felder kaum bewässern, weil der Regen ausreichte. Nicht einmal drei Prozent der hiesigen Äcker wurden bisher bewässert, vor allem Felder mit Kartoffeln, Mais oder Zuckerrüben, mit Spargel oder Erdbeeren. Doch die beregnete Fläche wird massiv zunehmen. Schon in den drei zurückliegenden Trockenjahren haben Bauern mancherorts viermal so viel Grundwasser auf ihre Felder gepumpt wie zuvor. Bis Ende des Jahrhunderts wird beispielsweise in Nordrhein-Westfalen, so haben es Studien ergeben, zwanzig Mal so viel Wasser zum Beregnen gebraucht wie bisher. In Brandenburg, Mecklenburg-Vorpommern, aber auch in Teilen Niedersachsens und Sachsen-Anhalts müsste Modellberechnungen zufolge schon bis 2040 Winterweizen viel mehr gewässert werden – doch ob der Anbau mit diesen zusätzlichen Kosten dann noch rentabel ist, ist unklar.[104]

Wann genau die nächste große Trockenzeit kommt, kann Andreas Marx, der Hüter des Dürremonitors, natürlich nicht vorhersagen. »Was wir aber sicher wissen, ist die Entwicklung in einer sich immer stärker aufheizenden Welt.« Klar sei, dass Dürren häufiger werden, außerdem länger andauern und mehr Menschen betreffen werden. »Unsere Modelle zeigen aber eine Spannbreite«, sagt der Hydrologe, »noch haben wir die Wahl, wie stark die Dürren in Deutschland zunehmen.« Erwärmt sich die Erde global um bis zu zwei Grad durchschnittlich, wird es in Deutschland 30 Prozent mehr Dürren geben, steigt die Globaltemperatur um mehr als drei Grad, kommen 50 Prozent mehr Dürren auf uns zu, »regional natürlich unterschiedlich ausgeprägt«. Eine Jahreszahl nennt Marx nicht, »denn es ist egal, wann die zwei Grad oder die drei Grad erreicht sein werden: erst Ende des Jahrhunderts, oder doch schon 2050?«

Kapitel 5: **Wald**

Ade, du deutscher Fichtentann

Deutschland steht ein großflächiges Waldsterben bevor, 2050 wird es ganze Regionen ohne alte Bäume geben. Und welche neuen Arten dann bei uns wachsen können, weiß derzeit niemand

Rotbraun glänzt der Waldboden, bedeckt mit knochentrockenen, toten Fichtennadeln. Die Baumstämme sind grau gebleicht, überall liegen abgestorbene Äste. Rechter Hand kann man durch tote Holztorsi den Winterstein erkennen, einen markanten Kletterfelsen im hinteren Teil der Sächsischen Schweiz. Der Wanderweg schlängelt sich durch die Raubsteinschlüchte, dann ist plötzlich Schluss. Mitten im Wald ist ein rot-weiß-rotes Flatterband gespannt, auf einem Schild steht »Gesperrt wegen herabstürzender Bäume«.

Schuld an der Sperrung ist der Buchdrucker, einer der schlimmsten Forstschädlinge, wissenschaftlich als Großer achtzähniger Fichtenborkenkäfer bezeichnet. Das bräunliche Insekt ist milliardenfach über die Fichten des Elbsandsteingebirges hergefallen und hat in kürzester Zeit ganze Waldflächen vernichtet. »Den Buchdrucker gibt es nachweislich schon seit der letzten Eiszeit«, sagt Frank Strohbach, Mitarbeiter der Sächsischen Nationalparkwacht,

»und so wie jedes Lebewesen auf der Erde geht er seiner wichtigsten Bestimmung nach: der Vermehrung und Erhaltung seiner Art.«

Bis zu hundert Nachkommen kann ein Buchdruckerweibchen in der Baumrinde einnisten. Sind die Larven geschlüpft, fressen sie dort Muster, die aussehen wie Schriftzeichen; daher der Name. Die hundert Nachkommen können wieder je hundert Larven einnisten, die jeweils wiederum hundert Nachkommen zeugen können. Drei Generationen Buchdrucker in einem heißen Jahr sind keine Seltenheit, ein Muttertier kann so 100 000 Nachkommen hervorbringen. »Die Fraßgänge zerstören die Kambiumschicht unter der Rinde«, erklärt Strohbach, also jene Schicht, über die sich der Baum versorgt. »Ist das Kambium zerfressen, kommen keine Nährstoffe in den Nadeln mehr an.« Der Baum verhungert langsam, die Nadeln verfärben sich rötlich und fallen zu Boden.

Normalerweise wehren sich die Bäume, sie schicken Harz an die Fraßstellen der Schädlinge, um die Wunde zu verschließen. Doch der zweite heiße Sommer in Folge hatte die Fichten 2019 derart geschwächt, dass die Buchdrucker leichtes Spiel hatten. Nicht nur einzelne Bäume, wie in normalen Jahren, sondern weite Teile des Waldes der Sächsischen Schweiz waren tot. *Bild* titelte »Todeszone Nationalpark«. Die Nationalparkwächter aber hoffen, dass sich im Schatten der Baumtorsi auf ganz natürliche Weise neuer, durchmischter Wald entwickeln wird, dass sich Buchen ansiedeln, Birken oder Ebereschen. »Die Borkenkäfer helfen uns, die Vegetation zu einem naturnahen Wald umzubauen«, sagt Frank Strohbach. Auch wenn dafür manchmal Wanderwege gesperrt werden müssen.

Anderswo reagierten die Behörden weniger gelassen. »Die Auswirkungen des Klimawandels, insbesondere Sturmschäden, extreme Trockenheit und Borkenkäferbefall, haben den Wäldern NRWs in den vergangenen Monaten nachhaltige Schäden zugefügt«, teilte die dortige Landesregierung im März 2019 in einer Antwort auf eine parlamentarische Anfrage mit, im landeseigenen

Forstbetrieb sei eine »AG Großkalamität« gegründet worden.[105] »Der Wald verdurstet«, klagte im Nachbarland Rheinland-Pfalz Umweltministerin Ulrike Höfken (Grüne), »nie zuvor sind so viele Bäume abgestorben wie in diesem Jahr.«

Als im April 2020 der bundesweite Waldzustandsbericht erschien, war der Ton ähnlich alarmiert: Noch nie seit Beginn der Statistik im Jahr 1984 lag der Anteil gesunder Bäume so niedrig. Nur noch 22 Prozent des deutschen Waldes stuften die Experten als »intakt« ein. Der »Trockenstress« habe in den vergangenen Jahren »deutlich zugenommen«, was dem Borkenkäfer sein zerstörerisches Werk erleichterte. Die »Mortalitätsrate« im Wald sei »drastisch erhöht«, so der Bericht, der Klimawandel nun »endgültig und für alle sichtbar im deutschen Wald angekommen«.

Regional ist die Lage noch dramatischer: Frankfurt/Main meldete Ende 2020, im stadteigenen Wald seien 98,9 Prozent der Bäume krank oder zumindest geschädigt. Das Bundeslandwirtschaftsministerium schätzt, dass nach dem dritten zu trockenen Jahr in Folge deutschlandweit auf 285 000 Hektar der Wald abgestorben ist – das ist mehr als die Fläche des Saarlands. Wie in der Sächsischen Schweiz gleichen die Fichtenbestände vielerorts einem Ruinenfeld. Hans-Werner Schröck von der Forschungsanstalt für Waldökologie und Forstwirtschaft in Trippstadt (Rheinland-Pfalz) sagt: »Der Wald, den wir heute haben, werden die nachfolgenden Generationen nicht mehr kennen.«

Die Fichte ist nicht wegzudenken aus der Kultur der Deutschen – und doch wird sie vielerorts verschwinden

Verschwindet der deutsche Tann? Es sind Fichten, mit denen Caspar David Friedrich 1808 den *Tetschener Altar* bestückte. Es sind Fichten, die Johann Wolfgang von Goethe besang, Fichten, die in Joseph von Eichendorffs Dichtung märchenhaft rauschen, deren

Nadeln die heilige Ordensschwester Hildegard von Bingen gegen allerlei Formen der Unpässlichkeit verabreichte.

Die Fichte ist nicht wegzudenken aus der Kultur der Deutschen. Die Wolfsschlucht in Carl Maria von Webers »Freischütz« ist von einem düsteren Fichtenwald umgeben, Rotkäppchen begegnete dem bösen Wolf im Fichtenwald – und es sind meist Fichten, die uns als »O Tannenbaum« im tiefsten Winter Hoffnung aufs nächste Frühjahr spenden. Ausgerechnet der Klimawandel zeigt uns jetzt, dass die deutsche Fichte nur eine zugezogene Projektionsfläche der Nation ist, die aus ihrer eigentlichen Heimat, der Taiga, viel Durst und eine Vorliebe für kühle Sommer mitgebracht hat. Beides wird die Fichte vielerorts in Deutschland bald nicht mehr finden.

Auch im Hainich warnten im Herbst 2019 Schilder vor umstürzenden Bäumen. Das kleine Gebirge im Westen Thüringens ist mit dem größten zusammenhängenden Buchenwald Deutschlands bedeckt und zählt deshalb zum UNESCO-Weltnatur-Erbe. »Nach den ersten Anzeichen der Situation haben wir von der Universität Jena sofort Satellitendaten auswerten lassen«, sagt Manfred Großmann, Leiter des Nationalparks Hainich. Die Ergebnisse waren erschreckend: Wo der Wald zuvor noch völlig gesund erschien, zeigten die Aufnahmen aus dem All plötzlich jede Menge graue Flecken. 2018, nach dem ersten Extremsommer, hatte Großmann noch erklärt, sein naturnaher Buchenwald komme mit dem Hitzestress viel besser zurecht als andere Forsten. Nun sagt er: »Ich muss gestehen: Ich habe mich geirrt!«

Der Hainich ist ein knapp 500 Meter hohes Pultschollen-Gebirge, das durch Erosion nach Westen hin zum Flüsschen Werra relativ steil abfällt. Besonders eindrucksvoll ist die Bärlauchblüte im Mai. Wenn die Buchen ihr Blätterdach noch nicht vollständig entfaltet haben, übersäen die weißen Blüten des Wildgemüses den Waldboden, der auf 230 Millionen Jahren altem Muschelkalk liegt. 2019 aber blieb die Blüte des Bärlauchs aus, irgendetwas im Wald ist durcheinandergeraten.

Manfred Großmann stapft den Burgberg hinauf, eine der höchsten Erhebungen des Hainichs. Es geht vorbei an Strauchwerk und 30 Meter hohen Baumstämmen, der drahtige Endfünfziger trägt schwere Wanderschuhe und ein Holzfällerhemd. Plötzlich bleibt Großmann stehen, zeigt auf dunkelrote Stellen an einem Stamm. Sie sehen aus wie blutende Wunden. »Buchenschleimfluss«, sagt der Nationalpark-Chef und streicht fast liebevoll über die Rinde: »Keine Chance mehr, dieser Baum wird sterben.«

Der Buchenschleimfluss ist eine Baumkrankheit, die durch anomale Witterung entsteht. Zuerst bilden sich feuchte Flecken auf der Rinde, der darunterliegende Bast färbt sich rötlich. Dann tritt Schleim voller Bakterien und parasitischer Pilze aus, der die Buche zerstört. »Im kommenden Jahr wird dieser Baum nicht mehr austreiben«, sagt Großmann und untersucht die Bäume zum Abhang hin. Er kann es nicht fassen: Auch hier sind die Buchen befallen, nur ein paar Eichen und Elsbeeren stehen gesund mit dichtem Kronendach. »Als ich im letzten Jahr hier war, waren alle Bäume noch gesund«, sagt er – und es klingt ein bisschen panisch.

Was wird aus unserem Wald, wenn das Extreme normal wird? Wenn Dürren und Hitzewellen nicht nur häufiger werden, sondern auch länger? Genau das aber – anhaltende Extremwetter – beobachtet die Klimaforschung in jüngster Zeit immer häufiger.

Einer der Gründe dafür liegt etwa zehn Kilometer über dem Boden, weit oben in der Troposphäre. Und er betrifft nicht nur Europa. Im Sommer 2010 zum Beispiel ächzte Russland unter einer extremen Hitzewelle mit Temperaturen von mehr als 40 Grad und Tausenden Waldbränden. Auf der anderen Seite des Himalajas setzten wochenlange Regenfälle Teile Pakistans unter Wasser, 2000 Menschen starben. Beides hing zusammen, wie zwei Forscher der US-Raumfahrtbehörde NASA anderthalb Jahre später in einer aufsehenerregenden Studie darlegten. Verantwortlich für die beiden extremen Wetterphänomene war demnach eine Störung des sogenannten Jetstreams (zu Deutsch: »Strahlstrom«).[106]

Von diesem Höhenwind-Band gibt es vier; zwei umkreisen die Erde nahe am Nord- und am Südpol, zwei weitere näher am Äquator. Angetrieben werden die Jetstreams von den Temperatur- und Druckunterschieden zwischen Tropen und Polen. Wegen der Erdrotation blasen sie von West nach Ost und mäandern mit Geschwindigkeiten von teils mehr als 500 Stundenkilometern in ziemlich gleichmäßigen Wellen um den Globus.

Einer der Jetstreams also bläst rund um den Nordpol und bestimmt das Wetter in den hohen Breiten der Nordhalbkugel – also auch in Europa. Seine Wellenbewegung bringt nach einem Tiefdruckgebiet ein Hoch und dann wieder ein Tief und so weiter. 2010 jedoch mäanderte nichts. Weshalb eine Extremhitze den größten Teil des Julis und Augusts über Russland hängen blieb und zugleich im Norden Pakistans der regenreiche Monsun nicht weiterzog. 2010 war kein Einzelfall: Die extreme Hitzewelle 2003 über Westeuropa, aber auch der ungewöhnlich kalte Winter 2009/10, nicht zuletzt der Extremsommer 2018 mit Dürre in Mitteleuropa und zugleich sintflutartigem Regen in Japan – alle diese Phänomene bringen Klimaforscher mit einer Schwächung und zeitweisen Blockaden des Jetstreams in Zusammenhang.[107]

Als wesentliche Ursache dafür, dass der Jetstream lahmt, sehen Wissenschaftler den immer wärmeren Nordpol. Er erhitzt sich viel stärker als die meisten anderen Weltgegenden, das arktische Meereis schrumpft dramatisch. Inzwischen treibt sich die Entwicklung selbst an: Helles Eis reflektiert viel Sonnenlicht zurück ins All – ist es jedoch erst mal verschwunden, absorbiert der darunter zum Vorschein kommende dunkle Ozean noch mehr Strahlungsenergie, die Arktis wird noch wärmer, noch mehr Eis schmilzt. Im Ergebnis senkt ein wärmerer Nordpol die Temperaturdifferenz zum Äquator und damit die Kraft, die den Jetstream antreibt. Es kommt, wie manche Forscher bildlich formulieren, zum »Stau auf der Windautobahn«. Laut Studien könnte die Zahl solcher Ereignisse bis Ende des Jahrhunderts um rund 50 Prozent zunehmen.[108]

Meteorologen sehen deshalb immer häufiger »stagnierende« beziehungsweise »blockierende« Wetterlagen: Wenn die Westwinde des Jetstreams die Hoch- und Tiefdruckgebiete nicht weitertreiben, werden ein paar sonnige Tage schnell zu einer Hitzewelle.

Der Borkenkäfer profitiert vom Klimawandel – schon bis 2050 kann er sich exponentiell vermehren

Waldschützer Großmann stapft den Burgberg weiter nach oben, jetzt sehen auch Nichteingeweihte, wie krank der Wald hier ist: Die Kronen sind nicht mehr belaubt, viele Buchen umgestürzt, überall liegt morsches Holz. »Die Trockenheit hat das Feinwurzelwerk der Bäume geschädigt«, erläutert der Nationalpark-Chef, und das führe zu einer verhängnisvollen Kettenreaktion: Je wärmer es wird, desto mehr Wasser verdunsten die Bäume. Sie tun das auch als Selbstschutz, denn Verdunstung bedeutet Kühlung, und bei zu großer Wärme werden Blattinhaltsstoffe geschädigt. Finden die Wurzeln aber kein Wasser, vertrocknen sie. Dann kann der Baum noch weniger Wasser aufnehmen, weshalb er schon im Sommer seine Blätter abwirft. »In einem letzten Überlebenskampf treiben die Bäume weiter unten noch einmal aus.«

Großmann zeigt auf Blattbüschel, die ohne Äste direkt aus dem Stamm sprießen. Wie Mutanten sehen diese Bäume aus, die Blätter direkt am Stamm sind fünfmal so groß wie normale Buchenblätter, aber die Kronen entlaubt. Ein Kampf, der nichts mehr nützen wird: Die Rinde blättert bereits ab, an manchen Bäumen kann man halbmetergroße Stücke einfach abziehen.

Wie sich Hitzestress auf Wälder auswirkt, ist mittlerweile gut untersucht. So können Bäume ein, zwei Jahre Trockenheit durchaus verkraften – danach aber sinken ihre Überlebenschancen. Ein Team um den kalifornischen Waldökologen Derek Young zum Beispiel nutzte für seine Forschungen die Extremjahre 2012 bis 2015, als es an der Westküste der USA so gut wie nicht regnete. Während dieses Zeitraums stieg die Baumsterblichkeit von zehn auf Hunderte Bäume je Quadratkilometer, wobei sie im vierten Jahr der Dürre dramatisch zunahm.[109]

Dass Schädlinge wie der Buchdrucker im Elbsandsteingebirge oder Kiefernspinner, Ulmensplintkäfer, Nonne und Blattwespen ganze Wälder vernichten, ist nicht neu. 2011 zum Beispiel fiel der Eichenprozessionsspinner über riesige Bestände in Bayern, Nordrhein-Westfalen, Brandenburg und Mecklenburg her. Doch die Erderwärmung verbessert die Lebensbedingungen der Schädlinge: Mildere Winter sorgen dafür, dass mehr Larven überleben. Zudem erlauben längere Vegetationsperioden, dass innerhalb eines Jahres mehr Generationen heranwachsen und sich fortpflanzen können.[110]

Aber wie stark genau wird der Buchdrucker vom Klimawandel profitieren? Für die neue, 2021er-Ausgabe des sogenannten Vulnerabilitätsberichts des Umweltbundesamtes glichen Wissenschaftler die Ergebnisse von Klimamodellen mit den Lebensbedingungen des Insekts ab. Was dabei herauskam, lässt Schlimmes erwarten: In der Vergangenheit schaffte der Buchdrucker in weiten Teilen des Landes drei, höchstens vier Vermehrungszyklen im Jahr. Ausnahmen waren die kühleren Höhenlagen, wo nur bis zu zwei Vermehrungszyklen möglich waren, sowie die Hitze-Hotspots entlang des Rheins mit fünf.

Für 2050 sehen die Modelle im optimistischsten Fall fast flächendeckend einen zusätzlich möglichen Vermehrungszyklus, im pessimistischsten Fall sogar zwei. Bis Ende des Jahrhunderts könnten so in weiten Teilen Deutschlands pro Jahr bis zu sechs, im Rheingraben gar bis zu acht Generationen des Buchdruckers schlüpfen. Die Folgen wären verheerend, weil die Zahl der Nachkommen exponentiell zunimmt – ein weiterer Zyklus bedeutet ja nicht lediglich eine Verdoppelung, sondern eine Potenzierung. Jedes Buchdruckerweibchen könnte dann also Millionen von Nachkommen hervorbringen. Besonders gefährdet sind laut der Analyse Gegenden, die zugleich trockener werden – der Bericht nennt etwa Standorte im Harz, im Pfälzer Wald und im Schwarzwald, im Nordwesten Bayerns westlich der Fränkischen Alb und in den Alpen.[111]

Zu bekannten Plagen wie dem Buchdrucker kommen neue Schädlinge und Krankheiten, die mit dem Klimawandel Einzug halten oder sich ausbreiten, ein aggressiver Pilz namens »Falsches Weißes Stängelbecherchen« zum Beispiel: Der aus Ostasien stammende Parasit vermehrt sich wegen steigender Temperaturen hierzulande massenhaft und vernichtet ganze Eschen-Bestände. Oder die aus Nordamerika stammende Rußrindenkrankheit am Ahorn. In Mittelhessen mussten 2019 im Licher Wald 20 Hektar abgeholzt werden, 30 000 Bergahornbäume. Unter der Rinde bildet der Schädling Fruchtkörper, deren Sporen beim Menschen schwere allergische Reaktionen auslösen können. Der Revierförster konnte sich wochenlang nur mit Atemmaske im Wald bewegen; der Befall einer so großen Fläche war hierzulande bis dato nicht vorgekommen. Vitale Bäume produzieren üblicherweise genug Abwehrkräfte, nach Trockenheit und Hitzestress jedoch sind Rindenkrebs oder Buchdrucker meist stärker.

»Wenn Bäume schreien könnten, wir hätten hier ohrenbetäubenden Lärm!«

Sprachlos machte Ansgar Kahmen, Professor für Botanik an der Universität Basel, ein Freilandversuch 2018. Just zu Beginn des Hitzejahres hatte sein Forscherteam eine neue Versuchsfläche in einem Mischwald im Schweizer Jura eingerichtet. Mit einem Kran konnten sie zum Beispiel stattliche Buchen bis in die Krone beobachten. Dabei entdeckte er Überraschendes: »Bäume sind ohne Einfluss von Insekten oder Schadpilzen einfach vertrocknet.«

Der Transport von Wasser und Nährstoffen in einem Baum basiert darauf, dass er in seinem Leitungssystem einen Sog erzeugt:

Dieser entsteht – stark vereinfacht – durch mikroskopisch kleine Spaltöffnungen in den Blättern, die sogenannten Stomata. Durch sie verdunstet der Baum Wasser und zieht so von unten neues Wasser in die Krone. Finden aber die Wurzeln nicht genug davon, fällt der Druck in den Leitungsbahnen und allen Organen des Baumes – erkennbar an schlaffen Blättern. Um den Druck nicht weiter abfallen zu lassen, schließt der Baum die Spaltöffnungen. Dadurch verliert er zwar weniger Wasser, kann aber zugleich kaum noch Kohlendioxid aufnehmen. Es findet weniger Fotosynthese statt, die er für seine Ernährung braucht.

Hält die Trockenheit an, wirft der Baum Blätter ab, um die Transpiration weiter zu verringern. Eichen, Weiden oder Pappeln trennen sich im Notfall gleich von ganzen Ästen. Wird die Trockenheit und damit der Sog in den Leitungsbahnen dennoch zu stark, reißt der Wasserstrom ab, Gasbläschen verstopfen die winzigen Kanäle; manche Forscher sprechen von einer »Luftembolie«, der gesamte Stoffwechsel kollabiert. »Die Bäume kommen tatsächlich an ihr physiologisches Limit«, erklärt Kahmen. Besonders besorgte ihn, dass die beobachteten Embolien auch im Folgejahr nicht verschwunden waren. »Der Baum konnte das nicht über den Winter reparieren. Das heißt«, so der Botanik-Professor mit dem typischen Understatement eines Wissenschaftlers, »die Perspektiven sind da eigentlich nicht so gut.«[112]

Die Nationalparkverwaltung im Hainich betreibt zwei eigene Wetterstationen. »Wer sich die Zahlen anschaut, wundert sich, dass hier überhaupt noch Bäume grün sind«, sagt Nationalpark-Chef Großmann. Die Station nahe Weberstedt im Unstrut-Hainich-Kreis registrierte zum Beispiel im Juni 2019 fünf Grad Celsius mehr als im langjährigen Mittel. 340 monatliche Sonnenstunden wurden gemessen – üblich sind etwa 200. »In der Zeit von 1950 bis 1980 waren drei Heiße Tage im Jahr normal. 2019 hatten wir 19, 2018 sogar 29.« 2020 registrierte die Station Weberstedt zwölf Heiße Tage.

»Am Burgberg werden in den nächsten Jahren wohl alle alten Buchen sterben.« Manfred Großmann kann seinen Kummer kaum verbergen: »Wenn Bäume schreien könnten, wir hätten hier einen ohrenbetäubenden Lärm!« Was jetzt noch kämpfe, habe weder gegen den nächsten Frost noch gegen Stürme eine Chance. Das vertrocknete Feinwurzelwerk verliert seinen Halt, der nächste Orkan hat leichtes Spiel.

Vor zehn Jahren noch galt die Eiche als relativ klimafest – heute ist bundesweit nicht mal mehr jede fünfte gesund

Ein Drittel Deutschlands ist mit Wald bestanden, von Natur aus müsste dieser von der Buche dominiert werden. Aber die Buchen haben unsere Vorfahren längst gefällt und durch schnellwachsende Nadelbäume ersetzt, hauptsächlich Fichten oder Kiefern. Diese Monokulturen sind »All-you-can-eat«-Büfetts für Schädlinge, Mischwälder würden das Risiko minimieren. Laubwälder halten dem Klimawandel besser stand und kühlen den Boden, weil sie ein dichteres Blätterdach haben und die Bäume mehr Wasser verdunsten als Nadelgehölze. Untersuchungen der Hochschule für Nachhaltige Entwicklung in Eberswalde nahe Berlin zeigen, dass es im Schatten von Buchen im Hochsommer sechs Grad kühler sein kann als in Kiefernforsten.[113]

In der Fachwelt ist deshalb schon lange Konsens, dass der deutsche Wald sich wandeln muss – von »Waldumbau« ist landauf, landab die Rede. Aber Joachim Rock vom Thünen-Institut für Waldökosysteme, ebenfalls in Eberswalde, winkt ab. »Setzlinge, die direkt in den trockenen Boden gepflanzt werden, sind zum Tode verurteilt.« Nach zwei extrem trockenen Sommern gab es 2020 zwar etwas mehr Regen – doch das genügte in weiten Teilen des Landes allenfalls, um die oberen 25 Zentimeter der Böden wieder zu durchfeuchten. »In den tieferen Schichten gibt es längst noch keine Entspannung«, sagt Rock. Zwar kann man das als Laie nicht sehen, doch der Dürremonitor des Helmholtz-Zentrums für Umweltforschung in Leipzig (siehe Seite 102) zeigt auch Ende 2020 quer über ganz Deutschland verteilt tiefrote Flecken – heißt: Dort herrscht weiterhin »außergewöhnliche Dürre«. Betroffen sind der Osten und Norden, aber auch Teile Hessens und Bayerns sowie der Oberrheingraben. Weil 2020 vor allem im Frühjahr zu wenig Niederschlag fiel, gab es laut Deutschem Wetterdienst vielerorts »staubtrockene Böden das dritte Jahr in Folge«. Joachim Rock: »Momentan braucht man in diesen Gegenden über Wiederaufforstung oder Waldumbau nicht nachzudenken.«

Doch selbst wenn es mal wieder ein paar feuchte Jahre geben sollte – langfristig stellt sich die Grundsatzfrage: Welche Laubbäume empfehlen sich denn für den Umbau? Welche Arten werden mit dem Klima der Zukunft klarkommen? Für Forstwirte ist diese Frage noch drängender als etwa für Bauern, denn die können jeden Frühling neues Saatgut ausbringen. Bäume hingegen pflanzt man für 50, 80, vielleicht mehr als hundert Jahre.

Vor zehn Jahren galt die Eiche noch als potenzieller Gewinner. Die Eidgenössische Forschungsanstalt für Wald, Schnee und Landschaft im Schweizerischen Birmensdorf zum Beispiel sprach ihr 2015 ein »hohes Anpassungspotenzial« zu, weshalb sie »gut auf den Klimawandel vorbereitet« sei.[114] Es folgten mehrere Dürre- und Hitzejahre, und der aktuelle Waldzustandsbericht attestiert bundesweit nur noch 17 Prozent der Eichen eine gute Gesundheit – es geht ihnen damit noch schlechter als Fichten oder Buchen. Die Eiche, die für Kraft und Trotz steht, die im deutschen Kaiserreich als Nationalbaum galt und nach Kriegsende Deutschlands Münzen zierte – auch der Eiche also setzt die Klimaerhitzung zu.

Laut Weltnaturschutzunion IUCN – jener Organisation, die regelmäßig die bekannte Rote Liste veröffentlicht – ist mehr als die Hälfte der europäischen Baumarten langfristig vom Aussterben bedroht. Von den 265 Spezies, die es nur in Europa gibt, sind demnach

58 Prozent gefährdet; nicht nur, aber auch durch den Klimawandel. 66 Arten stehen schon jetzt vor dem Aussterben, in Deutschland etwa die Gemeine Esche, die Ulme oder die wilde Rosskastanie.[115]

Auch die Buche wurde zeitweise als Baum gehandelt, der relativ widerstandsfähig gegen den Klimawandel sei – doch sie leidet ebenfalls. »Die Buchenforscher sagen: Bei 450 Millimeter Niederschlag pro Jahr gibt es eine Grenze für den Wald«, erklärt Forstexperte Joachim Rock. In Brandenburg, gemessen zum Beispiel an der Wetterstation Wusterwitz im Landkreis Potsdam-Mittelmark, fielen 2018 keine 300 Millimeter, 2019 und 2020 waren es jeweils nur rund 400 Millimeter. »Wir müssen uns darauf einstellen, dass Wald, so wie wir ihn heute kennen, mancherorts nicht überleben wird.«

Für den neuen Vulnerabilitätsbericht der Bundesregierung haben Kollegen aus Rocks Institut untersucht, welcher Hitzestress Eichen, Buchen, Fichten und Kiefern künftig droht. Schon in wenigen Jahrzehnten, so die Modellrechnungen, könnten etliche Standorte zu trocken und zu heiß sein – die dann betroffenen Regionen liegen im Süden Brandenburgs, jeweils im Norden von Sachsen und Sachsen-Anhalt, zudem im Norden und Süden von Bayern, im Süden von Hessen und Rheinland-Pfalz sowie in Baden-Württemberg längs des Rheins. »Im Norden Deutschlands müssten vor allem Kiefernbestände mit zunehmender Trockenheit umgehen«, so der Bericht, »während im Süden alle Hauptbaumarten betroffen wären.«

Bis Ende des Jahrhunderts wird sich die Lage weiter verschärfen. In optimistischeren Ergebnissen der Modellrechnungen bliebe der größte Hitzestress auf einzelne Regionen beschränkt. Im schlimmsten Fall wären jedoch Ost- und Süddeutschland fast flächendeckend betroffen. An rund 40 Prozent der heutigen Buchen- und Fichtenstandorte wäre es dann zu heiß für die Bäume, bei Eichen und Kiefern wären es rund 35 Prozent.[116] Wie es in solchen Gebieten dann aussehen dürfte, lässt sich bereits im Harz besichtigen. Mancherorts ragen dort nur noch kahle Stämme in den Himmel –

totes Braun statt satten Grüns. Im dortigen Nationalpark hat der Borkenkäfer 2020 zwanzig Mal mehr Bäume befallen als im ersten Dürrejahr 2018.

Die Touristiker haben die Not zum Programm gemacht: »Der Wald ruft!« heißt eine neue Informationskampagne. »Bitte nicht erschrecken!« wäre ein passender Untertitel. Denn mit der Aktion will der Harzer Tourismusverband potenzielle Wanderer im Internet und mit Broschüren auf den desolaten Zustand des Waldes zwischen Brocken und Scharfensteinklippe vorbereiten. »Wir wollen die Gäste informieren, dass sie weniger geschockt sind, wenn sie auf so ein Fleckchen Wald stoßen«, sagt Christin Wohlgemuth vom Tourismusverband.[117]

Deutscher Wald 2050: »Trend zur Steppe« und »schwachwüchsige Bestände wie im Mittelmeerraum«

Dabei hätten wir es lange wissen können. 1994 besuchte Matthias Platzeck, damals Umweltminister in Brandenburg, das gerade erst gegründete Potsdam-Institut für Klimafolgenforschung. Natürlich tauchte die Frage auf, was die Erderwärmung eigentlich konkret für sein Bundesland bedeute. Damals war noch kaum erforscht, welche Folgen das Unterlassen von Klimaschutz hat – weshalb sich ein Team des Instituts aufmachte, in einer Pilotstudie die Ministerfrage zu beantworten. Zwei Jahre später wurden die Resultate vorgestellt, unter anderem hieß es: »Die Simulationsergebnisse zeigen grundsätzlich aufgrund der zunehmenden Trockenheit einen Trend zur Steppe.« An Standorten mit schlechten Böden werde »die Trockenstresstoleranz von allen berücksichtigten Baumarten überschritten«.[118] Da habe es einen Anruf aus der Staatskanzlei gegeben, berichtet einer der damals Beteiligten, und man sei dringend aufgefordert worden, das Wort »Steppe« doch bitte zu vermeiden – das verschrecke die Öffentlichkeit.

Aber irgendetwas wird doch auch künftig wachsen? Es wächst doch immer irgendetwas!

»Jedenfalls wird Wald nicht mehr das produktive Biotop sein mit seinen 30, 40 Meter hohen Bäumen.« Manfred Großmann, der Nationalpark-Chef aus dem Hainich in Thüringen, erwartet eher »schwachwüchsige Bestände, wie man sie aus dem Mittelmeerraum kennt«. So sieht es auch Hans-Werner Schröck von der Forschungsanstalt für Waldökologie in Rheinland-Pfalz: »Die Zukunft unserer Wälder könnte so aussehen, wie Urlauber heute Wald im Süden Europas erleben: lange nicht so produktiv und groß, wie wir Wald heute hierzulande kennen.« Für Schröck ist die Entwicklung bis 2050 klar: »Landschaftsbilder werden sich radikal verändern.«

Könnte man nicht Baumarten aus dem Süden, die mit Hitze besser zurechtkommen, hier in Deutschland einführen? Joachim Rock vom Thünen-Institut in Eberswalde hält das für keine gute Idee. »Anders als am Mittelmeer wird es hierzulande ja auch weiterhin Frost geben«, die südlichen Arten halten den aber oft nicht aus. Zudem verändern neue Arten immer auch den Lebensraum. »Die Robinie ist ein anschauliches Beispiel«, sagt Rock. Wegen seiner schönen weißen Blüte wurde der Baum im 17. Jahrhundert aus Nordamerika eingeführt, um ihn hierzulande in Parks bewundern zu können. Nach dem Zweiten Weltkrieg besiedelte er dann Städte wie Berlin, Leipzig, Stuttgart oder Köln. Die Robinie kam bestens klar mit den kargen Bodenverhältnissen der Trümmerschutthalden. Heute ist die Robinie vielerorts aus den Wäldern nicht mehr wegzubekommen. Rock: »Ihre Wurzeln bilden eine Chemikalie, die wie ein Unkrautvernichtungsmittel auf alles wirkt, was nicht Robinie ist.« Überall dort, wo die Robinien einen Wald dominieren, ist er arm an Lebensvielfalt. »Neu eingeführte Arten sind an ein verändertes Klima vielleicht besser angepasst. Oft sind aber die Folgen für den Biotop-Verbund nicht absehbar.«

Seit Jahren experimentieren Waldforscher und Forstbetriebe überall in Deutschland mit neuen Baumarten, in Nordrhein-Westfalen zum Beispiel mit der marokkanischen Atlaszeder, dem kalifornischen Gebirgsmammutbaum oder der kleinasiatischen Orientbuche. Doch spricht man mit Experten, ist immer wieder Ratlosigkeit zu hören. »Wir haben kein Verständnis davon, welche Arten den Klimawandel mitmachen«, sagt etwa Henrik Hartmann vom Max-Planck-Institut für Biogeochemie in Jena. »Es ist völlig unklar, welche Baumart es in 50 Jahren hier noch aushält, wenn es so weitergeht.«[119]

Als Folge von Dürre, Hitze und Schädlingsbefall: »Sicher ist, dass Waldbrände zunehmen werden«

Für Joachim Rock bringt die Erderhitzung noch eine ganz andere Gefahr viel stärker als bisher auf die Tagesordnung. »Sicher ist, dass Waldbrände zunehmen werden«, sagt er. Höhere Durchschnittstemperaturen, mehr Sonneneinstrahlung, von der Hitze gestresste und von Schädlingen geschwächte Bäume würden auch weniger Widerstand gegen Flammen aufbringen.

Sind solch dramatische Bilder, wie wir sie in den vergangenen Jahren aus Australien oder Kalifornien gesehen haben, auch bei uns zu befürchten? Rock streicht sich einen Moment lang durch seinen Bart. »Die dort heimischen Eukalyptusbäume enthalten sehr viele pflanzliche Öle, die Bäume brennen deshalb besonders gut.« Vergleichbar sei in Deutschland allenfalls die Kiefer mit ihrem hohen Harzanteil. Schläge mit hohen, alten Kiefern sind relativ licht und deshalb üblicherweise von einer dichten Gras- oder Heidekrautdecke bewachsen. Vertrocknet diese Decke im Sommer, wirkt sie oft wie Zunder. »Brandenburg ist insofern gefährdet, weil viele Siedlungen bis an den Wald heranreichen« (siehe Seite 304).

Im Jahr 2018 brannten 400 Hektar Kiefernwald in Treuenbrietzen südlich von Potsdam, eine Fläche so groß wie 560 Fußballfelder. Drei Siedlungen mussten geräumt werden. 2019 brach auf dem ehemaligen Truppenübungsplatz Lübtheen (Landkreis Ludwigslust-Parchim in Mecklenburg-Vorpommern) ein Feuer aus. Hier gingen sogar 944 Hektar in Flammen auf, der bislang größte Waldbrand in Mecklenburg, zeitweise waren mehr als 3000 Feuerwehrleute aus mehreren Bundesländern im Einsatz, mehrere Dörfer mit insgesamt mehr als 700 Einwohnern wurden evakuiert. 2020 wütete im deutsch-niederländischen Grenzgebiet nahe Viersen (Nordrhein-Westfalen) ein Großbrand, 4000 Einwohner wurden in Turnhallen noteinquartiert; die niederländische Armee entsandte Panzer, um beim Ziehen von Brandschneisen durch den Wald zu helfen.

Auch die künftige Waldbrandgefahr ist für den neuen Vulnerabilitätsbericht durchgerechnet worden. Bisher wird zum Beispiel in Brandenburg oder Teilen Sachsen-Anhalts an durchschnittlich gut 20 Tagen im Jahr eine hohe Waldbrandwarnstufe ausgerufen. Bis Mitte des Jahrhunderts können es in Ostdeutschland und am Oberrhein mehr als 40 Tage jährlich werden, bis Ende des Jahrhunderts werden für den Osten sowie das Rhein-Main-Neckar-Gebiet sogar bis zu 50 solche Tage pro Jahr erwartet. »Besonders stark sind auch die Zunahmen in bisher wenig gefährdeten Regionen in West- und Süddeutschland, wo die Bevölkerung aktuell nicht an das Risiko gewöhnt ist«, so der Bericht.[120]

Wie sich Leben anfühlt, das von einer Feuersbrunst bedroht ist, hat der Germanist Jan Süselbeck beschrieben: »Blickt man aus dem Fenster, hat die Luft eine bräunlich-gelbliche Färbung. Sie wirkt wie ein dichter Nebel, der selbst nahe Gebäude verschluckt. Es riecht nach kaltem Kamin. Die gesamte Stadt gleicht einem monströsen Räucherofen. Fährt man mit dem Fahrrad zur Arbeit, muss man sich eine Atemmaske aufsetzen, die aber eher symbolische Funktion hat, als dass sie Abhilfe schüfe.«

Süselbecks Erfahrungen stammen nicht aus Brandenburg – der Literaturwissenschaftler ist seit 2015 Professor für Germanistik an der University of Calgary in Kanada. Dort erlebte er 2019, wie die Provinz Alberta auf mehr als 800 000 Hektar brannte, eine Fläche halb so groß wie Schleswig-Holstein: »Der Rauch ist einfach überall. Er verpestet die Büros auf dem Uni-Campus, die Bibliothek, die Shopping-Mall, die eigene Wohnung. Ohne die Installation besonderer Luftfilter, die es nirgends gibt, kann man sich keinen Rückzugsort mit atembarer Luft mehr schaffen. Die Klimaanlage einzuschalten, verschlimmert nur alles. Sie pumpt den Rauch von außen nach innen.«

Süselbeck stellt sich vor, wie es wohl in Deutschland wäre, wenn einer ganzen Stadt von der Größe Marburgs mitgeteilt würde, alle Einwohner hätten ab sofort auf gepackten Koffern zu sitzen und nach einer – jederzeit möglichen – Behördenwarnung die Wohnung zu räumen, um wochenlang in Frankfurter Turnhallen zu campieren und abzuwarten, ob das eigene Haus abbrennt oder nicht. In Alberta ist dies mittlerweile Alltag. Für Süselbeck waren solche Erfahrungen einschneidend: »Sie haben mir klargemacht, wie es sich anfühlt, wenn man keinerlei Kontrolle und keine Fluchtmöglichkeit mehr hat – es sei denn, man setzt sich in eine Maschine und fliegt weit weg, in ein anderes Land.«[121]

Noch sind ausufernde Waldbrände hierzulande selten – doch zusammen mit Hitze, Trockenheit und Schädlingsbefall verursachten sie von 2018 bis 2020 Schäden im deutschen Wald, die so groß waren wie nie seit dem Zweiten Weltkrieg. Die rund 285 000 Hektar, die das Bundesagrarministerium als Schadensfläche nennt, bedeuten bereits 2,5 Prozent allen Waldes in Deutschland. Dabei sind insgesamt 178 Millionen Kubikmeter Schadholz angefallen, die – um eine Ausbreitung des Borkenkäfers zu vermeiden – schnellstmöglich aus dem Wald geholt worden sind. Mit verheerenden Folgen für den Holzmarkt.

»Der Preis für Fichtenholz hat sich in den letzten drei Jahren halbiert«, sagt Larissa Schulz-Trieglaff von der Arbeitsgemeinschaft Deutscher Waldbesitzerverbände. Allein der Abtransport wird nach ihrer Schätzung mehr als zwei Milliarden Euro kosten, was viele Eigentümer überfordere: »Zwei Drittel des deutschen Waldes sind in privatem oder kommunalem Besitz. Viele Private stehen vor dem Ruin.«

Nicht nur hierzulande wird der Klimawandel die Forstbranche hart treffen. Ein Forscherteam aus mehreren europäischen Ländern hat vor einigen Jahren untersucht, was die Veränderungen der Waldzusammensetzung für den ökonomischen Wert der Flächen bedeutet. In der Vergangenheit warfen nur etwa elf Prozent der Wälder in der EU geringe Erträge ab (vor allem in den südlichen Ländern) – bis Ende des Jahrhunderts könnte dies im Extremfall für bis zu 60 Prozent der Forstflächen gelten. Der wirtschaftliche Wert dieser Ländereien werde dadurch massiv sinken, EU-weit geht es dabei um mehrere Hundert Milliarden Euro.[122]

»Wenn der Waldbesitzer kein Geld hat, um das Holz aus dem Wald zu holen – wo soll dann das Geld für Neuanpflanzungen herkommen?«, fragt zum Beispiel Dirk Meisgeier, Waldbesitzer im Schleizer Oberland, einem Gebirgszug in Ostthüringen. »Der Wald, die Lunge, das Herz des Lebens ist bedroht!« Wenn das Waldsterben in dieser Form auch in den kommenden Jahren weitergehe, dann werden wir veränderte Landschaftsbilder zu erdulden haben. Meisgeier: »Das grüne Herz Deutschlands, das wir in Thüringen immer für uns in Anspruch nehmen, wird dann kein grünes Herz mehr sein. Es wird eine Landschaft werden, die sich vor allem aus abgestorbenen, in der Regel roten Kulissen darstellt.«

Kippelemente im Klimasystem: Extreme Risiken für den Amazonas und die borealen Wälder im hohen Norden

So wie Thüringen als »grünes Herz Deutschlands« tituliert wird, so wird der Regenwald im Amazonasbecken als »grüne Lunge der Welt« bezeichnet, sechs Millionen Quadratkilometer ist das Gebiet groß. »Der Regenwald des Amazonasgebietes speichert oberirdisch besonders viel Kohlenstoff«, erklärt Christopher Reyer vom Potsdam-Institut für Klimafolgenforschung. Nirgendwo sonst auf der Welt nehmen Bäume so viel Kohlendioxid aus der Luft auf, wandeln es per Fotosynthese um und binden das Treibhausgas als Kohlenstoff in ihren Geweben.[123] Zum Vergleich: Die gesamte Europäische Union ist nur gut vier Millionen Quadratkilometer groß.

Geografisch ist der Amazonas sehr weit entfernt. Und doch hat der Zustand des weltgrößten Regenwaldes unmittelbare Auswirkungen auf unsere Zukunft. Denn der Amazonas ist eines jener Kippelemente im Klimasystem, die sich bei einer bestimmten Temperaturschwelle unumkehrbar verändern – und den Klimawandel verselbstständigen könnten, ohne dass der Mensch dann noch etwas dagegen unternehmen kann (siehe Seite 167).

Wegen der starken Sonnenintensität am Äquator und der Feuchtigkeit des Waldes verdunstet dort sehr viel Wasser, und es bilden sich Wolken. »Diese regnen dann im Flachland und an den Hängen der Anden wieder ab und versorgen den Regenwald mit neuem Wasser«, sagt Waldexperte Reyer. Eigentlich ein sich selbst erhaltendes System, eine Art Umwälzpumpe, angetrieben von der Sonnenenergie. Steigt aber die mittlere weltweite Temperatur um mehr als zwei Grad, gerät auch der Amazonaswald in Hitzestress, was seine Fähigkeit zur Wasserverdunstung einschränkt. Weniger Verdunstung bedeutet weniger Regen, bedeutet weniger Wasser zur Versorgung des Systems Amazonas: Trockenstress ist die Folge, ein Teufelskreis, der schließlich dazu führt, dass der Regenwald stirbt und den gespeicherten Kohlenstoff wieder freigibt.

Das heizt den Klimawandel weiter an: »Untersuchungen kommen zu dem Schluss, dass allein das Absterben des Amazonaswaldes mindestens 0,3 Grad Celsius zur globalen Erwärmung beitragen könnte«, sagt Reyer, wenngleich diese Zahl noch mit großen Unsicherheiten behaftet sei. Eine neue Studie kommt zu dem Schluss, dass der Amazonaswald wohl schon Mitte der 2030er-Jahre seine Fähigkeit verliert, Kohlendioxid aus der Luft zu binden.[124] Das System kippt: Statt die Atmosphäre zu entlasten, verursacht der geschädigte Wald dann zusätzlich Kohlendioxid.

Die borealen Wälder im hohen Norden, etwa in der Taiga, sind ebenfalls ein Kippelement. Auch sie könnten bei einer bestimmten Schwelle des Klimawandels unwiederbringlich verloren gehen. »Steigende Temperaturen erhöhen das Risiko durch Feuer, Trockenheit und Stürme«, sagt PIK-Experte Reyer, der 2017 mit Kollegen aus neun Ländern eine umfassende Studie über die Gefahren des Klimawandels für den Wald vorlegte.[125] Der Sommer 2020 bestätigte die Ergebnisse, wochenlang brannten in Nordsibirien riesige Waldflächen. Nach Schätzungen des europäischen Erdbeobachtungsprogramms Copernicus gelangten durch die Feuer in der Taiga bis Ende August 244 Millionen Tonnen Kohlendioxid zusätzlich in die Atmosphäre.

Im Hainich beobachtet das Team von Manfred Großmann mittlerweile den Nationalpark regelmäßig mit einer Drohne. »Ich hätte nicht gedacht, dass der Klimawandel schon zu meinen Lebzeiten zum Zusammenbruch dieses fantastischen Urwaldes führt.« Mit der Drohne immerhin lässt sich die Entwicklung besser dokumentieren, besser erforschen. Und noch hat Manfred Großmann Hoffnung. »Auch umgefallene Buchen sind noch ein Buchenwald.«

Kapitel 6: **Städte**

Erhitzt sich die Erde, kochen die Städte

Für Temperaturen über 40 Grad und monsunartige Regen sind unsere Städte nicht ausgelegt. Sie brauchen künftig viel mehr Grün, doch gerade sterben massenhaft Bäume

Berlin-Mitte, Karl-Liebknecht-Straße, Ecke Spandauer. Zwei sechsspurige Verkehrsachsen kreuzen sich hier. Autos stauen sich an der Ampel, Doppeldeckerbusse für die Stadtrundfahrt warten mit laufendem Diesel am Straßenrand. Ein Getränkelaster rumpelt vorbei, eine Straßenbahn quietscht auf ihren Gleisen um die Kurve. Die gepflasterten Fußwege sind extrabreit, ein paar Touristen sirren auf Elektro-Mietrollern Richtung Fernsehturm.

Hinter struppigen Sträuchern ist mit brusthohem grünem Gitter eine Fläche von rund sieben mal sieben Metern abgezäunt. Aus dem Boden ragen Metallstangen, daran hängen kleine Kästen, Messgeräte. Eines sieht aus wie ein schmaler, hoher Eimer, ein anderes wie eine winzige, fliegende Untertasse – unter dem gläsernen Kuppelchen dreht sich ein Metallsensor. Dies ist die Messstation Berlin-Alexanderplatz des Deutschen Wetterdienstes. Sie erfasst unter anderem Temperatur, Niederschlag, Wind und Sonnenstrahlung und sendet die Daten automatisch an den DWD-Zentralrechner nach Offenbach. Das Besondere: Eigentlich achtet der Wetterdienst darauf, dass seine Stationen – den Richtlinien der Weltmeteorologie-Organisation folgend – eher an siedlungsfernen, gut durchlüfteten Orten stehen, jedenfalls nicht mitten in der Stadt. Schließlich sollen Wettermessungen und langjährige Datenreihen möglichst wenig durch menschliche Aktivitäten beeinflusst werden.

Doch auch in Deutschland wohnen längst mehr Menschen in Städten als auf dem Dorf. Für sie ist nur eingeschränkt von Belang, wie das Wetter im Freiland aussieht. In Städten nämlich herrschen oft deutlich andere Verhältnisse. Dass sich eng bebaute Gebiete zum Beispiel stark aufheizen können, ist seit Jahrhunderten bekannt. Weltweit haben Generationen von Architekten und Stadtplanern darauf geachtet, Gebäude und Straßen so anzulegen, dass sie beispielsweise optimal Schatten spenden oder Wind zur Kühlung durchstreichen lassen. Die erste wissenschaftliche Abhandlung zum Thema stammt von dem englischen Apotheker und Hobby-Meteorologen Luke Howard, der vor 200 Jahren das Phänomen des »Stadtklimas« am Beispiel Londons detailliert beschrieb.[126] Vom »Städtischen Wärmeinseleffekt« sprechen die Fachleute (UHI, »*urban heat island effect*«).

In Zeiten des Klimawandels bekommt dieser Effekt eine besondere Bedeutung: Wenn sich die Erde erhitzt, dann kochen die Städte. Schon bisher fielen in den Megacitys die Temperaturanstiege besonders groß aus. Während es zum Beispiel seit den 1980er-Jahren im globalen Durchschnitt pro Jahrzehnt knapp 0,2 Grad Celsius wärmer wurde, verlief die Entwicklung in Städten wie Paris, Moskau oder Houston mit mehr als 0,8 Grad pro Dekade gut viermal so schnell.[127]

Auch in Zukunft und auch in Deutschland werden sich die Städte deutlich stärker erhitzen als das ganze Land. Stadtbewohner bekommen daher viele Folgen des Klimawandels besonders zu spüren. Bei Hitzewellen leiden sie viel stärker. Weil Regenwasser auf versiegelten Flächen nicht versickert und sich massiv aufstauen kann, werden die zunehmenden Starkniederschläge besonders in Städten zu mehr Überschwemmungen führen. Heftigere Stürme, vor allem in Norddeutschland, können in dicht bebauten Gegenden besonders viel Schaden anrichten. Auch die Belastung durch Luftschadstoffe ist in Städten besonders hoch, bei steigenden Temperaturen bildet sich zum Beispiel mehr bodennahes Ozon, das die Atemwege extrem reizen kann. »Städte sind wie Brenngläser des Klimawandels«, sagt Matthias Garschagen, Professor für Geografie an der Universität München und Klimaanpassungsforscher. »Viele der Folgen konzentrieren sich in den Städten.«

Was Kommunen überall in Deutschland bevorsteht, lässt sich am Beispiel Berlins gut erkunden. Es ist die mit Abstand größte Stadt, und sie liegt in Ostdeutschland, einer Region, die sich überdurchschnittlich erwärmen wird. Der Senat hat 2016 vom Potsdam-Institut für Klimafolgenforschung (PIK) ein 320 Seiten dickes Konzept erarbeiten lassen, wie die Metropole auf die Erderhitzung reagieren sollte. Gleich auf der ersten Seite ist in wenigen Worten das Grundproblem zusammengefasst – nicht nur das der Hauptstadt, sondern im Prinzip aller menschlichen Siedlungen: »Berlin ist auf das Klima ›eingestellt‹, das sich in der Vergangenheit entwickelt hat und das wir als ›normal‹ empfinden. Der zu erwartende Klimawandel wird dieses ›Passungsverhältnis‹ von Stadt und Klima in historisch einmaliger Geschwindigkeit ändern.«[128]

Gelegentlich ist das beschwichtigende Argument zu hören, die Zukunft bringe Deutschland doch bloß Temperaturen, die es anderswo auf der Welt längst gebe. Und dort lebten schließlich auch Menschen – oft gar nicht mal schlecht. Das mag stimmen. Doch diese anderen Städte sind eben an ihr Klima angepasst. Bewohner und Stadtstrukturen, Baumaterialien und Architektur, Gesellschaft und Infrastruktur haben sich in jahrhundertelanger Entwicklung auf die dortigen Verhältnisse eingestellt – so wie deutsche Städte auf die hiesigen. Der Klimawandel wirbelt dies durcheinander. In

Berlin zum Beispiel, hat das PIK berechnet, werde bis Ende des Jahrhunderts ein Klima einziehen, wie es heute im südfranzösischen Toulouse herrscht. Doch dort ist die Bausubstanz teils eine andere, in der Altstadt gibt es enge Straßen mit viel Schatten, und in den Parks stehen andere Bäume als in Berlin.

In der Theorie ist es durchaus möglich, Städte für ein anderes Klima umzubauen. Doch in der Praxis braucht dies viel Geld und viel Zeit. Bis zum Beispiel neue, angepasste Stadtbäume heranwachsen oder deutschlandweit Millionen von Häusern um- oder neu gebaut sind, dauert es viele Jahrzehnte – der Städtebau ist deshalb im Vergleich etwa zur Landwirtschaft, wo jedes Jahr neu gesät wird, ein sehr träger Bereich. Bei genauer Betrachtung stößt man auf unzählige Hürden und praktische Probleme – und manche Dinge sind schlicht unmöglich.

Schon heute ist Hitze in der Stadt tödlicher als Verkehrsunfälle. Und es wird noch viel heißer …

Zurück zum Alexanderplatz: Bereits 1969 hatte der DDR-Wetterdienst eine Messstation direkt am Fuße des Fernsehturms errichtet. Nach der Wiedervereinigung wurde der Platz umgestaltet, das zuständige Grünflächenamt kündigte der Station den Pachtvertrag. Für Wetter- und Klimaforschung eine Katastrophe, basieren sie doch auf möglichst vielen Daten aus möglichst langen Zeiträumen. Es brauchte einige Jahre und Bettelbriefe bis hinauf zum damaligen Bürgermeister Klaus Wowereit, bis der DWD für seine Messgeräte ein paar Meter entfernt den jetzigen Platz an der Spandauer Straße bekam.

Die neue Station wurde 2015 eröffnet und war die erste von insgesamt zehn, die der Deutsche Wetterdienst speziell in Städten aufbaute. Die Zeitreihe zum Berliner Alexanderplatz weist zwar einige Lücken auf, reicht aber vergleichsweise weit zurück. Die Daten belegen zweierlei: dass sich die Hauptstadt bereits deutlich erhitzt hat, in den letzten Jahrzehnten bereits um rund ein Grad. Und dass auch in Berlin die City besonders warm ist – innerhalb des S-Bahn-Rings liegen die Temperaturen im Schnitt fünf Grad höher als vor den Toren der Stadt, in Sommernächten sind es bis zu zehn Grad Differenz.

Der Wärmeinseleffekt von Städten zeigt sich besonders deutlich an der Zahl sogenannter Tropennächte (in denen die Temperatur nicht unter 20 Grad Celsius fällt). In Städten gibt es viel mehr davon, weil die Sonne tagsüber die Betonmassen aufheizt, die dann nach Sonnenuntergang weiter Wärme abstrahlen. In den 1950er-Jahren wurden bundesweit durchschnittlich zwei Tropennächte pro Jahr registriert, die Station am Alexanderplatz verzeichnete schon Ende der 1970er-/Anfang der 1980er-Jahre durchschnittlich knapp sechs pro Jahr. Seit Mitte der 2000er-Jahre waren es im Mittel jährlich schon mehr als acht, in den Hitzesommern 2018 und 2019 jeweils 16 Tropennächte.[129]

Und die Hauptstadt wird sich weiter erwärmen: 2050 wird die Durchschnittstemperatur mindestens 1,2 Grad Celsius höher liegen als im Zeitraum von 1971 bis 2000 (bis Ende unseres Jahrhunderts könnten es bei ungebremstem Klimawandel bis zu 3,7 Grad mehr werden).[130] Besonders markant steigen die Temperaturen in den Wintern. Die waren früher, weil Berlin weit im Osten liegt, von Kontinentalklima geprägt und eher frostig. Das ist vorbei. Sie werden künftig viel milder (und auch feuchter) sein – einen Vorgeschmack gab der Winter 2019/2020: Erstmals seit Beginn der Aufzeichnungen vor mehr als hundert Jahren lag nicht an einem einzigen Tag auch nur ein bisschen Schnee.

Die Sommer in Berlin werden bis 2050 im Durchschnitt rund 1 bis 1,7 Grad Celsius wärmer sein, als sie zwischen 1971 und 2000 waren. Das klingt vielleicht nach wenig, bedeutet aber einen starken Anstieg der Tropennächte und auch der sogenannten Heißen Tage. Als solche definieren Meteorologen Tage, an denen das Thermometer über 30 Grad Celsius klettert. Noch vor ein paar Jahrzehnten war auch dies für deutsche Sommer – nicht nur in Berlin – etwas Besonderes. Man freute sich, packte die Badehose ein, nahm das kleine Schwesterlein und fuhr raus zum Wannsee, wie es in einem bekannten Schlager hieß. Bis 2050 jedoch werden Sommertage mit mehr als 30 Grad völlig normal in Deutschland, und es wird viel krassere und vor allem längere Hitzewellen geben.

Stadtklimaforscher haben bereits für etliche Großstädte berechnet, was bis Mitte des Jahrhunderts zu erwarten ist:[131]

-- ***Berlin*** – die Zahl der Heißen Tage (einst sieben bis zehn pro Jahr) steigt um 60 bis 100 Prozent, also auf bis zu 20 Tage
-- ***Hannover*** – früher fünf Heiße Tage pro Jahr, 2050 zwölf (bis Ende des Jahrhunderts können es gar 27 werden)
-- ***Frankfurt/Main*** – die Zahl von bisher elf Heißen Tagen pro Jahr wird sich bis Mitte des Jahrhunderts verdoppeln
-- ***Köln*** – bisher fast 20 Heiße Tage pro Jahr, bis 2050 kommen bis zu 22 hinzu
-- ***Stuttgart*** – schon heute in der City rund 30 Tage mit hoher Hitzebelastung, zur Mitte des Jahrhunderts in manchen Teilen bis zu 60 oder gar 70

Auch in kleineren Städten wird es 2050 deutlich heißer sein, hier ein paar Beispiele aus Bayern:

-- ***Regensburg*** – bisher neun Heiße Tage, bald 19
-- ***Bamberg*** – bislang neun Heiße Tage, bald 16
-- ***Erlangen und Würzburg*** – bisher acht Heiße Tage, bald rund 15

Für München hat ein Team deutscher und kanadischer Wissenschaftler die Wahrscheinlichkeit von Extremtemperaturen untersucht. Demnach ist eine Hitzewelle wie 2003 in Paris (die dort Tausende Todesopfer forderte) in der bayerischen Landeshauptstadt beim heutigen Klima höchstens einmal alle 50 Jahre zu erwarten.

Mitte des Jahrhunderts wird sie schon doppelt so oft vorkommen, also etwa alle 25 Jahre. In den Folgejahren beschleunigt sich der Trend rasant: Um 2100 droht eine derartige Hitzewelle schon in zwei von drei Jahren![132]

Zehn deutsche und zehn europäische Städte – und welches Klima sie in Zukunft bekommen werden[133]

Berlin	Toulouse
Dresden	Knin (Kroatien)
Düsseldorf	Rijeka (Kroatien)
Hamburg	Pamplona
Hannover	Toulouse
Kiel	Gourdon (Südfrankreich)
Köln	San Marino
München	Mailand
Saarbrücken	Montélimar (Südfrankreich)
Wiesbaden	Lugano
Barcelona	Adelaide
Brüssel	Canberra
Kopenhagen	Paris
London	Barcelona
Helsinki	Wien
Madrid	Marrakesch
Mailand	Dallas
Stockholm	Budapest
Warschau	Tiflis (Georgien)
Wien	Skopje (Nordmazedonien)

Sommer in den Städten Deutschlands werden sich künftig immer öfter anfühlen, wie es die US-Band *The Lovin Spoonful* 1966 in ihrem Song »Summer in the City« besungen hat: Man sei ständig durchgeschwitzt, der Nacken klebe, nirgends scheine es Schatten zu geben, die Gehwege fühlten sich heißer an als Streichholzköpfe. In Teilen der USA sind Sommer mit 40 Grad Celsius oder mehr keine Seltenheit – hierzulande war so etwas früher jenseits des Vorstellbaren. Seit einigen Jahren gibt es solche Temperaturen gelegentlich, etwa während der Hitzewelle im Juli 2019 in Duisburg und Tönisvort, Köln und Kleve (alle Nordrhein-Westfalen)[134] – doch 2050 werden 40 Grad regelmäßig auftreten.

Und je nach Bebauungsdichte und Architektur, nach verwendeten Baumaterialien und Oberflächen, nach Grad der Beschattung und Versiegelung werden die Temperaturen an einzelnen Punkten noch höher sein. Sonnenbeschienene Fassaden heizen sich schon an heutigen Sommertagen locker auf 40 Grad Celsius auf, Asphalt auf 45 Grad, Dächer etwa mit Teerpappe sogar auf mehr als 60.

Heute gibt es im Winter Wärmestuben für Obdachlose, 2050 braucht es im Sommer öffentliche Kühlräume

Schaut man Katharina Scherber über die Schulter, dann kann man einen Blick in die Heißzeit werfen. Sie koordiniert an der Technischen Universität (TU) Berlin ein bundesweites Forschungsprojekt, das neuartige Computermodelle entwickelt: Noch genauer als bisher soll mit ihnen das Stadtklima der Zukunft erforscht werden, neben Temperaturen sollen sie zum Beispiel auch Windverhältnisse simulieren – das geht bisher nicht, ist aber für die Hitzebelastung einer Stadt enorm wichtig.

Scherber sitzt in einem Häuschen in Berlin-Steglitz. Hinter einem schweren Eisentor liegt eine Villa, einst für eine wohlhabende Fabrikantenfamilie errichtet. Seit dem Krieg nutzt sie die Fakultät für Ökologie der TU. Im Garten stehen alte Bäume, schwer hängt der Efeu an Stamm und Ästen. An den Rasenstücken warnen Schilder: »Versuchsfeld – Bitte nicht betreten«. Im Dachgeschoss eines Nebengebäudes, wo einst das Hauspersonal wohnte, haben Scherber und ihre Kollegen ihre Schreibtische. Daneben reckt sich ein Stahlmast 40 Meter in den Himmel, im Abstand von jeweils zehn Metern sind Messgeräte angebracht, die Daten für die Modellentwicklung liefern.

Zusammen mit der Universität Hannover und anderen Instituten entwickelt das Team eine Software namens PALM4U, mit dem bald jede Stadtverwaltung, jedes Ingenieurbüro das Klima ihrer Kommune modellieren kann.[135] Bis auf einen Meter genau, also für jede Straßenecke und jeden Hinterhof, können dann Hitzekarten erstellt werden. Dann kann man sich anschauen, wie es in einem bestimmten Wohnviertel zum Beispiel an einem normalen Sommertag 2050 aussehen wird.

Der Ernst-Reuter-Platz ist ein zentraler Verkehrsknoten im Westen Berlins, fünf Hauptstraßen münden hier in einen riesigen Kreisverkehr. Schaut man sich eine Simulation bei voller Sommerhitze an, dann ist der Platz ein riesiges Meer von heißem Rot. Die grüne Verkehrsinsel mit Springbrunnen in der Mitte des Kreisels ist der einzige größere blaue, also kühlere Fleck. Auch ist an der Temperaturkarte genau ersichtlich, wo vor den umliegenden Gebäuden ein paar größere Bäume stehen – dort gibt es ebenfalls bläuliche Flecken, ist die Temperatur ebenfalls ein paar Grad niedriger. Man kann sich vorstellen, wie es sich anfühlt, in einem Sommer der Zukunft als alter Mensch mit Rollator den Platz queren zu müssen.

Doch nicht nur in den Großstädten wird die Hitze quälend. Eine Simulation für die 50 000-Einwohnerstadt Singen am Bodensee führt vor Augen, wie es in ein paar Jahrzehnten in einem typisch deutschen Altstadtkern mit dichter Bebauung aussieht.[136] Bislang gibt es selbst an heißen Sommertagen extreme Belastungen mit mehr als 41 Grad nur an wenigen Stellen – 2050 wird praktisch der ganze Stadtkern betroffen sein. Auch Tropennächte, bisher unbekannt in Singen, wird es dort künftig flächendeckend geben. »Erst Richtung Stadtrand«, so eine Studie, »werden noch als angenehm empfundene Schlaftemperaturen von unter 18 °C erreicht.«

Oder Dortmund-Hörde, ein Viertel im Süden der Ruhrgebietsstadt, das mit seinem Stahlwerk eine große Vergangenheit hatte. Manche Ecken gelten als sozialer Brennpunkt, im eng bebauten Zentrum wohnen schon jetzt viele ältere Leute, und die Zahl der über 75-Jährigen wird in den kommenden Jahrzehnten noch stark steigen. Just hier, so zeigen Simulationen zum künftigen Stadtklima, wird die Hitze besonders stark zunehmen: 1990 gab es keine einzige Tropennacht. Schon in einigen Jahrzehnten werden es im Mittel drei bis fünf pro Jahr werden, bis 2100 sogar jährlich 15 bis 19.[137] Auch eine Reihe von Sozialeinrichtungen steht an künftig besonders belasteten Orten: Kindergärten, Krankenhäuser, Altenheime – alles Einrichtungen mit Menschen, für die Hitze eine besonders hohe Gesundheitsgefahr ist.

»Dieses Problem zeigt sich auch in vielen anderen Kommunen«, sagt Petra Fuchs, die beim Deutschen Wetterdienst die Stadtklima-Abteilung leitet. Untersuchungen etwa für Wiesbaden und Mainz oder auch Oberhausen ergaben dasselbe Bild: die Ballung anfälliger Personen wie Kinder und Alte in künftigen Hotspots. Überraschend ist das nicht, denn wo viele Menschen leben, gibt es zum Beispiel auch viele Kitas und Seniorenheime – doch in Zeiten des Klimawandels wird das ein zunehmendes Problem. Schon aus den Sommern 2018/19 erzählen Ärzte oder Pflegedienste, wie sie bei Hausbesuchen in kleine, schlecht gelüftete und völlig überhitzte Wohnungen kamen und dort apathische, dehydrierte Rentnerinnen und Rentner antrafen, zum Teil bereits unfähig, sich selbst zu helfen.

Studien belegen zum Beispiel für Berlin, dass das Sterberisiko während einer Hitzewelle in eng bebauten Stadtteilen am höchsten ist.[138] Bereits im jetzigen Klima gibt es im Sommer in der Hauptstadt durchschnittlich 1400 Hitzetote, das sind rund fünf Prozent aller jährlichen Sterbefälle. Zum Vergleich: Im Berliner Straßenverkehr kommen im Jahresschnitt rund 65 Menschen ums Leben – Hitze ist also etwa 20 Mal tödlicher.[139] Schon heute leiden knapp

20 Prozent der Berliner nachts unter einem »belastenden Bioklima«, es ist also im Sommer häufig zu warm. 2050 werden es 44 Prozent sein, in der Innenstadt sogar 75 Prozent.

In den Sommern der Zukunft werden die Menschen also – besonders in der Stadt – händeringend nach Abkühlung suchen. Wie in Katar wird es hierzulande wohl kaum aussehen; in dem Emirat am Persischen Golf werden bereits heute Fußwege oder Fußballstadien dadurch auf halbwegs erträgliche Temperaturen gebracht, dass (energiefressende) Klimaanlagen kalte Luft ins Freie blasen. Aber auch bei uns wird man künftig Fußgängerzonen zum Beispiel künstlich beschatten müssen, wenn dort im Sommer noch jemand entspannt flanieren soll. Oder sie mit Sprühduschen kühlen, die feinen Wassernebel zerstäuben. Einige Städte, etwa Berlin, stellen neuerdings wieder öffentliche Trinkwasserbrunnen auf.

Spielplätze brauchen künftig dringend Sonnensegel. Bushaltestellen müssen ebenfalls (wieder) Dächer haben; die heute vielerorts üblichen transparenten Wartehäuschen aus Glas werden sicher schnell aus der Mode kommen. Gut möglich auch, dass unsere Städte in einigen Jahrzehnten viel heller aussehen. In südlichen Ländern sind geweißte Fassaden oder Dächer seit Jahrhunderten üblich, Sonnenlicht wird von solchen Oberflächen besser reflektiert, die sich dadurch weniger stark aufheizen.

Es bringt bei starker Hitze eine erhebliche gesundheitliche Entlastung, wenn man sich auch nur eine halbe Stunde in einer weniger heißen Umgebung aufhält. So wie es heute im Winter Wärmestuben für Obdachlose gibt, wird es in einigen Jahrzehnten öffentlich zugängliche, gekühlte Räume geben: Stadtbibliotheken oder Foyers von Rathäusern zum Beispiel, U-Bahn-Stationen, Tiefgaragen, Einkaufszentren, auch Kirchen könnten gezielt ihre Türen öffnen. Nicht nur, aber auch für Obdachlose, die bei Hitzewellen ebenfalls besonders verletzlich sind.

In Paris oder Athen kann man sich schon heute in einer Handy-App kühle Orte anzeigen lassen – auch so etwas wird es sicherlich bald für deutsche Städte geben.[140] In zahlreichen US-Metropolen sind »Community Cooling Center« seit Jahren Standard, zum Beispiel in Chicago. Und wenn man sich dort während Hitzewellen Sorgen macht um Freunde, Verwandte oder Nachbarn und sie telefonisch nicht erreicht, kann man dies unter der Notruf-Nummer 311 melden. Polizei oder andere Einsatzkräfte rücken dann aus und kontrollieren, ob die Person eventuell Hilfe braucht.

Dass in den vergangenen Jahren in vielen Städten reihenweise Freibäder geschlossen wurden, ist in Zeiten des Klimawandels fatal. Hier deutet sich ein Trend an, der Deutschland 2050 prägen könnte (wenn die Politik nicht bewusst gegensteuert): Wohlhabende Kommunen werden mit dem Klimawandel deutlich besser klarkommen als arme. Denn Anpassungsmaßnahmen sind teuer, im Bau wie auch im Unterhalt. Wer also in einer reichen Stadt oder in einem besseren Viertel wohnt, wird weniger zu leiden haben.

Städte brauchen künftig viel mehr Grün – doch der Klimawandel lässt Stadtbäume sterben

Mehr Grün in der Stadt ist das wirksamste Mittel des Kühlens.[141] Bäume zum Beispiel senken die Temperatur in ihrer Umgebung nicht nur durch Schatten, sondern auch durch das Wasser, das sie über ihre Blätter verdunsten. Auch begrünte Dächer, Parks, Friedhöfe oder andere Grünflächen sind – zumindest, wenn sie genug Wasser haben – im Sommer deutlich kühler als die bebaute Umgebung. Wenn zum Beispiel der Hinterhof eines Mietshauses nicht betoniert ist, sondern entsiegelt und baumbestanden, wenn Fassaden und Dächer begrünt sind, dann kann das die dortige Temperatur um bis zu zehn Grad senken.

Um die Folgen des Klimawandels in Städten zu dämpfen, müsste man also massenhaft Bäume pflanzen, Grünflächen anlegen, weniger eng bauen, auch mal Gebäude abreißen. Andererseits aber wird, um Verkehr und damit Emissionen zu vermeiden, eine »Stadt der kurzen Wege« propagiert, also eine starke Verdichtung. Und in der Realität zieht langfristiges Denken, also die Vorbereitung auf heiße Zeiten, sowieso meist den Kürzeren. Sophie Arens, die im Dortmunder Rathaus Projekte zu Klimaanpassung managt, erzählt: »Wenn wir vor einer innerstädtischen Brache stehen, dann haben wir die Wahl: Bauen wir Wohnungen? Oder legen wir einen Park an?« Es sei klar, wie in Zeiten von Wohnungsknappheit die Entscheidung fällt – zumal Wohnungen sogar noch Rendite bringen. »Eine Grünfläche hingegen«, erinnert Arens, »bedeutet für eine Stadt hohe Folgekosten für den Unterhalt.«

Statt das Aufheizen der Städte abzumildern, wird es also vielerorts noch verstärkt. Eine DWD-Untersuchung hat zum Beispiel für Köln simuliert, welche Folgen drei Neubaugebiete im Norden, Süden und Westen der Stadt in Zeiten der Erderhitzung haben. Ergebnis: Durch die Bebauung der bisherigen Brachen wird sich dort die Zahl Heißer Tage glatt verdoppeln.[142] Es ist deshalb absehbar, dass sich zwei Megatrends, Erderhitzung und Urbanisierung, in den kommenden Jahren gegenseitig verstärken: Ausgerechnet Regionen, die sich im Zuge des Klimawandels überdurchschnittlich erwärmen, sind oft auch jene, die derzeit besonders boomen und wo besonders viel gebaut wird – dies gilt beispielsweise für das Rhein-Main-Gebiet oder den Oberrheingraben.

Jedenfalls brauchen Städte, wenn es dort künftig im Sommer noch lebenswert sein soll, jede Menge Bäume – doch die sterben in Zeiten des Klimawandels massenhaft. Schon immer hatten Stadtbäume mit unwirtlichen Bedingungen zu kämpfen: eingezwängt zwischen Häusern und parkenden Autos, die die Rinde beschädigen, angepinkelt von Hunden, eingenebelt von Abgasen. Durch betonierte oder gepflasterte Oberflächen gelangt nur wenig Wasser an die Wurzeln, die sowieso viel weniger Platz haben als in Wald oder Feld. Und nun auch noch der Klimawandel mit Hitze- und Dürreperioden und neuen Krankheiten und Schädlingen. Was dies langfristig bedeutet, haben die vergangenen Extremsommer ahnen lassen. Ob Darmstadt oder Fulda, Moers oder Witten – landauf, landab starben reihenweise Bäume ab und mussten gefällt werden.

Berlin gilt als grüne Stadt, aber hat in den vergangenen Jahren ebenfalls Tausende Bäume verloren. Dabei war Trockenheit nicht das Einzige, was den Bäumen zu schaffen machte. »Eigentlich hatten wir sechs Extremjahre in Folge«, sagt Derk Ehlert von der Senatsverwaltung für Umwelt. Schon 2014, 2015 und 2016 fiel in Berlin deutlich weniger Niederschlag als normal, 2017 war dann ein Jahr mit Extremregen und Orkanen. Es folgten 2018 und 2019 mit Rekordhitze und vor allem -dürre. In Neukölln zum Beispiel rückten nicht nur Feuerwehr und THW zum Gießen aus, in seiner Not forderte das Grünflächenamt sogar Wasserwerfer der Polizei an. Dennoch starben in manchen Bezirken rund zehnmal so viele Bäume ab wie normal. Nach jahrelangen Sparrunden haben die Ämter viel zu wenig Geld und Personal fürs Wässern und Pflegen, geschweige denn für Neupflanzungen. Und 2020 war auch schon wieder zu trocken.

Berlin ruft seit Jahren – wie viele andere Städte – seine Bürger auf, im Sommer die Bäume zu gießen. Aber so etwas sei allenfalls ein Tropfen auf den heißen Stein, sagt die Biologin Astrid Reischl, die an der Universität München zu Stadtbäumen forscht. »Fürs Erste können so Jungbäume vielleicht am Leben gehalten werden. Dafür müssten Anwohnerinnen und Anwohner dann aber wirklich jeden Tag eimerweise gießen.« Doch selbst hundert Liter – also zehn Eimer pro Baum und pro Tag, die dann per Hand und oft viele Treppen herunterzuschleppen sind – könnten auf Dauer nicht die Mengen ausgleichen, die durch Regenmangel fehlen. »Gießen«, sagt Reischl, »wird unsere Stadtbäume bald nicht mehr retten.«[143]

Natürlich, man kann neue Bäume pflanzen – doch welche? Die Arten der Zukunft müssen nicht nur mit Hitze und Trockenheit klarkommen – sondern zugleich mit Frost, den es in Deutschland 2050 auch immer noch geben wird. Weil klassische deutsche Stadtbäume wie Ahorn oder Winterlinde an vielen Standorten keine Zukunft haben, wird in einigen Kommunen zum Beispiel mit nordafrikanischen Zürgelbäumen experimentiert, mit japanischen Zelkovien oder mongolischen Linden.

Ob aber eine neue Sorte wirklich eine gute Wahl ist, zeigt sich oft erst nach vielen Jahren. Und selbst wenn die richtigen Bäume gefunden sind, müssen sie erst noch heranwachsen. Es dauert Jahrzehnte, bis sie große Kronen ausbilden, bis sie also durch Schatten und Verdunstung merkliche Kühlung in die Stadt bringen. Er könne sich vorstellen, sagt Derk Ehlert, dass es in der Berliner City in ein paar Jahrzehnten ein bisschen aussieht wie nach dem Zweiten Weltkrieg. Durch Bombardierungen waren dort besonders viele Bäume zerstört oder später in der Nachkriegsnot gefällt worden, um Brennholz zu gewinnen. Im Zuge des Wiederaufbaus in den 1950er- und 1960er-Jahren pflanzte man zwar massenhaft neu. Aber auf Fotos aus jener Zeit sieht man etwa rings um Reichstag und Brandenburger Tor, wo heute teils stattliche Bäume stehen, fast nur spindeldürre Setzlinge.

»Doch damals«, schiebt Ehlert sarkastisch hinterher, »gab es wenigstens noch genügend Regen.«

Viele der aktuellen Baunormen passen nicht mehr zum Klima der Zukunft

Ist es im Freien kaum auszuhalten, findet sich nirgends ein kühles, schattiges Plätzchen, dann ziehen sich Menschen üblicherweise in ihre Häuser zurück. Man kennt das aus dem Urlaub – in heißeren Ländern, etwa rund ums Mittelmeer, verlangsamt sich über Mittag das öffentliche Leben. Geschäfte schließen, man hält Siesta.

Was aber, wenn es in den Häusern zu warm ist?

Etwa 13 Prozent aller Wohngebäude in der Bundesrepublik wurden vor 1919 errichtet, etwa noch mal so viele bis 1949. Rund zwei Drittel entstanden zwischen 1950 und 2000, nur etwa ein Zehntel ist jünger als 20 Jahre. Es ist wenig überraschend, dass die Gebäude in Deutschland für Wetterverhältnisse geplant und gebaut wurden, die bisher hier herrschten. Die waren ja auch über Jahrhunderte ziemlich stabil.

Natürlich, Energiesparen ist seit Langem ein Thema. Und gedämmte Häuser halten nicht nur im Winter die Wärme im Haus, sondern auch – grundsätzlich zumindest – im Sommer draußen. Doch erstens ist noch immer nur knapp die Hälfte der deutschen Wohnhäuser überhaupt isoliert[144], und zweitens hilft Dämmen gegen Hitze bei Weitem nicht so gut wie gegen Kälte. In einem bewohnten Haus nämlich entsteht ständig Abwärme, beim Kochen, durch elektrische Geräte, etwa den Kühlschrank, nicht zuletzt durch die Körperwärme der Bewohner. Auch heizen Sonnenstrahlen, die durch die Fenster fallen, die Räume auf. Im Winter erhöht es die Behaglichkeit, allein diese Wärme (neben jener der Heizung) durch Dämmung festzuhalten. Doch all diese Energiequellen produzieren auch im Sommer Wärme – und von außen kommt dann permanent weitere hinzu. Selbst ein perfekt gedämmtes Gebäude, das im Winter fast ohne Heizung auskommt, kann deshalb im Sommer schnell überhitzen.

In einem Forschungsprojekt namens KliBau hat das Bundesinstitut für Bau-, Stadt- und Raumforschung (BBSR) untersuchen lassen, was die Sommer der Zukunft für Wohngebäude bedeuten. Für die Studie wurde ein Eigenheim untersucht, das alle modernen Bauvorschriften erfüllte. Die Experten simulierten in verschiedenen Schritten die Wetterverhältnisse bis Ende des Jahrhunderts. Eine Testreihe verwendete mittelstark steigende Temperaturen, wie sie in weiten Teilen Deutschlands eintreten werden; eine zweite nahm die Werte für jene südwestdeutschen Gebiete, die sich besonders stark erwärmen werden – also den Rhein entlang von Freiburg über Karlsruhe und Mannheim, Darmstadt, Mainz, Wiesbaden und Koblenz bis hinauf nach Bonn, Köln und Düsseldorf. Die

Resultate waren frappierend: Bereits mit den Hitzedaten für 2035 im Südwesten wurde es in dem Haus so warm, dass die einschlägigen DIN-Normen für Innenräume weit überschritten wurden. Im Rest des Landes dauerte es länger; doch bis 2100 (und 80 Jahre sind hierzulande eine typische Lebensdauer für Gebäude) wurde es in dem Musterhaus in den Simulationen für alle Regionen Deutschlands im Sommer viel zu oft viel zu heiß.[145] Als Problem erwiesen sich vor allem die großen Fenster – die lassen zwar schön viel Licht in die Räume, aber eben auch viel Strahlungsenergie.

Das Ergebnis habe ihn nicht wirklich überrascht, sagt Bernhard Fischer. Er ist selbst Bauingenieur und hat in der Behörde die Untersuchung koordiniert. Viele der Regeln am Bau, sagt er, passten einfach nicht mehr zum Klima der Zukunft. Das gilt – wie die Untersuchung belegt – insbesondere für den Hitzeschutz. Aber auch die Normen etwa für Fassaden, für Dächer oder zum Beispiel für die Durchmesser von Regenrinnen und damit die Wassermenge, die sie bei Starkregen aufnehmen können – Tausende Regeln in Handwerk und im Ingenieurwesen, bei DIN-Normen und ISO-Standards sind geschrieben für die Temperaturen, Stürme und Niederschläge der Vergangenheit.

In verschiedensten Gremien habe er gedrängt, erzählt Fischer, dass die Regelwerke überarbeitet werden. »Aber überall hieß es immer, wir nehmen die Ist-Situation als Grundlage.« Als einzige Bundesländer hätten Baden-Württemberg und Bayern bei der Planung von Hochwasserschutzmaßnahmen einen sogenannten Klimafaktor eingeführt: Regional gestaffelt nach Landkreis und der jeweiligen Klimaprojektion gibt es Aufschläge gemäß der erwarteten Niederschlagsmengen. »Warum«, fragt Fischer, »können das nicht auch die anderen Bundesländer?« Der Bund hat bei dem Thema kaum eine Handhabe. Bauvorschriften sind im föderalen System Ländersache. Und viele technische Normen und Regeln werden von Branchenverbänden oder unabhängigen Institutionen wie dem Deutschen Institut für Normung (DIN) geschrieben.

Fragt man Fischer, was sich ändern sollte, hat er reihenweise Vorschläge. Um gegen stärkere Stürme gerüstet zu sein, solle man Dachziegel besser sichern – mit mehr speziellen Sturmklammern, die sie auf den Dachlatten halten. Wenn ein Dach neu gedeckt wird, bedeutet das nur marginale Mehrkosten, aber im Ernstfall zahlt es sich aus. Oder Schnee: Auch wenn die Winter im Durchschnitt milder werden, steigt doch das Risiko, dass gelegentlich extreme Schneemengen fallen. Zudem ist wärmerer, nasser Schnee sehr schwer. Stärkere Schneefanggitter sollten deshalb Vorschrift werden, meint Fischer. Und wenn Statiker die Dicke von Dachbalken kalkulieren, sollte in Teilen Süddeutschlands ein Sicherheitszuschlag eingerechnet werden.

Auch bei Hagelschauern wird für manche Regionen, vor allem im Süden, im Zuge des Klimawandels ein zunehmendes Risiko erwartet (siehe Seite 311). Sensible Bauteile wie Solaranlagen oder Lichtkuppeln für Flachdächer, sagt Fischer, sollten deshalb standardmäßig auf Hagel-Widerständigkeit geprüft werden – wie es etwa in der Schweiz längst üblich ist.[146] Und gegen sengende Sommersonne helfe unter anderem eine kleine Änderung der Dachkonstruktion. Wird ein Dach mit größerem Überstand gebaut, ragt also der untere Rand weiter über die Fassade, dann sorgt dies im Hochsommer bei steilem Einfall der Sonnenstrahlen für mehr Schatten zumindest vor den oberen Fenstern. Aber an all dies müsste man schon bei Bau oder Planung denken.

Dachgeschoss-Wohnungen sind heute cool. In den künftigen Sommern wird man es dort kaum noch aushalten

Und was ist mit den Altbauten? Wie werden sie mit den Sommern der Zukunft klarkommen?

Man muss in die Schweiz schauen, um eine umfassende Studie dazu zu finden.[147] Die Hochschule Luzern hat vier prototypische

Gebäude miteinander verglichen – für (unter anderem) das Klima von Basel um 2060, das jenem in Südwestdeutschland sehr ähnlich ist. Wegen milderer Winter, so ein Ergebnis, braucht man bald viel weniger Heizenergie – dafür wird im Sommer eine Kühlung nötig. Moderne Gebäude, ergab auch die Luzerner Untersuchung, werden sich künftig stark aufheizen. Am besten in Sachen Überhitzung schnitt bemerkenswerterweise ein Altbau ab: ein klassisches, aus Backsteinen gemauertes Haus mit Sprossenfenstern und ein paar Stuckelementen (und gedämmtem Dach), wie sie so ähnlich massenhaft in den Gründerzeitquartieren etwa von Berlin, Hamburg oder Leipzig stehen. Natürlich wird es auch in ihnen in den künftigen Sommern deutlich wärmer, am meisten unterm Dach, wo es während Hitzewellen kaum mehr auszuhalten sein wird. In unteren Etagen jedoch, wo die Wände dick sind, wird es auch Mitte des Jahrhunderts noch relativ kühl bleiben. Im Vergleich zu diesem Gebäude heizten sich die untersuchten Neubauten sechs bis acht Mal stärker auf. Auch ein Fünfzigerjahre-Altbau (Backstein, Stahlbetondecken) blieb deutlich kühler als die Neubauten.

»Dass die Altbauten viel besser abschnitten, liegt vor allem am geringeren Flächenanteil der Fenster an der Fassade«, erklärt Gianfranco Settembrini, der die Untersuchung geleitet hat. Die heute so beliebten bodentiefen Fenster werden also in heißen Sommern ein Problem. Wichtig ist zudem die sogenannte thermische Speichermasse eines Hauses. Massive Wände aus Mauerwerk oder Beton verhalten sich relativ träge, sie bleiben auch bei Hitze einige Tage kühler und können so Lufttemperaturen in Innenräumen dämpfen. Bei Öko-Häusern in reiner Holzbauweise jedoch – aus Klimaschutzgründen eigentlich eine gute Sache, weil im Baustoff Kohlendioxid gebunden ist – fällt dieser Puffer weg, weshalb auch sie sich in den Simulationen viel stärker aufheizten.

Die deutsche KliBau-Studie hat mögliche Gegenmaßnahmen untersucht. Spezielle Sonnenschutzverglasung zum Beispiel halbierte demnach die Hitzebelastung im Gebäude, ein helles Dach (statt eines mit schwarzen Bitumenbahnen) reduzierte sie immerhin um bis zu 14 Prozent. Auch Außenrollos (alternativ: die guten, alten Fensterläden) bringen der Studie zufolge eine Menge. Bei Neubauten kann man all dies leicht berücksichtigen; doch Altbauten nachzurüsten, ist deutlich schwerer und teurer. Auch für Mieter (immerhin rund die Hälfte der Menschen hierzulande) liest sich die Studie wenig erfreulich: Innenjalousien anzubringen oder an heißen Tagen die Vorhänge geschlossen zu halten – also das, was man als Bewohner einer gemieteten Wohnung mit geringem Aufwand gegen Hitze tun kann, nutzt kaum etwas. Klar, man könnte die Miete mindern, wenn es unerträglich heiß wird – aber wirklich helfen tut einem das auch nicht.

»Bisher ist ein Grundprinzip, dass ein Gebäude sich nachts abkühlt«, sagt Bauexperte Bernhard Fischer. »Doch das werden wir bald in immer mehr Städten in immer mehr Nächten nicht mehr haben.« Überhaupt ist es gerade in Städten (wo es am nötigsten wäre) schwierig, nachts die Fenster offen stehen zu lassen – weil es zu laut ist oder wegen der Einbruchsgefahr. Es werde »katastrophal«, so Fischer, wenn »heiße Tage in Kette kommen« – genau das aber sehen die Klimamodelle für die Zukunft.

Man kann deshalb davon ausgehen, dass Klimaanlagen – heute in deutschen Wohnungen fast unbekannt – in den nächsten Jahren mehr und mehr werden. Schon in den Extremsommern 2018 und 2019 waren in den Baumärkten Ventilatoren und Kühlgeräte ausverkauft. Klimaanlagenbauer hatten Hochkonjunktur. Doch solange der Strom nicht vollständig aus erneuerbaren Quellen stammt, erhöhen Kühlgeräte durch ihren Energieverbrauch die Treibhausgasemissionen und verstärken den Klimawandel. Selbst wenn sie mit Ökostrom betrieben werden, blasen sie Abwärme nach draußen und erhitzen so den Stadtraum. Sie mögen die Hitze in einem Gebäude lindern, verschlimmern sie aber für alle anderen. Am stärksten leiden irgendwann die Menschen, die kein Geld haben für ein Kühlgerät und die erhöhte Stromrechnung.

Notstromaggregate stehen häufig im Keller – bei Überschwemmungen eine ganz schlechte Idee

Münster, 28. Juli 2014, die westfälische Universitätsstadt erlebt eine bis dahin nie gesehene Sturzflut. In manchen Ecken fallen 292 Millimeter Regen in nur sieben Stunden – mehr als sonst im ganzen Sommer. Rund 40 Millionen Liter Wasser prasseln nieder, 25-mal mehr, als Kanalisation und Abflüsse aufnehmen können. Zwei Menschen ertrinken, ein Mann in einem überfluteten Keller, ein anderer, als die Wassermassen sein Auto mitreißen. Münster war kein Einzelfall: an Himmelfahrt 2018 traf ein heftiger Starkregen den Hamburger Norden, im Juni 2017 setzten monsunartige Niederschläge Teile Berlins unter Wasser, 2016 verwüsteten Sturzfluten Simbach in Bayern und Braunsbach in Baden-Württemberg (siehe Seite 98). Vor allem in eng bebauten und stark versiegelten Städten richten Starkregen oft große Schäden an. Und auf die Regenmengen, mit denen in Deutschland 2050 zu rechnen ist, sind die Abwassersysteme bei Weitem nicht vorbereitet.

Das lässt sich auch nicht ändern. »Tausende Kilometer Kanalisation rausreißen oder umbauen? Das ist nicht möglich«, bescheidet Carin Sieker und schüttelt den Kopf. Sie ist Leiterin Strategie im Bereich Abwasserentsorgung der Berliner Wasserbetriebe. Unter der Hauptstadt liegen mehr als 10 000 Kilometer Kanäle, teils mehr als hundert Jahre alt. Schon jetzt gebe es bei heftigen Regengüssen Probleme, sagt Sieker: Berlin ist zuletzt stark gewachsen – das heißt, es wurden mehr Flächen bebaut, wo Regen nun schlechter oder gar nicht mehr versickern kann und in die Kanalisation flutet.

Zwar werden derzeit mit Millionenaufwand – wie in vielen anderen Städten – Kanalisationen erweitert, unterirdische Auffangbecken ausgebaut. Doch überall größere Rohre verlegen? »Eine irrwitzige Idee«, sagt Sieker. Schon heute komme man kaum mit der Instandhaltung des Abwassernetzes hinterher. Für einen Komplettumbau müsste man alle Straßen aufreißen, der Verkehr bräche zusammen. Und die Kosten wären astronomisch – bei ohnehin zweifelhaftem Sinn: Viele Abwasserleitungen nämlich brauchen einen Mindestdurchfluss, damit es aus ihnen nicht stinkt. Würde man sie so auslegen, dass sie alle Starkregen bewältigen, liefe den größten Teil des Jahres viel zu wenig Wasser hindurch.

Auch deshalb sind die öffentlichen Kanalisationen schon heute zu klein für intensive Niederschläge. Nur Regengüsse, wie sie statistisch alle zwei bis fünf Jahre vorkommen, sind eingeplant. Bei heftigerem Unwetter sind die Grundstückseigentümer selbst verantwortlich, Schäden von ihren Häusern abzuwenden. Wir werden uns also daran gewöhnen müssen, dass künftig öfter Keller oder Erdgeschosse volllaufen, Straßen unter Wasser stehen.

Starkregen verursachen sehr schnell große Schäden – was genau passieren kann, hat vor zwei Jahren ein Team der Technischen Universität Dortmund für die nordrhein-westfälische Stadt Hagen untersucht.[148] Es nutzte dafür ein detailliertes, digitales Geländemodell des Stadtgebiets mit exakten Erhebungen und Vertiefungen. Die Flüsse Lenne, Ruhr und Volme, die Hagen durchqueren, wurden ebenso nachgebildet wie Gebäude- und Infrastrukturen, etwa Straßenverläufe und Bahnlinien. Selbst die Höhe von Bordsteinen wurde berücksichtigt, die Sockelhöhe von Stromkästen und Telefonverteilern und vieles mehr.

Dann ließen die Forscher einen Extremregen niedergehen und simulierten, wohin das Wasser fließt und wie schnell – und wo es sich staut. Ergebnis: Viele Punkte der Stadt standen mehr als einen halben Meter unter Wasser, etliche mehr als einen, manche gar über zwei Meter. »Schon ab einem Wasserstand von 50 Zentimetern und starker Strömung kann für Kinder oder alte Leute Lebensgefahr bestehen«, erklärt Felix Othmer von der TU Dortmund, der an der Studie mitgearbeitet hat.

Als die Forscher ihre Ergebnisse analysierten, gab es eine Reihe von Überraschungen. In einem der überflutungsgefährdeten Gebäude befand sich just ein Hauptverteilknoten für das Hagener

Telefonnetz. Und der Notstromdiesel stand ausgerechnet im Untergeschoss, direkt neben der Notbatterie. Weiterhin kam heraus, dass einige jener Straßen unter Wasser standen, die im Katastrophenfall als Einsatzwege für die Rettungskräfte vorgesehen waren. Evakuierungen zum Beispiel oder die Notversorgung mit Trinkwasser wären also bei einem solchen Extremereignis nur eingeschränkt möglich. Auch zwei Gerätehäuser der Feuerwehr waren in der Simulation überflutet – gar nicht gut im Ernstfall.

Betroffen waren weiterhin vier Polizeistationen und ein Umspannwerk, ebenso mehr als hundert Gebäude von sozialen oder medizinischen Einrichtungen. Sechs Krankenhäuser, sechs Altenheime und vier Kindergärten standen sogar mehr als einen Meter unter Wasser. »Bei der Standortwahl wurden Folgen des Klimawandels oder konkret eine Überflutungsvorsorge bisher kaum berücksichtigt«, sagt Forscher Othmer. Und auch die moderne Architektur, etwa bodentiefe Fenster im Erdgeschoss, erhöhe die Verwundbarkeit; Wasser und Schlamm können viel leichter eindringen. Laut Othmer sind die Ergebnisse nicht außergewöhnlich, in vielen Städten sehe es aus wie in Hagen.

Eine Reihe von Kommunen ist längst dabei, ihre Einwohner detailliert über die Risiken von Sturzfluten aufzuklären. Für Köln zum Beispiel und Bremen stehen sogenannte Starkregengefahrenkarten im Internet, aber auch für kleinere Städte wie Unna: Online-Stadtpläne, in die man sich per Mausklick einblenden lassen kann, bei wie starkem Regen welche Straßen, Unterführungen oder Hinterhöfe voraussichtlich volllaufen.[149] Um Häuser vor den häufigen Sturzfluten der Zukunft zu schützen, empfehlen Experten zum Beispiel Schotten an den Kellerfenstern vorzusehen oder an vielen Stellen wieder höhere Bordsteine zu bauen, damit das Wasser auf der Straße bleibt. Man wird künftig abwägen müssen, was wichtiger ist: Barrierefreiheit für Rollstuhlfahrer, Kinderwagen und Rollatoren oder die Schadensbegrenzung im Katastrophenfall; kurzgesagt: Alltag oder Ernstfall.

Bei anderen Vorsorgemaßnahmen dürfte die Entscheidung einfacher sein, sie werden sicherlich bald Standard: Parks, Spielplätze oder auch Schulhöfe lassen sich relativ einfach so anlegen, dass sie bei Starkregen wie Auffangbecken wirken. Auch Straßengräben, einst üblich, wird man wieder zu schätzen lernen.

Vom »Prinzip Schwammstadt« spricht Carin Sieker, die Berliner Wasserwerkerin, und von einem »Paradigmenwechsel«, der nötig sei. Bisher war es in Architektur und Stadtplanung meist das Ziel, Regenwasser möglichst schnell abzuleiten – das wird künftig immer weniger möglich sein. In Berlin ist deshalb seit 2017 (wie auch in einigen anderen Städten) per Baurecht festgeschrieben, dass ein Großteil der Niederschläge auf den jeweiligen Grundstücken verbleiben muss. »Wir haben in Berlin unzählige Immobilienentwickler oder Planer aus dem Ausland. Die fallen oft rückwärts runter, wenn sie das zum ersten Mal hören.«

Stadt und Wasserwerke haben deshalb eine sogenannte Regenwasseragentur gegründet, bei der sich Grundeigentümer über mögliche Lösungen informieren können. Zum Beispiel sogenannte Rigolen, darunter versteht man unterirdische Versickerungstanks – oft einfach nur löchrige Plastikkörbe, in die Regenwasser geleitet werden kann, von wo es dann langsam versickert.

Konventionelle Gründächer sind zwar nicht schlecht, bringen aber relativ wenig: Sie haben meist nur eine wenige Zentimeter dünne Substratschicht, und obendrauf wachsen einfache Gräser oder Moose. Das ist zwar besser als ein Ziegeldach, aber in heißen, trockenen Sommern dörren solche Gründächer schnell aus; und Messungen zufolge können sich ausgetrocknete Grünflächen sogar stärker aufheizen als versiegelte Oberflächen. Die Berliner Regenwasseragentur empfiehlt stattdessen sogenannte blau-grüne Dächer mit deutlich dickerem (aber dadurch teurerem) Aufbau – sie speichern viel mehr Niederschlag und lassen auch feuchtere Pflanzen wachsen, die in Hitzesommern die Umgebung besser kühlen als magere Gründächer.

Die »Schwammstadt« mag wie Zukunftsmusik klingen, aber ein Teil des Konzepts ist zum Beispiel am Potsdamer Platz in Berlin schon lange Realität. Als der Gebäudekomplex in den 1990er-Jahren errichtet wurde, haben die damaligen Architekten im Untergrund riesige Zisternen anlegen lassen, die 2500 Kubikmeter Regen speichern können, der dann später zum Beispiel fürs Wässern von Bäumen nutzbar ist. Auf der Rückseite des Platzes, zwischen Hochhäusern und Schnellstraße, liegt ein weites Wasserbecken, nach einem der Architekten »Piano-See« getauft. Ringsum steht Schilf, an heißen Tagen kühlen sich hier Touristen oder Büroangestellte, und vor ein paar Jahren berichtete die Boulevardpresse aufgeregt, dass sich sogar Schildkröten angesiedelt hätten – Gelbwangenschildkröten, die sonst in wärmeren Gegenden der USA heimisch sind. Mit dem Klimawandel hatte dies aber nichts zu tun: Es handelte sich offenbar um ehemalige Haustiere, derer sich ihre Ex-Besitzer dort entledigt hatten.

Kapitel 7: **Küste**

Ein Meter, zwei Meter, fünfzig Meter

Höhere Deiche, mehr Geld für den Küstenschutz – kurzfristig ist der Anstieg der Meeresspiegel in Nord- und Ostsee wohl beherrschbar. Doch langfristig wird er gewaltige Probleme bereiten

Es gibt Bäume, die flüchten vor dem Wind. Natürlich können auch diese Exemplare nicht einfach davonlaufen. Doch wo es permanent aus einer Richtung bläst, erzeugen diese »Windflüchter« ihren eigenen Windschatten. Die vorderste Front des Baumes gibt den jungen Trieben auf der Rückseite Schutz, wo sich deshalb immer mehr neue Zweige bilden. Die Windflüchter werden auch »Harfenbäume« genannt, weil sie sich durch ihren Wuchs auffächern wie eine Harfe, das lange Ende in den Wind gedreht.

Besonders prachtvolle Exemplare gibt es auf dem Fischland, jener Landzunge an der Ostsee, die den Darß mit dem mecklenburgischen Festland östlich von Rostock verbindet. Nirgendwo sonst an der deutschen Ostseeküste geht es rauer zu als hier. Pausenlos peitscht der Wind das Meer gegen die Landzunge, die an manchen Stellen nur wenige Hundert Meter schmal ist. Es entsteht eine

Meeresströmung hinauf zur nördlichsten Spitze der Halbinsel. Jedes Jahr gräbt sie einen halben Meter Strand vom Fischland ab, spült den Sand nach Norden an den Darßer Ort, wo die Strömung ihre Richtung ändert, an Intensität verliert und dadurch ihre Fracht ablädt. So ist eine einmalige Landschaft aus Sandriffen entstanden, die sich stetig wandelt. Die Meeresströmung schafft immer wieder neue Inselchen und trägt sie wieder ab. An Land lassen wilde Dünen staunen mit Vogelschwärmen und Hirschen. Der Darßer Ort ist heute Kernzone des Nationalparks Vorpommersche Boddenlandschaft.

»Ohne aktiven Küstenschutz gäbe es das Fischland längst nicht mehr«, sagt Lothar Nordmeyer vom mecklenburg-vorpommerschen Umweltministerium. Gerade erst wieder wurde der Strand des Seebades Ahrenshoop mit 81 000 Kubikmeter Sand verstärkt. Vollbeladene Spezialschiffe ankerten dazu vor der Küste, mit Seewasser vermischt wurde der Sand über Rohrleitungen an den Strand gespült, dort von Planierraupen und Baggern über die alte Düne aufgetürmt. 81 000 Kubikmeter – das sind mehr als eine halbe Million Badewannen voll. »Und wir müssen an vielen Strandabschnitten alle paar Jahre solche Sicherungsarbeiten durchführen«, erzählt Küstenschützer Nordmeyer. An der Ostsee wird das immer schwieriger: Woher den neuen Sand nehmen? Gewaltige Mengen sind nötig. Es gibt immer weniger Lagerstätten, die nicht in Naturschutzgebieten liegen.

Auch an der deutschen Nordseeküste muss regelmäßig Sand aufgespült werden. Zum Beispiel an der Westseite von Sylt. Hier sorgt eine Meeresströmung dafür, dass die Insel Jahr für Jahr rund eine Million Kubikmeter Sand verliert – das sind fast 6,7 Millionen Badewannen voll.

Dass Wind und Wellen an den Küsten nagen, ist nichts Neues. Doch in den vergangenen Jahrzehnten ist das Problem größer geworden, der Anstieg des Meeresspiegels und höher auflaufende Sturmfluten verstärken die Erosion – auch an der größten der Nordfriesischen

Inseln. »Hätte Sylt nicht das Image einer attraktiven Ferieninsel, gäbe es den Küstenschutz in der bestehenden Form gewiss nicht«, konstatierte schon vor zwei Jahrzehnten eine Studie über die Insel und die Folgen des Klimawandels.[150]

Es wird immer teurer, technisch immer schwieriger, zum Beispiel Sylt zu erhalten. Die Erderhitzung lässt die Meere steigen; der Pegel Cuxhaven an der deutschen Nordseeküste liegt heute bereits rund 40 Zentimeter höher als zu Beginn der Messungen 1843, an der Ostseeküste in Travemünde beträgt der Anstieg etwa 20 Zentimeter.[151] Wachsen die Treibhausgas-Emissionen ungebremst weiter, dann werden die Meeresspiegel nach Schätzungen des Weltklimarates IPCC bis Ende des Jahrhunderts um bis zu 1,10 Meter steigen.[152]

Wie lange also kann das noch gut gehen auf Sylt, auf dem Fischland und überall sonst an den deutschen Küsten?

Der Meeresspiegelanstieg beschleunigt sich. Einmal in Gang gesetzt, wird er Jahrtausende anhalten

List an der Nordspitze Sylts, die nördlichste Gemeinde Deutschlands, das Festland gegenüber gehört schon zu Dänemark. Gleich neben dem Hafen lädt das »Erlebniszentrum Naturgewalten« Gäste zum Besuch. Seit 2009 zeigt eine Ausstellung, wie der Wind Dünen wandern lässt, wie Küstenschutz funktioniert und was der steigende Meeresspiegel für die Insel bedeutet. Dafür wurde die Insel als Modell nachgebaut, per Knopfdruck können Besucher den Meeresspiegel steigen lassen. »Wir haben drei verschiedene Stufen simuliert«, sagt Matthias Strasser, der Geschäftsführer des Erlebniszentrums. »Ein Meter – und das ist ja das Szenario, was tatsächlich realistisch ist bis zum Ende des Jahrhunderts –, aber auch drei Meter und fünf Meter, um mal am ganz konkreten Beispiel Sylt zu zeigen, wie viel und welche Bereiche der Insel dann tatsächlich permanent unter Wasser liegen würden.«

Einen Anstieg um wesentlich mehr als die vom IPCC genannten 1,10 Meter kann die Forschung tatsächlich nicht ausschließen – unter anderem, weil sie noch nicht weiß, wie schnell die Eisschilde Grönlands und der Antarktis schwinden werden. Für all jene, die es bisher nicht in die Ausstellung nach List geschafft haben: Von Sylt in seiner heutigen Form wäre dann fast nichts mehr übrig, nach einem Meeresspiegelanstieg von fünf Metern würden nur noch einzelne Inselchen aus den Fluten der Nordsee ragen.[153]

Mehr als 70 Prozent der Erde sind mit Ozeanwasser bedeckt, der Meeresspiegel steht aber nicht überall gleich hoch. Fast an allen Orten schwankt er durch die Gezeiten: Der Tidenhub – verursacht durch die Anziehungskraft des um die Erde kreisenden Mondes – ist je nach lokalen Gegebenheiten sehr unterschiedlich. Großen Einfluss auf die jeweiligen Meeresspiegel haben auch Meeresströmungen, spezielle Winde oder die Dichte im Erdinneren – abhängig von ihr wirken stärkere oder schwächere Anziehungskräfte auf die Wassermassen. Und dann sind da auch noch Bewegungen der Landmassen. Manche Küstenabschnitte senken sich, etwa, weil die Menschen dort in großen Mengen Grundwasser abpumpen – dadurch wird der Anstieg der lokalen Pegel noch verstärkt. An anderen Küsten wirkt sich noch immer ein Erbe der letzten Eiszeit aus. Einst hatten dort kilometerdicke Eispanzer das Land heruntergedrückt; vor Tausenden Jahren von der Last befreit, heben sie sich bis heute, mancherorts schneller als die Ozeane anschwellen. An solchen Küsten kann deshalb der Pegel sogar sinken. Jedenfalls gibt es weltweit teils erhebliche Unterschiede beim Anstieg des Meeresspiegels.

Um Aussagen über globale und langfristige Veränderungen treffen zu können, bezieht die Wissenschaft eine Vielzahl lokaler Daten und Satellitenmessungen ein. Das Ergebnis ist eindeutig: Weltweit steigt das Wasser, und es steigt immer schneller. Im 20. Jahrhundert betrug die durchschnittliche Rate 1,5 Millimeter pro Jahr, aktuell sind es schon 3,6 Millimeter – also mehr als das Doppelte. Das summiert sich: Mitte unseres Jahrhunderts wird die Nordsee bei Cuxhaven schon bis zu 40 Zentimeter höher stehen als im Durchschnitt der Jahre 1986 bis 2005, gegenüber vorindustriellem Niveau also gut einen halben Meter höher. In der Ostsee am Pegel Travemünde sind es jeweils ein paar Zentimeter weniger.

Und der Anstieg wird sich weiter beschleunigen: Der Grund dafür, dass die Meeresspiegel in den vergangenen Jahrzehnten schneller stiegen als zuvor, ist vor allem, dass die weltweite Eisschmelze immer stärker in Gang gekommen ist. Die Eispanzer etwa in Grönland oder der Antarktis reagieren träge, sie schmelzen erst mit gewisser Verzögerung – dann aber gewaltig. Man kann sich den Meeresspiegelanstieg deshalb vorstellen wie einen Güterzug an einem sanften Abhang: Löst man die Bremsen, rollt er sehr langsam los. Aber dann wird er schneller und schneller und bewegt sich irgendwann mit ungeheurer Energie. Bei ungebremstem Ausstoß von Treibhausgasen werden die Ozeane im Jahr 2100 bereits um 15 Millimeter jährlich steigen, schätzt der IPCC, im 22. Jahrhundert um mehrere Zentimeter pro Jahr und so weiter.[154]

»Eine Sturmflut, die heute alle 50 Jahre zu erwarten ist, wird Ende des Jahrhunderts fast normal sein«

»Noch ist der Meeresspiegelanstieg beherrschbar, zumindest in unseren Breiten«, sagt Jochen Hinkel, einer der Leitautoren des IPCC-Sonderberichts zu Meeren und Eismassen von 2019. Deutschland investiert viel Geld in den Küstenschutz, allein das Bundesland Schleswig-Holstein gab seit 1962 mehr als drei Milliarden Euro aus.

»Ein höherer Meeresspiegel birgt aber zum Beispiel die Gefahr intensiverer Sturmfluten«, sagt Hinkel. Zwar zeigen die Klimamodelle keine Zunahme bei der Häufigkeit, aber wegen des gestiegenen Meeresspiegels laufen künftige Sturmfluten höher auf. Eine Sturmflut, wie sie Anfang dieses Jahrhunderts mit einer

Wahrscheinlichkeit von einmal in fünfzig Jahren aufs Land zuraste, gebe es ab 2050 bereits einmal alle zehn Jahre. Hinkel: »Geht das so weiter, wird eine – heute – schwere Sturmflut Ende des Jahrhunderts fast normal sein, das heißt alle fünf Jahre über uns hereinbrechen.« Der Begriff einer schweren Sturmflut, wie sie natürlich weiterhin in größeren Abständen vorkommen werden, müsse dann neu definiert werden – das wäre dann »ein Extremwetter, von dem wir uns heute noch keine Vorstellung machen können«.

Für die Windflüchter auf dem Fischland ist der Küstenfraß schon jetzt ein Problem. »Vorsicht Abbruchgefahr« steht auf Schildern am Strand bei Ahrenshoop, hier hat sich das Meer mittlerweile hundert Meter tief in die Steilküste vorgearbeitet. Nicht nur viele der imposanten Harfen-Bäume hat die Ostsee mitgerissen, neben den Resten umgestürzter Windflüchter liegen auch alte Militärbunker im Wasser, freigespült von den Wellen. »Steilküste Ahrenshoop, unser Fischland vor dem Ende«, warnt eine Bürgerinitiative, die angefangen hat, Geld zu sammeln, weil die Landesregierung ihrer Meinung nach zu wenig für den Schutz dieses Küstenabschnitts unternimmt. Wenigstens zehn Wellenbrecher aus Stein wollen die Vereinsmitglieder bauen. Dafür brauchen sie mehr als eine Million Euro, gesammelt wird auch bei den Urlaubern.

»Unser gesetzlicher Auftrag ist, *bebaute* Küste zu schützen«, sagt Lothar Nordmeyer vom Umweltministerium in Schwerin. Niemandem sei verboten, sich privat für den Küstenschutz zu engagieren, »aber das muss im Einklang mit den Landesinteressen geschehen«. Das »Hohe Ufer« zwischen Wustrow und Ahrenshoop sei zweifellos eine sehr schöne Küste – aber eben nicht bebaut. Neue Wellenbrecher dort könnten die Energie der Meeresströmung so verändern, dass sich die Ostsee an einer anderen, bebauten Küstenstelle den Sand holt, den sie will. »Deshalb ist privater Küstenschutz auch ein Genehmigungstatbestand«, wie es Nordmeyer in Beamtendeutsch formuliert. Die Behörden müssten klären, was eine Küstenschutzmaßnahme bewirkt und was sie anrichtet.

Erst kürzlich, erzählt er, seien die Eigentümer einer Wochenendsiedlung gerichtlich dazu verpflichtet worden, einen selbsterrichteten Steinwall zum Schutz des Strandes vor der eigenen Haustür wieder zurückzubauen – weil der Wall Wohnsiedlungen anderenorts gefährdet habe.

Steigende Meere bedrohen nicht nur Inseln und Küsten – sondern auch Regionen weit im Binnenland

Aber helfen solche Bauwerke überhaupt, wenn die Pegel weiter steigen? »Im Jahr 2019 betrug die jährliche Eisschmelze allein auf Grönland rund 550 Kubikkilometer«, erklärt Boris Koch, Ozeanograf am Alfred-Wegener-Institut für Polar- und Meeresforschung in Bremerhaven.[155] Koch, zugleich Professor an der dortigen Hochschule, zeigt mit einem anschaulichen Vergleich, wie gigantisch diese Menge verlorenen Eises ist: »Wenn Sie von Hamburg nach Stuttgart fahren – Luftlinie rund 550 Kilometer – und sich einen Eisblock vorstellen, der auf dieser Strecke 100 Meter breit ist, so lang wie ein Fußballfeld, dann wäre dieser Block zehn Kilometer hoch.« So hoch, wie Flugzeuge fliegen.

Und was auf Grönland verschwindet, schwappt irgendwann auch an unsere Küsten. Wissenschaftlerinnen und Wissenschaftler haben im Detail simuliert, was steigende Meeresspiegel für einzelne Regionen bedeuten. Die US-Organisation Climate Central zum Beispiel hat sich darauf spezialisiert, Forschungserkenntnisse allgemeinverständlich aufzubereiten. Sie hat eine Vielzahl von Daten und Modellergebnissen zum Meeresspiegel zusammengetragen; auf ihrer Website kann man sich zum Beispiel die deutsche Nord- und Ostseeküste im Jahr 2050 anschauen, flutgefährdete Gebiete sind dort rot markiert:[156] die Perlenkette der Ostfriesischen Inseln, Borkum, Juist, Norderney, Baltrum, Langeoog, Spiekeroog, Wangerooge, Mellum – fast komplett rot. Betroffen wären auch die

Nordfriesischen Inseln, also etwa Pellworm, Nordmarsch, Föhr, weite Teile von Amrum und Sylt. Auf dem Festland liegen nicht nur Orte direkt an der Küste in den rot markierten Gebieten, etwa Emden, Norden, Wilhelmshaven, Bremerhaven, Cuxhaven, Friedrichskoog, Büsum, Tönning, St. Peter-Ording oder Dagebüll. Zum Teil ziehen sich die Gebiete, die 2050 von Überflutung bedroht sind, bis weit ins Binnenland – bis Papenburg, Aurich, Oldenburg und Itzehoe, die Weser hinauf bis Bremen oder die Elbe bis hinter Hamburg fast nach Lüneburg.

Auch an der Ostsee zeigt die Zukunftskarte von Climate Central einige rote Gebiete, die allerdings deutlich kleiner sind als an der Nordsee: natürlich direkt an der Küste, in Schleswig-Holstein etwa bei Glücksburg, Damp, Grömitz und auf Fehmarn, in Mecklenburg-Vorpommern bei Boltenhagen, Wismar, Bad Doberan, Rostock, Ribnitz-Damgarten oder Greifswald. Auch die Insel Poel, der Darß, Rügen und Usedom könnten 2050 teilweise unter dem Meeresspiegel liegen. In Vorpommern ziehen sich einzelne flutgefährdete Streifen bis weit ins Hinterland, entlang der Peeneniederung bis Demmin und Anklam, die Oder hinauf sogar bis hinein nach Brandenburg über Schwedt bis nach Bad Freienwalde. Die Landkarte von Norddeutschland, daran lässt die Simulation keinen Zweifel, verändert sich langfristig völlig – sofern der Hochwasserschutz nicht massiv verstärkt wird.

Die deutsche Nordseeküste ist rund 1300 Kilometer lang, und in der Tat werden dort schon seit Längerem alle Deiche mit Milliardenaufwand erhöht. Auf der Halbinsel Nordstrand direkt gegenüber der Stadt Husum zum Beispiel hat der schleswig-holsteinische Landesbetrieb Küstenschutz, Nationalpark und Meeresschutz zwischen 2013 und 2018 den ersten sogenannten Klimadeich gebaut. Die Deichkrone wurde um 70 Zentimeter auf 8,70 Meter erhöht – aber das Besondere an diesem Deich ist sein neues Profil. »Ganz entscheidend ist, dass wir breiter und flacher bauen«, erläutert Dietmar Wienholt vom Landesbetrieb. In den vergangenen

Jahrzehnten seien die Deiche nur erhöht worden. »Dieses Mal bauen wir die Deichbasis 20 Meter breiter, flachen die Böschung ab und machen eine doppelt so breite Krone.« Im Notfall kann man diesen breiteren Deich ohne größeren Aufwand noch mal erhöhen. »Ich glaube«, sagt Wienholt, »mit der Art und Weise sind wir für die nächsten einhundert Jahre auf der sicheren Seite.«[157]

Was aber dann?

Zur Beruhigung wird häufig auf die Niederlande verwiesen – dort mache man ja seit Jahrhunderten vor, wie man der See Land abtrotzen und auch mit steigenden Pegeln gut leben kann. Doch in Holland selbst mehren sich Stimmen, die meinen: Diese Sicherheit sei trügerisch. Das große Vertrauen in den Hochwasserschutz sei ein »Irrglaube«, der auf der Vergangenheit basiere, mahnt etwa Maarten Kleinhans, Professor für Geowissenschaften an der Universität Utrecht. Der bevorstehende Anstieg der Meeresspiegel werde ein beispielloses Tempo und Ausmaß erreichen. »Wir stehen vor etwas Schlimmerem als je zuvor in der Menschheitsgeschichte und vielleicht in der Erdgeschichte.«[158]

Auf Grönland liegt genug Eis für sieben Meter langfristigen Pegelanstieg, in der Antarktis für mehr als 50 Meter

Das absehbare Tempo des Anstiegs ist beispiellos, zudem ist er ab einem bestimmten Punkt der Erderhitzung nicht mehr zu stoppen. Das liegt an den sogenannten Kippelementen – Phänomenen im Klimasystem der Erde, die sich bei einer kritischen Temperaturschwelle unumkehrbar verändern. Der Verlust des grönländischen Eispanzers ist eins davon.

»Wird ein bestimmter Temperaturbereich überschritten, kann die Taumaschine nicht mehr angehalten werden«, erklärt Boris Koch vom Alfred-Wegener-Institut in Bremerhaven. Der Eispanzer auf Grönland ist viermal so groß wie Deutschland und mehr als drei Kilometer dick. In den Höhenlagen auf bis zu 3100 Metern ist es kühler als weiter unten – doch steigt die globale Temperatur über einen kritischen Punkt, beginnen auch die obersten Schichten zu schmelzen. Die Oberkante sinkt dann in immer wärmere Luftschichten, was das Tauen beschleunigt. Umkehren lässt sich der Prozess vom Menschen dann nicht mehr, weil es Eiszeit-Temperaturen bräuchte, damit der Eispanzer über lange Zeit wieder auf seine heutige Größe wachsen könnte.

Bei welcher Temperaturschwelle genau das unaufhaltsame Abtauen ausgelöst wird, ist unklar – Forscher vermuten sie irgendwo zwischen 1,5 und zwei Grad Erderhitzung. Vor allem an den Rändern taut das Grönland-Eis schon lange, von 1992 bis 2018 sind etwa 3800 Milliarden Tonnen Eis geschmolzen und ins Meer geflossen.[159] Koch: »Taut der grönländische Eispanzer komplett ab, steigt allein dadurch der Meeresspiegel um sieben Meter.«

Boris Koch ist einer der Menschen, die einen exklusiven Einblick in das große Schmelzen haben. 2016 reiste er mit dem Expeditionsschiff *Maria S. Merian* an die Ostküste Grönlands. Um das Tauen zu bemerken, waren keine sensiblen Messgeräte, keine aufwendigen Experimente notwendig. »Wir konnten die Gletscherschmelze sehen, hören, ja sogar riechen«, sagt Koch. Über die Fjordwände seien Flüsse voller Schmelzwasser ins Tal gerauscht, die tauenden Eisberge knackten, und an manchen Stellen im Fjord war der typische Meeresgeruch verschwunden. Schmelzwasser ist Süßwasser.

GRACE nennt sich eine Mission, mit der die US-Raumfahrtbehörde NASA gemeinsam mit dem Deutschen Zentrum für Luft- und Raumfahrt unter anderem den grönländischen Eisschild präzise vermisst. GRACE ist eine Abkürzung für »Gravity Recovery and Climate Experiment«, frei übersetzt »Schwerefeld-Messungs- und Klima-Experiment«: Zwei Zwillingssatelliten kreisen seit 2002 in etwa 500 Kilometern Höhe hintereinander um die Erde, ausgestattet mit hochempfindlichen Radargeräten, die permanent den exakten Abstand zwischen beiden Satelliten überwachen. Befindet sich einer von ihnen über einem Punkt der Erdoberfläche mit großer Schwerkraft (etwa, weil sich dort ein Eispanzer auftürmt), wird er geringfügig stärker angezogen und so beschleunigt – der gemessene Abstand zwischen den Satelliten verändert sich. Dadurch können die Flugkörper mit verblüffender Genauigkeit Masseveränderungen auf der Erde aufspüren – zum Beispiel, wenn Eisschilde kleiner werden.

»Die Massenverluste kommen vor allem dadurch zustande, dass die Luft über Grönland wärmer wird und dadurch Intensität und Dauer der Schmelzsaison zunehmen«, erklärt Kochs Kollege Ingo Sasgen, der am Alfred-Wegener-Institut die Satelliten-Daten auswertet. Natürlich gebe es auch mal Jahre mit viel Schneefall und wenig Schmelzverlust, sagt Sasgen, »der Trend aber ist seit 1990 eindeutig: Grönland erwärmt sich und verliert mehr und mehr Eis«.

Grönland ist nur ein Grund des Meeresspiegel-Anstiegs. Ein weiterer ist die thermische Expansion der Ozeane: Wenn sich Wasser (oberhalb von vier Grad) erwärmt, dehnt es sich aus. Und die Meere sind in den vergangenen Jahrzehnten drastisch wärmer geworden, laut IPCC haben sie 93 Prozent der Wärmeenergie absorbiert, die durch den menschengemachten Treibhauseffekt zusätzlich auf der Erde geblieben ist. Bis 2019, ermittelte ein Forscherteam um den Atmosphärenphysiker Lijing Cheng, haben die Ozeane die unvorstellbare Menge von 228 Zettajoule aufgenommen – die Vorsilbe »Zetta« steht für eine 1 mit 21 Nullen. Um diese Energiemenge anschaulich zu machen, verglichen die Forscher sie mit jener der Hiroshima-Bombe: »Über die letzten 25 Jahre haben wir den Meeren die Wärme von 3,6 Milliarden Hiroshima-Atombomben zugeführt«, so Cheng. Das entspricht etwa vier Hiroshima-Bomben pro Sekunde. Ein Vierteljahrhundert lang.[160]

Auch der Eisschild der Antarktis – der dritte Grund für den Meeresspiegel-Anstieg – ist ein Kippelement, und auch dort registriert die Forschung mittlerweile einen zunehmenden Masseverlust. Schmölze der Eispanzer am Südpol vollständig ab, würden die

Ozeane langfristig sogar um 58 Meter höher liegen.[161] Um abzuschätzen, was ein derart gewaltiger Anstieg bedeuten würde, braucht es keine detaillierten Forschungen. Es genügen simple Höhendaten der Erdoberfläche:[162] Düsseldorf, Bremen, Hamburg, Lübeck, Rostock oder Greifswald lägen dann im Meer, Münster, Osnabrück oder Hannover wären Küstenstädte, die Lüneburger Heide und Teile Mecklenburgs lägen auf einer Halbinsel beziehungsweise Insel, die Elbe und Havelniederung dazwischen wäre ein breiter Ausläufer der Nordsee, der sich bis Magdeburg zöge und auch noch Potsdam und den größten Teil Berlins verschlänge. Allerdings würde all das nicht in den nächsten fünfzig oder hundert Jahren passieren – die gigantischen Eismassen bräuchten Tausende von Jahren zum Abtauen.

Dennoch überholt die Realität regelmäßig die Prognosen der Wissenschaft. Galt der größte Teil des antarktischen Eisschildes vor einigen Jahrzehnten noch als stabil, so hat sich auch am Südpol die Schmelze in den vergangenen Jahrzehnten stark beschleunigt. Die Eismassen dort schwinden heute bereits mehr als fünfmal so schnell wie noch in den 1990er-Jahren.[163]

Als wäre all das nicht genug: Auch die inländischen Gletscher, also die Eismassen in den Hochgebirgen, verlieren immer schneller an Masse – der vierte Grund für den Anstieg der Meere. Jahr für Jahr gehen in Alpen, Anden oder Rocky Mountains, im Altai, Pamir oder Himalaja rund 335 Gigatonnen Eis verloren.[164] Um noch einmal das Bild von Polarforscher Koch zu nutzen: 335 Milliarden Tonnen – das entspricht einem Eisblock der Strecke Düsseldorf-Karlsruhe, hundert Meter breit und zehn Kilometer hoch. So viel Wasser verlieren allein die Gebirgsgletscher der Welt jedes Jahr.

Dieses Schmelzen verursacht – anders als jenes an den Polen – direkte Not. »Ein steigender Meeresspiegel bei uns bedeutet auch, dass anderswo Menschen dürsten«, sagt Sabine Minninger, Klimaexpertin der evangelischen Hilfsorganisation »Brot für die Welt«. Zum Beispiel in Lima, der Hauptstadt Perus: »Neun Millionen Menschen leben dort in einer der trockensten Gegenden der Erde«, sagt Minninger. Das Leben funktioniert nur, weil die Gletscher der nahen Anden Trinkwasser spenden – viele sind bereits so stark geschmolzen, dass die Flüsse der Region immer öfter versiegen. Wasser ist ein teures Gut geworden, das sich Menschen in den Armenvierteln kaum noch leisten können.

Seit 1994 sind die Eismassen der Erde um gigantische 28 Billionen Tonnen geschrumpft, bilanzierte eine Überblicksstudie Anfang 2021. »Die Entwicklung folgt jetzt den schlimmsten Szenarien des IPCC«, sagt Leitautor Thomas Slater von der Universität Leeds.[165]

Ein Bauernpaar von der Insel Pellworm wollte die Bundesregierung zu mehr Klimaschutz zwingen – erfolglos

An der Nordsee steht das Wasser mancherorts schon vor der Wohnungstür. Bei Silke und Jörg Backsen zum Beispiel, die auf der nordfriesischen Insel Pellworm eine Landwirtschaft mit fast 150 Kühen betreiben. »Edenswarf 1703« prangt auf einem weißen Schild an ihrem backsteinernen Haus. Auf der Terrasse steht ein Strandkorb, die Insel ist grüner als andere im Nationalpark Schleswig-Holsteinisches Wattenmeer, ein Ort, der fast idyllisch wirkt. »Ich habe einfach nur Angst«, sagt die 50-jährige Bäuerin Silke Backsen eher kämpferisch als ängstlich. »Unsere Insel liegt bereits jetzt unterhalb des Meeresspiegels. Klar halten die Deiche noch, aber es ist doch absehbar, was hier passieren wird!« 2018 verklagten sie und ihr Mann – unterstützt von der Umweltorganisation Greenpeace – die Bundesregierung, weil die mit ihrer Verweigerung konsequenten Klimaschutzes die Zukunft der Edenswarf gefährde. Doch die Klage wurde abgewiesen, die Backsens denken jetzt ans Aufgeben.

Auf anderen Nordsee-Inseln, den sogenannten Halligen, gehören Überschwemmungen seit jeher zum Alltag. Zehn solcher nur wenig geschützten Marschinseln gibt es im schleswig-holsteinischen Wattenmeer, Hooge ist die zweitgrößte. Etwa hundert Menschen leben hier, es gibt nur einen Steinwall, der »Sommerdeich« genannt wird. Die Bauernhöfe liegen auf sogenannten Warften, künstlich aufgeschütteten Erdhügeln; den Rest der Insel verschluckt die Nordsee in manchen Jahren zehn, zwölf Mal.

Heiner Brogmus lebt direkt am Fähranleger auf der Backenswarft, dem zweitgrößten Erdhügel auf der Hallig Hooge. Die Backenswarft schützt ein Dutzend Gebäude, die ringförmig den »Fething« umschließen, den Speicherteich für das Trinkwasser der Insel. Brogmus ist viele Jahre als Kapitän zur See gefahren, bis hinunter nach Südamerika; Stürme, auch schwere, konnten ihn nicht aus der Fassung bringen. 2013 war das anders. Orkan »Xaver« schickte der Hallig Hooge gleich drei Sturmfluten hintereinander. »Der Nordpol schmilzt«, sagt der sichtlich angeschlagene Brogmus, »Wasser wird mehr.«[166] Als die Behörden 2013 vor »Xaver« warnten, prognostizierten sie 3,50 Meter über Normal. Das Meer hätte mühelos die Kronhöhe der alten Backenswarft überwunden und sich in Brogmus' Küche breitgemacht. Zum Glück wurden es letztlich nur rund drei Meter. Heiner Brogmus weiß also genau, was 50 Zentimeter Meeresspiegelanstieg bedeuten, wie sie Klimamodelle in der zweiten Hälfte des Jahrhunderts erwarten.

Drei Jahre nach dem Orkan legte die Landesregierung in Kiel das Programm »Hallig 2050« auf. 30 Millionen Euro sollen über die nächsten Jahre investiert werden, um die verwundbaren Inseln zu verstärken. Auf der Hallig Nordstrandischmoor zum Beispiel wurde im Sommer 2019 damit begonnen, die Norderwarft mit 75 000 Tonnen Sand zu erhöhen; das dortige Wohnhaus wäre »Xaver« beinahe zum Opfer gefallen, die Schafe in der Scheune standen bereits im Wasser. Auf Hallig Hooge wird die Hanswarft verstärkt, der größte der dortigen Wohnhügel. Unter anderem entstand ein neuer Supermarkt mit einem Schutzraum für Katastrophenfälle.[167]

»Die deutschen Inseln sind nicht so niedrig wie beispielsweise die Malediven, dass man sofort den steigenden Meeresspiegel bemerken würde«, sagt Beate Ratter, Geografie-Professorin in Hamburg, die seit 30 Jahren zum Verhältnis von Natur und Mensch an Küsten und auf Inseln forscht. Der Klimawandel sei aber vor Ort überall präsent: »Die Insulaner haben das Meer immer direkt vor Augen, sie sehen, wo vor ihrer Haustüre Buchten abgetragen werden, oder dass ihre Fischer Sardinen in den Netzen haben – normalerweise typische Mittelmeerfische.« Im September 2019 demonstrierten auf Spiekeroog 400 Menschen für mehr Klimaschutz, die Hälfte der gesamten Inselbevölkerung.[168]

Von Borkum bis Usedom – im April 2019 trafen sich Vertreter der deutschen Inselbewohner erstmals zu einer Konferenz auf Helgoland, um sich zu vernetzen. Heraus kam unter anderem die »Deutsche Inselresolution«. »Die Inseln und Halligen sind überproportional von den Folgen des Klimawandels betroffen«, heißt es darin. »Dies gilt unter anderem für den steigenden Meeresspiegel, für zunehmende Erosionsprozesse durch Wellenaktivität, für Sturmexponiertheit, eindringendes Salzwasser in die Grundwasserreserven, Veränderungen der Biodiversität. Als erste ›Verteidigungslinie‹ unter anderem bei Sturmfluten im Küstenraum kommt den Inseln und Halligen auch im Küstenschutz besondere Bedeutung zu.« Vertreterinnen und Vertreter von mehr als zwei Dutzend Inseln und Halligen haben das Papier mittlerweile unterzeichnet und hoffen, dadurch bei Politik und Öffentlichkeit mehr Gehör zu finden.

Hamburgs Umweltsenator bringt bereits ein riesiges Sperrwerk in der Elbe ins Gespräch

Nicht nur an Küsten und auf Inseln machen sich steigende Meeresspiegel bemerkbar, sondern auch in den sogenannten Ästuaren, den trichterförmigen Mündungen der Flüsse. »Zum Wasser aus der Nordsee kommt hier noch das Wasser aus dem Binnenbereich«, sagt Annette Büscher, Wissenschaftlerin bei der Bundesanstalt für

Wasserbau. Sie meint das Wasser, das aus Elbe, Weser, Ems oder Oste Richtung Meer fließt. Bei Hochwasser drückt die Nordsee in die Flussmündungen – und irgendwo treffen sich die Wassermassen zu einem Hochwasserscheitel.

»Bei einer Sturmflut wird der Hochwasserscheitel an der Küste und in den Flussmündungen durch starken Wind angehoben, der Wasserstand steigt dann auch in Hamburg deutlich an«, erklärt Büscher. Mit Kollegen hat sie das Verhalten in den Ästuaren mit und ohne Meeresspiegelanstieg simuliert.[169] »Je höher der Meeresspiegel, desto höher wird das Tidehochwasser und auch der Sturmflutscheitelwasserstand ausfallen.« Eine Sturmflut etwa in Hamburg wird also künftig höher auflaufen. Betroffen sind auch andere Städte, die an Meereszuflüssen liegen, etwa Bremen und Emden, aber dort ist das Problem kleiner, weil Weser und vor allem Ems weniger Wasser führen als die Elbe.

Doch nicht nur Städte an der Nordsee sind bedroht, die steigende Ostsee wird auch vielen Menschen in Mecklenburg-Vorpommern, ja sogar in Brandenburg zusetzen. Schon heute schwillt bei einer Sturmflut in der Pommerschen Bucht der Fluss Peene derart an, dass Orte wie Anklam, Jarmen oder Demmin flutgefährdet sind.

Wie keine andere deutsche Stadt ist das Leben in Hamburg geprägt durch Sturmfluten. Ins kollektive Gedächtnis hat sich das Hochwasser von 1962 eingebrannt, der damalige Innensenator Helmut Schmidt wurde durch sein Krisenmanagement schlagartig bundesweit bekannt. Ein Sechstel der Stadtfläche wurde damals überflutet, 315 Menschen starben. Dabei brachte diese Sturmflut gar nicht den Höchststand, den die Hansestadt im vergangenen Jahrhundert erleben musste: Anfang Januar 1976 stieg der Pegel in St. Pauli auf 6,45 Meter über Normal, Orkan »Xaver« im Dezember 2013 kam nahe an diesen Rekord heran.

Mit steigendem Meeresspiegel nimmt die Gefahr deutlich zu – bei einem Anstieg um mehr als einen Meter, warnt Hamburgs Umweltsenator Jens Kerstan (Bündnisgrüne), sei ein Drittel der Stadt bedroht, also doppelt so viel wie 1962. Kerstan regte bereits den Bau eines riesigen Elbsperrwerks an, etwa nach dem Vorbild des Oosterschelde-Sperrwerks südlich der niederländischen Stadt Hoek. Ein Milliarden-Projekt, das höchst umstritten ist.

Bei einer schweren Sturmflut erwarten Katastrophenschützer Tausende Tote und Verletzte

Wer glaubt, er lebe weit genug entfernt von den Küsten, könnte sich sowieso irren. Das Bundesamt für Bevölkerungsschutz und Katastrophenhilfe hat 2014 untersucht, was in Deutschland passiert, wenn es infolge eines extremen Wintersturms in der Deutschen Bucht zu einer besonders schweren Sturmflut kommt. Im untersuchten Szenario fällt das Hochwasser etwa zwei Meter höher aus als alle bisherigen, die Wellen sind damit teils mehr als neun Meter hoch. Das reicht immer noch nicht, die Nordsee-Deiche zu überspülen – doch wegen der extremen Kräfte brechen sie an mehreren Stellen, 1350 Quadratkilometer in Norddeutschland werden überflutet. Welche Region genau es trifft, lässt die Analyse offen – genannt werden lediglich jene Gegenden, die tief genug liegen, um bei einem solchen Deichbruch abzusaufen: der Raum Emden und Wilhelmshaven, Bremen und Bremerhaven, Cuxhaven und Hamburg, aber auch Husum oder Dagebüll.

Im Szenario der Katastrophenschützer zieht der Sturm dann in Orkanstärke landeinwärts und verursacht auch dort schwere Schäden – mit frappierenden Folgen in ganz Deutschland: Weil Leitungstrassen und Umspannwerke zerstört sind, kommt es zu großflächigen Stromausfällen, Kraftwerke könnten ihren Strom nicht mehr ins Netz einspeisen, zahlreiche Windräder sind zerstört – rund sechs Millionen Menschen haben bis zu drei Wochen lang keinen Strom. Es gibt »Engpässe in der Treibstoffversorgung«, so das Bundesamt, denn viele Raffinerien und Lager für Benzin oder Diesel befinden sich in Küstennähe. Besonders in den Stromausfallgebieten kommt es zu »massiven Einschränkungen bis hin zu Totalausfall der Telekommunikations- und Informationsinfrastruktur«, Gesundheitssystem und Rettungskräfte kommen an ihre Grenzen. Eine Folge sind im durchgespielten Szenario auch »bundesweite Einschränkungen in der Lebensmittelversorgung der Bevölkerung«, denn nirgendwo sonst in Deutschland ist die Fleischproduktion stärker konzentriert als in den dann überschwemmten Gebieten Niedersachsens. Insgesamt erwartet die Behörde mehr als 2000 Tote – entweder direkt durch Überflutungen, durch den Sturm oder infolge der Stromausfälle, etwa, weil Heizungen stillstehen und Menschen erfrieren.[170]

Die Küstenlinie muss also künftig viel besser gesichert werden – doch als Nebenfolge, erklärt Gregor Scheiffarth von der Nationalparkverwaltung Wattenmeer, »führt das zu verstärkter Erosion des davor liegenden Strandes«. Baue man die Deiche immer höher und breiter, gebe es weniger Überschwemmungsland, auf dem sich die Wellen brechen können. Ein schleichender Prozess setze ein: Die Form der Sandbänke verändert sich, es gibt mehr Erosion, die Fluten werden heftiger und unberechenbarer.

Zumal die Erderwärmung auch die Energie der Wellen verändert. Das Phänomen trete zwar weltweit sehr unterschiedlich auf, »vom Atlantik und der Nordsee wissen wir aber, dass die Wellen höher werden«, sagt Mojib Latif, Professor am Geomar-Helmholtz-Zentrum für Ozeanforschung in Kiel. Spanische Forscher haben untersucht, wie in den sich erwärmenden Ozeanen die Wellenenergie bereits zugenommen hat. Dafür analysierten sie Daten wie Wassertemperatur, Wellenhöhen, Windgeschwindigkeit oder Wellenlänge, sowohl aus direkten Messungen als auch von Satelliten. Ergebnis: Die Kraft der Wellen legte weltweit seit 1948 jährlich um 0,4 Prozent zu, seit 1993 sogar um 2,3 Prozent jährlich. Wellen besitzen damit heute ein Viertel mehr Kraft als noch Mitte des 20. Jahrhunderts. Ein deutsches Forschungsprojekt im Auftrag des

Bundesverkehrsministeriums kam zu dem Ergebnis, dass an der deutschen Nordseeküste bis 2100 mit bis zu zehn Prozent höherem Seegang gerechnet werden muss. »Derzeitige Formeln zur Bemessung von Seebauwerken«, warnen die Experten, könnten deshalb »die bemessungsrelevante Wellenhöhe unterschätzen«. Im Klartext: Hafenmauern oder Seebrücken, die Fundamente von Leuchttürmen oder Offshore-Windrädern im Meer müssen künftig für deutlich stärkere Brandung ausgelegt werden.[171]

Das Watt säuft ab, kälteliebende Nordseefische wie der Kabeljau wandern Richtung Norden

Der Klimawandel trifft auch das Leben in den Ozeanen. »Kein Meer hat sich so stark verändert wie die Nordsee«, sagt Karen Wiltshire, Vize-Direktorin des Alfred-Wegener-Instituts und Leiterin der Außenstelle auf Sylt. Das liege unter anderem daran, dass die Gezeiten den Lebensraum Nordsee besonders prägen. »Wenn der Meeresspiegel weiter steigt, werden wir kein Watt mehr haben«, warnt sie. Ein höherer Wasserstand bedeutet, dass bei Ebbe weniger Flächen trockenfallen; langfristig kollabiert das Ökosystem.

»Wir messen, dass sich die Nordsee doppelt so schnell aufheizt wie die globalen Ozeane«, sagt Wiltshire, vermutlich weil die Nordsee relativ flach ist und viele Flüsse in sie münden. »Seit 1962 ist die Jahresmitteltemperatur um 1,7 Grad gestiegen.« Das hat aus der Nordsee bereits ein anderes Meer gemacht: Weil die Temperaturen im Winter nicht mehr so tief sinken, überleben plötzlich Arten, die dort früher keine Chance hatten. Die Rippenqualle (*Mnemiopsis leidyi*) beispielsweise, ursprünglich in subtropischen Atlantikgewässern heimisch – 2006 wurde sie erstmals vor Helgoland gesehen und geht seitdem nicht wieder weg.[172]

Einst typischen Arten wie dem Kabeljau hingegen ist es in Teilen der Nordsee bereits zu warm geworden. Für seine Fortpflanzung braucht der Dorsch, wie er als Jungtier heißt, eine Wassertemperatur von um die drei Grad. Die findet er hier immer seltener und wandert Richtung Polarmeer. Auch der Seelachs habe sich zurückgezogen, berichten Forscher, ebenso der Blaue Wittling, eine kommerziell wichtige Art für die Nordseefischerei. Er wird zu Fischöl und Fischmehl verarbeitet. Eine Untersuchung heimischer Fischarten ergab, dass bereits die Hälfte vor dem warmen Wasser geflüchtet ist. Vor allem während der Fortpflanzung reagieren viele Arten sensibel auf Temperaturveränderungen: Erwachsene Fische können sogar mit einem Plus von bis zu zehn Grad klarkommen, Embryos oder Larven nicht. Die Erwärmung der Ozeane könne deshalb in diesem Jahrhundert weltweit bis zu 60 Prozent aller Fischarten in Bedrängnis bringen, warnen Forscher.[173]

Auch Miesmuscheln werden in der Nordsee weniger. Sie vermehren sich nur nach eisigen Wintern richtig gut, weil ihre Feinde, junge Krebse, Kälte nicht ertragen. Die Miesmuschel leidet gleich doppelt unter den steigenden Temperaturen: Ihr wärmeliebender Konkurrent, die pazifische Auster, ist eingewandert und besiedelt viele angestammte Plätze (siehe Seite 83). Und die Erwärmung wird weitergehen: Klimamodelle ergeben, dass die Oberflächentemperaturen in der Nordsee bis 2050 um etwa ein bis 1,5 Grad Celsius steigen, bis Ende des Jahrhunderts sogar um drei Grad.[174]

Die Fischereibranche merkt das längst. Statt kälteliebender Speisefische wie Makrele oder Kabeljau findet sie zunehmend Thunfisch oder Kalmare in ihren Netzen. In der südlichen Nordsee werden Sardinen bereits gezielt befischt, 50 Tonnen wurden 2019 gefangen. Doch verglichen mit den immer noch knapp 400 000 Tonnen Nordsee-Hering ist das Sardinen-Geschäft kaum von Bedeutung. Die Fänge der Neuankömmlinge sind noch zu sporadisch, um die klimabedingten Verluste bei den früheren Fangarten auch nur annähernd auszugleichen.

In der Ostsee ist die Lage bereits jetzt dramatisch. 1991 gab es in Mecklenburg-Vorpommern knapp tausend Fischer im Haupterwerb, heute sind es noch gut 200. Und es werden Jahr für Jahr weniger. Die Fangquoten, die den Fischern zugeteilt werden, sinken stetig. Die Arten, die kommerziell verwertbar sind, werden immer knapper, und das liegt nicht nur an Robben und Kormoranen, die sich an der deutschen Ostseeküste wieder angesiedelt haben. »Das sind die Folgen des Klimawandels«, sagt Christopher Zimmermann vom Thünen-Institut für Ostseefischerei in Rostock. Beispielsweise laichen die Heringe der westlichen Ostsee wegen milder werdender Winter heute viel früher, aber im Januar und Februar finden die Heringslarven noch kein Futter und sterben. Die Bestände dieser Art sind in den vergangenen Jahren nahezu zusammengebrochen. Wenn Touristen heute an Fischbuden und Räucherei-Ständen einkaufen, dann bekommen sie nur noch selten lokal gefangene Produkte, sondern oft importierten Fisch.

Dünger aus der Landwirtschaft, zunehmende Hitze – in der Ostsee werden die »Todeszonen« immer größer

Verschärft werden die Folgen des Klimawandels durch Überfischung und Verschmutzung. Eines der größten Probleme ist die Überdüngung durch Stickstoff, den Bauern als Gülle oder Kunstdünger auf die Felder kippen: Was der Boden nicht aufnehmen kann, gelangt ins Grundwasser, in die Flüsse und schließlich ins Meer. Dadurch und wegen des wärmer werdenden Wassers vermehren sich insbesondere die sommerlichen Blaualgen explosionsartig. Immer häufiger ist vor allem der westliche Teil der Ostsee von einem riesigen grünen Algenteppich bedeckt – mit dramatischen Folgen: Sterben die Algen, sinken sie zu Boden, wo Bakterien die Reste zersetzen. Dafür brauchen sie aber viel Sauerstoff, der dann anderen Tieren fehlt – Krebsen, Würmern und Weichtieren, aber natürlich auch Hering, Dorsch und Scholle. Inzwischen gilt die Ostsee als die weltweit größte Sauerstoffmangelzone menschlichen

Ursprungs, mehr als 60 000 Quadratkilometer gelten als tot, eine Fläche dreimal so groß wie Hessen. Nach Erkenntnissen finnischer Forscher gab es in den letzten 1500 Jahren nie zuvor solch ausgedehnte sauerstoffarme »Todeszonen« in der Ostsee.[175]

»Die Ostseeregion wird sich deutlich verändern«, bilanziert Markus Meier vom Leibniz-Institut für Ostseeforschung Warnemünde. Mit seinem Team hat er verschiedene Szenarien bis Ende des Jahrhunderts modelliert. »Bei hohen Treibhausgaskonzentrationen werden wir im Zeitraum 2070 bis 2100 sommerliche, durch tropische Nächte gekennzeichnete Hitzewellen bekommen«, sagt Meier. Das Wasser werde bis zu drei Grad wärmer, gefährliche Algenblüten noch häufiger. Die zunehmende Hitze wird auch den Küstenschutz erschweren: Strandroggen oder Strandplatterbse, die angepflanzt werden, um die Dünen zu befestigen, sind solchen Bedingungen kaum gewachsen und vertrocknen.[176]

Doch das könnte eine vernachlässigbare Randnotiz werden – denn es ist gut möglich, dass die Meere viel schneller steigen als gedacht. Etliche Forscher kritisieren den IPCC, er unterschätze den drohenden Anstieg. Weil bisher nicht genau bekannt ist, wie sich die Eisschilde in Grönland und der Antarktis verhalten, wird ihr Schmelzwasser bei Schätzungen künftiger Pegelstände oft ausgeklammert. Der IPCC teilt das zwar stets in Fußnoten mit, aber die fallen in Medienberichten meist unter den Tisch. Bezieht man hingegen die Grönland- und Antarktis-Risiken umfassend ein, ergeben sich schnell höhere Zahlen – dann können es Ende des Jahrhunderts bis zu 1,30 Meter sein, andere Studien sprechen gar von mehr als zwei Metern. Das würde für 2050 bis zu 20 Zentimeter Aufschlag auf die konservativen Schätzungen bedeuten.[177]

Das Gespenstische am Meeresspiegelanstieg ist seine Verzögerung. Bis 2050 werden wir erst wenig von ihm spüren – doch in diesen wenigen Jahren entscheidet sich das Antlitz der Erde für einen Zeitraum, der in menschlichem Ermessen ewig ist: Kohlendioxid bleibt, einmal ausgestoßen, für Jahrhunderte in der Atmosphäre;

und es dauert Jahrtausende, bis die Eismassen vollständig auf die so ausgelöste Erhitzung reagieren. »Wir Menschen verändern gerade die nächsten hunderttausend Jahre Erdklima«, hat es David Archer, Geophysik-Professor an der Universität Chicago, in seinem Buch *The Long Thaw* (»Das lange Tauen«) formuliert. Würde die Erde den natürlichen Klimazyklen folgen, stünde in etwa 50 000 Jahren die nächste Eiszeit an. Doch durch ihren Treibhausgas-Ausstoß schiebt die Menschheit sie gerade um bis zu 50 000 Jahre nach hinten – ein kompletter Vereisungszyklus könnte übersprungen werden.

Es ist daher irreführend, wenn beim Meeresspiegel nur bis ins Jahr 2100 geblickt wird. Dies ist ein Zeithorizont von lediglich 80 Jahren. Dabei sind die meisten unserer Städte mehrere Hundert Jahre alt. Blickt man hingegen aufs Jahr 2300 (selbst 280 Jahre sind in Dimensionen der menschlichen Zivilisation eigentlich noch kurz), dann summiert sich der heute ausgelöste Anstieg der Meere bereits auf drei Meter – und der allergrößte Teil folgt auch dann erst noch. »Steigende Meere sind ein fortdauerndes Problem«, sagt der US-amerikanische Paläoklimatologe Peter Clark. »Die Leute sollten nicht glauben, sie würden das Problem dadurch lösen, dass sie in den nächsten 40 Jahren ein paar Billionen Dollar investieren. Sie müssen das alle 40 Jahre tun.«[178]

Um die Windflüchter auf dem Fischland zu schützen, hat Lothar Nordmeyer vom Mecklenburger Umweltministerium auch 2020 wieder Sand anspülen lassen, diesmal weiter südlich von Ahrenshoop, an der Küste zwischen Wustrow über Dierhagen bis nach Graal-Müritz. »Wir haben auch gleich den Strand verbreitert, da sind in den letzten Jahren Unmengen Material abgetragen worden«, sagt Nordmeyer. 740 000 Kubikmeter Sand waren nötig, die größte Schutzmaßnahme seit Jahrzehnten.

Aber sicherlich nicht die letzte.

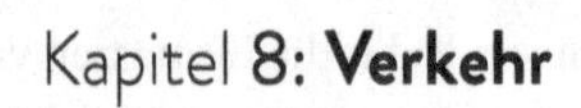

Kapitel 8: **Verkehr**

»Irgendwo ist immer irgendwas unterbrochen«

Überflutete Straßen und Schienen, überhitzte Waggons, schmelzender Asphalt, Niedrigwasser in den Flüssen – auf vielerlei Weise wird der Klimawandel unsere Verkehrsnetze stören

Niemand weiß, welche Autos in Deutschland 2050 fahren werden. Ob Batterien sie antreiben, Wasserstoff oder doch noch Benzin (vielleicht synthetisch hergestellt). Auch weiß niemand, ob es noch so viele Privatautos gibt wie heute, die den größten Teil des Tages herumstehen, oder ob man sich dann lieber per App (oder sonst wie) eine selbstfahrende Limousine ruft. Oder ein Flugtaxi. Niemand weiß, wie in 30 Jahren die Lastwagen aussehen werden. Oder die U-Bahnen, und ob man noch für sie wird bezahlen müssen oder nicht.

Es kann auch niemand sagen, wie viele Autos oder Lkw im Jahr 2050 hierzulande unterwegs sein werden. Zwar sind sich Experten einig, dass Mitte des Jahrhunderts deutlich weniger Menschen in Deutschland leben werden als heute (auch wenn der Rückgang wegen der Aufnahme vieler Flüchtlinge geringer ausfällt als vor einigen Jahren gedacht). Doch spätestens ab 2040 werde Deutschland schrumpfen, schätzt das Statistische Bundesamt: von heute rund 83 Millionen Einwohner auf vielleicht nur noch 74 Millionen im Jahr 2060. Manche Szenarien sehen dennoch (weil alle immer mobiler werden und immer mehr Güter wollen) einen Zuwachs beim Verkehr. Andere erwarten einen Rückgang. Wer weiß …

Was jedoch sicher ist: Es wird auch 2050 in Deutschland Straßen geben. Mobilität ist ein menschliches Grundbedürfnis, Verkehrsmittel halten Gesellschaft und Wirtschaft in Gang. Auch Eisenbahnen werden deshalb in 30 Jahren hierzulande noch rollen – und die brauchen Schienen. Auf den großen Flüssen werden auch künftig Schiffe fahren. Und obwohl die Emissionen des Luftverkehrs in den nächsten Jahrzehnten drastisch sinken müssen, dürfte es 2050 auch immer noch Passagierflugzeuge geben.

Man kann deshalb – ohne über Technik und Zahl von Fahrzeugen spekulieren zu müssen – auf die Folgen der Klimaveränderungen für den Verkehrssektor schauen. Die Erderhitzung wirkt nämlich vor allem auf die Infrastrukturen: auf Straßen, Schienen, Wasserwege, Flughäfen. »Man sieht schon seit Jahren, dass Störungen durch Extremwetterereignisse zunehmen«, sagt Christian Hochfeld, Chef des stiftungsfinanzierten Forschungs- und Beratungsinstituts Agora Verkehrswende in Berlin. Und der Trend werde sich in den kommenden Jahrzehnten verstärken. »Mobilität ist in Zeiten von Klimawandel nicht mehr gesichert«, so Hochfeld. »Irgendwo ist immer irgendwas unterbrochen.«

Die finanziellen Folgen werden erheblich sein. Ein europäisches Forscherteam hat in einer Studie abzuschätzen versucht, welche Schäden an wichtigen Infrastrukturen in Energieversorgung, Industrie und Transportwesen künftig durch zunehmende Extremwetter drohen.[179] Die Gesamtkosten (in den 2000er-Jahren bereits mehr als drei Milliarden Euro jährlich) dürften sich schon in den 2020er-Jahren verdreifachen, so das Ergebnis. Bis Mitte des Jahrhunderts sei mit einer Versechsfachung der Schäden auf dann knapp 20 Milliarden Euro pro Jahr zu rechnen, bis Ende des Jahrhunderts gar mit einer Verzehnfachung. Bislang, so eine weitere Erkenntnis, sind Fluten und Stürme die Extremwettertypen, die in Europa die schwersten Schäden anrichten. Doch im Laufe des Jahrhunderts werden sich Hitzewellen zu den einschneidendsten Extremwettern entwickeln – zum Beispiel durch Wald- und Böschungsbrände, durch Gleise, die sich in der Sommerglut verbiegen, durch Asphalt, der weich wird. Auf Hitze werde bald mehr als 90 Prozent aller Schäden entfallen.

Am stärksten trifft es den Süden der EU, der sich im Zuge des Klimawandels besonders erhitzen wird. Aber auch Mittel- und Nordeuropa bleiben nicht verschont. In Deutschland haben Naturkatastrophen bisher, so die Studie, pro Jahr durchschnittlich eine halbe Milliarde Schäden an Infrastrukturen verursacht. In den 2020ern (also schon den nächsten Jahren) sei ein Anstieg auf mehr als eine Milliarde im Jahresdurchschnitt zu erwarten, in den 2050ern auf fast 1,8 Milliarden Euro – pro Jahr.

Der neue ICE braucht Klimaanlagen, die für Sommer wie in Italien oder Spanien ausgelegt sind

2. Juni 2013: Seit Tagen schüttet es in Tschechien, aber auch in Teilen Süddeutschlands und Österreichs wie aus Kübeln. Eine sogenannte Fünf-b-Wetterlage hat sehr feuchte Luft aus dem Mittelmeerraum Richtung Norden strömen lassen, die nun an den Gebirgsketten hängen bleibt und sich abregnet. Zahlreiche Flüsse treten über die Ufer, am schlimmsten trifft es die Donau – und wieder einmal die Elbe. Obwohl erst 2002, also elf Jahre zuvor, ein »Jahrhunderthochwasser« verheerende Schäden anrichtete, türmt sich erneut eine Flut auf, wie es sie laut Wetterstatistiken eigentlich höchstens einmal in hundert Jahren geben dürfte. Am 10. Juni 2013 bricht nahe Fischbeck im Norden Sachsen-Anhalts ein Deich.

Mehrere Ortschaften und mehr als 200 Quadratkilometer Land werden überschwemmt.

Getroffen wird auch die ICE-Trasse Berlin–Stendal–Hannover, sie wird auf mehreren Hundert Metern überflutet. In den folgenden Wochen und Monaten müssen Züge weiträumig umgeleitet werden. Hunderttausende Reisende sind betroffen. Es dauert fast ein halbes Jahr, bis hier wieder regulär Züge fahren können. Die direkten Schäden beziffert die Bahn auf einige Millionen Euro – die volkswirtschaftlichen Gesamtkosten dieser Trassenunterbrechung sind schätzungsweise hundert Mal so hoch.

Die Elbeflut von 2013 war ein besonders schwerer Fall – doch Störungen durch Wetterextreme gehören für die Deutsche Bahn inzwischen fast zum Alltag: von Sturmböen umgeknickte Bäume, nach Starkregen weggerutschte Böschungen, ICE-Klimaanlagen, die bei Hitzewellen schlappmachen und, und, und. Vor zwei Jahren hat das Unternehmen eine interne Expertengruppe zum Thema gegründet, eines der Mitglieder ist die Geografin Karoline Meßenzehl. Die Spezialisten sollen Schienennetz, Bahnhöfe und Technik fitmachen für die künftigen Verhältnisse. »Auch wir bei der Bahn erleben den Klimawandel längst«, sagt Meßenzehl.

Traditionell waren die Wintermonate mit Schneeverwehungen, eingefrorenen Weichen oder vereisten Oberleitungen eindeutig die schwierigste Zeit – doch das hat sich geändert. Bei Vorträgen zeigt die Geografin eine eindrückliche Grafik aus Daten des konzerninternen Monitorings. Von Anfang 2018 bis Ende 2019 sind in einem Balkendiagramm Monat für Monat in unterschiedlichen Farben die verschiedenen Typen wetterbedingter Störungen eingezeichnet – und es gibt kaum einen Monat ohne größeren Balken, sie stehen jeweils für Hunderte von Vorfällen: Das Jahr 2018 eröffnete Sturmtief »Friederike«, es folgten zwei Monate mit intensiven Schneeverwehungen vor allem im Südosten, dann drei Monate intensive Gewitter und Starkregen, direkt gefolgt vom schier unendlichen Hitze- und Dürresommer 2018. Im Folgejahr dasselbe

Bild: im Januar und Februar extremer Wintereinbruch im Alpenvorland und in den Mittelgebirgen, im März dann eine Serie von fünf Sturmtiefs, schon ab April wieder Trockenheit und Sommerhitze, gefolgt von weiteren Sturmtiefs. Es gebe kaum noch ruhige Phasen, sagt Meßenzehl. »Wir kommen von den Winterextremen fast nahtlos in die Sommerextreme.«

Um sich besser wappnen zu können, hat die Bahn 2017 beim Potsdam-Institut für Klimafolgenforschung (PIK) eine detaillierte Studie erarbeiten lassen. Mit rund 33 400 Kilometern Schienennetz ist der Konzern fast flächendeckend in Deutschland aktiv – und dadurch eben auch »besonders anfällig für die Folgen des Klimawandels«, wie der damalige PIK-Direktor Hans Joachim Schellnhuber bei der Vorstellung der Ergebnisse sagte. »Egal, wo lokale Wetterextreme zuschlagen: Sie treffen fast immer auch die Bahn.« Die Untersuchung bestätigte die internen Unternehmensstatistiken: In den 2010er-Jahren gab es bereits deutlich mehr Extremwetter als im Jahrzehnt davor.

Zwar war beim Wind das Ergebnis auf den ersten Blick noch positiv, die Zahl der Sturmtage hat sich verringert (wohl durch natürliche, zyklische Schwankungen im Klimasystem). Doch auf den zweiten Blick änderte sich das Bild: Sturmtage treten inzwischen deutlich öfter zwischen März und Oktober auf – also zu einer Zeit, in der Bäume belaubt sind und dadurch eine größere Angriffsfläche für Wind bieten, deshalb leichter umstürzen und zum Beispiel Oberleitungen herunterreißen. Dieses gestiegene Risiko betrifft einen erheblichen Teil der Bahntrassen: Rund 7700 Kilometer, immerhin fast ein Viertel des gesamten Schienennetzes, verlaufen durch Wald oder in der Nähe von Bäumen.[180]

Der Konzern hat auf die Entwicklung reagiert und das sogenannte Vegetationsmanagement verstärkt. 125 Millionen Euro pro Jahr lässt sich die Bahn den regelmäßigen Rückschnitt kosten: Alle Strecken werden auf sechs Metern links und rechts der Gleise von Bewuchs befreit, und auch darüber hinaus kranke oder instabile

Bäume gerodet. Hunderte Mitarbeiter sind damit beschäftigt, technisch hat das Unternehmen ebenfalls aufgerüstet: Teils werden schadhafte Bäume mit Drohnen ausfindig gemacht, Hubschrauber beschneiden sie mit fliegenden Sägen.

Extreme Trockenheit ist auf mehrerlei Weise ein Problem: Dürren setzen vielen Bäumen zu, »aber teilweise merkt man das erst im Folgejahr, wenn die geschwächten Bäume leichteres Opfer für Stürme werden«, erklärt Karoline Meßenzehl. Wenn es sehr lang sehr trocken ist, sacken manche Böden ab. Im Extremsommer 2018 zum Beispiel wurden neben einer Trasse nahe Münster Risse entdeckt, die Strecke musste vorübergehend gesperrt und aufwendig saniert werden. Nicht zuletzt kommt es in Trockenjahren häufiger zu Böschungsbränden, was ebenfalls den Verkehr unterbricht – und darüber hinaus gefährlich werden kann: Im August 2018 entzündeten an der Bahnstrecke Köln–Frankfurt nahe Siegburg Funken eines bremsenden Zuges Rasenflächen links und rechts der Trasse: Das Feuer griff auf mehrere Wohnhäuser über, mindestens 40 Menschen wurden verletzt, davon sechs schwer.

Was steigende Temperaturen in der Praxis bedeuten, erlebte die Bahn erstmals in großem Stil während einer Hitzewelle im Juli 2010. In Dutzenden ICE und IC schalteten sich die Klimaanlagen wegen Überlastung ab, teils nur in einzelnen Wagen, teils in ganzen Zügen. Im Innern wurde es unerträglich, Fahrgäste kollabierten. Mit großem Aufwand wurden danach die Klimaanlagen gewartet und aufgerüstet, doch im heißen Sommer 2015 gab es wieder Dutzende Ausfälle. Als Reaktion – und als Vorsorge für künftige Hitzewellen – hat die Bahn die Klimaanlagen ihrer neuen ICE4 für höhere Temperaturen auslegen lassen. In der Vergangenheit waren sie gemäß der Bahn-Norm für Mitteleuropa konstruiert und damit lediglich für sommerliche Spitzentemperaturen von 32 Grad dimensioniert. Die neuen ICE4 jedoch wurden nach der Norm für Südeuropa gebaut, wo Außentemperaturen von 40 Grad im Schatten einkalkuliert sind.

Auch der Bahnelektronik machen heiße Sommer zu schaffen, vor allem sensiblen Bauteilen wie Relais und Sicherungen. In Tausenden Anlagen hat das Unternehmen deshalb bereits Klimaanlagen installiert – und testet energiesparende Kühlmöglichkeiten nach dem Vorbild der Natur: So wurde ein Stellwerk in Bayern mit einer Art Wellpappe beklebt, die der Oberfläche von Kakteen nachempfunden ist. Durch einen Wechsel von Sonnen- und Schattenseite entsteht eine Luftzirkulation, die Innentemperatur sank dadurch laut Bahn um durchschnittlich sieben Grad.

Auch viele technische Normen der Bahn entsprechen nicht mehr der Realität in einem heißeren Deutschland. Hunderte Vorschriften, ergab 2018 eine Studie im Auftrag des Eisenbahnbundesamtes, müssen überarbeitet werden, damit die Bahn auch im Klima der Zukunft sicher und verlässlich fahren kann.[181]

Melsungen, eine Kleinstadt in Nordhessen, eine halbe Stunde südlich von Kassel. Ein paar Kilometer außerhalb des Ortes spannt sich eine 60 Meter hohe und 14 Meter breite Betonbrücke über das Tal des Flüsschens Pfieffe. Auf zwei Spuren donnern hier tagsüber fast im Halbstundentakt ICEs Richtung Hannover oder Würzburg, dazu jede Nacht Dutzende schwere Güterzüge. Das eine Schienenpaar auf der Brücke ist ein ganz gewöhnliches Bahngleis, das andere strahlend weiß. Seit September 2019 testet die Bahn hier einen Hitzeschutzanstrich. In praller Sonne nämlich können dunkle Gleise bis zu 55 °C heiß werden, und wie jedes Metall dehnen sie sich bei Hitze aus. Schienen und Gleisbett werden dabei extrem strapaziert, schlimmstenfalls können sich die Schienen verbiegen, muss die Trasse gesperrt werden.

In Deutschland kam das bisher nach Angaben der Bahn noch nicht vor – die weiße Farbe soll mithelfen, dass dies so bleibt. Helle Oberflächen reflektieren mehr Sonnenstrahlung, die Schienen erhitzen sich dann weniger. Bei einem ersten Versuch 2018 auf einem Testgelände nahe Magdeburg waren geweißte Gleise rund sieben Grad kühler geblieben als ungeweißte. In Italien oder auch Spanien, so die Bahn, sei ein solcher Anstrich schon lange üblich. Der Test auf der Pfieffetalbrücke soll unter anderem zeigen, ob die Spezialfarbe im feuchteren deutschen Klima auf den Gleisen hält.

Noch ein drittes Hauptproblem benannte die PIK-Studie: »Lokale Starkregenereignisse verbunden mit Sturzfluten sowie Dauerregen verbunden mit großflächigen Überschwemmungen werden intensiver bzw. häufiger.« Dies sei bereits im Südosten zu beobachten, und auch in den Mittelgebirgen seien weitere Zunahmen zu erwarten. Die Folge: »Bahntrassen entlang von Tälern und Flussläufen sind besonders gefährdet« durch »Überschwemmungen und Schlammlawinen«. Schon eine Studie für den internationalen Bahnverband UIC[182] hatte vor fast zehn Jahren beispielhaft untersucht, wie sehr etwa die viel befahrene Bahnstrecke entlang des Rheins durch Extremwetter verwundbar ist. Besonders auf den linksrheinischen Höhenlagen, so ein Ergebnis, sei bis Ende des Jahrhunderts mit stärkeren Regen zu rechnen – und damit auch mit vermehrtem Risiko, dass Flüsse über die Ufer treten oder Hänge ins Rutschen geraten.

Für das gesamte Netz hat das Eisenbahn-Bundesamt 2020 eine »Gefahrenhinweiskarte zu Hang- und Böschungsrutschungen« erstellen lassen. Jeweils einen Kilometer links und rechts der Gleise wurden Geländeeigenschaften kartiert und geologische Daten ausgewertet, etwa zu Hangneigung und Festigkeit von Gestein. Das Ergebnis war eine Karte mit vielen Hundert roten Punkten – jeder steht für eine Stelle im Schienennetz, die potenziell stark oder sehr stark gefährdet ist. Auf rund 1900 Kilometer Bahntrassen (etwa sechs Prozent des Gesamtnetzes) besteht laut einer aktuellen Schätzung im Auftrag des Bundesverkehrsministeriums ein hohes Risiko von Hangrutschungen – bis Mitte des Jahrhunderts könnten wegen des Klimawandels fast 400 und bis Ende des Jahrhunderts sogar 900 weitere Kilometer dazukommen.[183]

Viele der Hänge sind bereits heute künstlich stabilisiert, zum Beispiel mit Betonkonstruktionen oder Stahlnetzen – das wird künftig an noch mehr Orten nötig werden. Gegen Sturzregen kann man versuchen, sich mit Gräben und dickeren Abflussrohren zu rüsten. Man kann Bahndämme oder Brücken verstärken. Aber nachträgliche Verstärkungen und Schutzeinrichtungen sind meist schwierig und teuer. »Die Anpassung etwa an Hochwasser geht eigentlich nur im Neubau«, sagt Bahn-Expertin Meßenzehl. »Bei einer bestehenden Strecke kann man nicht einfach sagen, so, wir führen die jetzt mal woanders lang oder legen sie schnell mal ein paar Meter höher.«

Was den Milliardenkonzern so intensiv beschäftigt, ist natürlich ebenso ein Thema für unzählige Nahverkehrsunternehmen. Die stärkeren Gefahren durch Stürme betreffen auch die Oberleitungen von Straßenbahnen. Die Bahnhöfe und Schächte von U-Bahnen müssen auf extreme Regenfälle vorbereitet und gegen zunehmende Überflutungsrisiken gesichert werden – ein finanzieller Kraftakt. Nicht zuletzt werden bis 2050 Linienbusse in Deutschland eine Klimaanlage brauchen, wenn es in ihnen im Sommer noch erträglich sein soll.

Für etliche Straßen und Autobahnen wird sich das Hochwasserrisiko mindestens verdoppeln

Das deutsche Straßennetz ist mit mehr als 800 000 Kilometern rund 25-mal so lang wie jenes der Bahn. Hier wächst in den kommenden Jahrzehnten ebenfalls das Risiko durch Schlamm- und Gesteinslawinen. Laut der zitierten Studie für das Verkehrsministerium sind derzeit rund 2600 Kilometer Bundesstraßen und Autobahnen prinzipiell durch (wie es im Fachjargon heißt) »gravitative Massebewegungen« gefährdet – also von Hängen oder Böschungen, die durch extremeren Regen ins Rutschen kommen könnten. 2050 werden es laut der Studie bereits knapp 3000 Kilometer sein, Ende des Jahrhunderts schätzungsweise 3600 Kilometer. Besonders deutlich nimmt das Risiko demnach im Alpenvorland, im Schwarzwald, im Bayerischen Wald und im Rheinischen Schiefergebirge zu, aber auch im Harz, im Odenwald und Teilen des Spessart. Und um für künftige Starkregen gewappnet zu sein, empfiehlt eine Studie des Bundesamtes für Straßenwesen zum Beispiel, Regenauffangbecken künftig um 20 Prozent größer zu bauen.[184]

Ebenfalls zunehmen werden die Gefahren durch Hochwasser: Etwa 1100 Kilometer Bundesstraßen und Autobahnen liegen in Gebieten etwa an Rhein oder Elbe, die in der Vergangenheit statistisch alle hundert Jahre überschwemmt wurden. Künftig ist zum Beispiel am Rhein alle 20 bis 50 Jahre mit solchen »Jahrhunderthochwassern« zu rechnen – etliche Straßenabschnitte werden also mindestens doppelt so häufig wie bisher durch Hochwasser getroffen. Ein Untersuchungsbericht des Bundesverkehrsministeriums warnt: »Die Folgen von Verkehrseinschränkungen in diesen Bereichen wären weitreichend, da wichtige europäische Verkehrskorridore in den Flusstälern des Ober- und Niederrheins, der mittleren und unteren Elbe sowie im Küstenbereich betroffen wären.«[185]

Auch für größere Nebenflüsse des Rheins sieht das Papier bis Ende des Jahrhunderts teils erhebliche Zunahmen der Hochwasserrisiken, etwa für Neckar, Main und Lahn sowie – etwas schwächer – die Mosel. An der Donau und ihren Nebenflüssen Altmühl, Inn, Isar, Naab und Regen werden Hochwasser, wie sie bislang statistisch einmal in hundert Jahren vorkamen, laut der Modellrechnungen Mitte des Jahrhunderts etwa alle 40 bis 50 Jahre auftreten – also ebenfalls mehr als doppelt so oft.[186]

Doch auch das Gegenteil, zu wenig Wasser, kann Straßen gefährlich werden: 8. April 2011, auf der Autobahn A 19 südlich von Rostock herrscht an diesem Freitagmittag mäßiger Verkehr. Auf den weiten Feldern ringsum sind Traktoren beim Pflügen, seit Wochen hat es nicht geregnet. Als ein nahendes Tief erste Windböen über die Äcker schickt, wird Erde aufgewirbelt und über die Autobahn geweht. Plötzlich kann man nur noch wenige Meter weit sehen.

Autos rasen in die dunkle Wolke, krachen ineinander. 17 Pkw und drei Lastwagen gehen in Flammen auf, darunter ein Gefahrgut-Transporter. Unter Atemmasken löscht die Feuerwehr den Brand, die Rettungskräfte waten schließlich durch Schlamm. Acht Menschen kommen in dem Inferno ums Leben, fast hundert werden verletzt.

Sandsturm – das klingt nach Sahara oder Tausend und einer Nacht. Doch in Mecklenburg-Vorpommern mit seiner zunehmenden Trockenheit und den großflächigen Äckern ist dies inzwischen ein wiederkehrendes Phänomen, wenn im Frühjahr auf den Feldern noch nichts wächst und dann Trockenheit und Wind zusammenkommen. Fast schon routiniert stellen Straßenmeistereien an gefährdeten Autobahnabschnitten Schilder auf mit den Hinweisen »Gefahrenstelle« und »Sandsturm«. Auf Landstraßen häufen sich bisweilen sogar kleine Sanddünen (wie im Winter Schneeverwehungen), teils müssen sie mit Radladern geräumt werden.

Das größte Problem für die Straßen in Deutschland wird jedoch die Hitze. Zu diesem Ergebnis kam 2017 eine Untersuchung der Bundesanstalt für Straßenwesen. Wie bei der Bahn waren auch auf Autobahnen und Bundesstraßen in der Vergangenheit Schnee und Frost die Wetterphänomene, die am häufigsten für Störungen sorgten. Künftig jedoch werden heiße Sommer das ernstere Problem – am stärksten in der Rhein-Main-Region, im Osten Bayerns und im Süden Brandenburgs.[187]

»Die dunkle Oberfläche von Asphalt heizt sich an heißen Tagen in praller Sonne extrem auf – das können locker 60 Grad werden«, erklärt Alexander Buttgereit. Er ist Abteilungsleiter im Tiefbauamt der Stadt Münster und hat jahrelange Erfahrung im Straßenbau, daneben arbeitet er in der bundesweiten Forschungsgesellschaft für Straßen- und Verkehrswesen (FGSV) mit. Er kann lang und breit über die Konstruktion von Straßen reden, über Tragschichten und Bindungsschichten und Deckschichten, über die Vor- und Nachteile verschiedener Asphaltsorten oder Zusatzstoffe.

»Ab etwa 55 Grad«, erklärt Buttgereit, »wird der übliche Straßenbelag weich. Ab 65 Grad können Sie nichts mehr machen.« Die Reifen von Autos und besonders Lastwagen drücken sich ein, es bilden sich Spurrillen. »Am schlimmsten ist stehender Verkehr« – das Warten an Ampeln, Stau, Stop-and-Go. Die unteren Schichten einer Straße sind eigentlich für mehrere Jahrzehnte ausgelegt, nur die oberen paar Zentimeter werden üblicherweise alle acht bis zehn Jahre ausgewechselt. Doch wird diese »Deckschicht« zu weich, nimmt auch der Unterbau Schaden – die ganze Straße muss (zum vielfachen Preis) saniert werden.

Besonders gefährdet sind in heißen Sommern Betonfahrbahnen, wie sie vor allem in den 1980er-Jahren vielfach entstanden. Bei hohen Temperaturen dehnt sich der gegossene Beton aus, doch wenn die Fugen aus Teer nicht ausreichen, um dies auszugleichen, kann der Beton unter den Spannungen brechen, sich eisschollenartig aufstellen. Im Hitzesommer 2018 zum Beispiel passierte das an etlichen Autobahnabschnitten. Als »Blow-up« wird das Phänomen bezeichnet: Fährt ein Auto oder gar ein Motorrad über solche Stellen, drohen schwere Unfälle.

In jenem Jahr legte das Problem sogar einen Flughafen lahm: In Hannover-Langenhagen brach im Juli 2018 bei sengender Hitze die Start- und Landebahn auf, Dutzende Flugzeuge mussten am Boden bleiben oder zu anderen Flughäfen umgeleitet werden, weil sie nicht landen konnten. 15 000 Passagiere hingen bis zu 30 Stunden fest. Die Johanniter stellten Feldbetten auf, die Feuerwehr verteilte Notverpflegung, hektisch wurde die Piste über Nacht repariert. Damit sich die Havarie nicht wiederholt, wurde die Startbahn in den folgenden Wochen notgekühlt: Mehrfach am Tag fuhren Traktoren mit riesigen Tankwagen über die Betonfläche und versprühten Wasser. Für Hunderttausende von Kilometern Straßen oder Autobahnen ist das natürlich keine Option.

Damit die auch in den Sommern der Zukunft verlässlich benutzbar bleiben, braucht es andere Asphaltmischungen, wie sie etwa in

Südeuropa verwendet werden. Das Problem: Für Deutschland eignen sich diese Mischungen nicht wirklich, weil Straßen hierzulande im Winter weiterhin teils strengen Frost aushalten müssen. Und was den Asphalt im Sommer härtet, macht ihn im Winter spröde – es entstehen mehr Risse, über die Nässe eindringt, was den Asphalt beim nächsten Frost aufplatzen lässt. Seit Jahren werden deshalb geeignete Asphaltmischungen und verschiedene chemische Zusatzstoffe getestet.

Darüber hinaus wird, um die Temperatur des Asphalts zu senken, mit helleren Oberflächen experimentiert. Auf der Autobahnbrücke der A1 über die Weser in Bremen zum Beispiel leuchtet seit dem Sommer 2020 die Fahrspur Richtung Osnabrück cremefarben. Auf 800 Metern wurde hier die Oberfläche aus Splitt des hellen Natursteins Lysit hergestellt. Wenn im Hochsommer die Sonne brennt, heize sich die Straße dadurch um acht bis zehn Grad weniger auf, so die Bremer Straßenbaubehörde. Gut möglich, dass in Deutschland 2050 viele Autobahnen und Straßen so aussehen.

Der Anstieg der Meeresspiegel wird auf lange Sicht dem Nord-Ostsee-Kanal Probleme bereiten

Zurück zur Elbe, diesmal im Sommer 2019 – sechs Jahre nach dem »Jahrhunderthochwasser« von 2013 herrschen wieder extreme Verhältnisse, diesmal entgegengesetzte: Am 31. Juli meldet der Pegel Magdeburg nur noch 45 Zentimeter, das erst im Jahr zuvor erreichte Allzeittief wird damit noch unterschritten. Und das Niedrigwasser dauert Monate. In Dresden stellen die traditionsreichen Schaufelrad-Ausflugsdampfer teilweise den Betrieb ein. In Torgau taucht der sogenannte Hungerfelsen aus dem Fluss auf – im Mittelalter so benannt, weil Missernten drohten, wenn die Elbe so wenig Wasser führte, dass er zu sehen war. In der Altstadt von Dömitz (Mecklenburg-Vorpommern) ist das historische Flussbett der Elbe ausgetrocknet, die Wasserschutzpolizei kann ihr Bootshaus wegen Niedrigwasser nicht erreichen. Und im Hafen von Aken (Sachsen-Anhalt), nach der Wiedervereinigung mit vielen Millionen aus EU-Fördertöpfen ausgebaut, stapelt sich Frachtgut, weil über Monate kein Lastschiff anlegen kann.

Neben Schienen und Straßen gibt es in Deutschland auch rund 7300 Kilometer Binnenwasserstraßen – Flüsse wie Elbe, Donau und Rhein, außerdem künstlich angelegte Verbindungen wie den Mittelland- oder den Nord-Ostsee-Kanal. Mehr als 200 Millionen Tonnen Güter werden in einem normalen Jahr auf den deutschen Binnenwasserstraßen transportiert, das sind drei Viertel der Güterleistung der Bahn oder so viel, wie 14 Millionen Lastwagen transportieren können. Der Transport auf Flüssen und Kanälen ist der wohl klimaanfälligste Verkehrszweig überhaupt; die erwarteten Änderungen bei den Niederschlägen – vor allem weniger Regen im Sommer – wirken sich hier ganz direkt aus. Die Folgen sind je nach Region unterschiedlich: Niedrigwassersituationen im Sommer dürften an Elbe oder Donau langfristig zunehmen, so die Ergebnisse von Modellrechnungen; etwas schwächer trifft es demnach Mosel, Neckar und Weser.[188]

Künstliche Wasserstraßen wie der Main-Donau-, der Mittelland- oder der Elbe-Seitenkanal sind grundsätzlich weniger anfällig, weil bei ihnen ja der Wasserstand komplett durch Staustufen reguliert werden kann. Doch bei lang anhaltenden Dürren würde auch ihnen irgendwann das Wasser fehlen. Ein Sonderfall ist der Nord-Ostsee-Kanal. Zwischen 1887 und 1895 als »Kaiser-Wilhelm-Kanal« gebaut, ist er eine der weltweit meistbefahrenen künstlichen Wasserstraßen für Seeschiffe. Rund hundert Kilometer lang durchschneidet er Schleswig-Holstein von der Elbmündung in Brunsbüttel quer hinüber nach Rendsburg und weiter bis Kiel, wo er in die Ostsee mündet. Doch er ist nicht nur ein wichtiger Schifffahrtsweg, sondern dient auch zur Entwässerung weiter Teile des Bundeslandes. Wegen des Klimawandels werden die Niederschläge im Winter deutlich zunehmen, und es kommt häufiger zu Starkregen – die vielen Niederschläge sammeln sich dann im Nord-Ostsee-Kanal. Der ist so konstruiert, dass das Wasser jeweils bei Ebbe in Nord- und Ostsee abgelassen wird.

Schon in der Vergangenheit kam es gelegentlich zu Situationen, wo durch starken Regen der Kanal voll war, aber wegen Sturmflut auch vor den Schleusentoren hohe Pegel herrschten. Das Wasser floss nicht ab, weshalb die Schifffahrt reduziert oder eingestellt werden musste. Nun sind aber die Meeresspiegel seit Inbetriebnahme des Kanals vor mehr als hundert Jahren bereits um rund 20 Zentimeter gestiegen, bis Ende des Jahrhunderts könnte noch bis zu einem Meter hinzukommen. In Zukunft wird es deshalb, heißt es in einem Forschungsbericht des Bundesverkehrsministeriums, häufiger zu »angespannten Entwässerungssituationen« kommen. Dauerhaft höhere Wasserstände im Kanal wären auch für die Standsicherheit von Böschungen und Brücken ein Problem. Langfristig müssten deshalb, so der Bericht, wohl »neue Lösungen gefunden werden«,[189] denkbar wäre etwa die Installation riesiger Pumpen.

Der Rhein wird wegen zunehmender Niedrigwasser ein unzuverlässiger Transportweg

Noch stärker trifft der Klimawandel den Rhein – ausgerechnet also den wirtschaftlich bedeutsamsten Fluss des Landes. Über ihn laufen mehr als drei Viertel des deutschen Binnenschiff-Güterverkehrs, auch europaweit ist er die wichtigste Wasserstraße. Übers Gesamtjahr betrachtet wird im Rhein in den kommenden Jahrzehnten die durchfließende Wassermenge zwar zunehmen, und auch dort zeigt sich die deutschlandweite, allgemeine Jahreszeiten-Verschiebung: mehr Wasser im Winter, weniger im Sommer.

Doch von der sommerlichen Abnahme wird am Rhein bis 2050 wohl nur relativ wenig zu spüren sein. Bis dahin wird nämlich der nachlassende Niederschlag im Sommer teilweise ausgeglichen durch eine andere Folge des Klimawandels, das Abschmelzen der Alpengletscher. Diese schwinden in den kommenden Jahrzehnten zunehmend, und ihr Schmelzwasser füllt während der Sommermonate teilweise wieder auf, was durch zurückgehende Niederschläge und hohe Verdunstung fehlt. Nach 2050 jedoch wird dieser Effekt schwächer, weil dann immer mehr Gletscher verschwunden sein werden – und dann werden auch die Rheinpegel im Sommer deutlich fallen.

In einer Studie hat die Bundesanstalt für Gewässerkunde gemeinsam mit anderen Behörden ausgerechnet, was der Klimawandel für die Schiffbarkeit des Rheins bedeutet. Ergebnis: nichts Gutes. Der Pegel Kaub zum Beispiel in Rheinland-Pfalz, gelegen zwischen Bingen und Koblenz, kurz vor der Loreley, ist eine besonders flache Stelle am Mittelrhein. Bislang wird dort an durchschnittlich 20 Tagen pro Jahr die »garantierte Tiefe« von 1,90 Meter unterschritten. Bis 2050 ändert sich daran laut der Studie wenig – bis Ende des Jahrhunderts jedoch könnte sich die Zahl jährlicher Niedrigwassertage auf bis zu 50 mehr als verdoppeln. Ein extremes Niedrigwasser wie 2018, das bisher statistisch alle 20 bis 60 Jahre auftrat, ist bei ungebremstem Klimawandel Ende des Jahrhunderts alle fünf bis 15 Jahre zu erwarten.[190]

Dasselbe Bild ergeben Simulationen für den Niederrhein. Am Pegel Duisburg-Ruhrort steigt ab Mitte des Jahrhunderts die Zahl der Niedrigwassertage ebenfalls deutlich. Die Veränderungen bei der Wasserführung haben auch zur Folge, dass sich an ohnehin seichten Stellen mehr Sand absetzt, etwa an der sogenannten Deutzer Platte im Stadtgebiet von Köln. Die Situation an diesem Nadelöhr für die Rhein-Schifffahrt werde sich »infolge des Klimawandels weiter verschärfen«, warnt der Bericht.[191] Selbst häufigeres Ausbaggern werde langfristig nicht mehr helfen.

Für die Nutzung als Schifffahrtsweg hat all dies erhebliche Folgen. Rund 180 Millionen Tonnen Güter werden pro Jahr auf dem

Rhein transportiert, vor allem Kraftwerke und Stahlhütten, Raffinerien und Chemiewerke sind auf Binnenschiffe angewiesen. Bis 2050 droht ein Rückgang der Transportkapazität des Rheins um bis zu zehn Prozent, so der Bericht, bis Ende des Jahrhunderts könnten es sogar bis zu 25 Prozent werden.[192]

Bislang verlassen sich viele Unternehmen in West- und Südwestdeutschland auf den Rhein fast wie auf ein gleichmäßig laufendes Förderband. Davon werden sie sich verabschieden müssen, jedenfalls wenn die pessimistischen Klimaszenarien eintreten. Spätestens in der zweiten Hälfte des Jahrhunderts sei, so die Untersuchung in etwas gestelzter Sprache, »die Wasserstraße Niederrhein mit den heutigen Konzepten und auf dem heutigen Niveau nicht mehr unterhaltbar«.[193] BASF-Vorstandschef Martin Brudermüller forderte daher bereits nach dem Dürresommer 2018, über Schleusen und Staustufen für den Rhein nachzudenken. Doch das hätte schwerwiegende ökologische Folgen – und wäre zudem eine Investition von gewaltigen Dimensionen: Nicht nur die Sperrwerke müssten gebaut, sondern wegen des dann höheren Wasserstandes am Oberlauf auch Uferstraßen, Bahnstrecken und Hochwasserdämme angepasst werden.

Enno Nilson, Klimaexperte bei der Bundesanstalt für Gewässerkunde in Koblenz, sagt: »Die drohenden Probleme haben viel damit zu tun, dass wir den Rhein heute bis zum Limit ausreizen.« Seit den 1970er-Jahren habe sich die Größe der üblichen Binnenschiffe verdoppelt. »Das senkt natürlich die Transportkosten – aber größere Schiffe haben auch mehr Tiefgang und sind deshalb viel verwundbarer durch Niedrigwasser.«

Weiter wie bisher kann es in Zeiten des Klimawandels nicht gehen. Nilson formuliert es so: »Die gewohnten ökonomischen Kalkulationen werden in den kommenden Jahrzehnten immer weniger funktionieren.« Natürlich könne ein Unternehmen alles auf niedrige Kosten trimmen – aber wenn es dabei die zunehmenden Klimarisiken nicht einbeziehe, dann kämen falsche Ergebnisse heraus, warnt er. Dann setze es zum Beispiel auf immer größere Schiffe – aber im Krisenfall stehe halt alles still. »Es wird viel Überzeugungsarbeit brauchen, um die bisherige Herangehensweise zu ändern.«

Konkret heißt das: Die Schiffe sollten künftig wieder leichter werden und weniger Tiefgang haben – und die Unternehmen sich von Just-in-time-Konzepten verabschieden. In den vergangenen Jahrzehnten haben viele Firmen Kosten gesenkt, indem sie die Lagerhaltung reduzierten und dazu übergingen, zum Beispiel Rohstoffe tages- oder gar stundengenau für ihre Produktion zu bestellen. Doch wenn im Zuge des Klimawandels die Verkehrsverbindungen weniger verlässlich werden, dann wäre es ganz klug, wieder größere Lager anzulegen.

Diese Einsicht lässt sich auf das gesamte Transportsystem übertragen – ebenso auf Staat und Gesellschaft: Es kann künftig zum Beispiel eine weise Entscheidung sein, mehrere alternative Verkehrswege oder -mittel bereitzuhalten, auch wenn dies kurzfristig erst mal teurer ist. Die Bahn oder auch Straßenmeistereien und kommunale Bauhöfe werden künftig mehr Personal einstellen (und bezahlen) müssen, um auch bei häufigeren Extremwettern Schienen und Straßen schnell wieder instand zu setzen. Trassen oder auch Brücken müssen künftig stabiler gebaut werden.

Will man sich diese Kosten sparen, muss man anderswo aktiv werden – bei den Treibhausgas-Emissionen. Denn je stärker der Klimawandel gebremst wird, desto milder werden die Folgen auch für die Verkehrswege ausfallen. Blickt man zum Beispiel auf die Szenarien für Niedrigwasser des Rheins, dann zeigt sich der Unterschied deutlich: Sänke der Treibhausgas-Ausstoß schnell und drastisch, so der mehrfach zitierte Expertenbericht für das Verkehrsministerium, dann ergäben sich für die Rheinschifffahrt nur »sehr moderate bzw. keine Änderungen«.[194]

Kapitel 9: **Wirtschaft**

Überhitzungsgefahr für die deutsche Wirtschaft

Kühlwassermangel, Logistikprobleme, Arbeiter im Hitzestress – große wie kleine Firmen werden unter dem Klima ächzen. Doch die schwersten Folgen drohen indirekt aus dem Ausland

Glänzende Rohre und rostige Rohre. Fingerdicke Rohre, armdicke Rohre und Rohre, die so dick sind, dass man durch sie hindurchkriechen könnte. Die Rohre verlaufen auf meterhohen Stahlstelzen längs der Straße, an jeder Ecke zweigen Rohre ab und überqueren sie. Die Rohre führen in Werkhallen, zu riesigen Stahlzylindern, haushohen Öfen. Immer mal wieder ragen Fackeln in den Himmel, mit denen Reststoffe aus den Produktionsanlagen verbrannt werden.

Ein undurchschaubares Gewirr von Rohren prägt das Stammwerk von BASF in Ludwigshafen (Rheinland-Pfalz). Rund 3000 Kilometer lang sind sie – aneinandergereiht würden sie ungefähr bis Neapel und wieder zurück reichen. Das Gelände ist einer der größten zusammenhängenden Chemiekomplexe der Welt, groß wie eine Stadt. Sieben Kilometer zieht sich das Werk den Rhein entlang, etwa 40 000 Menschen arbeiten hier. Es gibt 106 Kilometer Straße, interne Buslinien, einen eigenen Rangierbahnhof mit 24 Gleisen, von dem täglich Züge mit Vorprodukten in die Zweigwerke Antwerpen und Schwarzheide (Brandenburg) abgehen.

Die Hauptmagistrale heißt Anilinfabrikstraße – eine Referenz an die Wurzeln des Milliardenkonzerns (»Badische Anilin- und Sodafabrik«), gegründet 1865 vom Mannheimer Unternehmer Friedrich Engelhorn, um auf der Basis des farblosen, öligen Stoffes Farben für die Textilindustrie herzustellen. Von ihr geht unter anderem die Ammoniakstraße ab, die Benzolstraße, die Harnstoffstraße, die Styrolstraße. Eine Mitarbeiterin der BASF-Pressestelle fährt den Besucher in einem weißen Kleinwagen übers Gelände; sie sei schon seit Jahrzehnten im Unternehmen, aber verirre sich immer noch regelmäßig, erzählt sie lachend.

Auf der Chlorstraße ist gerade Stau. Tanklaster warten in langer Reihe darauf, befüllt zu werden. Mehrere Tausend Produkte entstehen auf dem Areal, Grundchemikalien wie Ethylen oder Propylen, aus denen Kunststoffe hergestellt werden zum Beispiel für Autoteile, für Baustoffe, für Verpackungen, für Dämmplatten, für Flachbildschirme; daneben aber auch Endprodukte wie Farben und Lacke, Vitamine für die Ernährungsindustrie oder die mega-saugstarken Kügelchen, die den Kern von Wegwerfwindeln bilden. Irgendwann endet die Rundfahrt am Rheinufer, aber vorher muss der Wagen einen kleinen Hang hinunterfahren. Das gesamte Werk, wird hier klar, steht auf einem Plateau.

Ein Frachter mit Sand tuckert stromabwärts. Am gegenüberliegenden Ufer schiebt sich ein riesiges Containerschiff Stück für Stück rückwärts aus dem Mannheimer Hafen. Das Werksareal liegt mehrere Meter über dem Flusspegel. Auch ein blauer Container mit Messgeräten, der am Ufer stehend den Rhein überwacht, ist vorsorglich auf hohe Stelzen montiert. Für Hochwasser, ist deutlich zu sehen, hat sich BASF gerüstet. Bevor das Werk absäuft, würden weite Ländereien ringsum volllaufen.

Im Sommer 2018 wurde der Chemieriese dennoch kalt erwischt. Statt zu viel Wasser zu führen, wie man es vom Rhein immer mal wieder kennt, herrschte plötzlich extremes und lang anhaltendes Niedrigwasser. Üblicherweise laufen pro Tag rund 20 Binnenschiffe das Werk an – 2018 konnten sie wochenlang gar nicht fahren oder nur mit einem Teil ihrer Ladung. Bald wurden Rohstoffe knapp.

Besonders fatal war in jenem Jahr, dass es zugleich sehr trocken und sehr heiß war. BASF nutzt den Rhein nicht nur als Transportweg (siehe Seite 196), sondern entnimmt auch Kühlwasser für seine Anlagen, laut behördlicher Genehmigungen dürfen es bis zu 221 000 Kubikmeter pro Stunde sein. Doch das wenige Wasser, das es 2018 im Rhein überhaupt gab, war dann auch noch besonders warm. BASF musste zeitweise mehrere Produktionsanlagen drosseln, manche gar abschalten. Bis in den Herbst dauerte das Niedrigwasser und bescherte dem Konzern nach eigenen Angaben rund 250 Millionen Euro Verlust.

2018 vermittelte vielen Bereichen einen Vorgeschmack auf den künftigen Klimawandel – auch der deutschen Wirtschaft. BASF war in jenem Sommer nicht allein. ThyssenKrupp musste sein Stahlwerk in Duisburg herunterfahren, weil auch dort nicht mehr genügend Rohstoffnachschub über den Rhein ankam. Shell drosselte die Produktion in zwei Raffinerien nahe Köln, weil Tankschiffe nur noch ein Drittel der Fracht transportieren konnten; Bahntrassen aber bereits überlastet und Tank-Lkw knapp waren. Im Süden und Westen Deutschlands stiegen daraufhin die Benzinpreise, einige Tankstellen im Raum Düsseldorf mussten zeitweilig schließen, die Bundesregierung gab einen Teil der strategischen Ölreserven frei.

Wissenschaftliche Aussagen dazu, welche finanziellen Folgen der Klimawandel in Zukunft für die Wirtschaft haben wird, sind schwierig zu treffen. Das liegt weniger an Unsicherheiten der Klimaforschung, sondern vor allem daran, dass kein Ökonom auch nur halbwegs seriös voraussagen kann, wie sich Industrie und Gewerbe in den kommenden Jahrzehnten entwickeln werden.

Einzelne Studien haben dennoch Überschlagsrechnungen versucht. Bis 2050 werde der Klimawandel die deutsche Wirtschaft rund 800 Milliarden Euro kosten, schätzte vor mehr als zehn Jahren beispielsweise Claudia Kemfert vom Deutschen Institut für Wirtschaftsforschung (DIW) in Berlin. Dabei bezog sie unter anderem Ernteverluste in der Landwirtschaft und Schäden durch Waldbrände ein, sinkende Arbeitsproduktivität bei Hitze oder die Drosselung von Großkraftwerken durch Kühlwassermangel. Die süddeutschen Bundesländer, warnte Kemfert, müssten mit den höchsten Summen rechnen. Baden-Württemberg und Bayern drohten bis Mitte des Jahrhunderts insgesamt Kosten von 129 Milliarden Euro bzw. 113 Milliarden Euro. Gemessen an der Wirtschaftskraft aber treffe es andere, ärmere Bundesländer am härtesten: Für Sachsen-Anhalt zum Beispiel machten die Schäden 2,7 Prozent der Bruttowertschöpfung aus, knapp dahinter in der Rangfolge lagen Rheinland-Pfalz, Thüringen, Bremen und Brandenburg.[195]

Dabei wird es Deutschland und seiner Wirtschaft noch relativ glimpflich ergehen. Andere Weltregionen trifft der Klimawandel viel stärker als Europa; und innerhalb der EU werden die südlichen Länder am meisten Schwierigkeiten bekommen, etwa Italien und Spanien. »Selbst bei mildem Klimawandel können die ökonomischen Kosten potenziell hoch sein«, warnte die EU-Umweltagentur in einem Report 2016, »und die Kosten steigen signifikant für Szenarien mit stärkeren Klimaveränderungen.«[196] Momentan bewegt sich die Welt auf genau diesem Pfad.

Eine Studie im Auftrag der EU-Kommission kam 2018 zu dem Ergebnis, dass bei ungebremsten Emissionen die wirtschaftlichen Einbußen für die EU bis Ende des Jahrhunderts auf 240 Milliarden Euro jährlich steigen könnten, rund 1,9 Prozent der Wirtschaftsleistung. Und bei dieser Kalkulation wurden wegen methodischer Schwierigkeiten nur einige wenige Klimawirkungen überhaupt berücksichtigt.

Deutsche Unternehmen würden den Klimawandel vor allem indirekt zu spüren bekommen, schrieb das Bundeswirtschaftsministerium 2016 in einer Antwort auf eine Kleine Anfrage der Bündnisgrünen im Bundestag[197] – also durch internationale Rückwirkungen, etwa wenn Länder in anderen Teilen der Welt wegen Klimaschäden weniger deutsche Produkte kaufen oder zunehmende Extremwetter Importe behindern. Dennoch sollten auch die direkten Folgen von Klimaveränderungen hier in Deutschland nicht unterschätzt werden. Am stärksten trifft es sicherlich die Land- und Forstwirtschaft und den Tourismus – doch wie verwundbar auch Industrieriesen sein können, zeigt das Beispiel BASF.

Niedrigwasser wie 2018 hatten Klimamodelle für den Rhein eigentlich erst in Jahrzehnten erwartet

Seit mehr als 40 Jahren beschäftigt der Konzern eigene Meteorologen, zunächst vor allem für Fragen der Luftqualität, also etwa dazu, wie sich Abgase aus Schornsteinen in der Umgebung verteilen. Seit Ende der 1980er-Jahre befassen sich die BASF-Meteorologen auch dezidiert mit dem Klimawandel. Max Bangert, 38, stieß 2013 zum Unternehmen, davor hat er am renommierten Karlsruher Institut für Technologie studiert und promoviert.

Bei BASF dachten sie eigentlich, sie seien gerüstet für den Klimawandel. So hatte sich der Konzern schon vor Jahren an das Climate Service Center Germany in Hamburg gewandt. Das Institut aus dem Helmholtz-Forschungsverbund ist spezialisiert auf praktische Klimafragen, berät Politik, Behörden, Wirtschaft. Es bereitet zum Beispiel Ergebnisse von Klimamodellen für einzelne Länder und Regionen überall in der Welt auf, damit sich etwa Unternehmen, Investoren oder Entwicklungshelfer gezielt informieren können. Als eine Art Pilotprojekt wurde 2015 die Klimazukunft speziell für das Werk Ludwigshafen analysiert. Das Ergebnis war ein zehnseitiges »Climate Fact Sheet«, Bangert blättert es durch. Punkt für Punkt listet es Klimaparameter auf. Niederschläge im Winter zum

Beispiel, ist dort zu lesen, werden am Rhein in den kommenden Jahrzehnten merklich zunehmen und damit das Risiko für Hochwasser – darauf hat sich der Konzern detailliert vorbereitet. »Zum Beispiel sind unsere Kläranlagen mit leistungsfähigen Pumpen ausgestattet, damit die gereinigten Abwässer auch bei hohem Wasserstand in den Rhein geleitet werden können«, so Bangert.

Starkregen werden in Ludwigshafen künftig ebenfalls häufiger (wie überall in Deutschland). Auch dafür sei man gerüstet, sagt Bangert, etwa durch eine sehr großzügig ausgelegte Kanalisation im Werk. »Wir arbeiten aber weiter an dem Thema, um auch künftig extreme Starkregen bestmöglich abfedern zu können.« Gemeinsam mit einem privaten Wetterdienst versucht BASF, die Daten von Regenradars mit hochaufgelösten Wettermodellen zu kombinieren. Die Hoffnung: Bis zu sechs Stunden im Voraus zu wissen, ob dem Werk ein Starkregen droht – bisher ist dies nicht für einen konkreten Ort möglich, sondern nur für größere Regionen.

Oder die Temperaturen – hier liegt Ludwigshafen in einem Hotspot: Der Oberrhein ist eines der Gebiete in Deutschland, die sich in den kommenden Jahrzehnten am stärksten erwärmen werden. »Für unsere Anlagen ist die Lufttemperatur nicht das große Thema«, sagt Bangert. »Sie sind sowieso für sehr hohe Temperaturen ausgelegt, da fallen die Änderungen infolge des Klimawandels kaum ins Gewicht.« Viel problematischer sei, dass sich auch das Rheinwasser im Zuge des Klimawandels deutlich erwärmen wird. Trifft dann eine Hitzewelle auf Niedrigwasser, kann die Kühlwasserversorgung der Anlagen gefährdet sein – so wie 2018.

Auch beim Punkt Niedrigwasser wusste BASF durch die Klimamodelle, dass da etwas zukommt auf das Unternehmen. Doch eine starke Verschärfung zeigen die Klimamodelle für den Rhein eigentlich erst in der zweiten Jahrhunderthälfte an. Bei Wetterextremen aber stoßen die Modelle aus methodischen Gründen an ihre Grenzen. »Sie liefern zwar verlässliche Aussagen zu mittleren Klimatrends«, erklärt der Meteorologe. »Entscheidend für unsere Standorte sind jedoch die Änderungen der Extreme – und zu denen sagen die Modelle leider ziemlich wenig.« Genau solche Aussagen aber zu Situationen, die schlimmstenfalls eintreten können, bräuchte er. »Ich werde von Anlagenbauern öfter gefragt, wie groß der neue Lüfter denn dimensioniert werden müsse«, erzählt Bangert. Lieber etwas größer, antworte er dann. Doch Controller wollen robuste Zahlen, um das Kosten-Nutzen-Verhältnis von Investitionen auszurechnen. »Das ist für selten eintretende Ereignisse schwer.«

Nach dem Schock 2018 hat BASF schnell reagiert. Gemeinsam mit anderen Konzernen und dem Bundesverkehrsministerium wurde ein Acht-Punkte-Plan aufgestellt, er sieht unter anderem verbesserte und längerfristige Pegelprognosen vor – damit kann die Logistik zuverlässiger geplant werden. BASF will künftig auch auf kleinere, spezialisierte Binnenschiffe setzen, die bei Niedrigwasser besser durchkommen. Eine weitere Vorsorgemaßnahme sieht man im Ludwigshafener Werk an der Anilinfabrikstraße, Ecke Magazinstraße: Auf fast 200 Metern reihen sich dort zwölf sogenannte Trockenkühlanlagen aneinander. Die Metallkonstruktionen sind hoch wie ein zweistöckiges Haus, auf dem Dach ein riesiges, liegendes Ventilatorrad. Es saugt Luft nach oben, gleichzeitig rieselt Wasser nach unten. In diesen Anlagen wird aufgeheiztes Kühlwasser wieder abgekühlt und kann deshalb mehrfach verwendet werden. Das kostet zwar Energie (und Geld), senkt aber die Menge an Rheinwasser, die das Werk braucht – und macht es so deutlich robuster gegenüber künftigen Niedrigwassern.

Unternehmen wie BASF, die sich bewusst auf Klimaveränderungen vorbereiten, sind bislang eher selten in Deutschland. Natürlich, seit ein paar Jahren redet die Wirtschaft ständig vom Klima. Aber meist drehen sich die Debatten um Klimaschutz – also darum, wie sich die Emissionen von Treibhausgasen senken lassen. Das ist natürlich wichtig, aber eben nur ein Teil des Gesamtthemas.

Spricht man mit Branchenverbänden, Managern oder auch Wissenschaftlern, dann lautet die einhellige Einschätzung: Viel mehr als mit den direkten Folgen des Klimawandels beschäftige man sich mit dem, was im Fachjargon als sogenannte »regulatorische Risiken« bezeichnet (und nicht selten bejammert) wird. Also dass Regierungen neue Klimaschutz-Vorschriften erlassen, zum Beispiel den Ausstoß von Treibhausgasen kostenpflichtig machen, manche Technologien fördern, andere vielleicht verbieten. All dies wirbelt ganze Branchen durcheinander, kann Unternehmen auf Berg- oder Talfahrt schicken.

Auch sogenannte »marktliche« Risiken haben viele Firmen bereits im Blick. Darunter versteht man, dass sich infolge des Klimawandels die Nachfrage nach Produkten oder Dienstleistungen ändert. Manchmal geschieht dies als Folge politischer Entscheidungen (siehe »regulatorische Risiken«), oft aber auch durch veränderte Werte und Einstellungen in der Gesellschaft, durch Änderungen etwa beim Konsumverhalten.

Zumindest kurzfristig mag es tatsächlich so sein, dass diese beiden Themen für die Wirtschaft stärker spürbar sind als die Folgen von Klimaveränderungen und die Notwendigkeit, sich anzupassen. Sie nehmen meist erst auf lange Sicht zu – dann aber gewaltig. Diesen Aspekt des Klimathemas nennen Fachleute »physikalische Risiken«; und langsam, endlich, rücken auch sie in den Blick.

Fast die Hälfte der deutschen Unternehmen beklagt bereits Probleme durch Hitzewellen

»Inzwischen ist das ein wichtiges Thema in der und für die Wirtschaft geworden«, bestätigt Markus Groth. Er leitet die Risikoberatungseinheit bei Marsh Deutschland, dem hiesigen Ableger des weltweit aktiven Versicherungsmakler- und Risikoberatungsunternehmens. »Merklich gestiegen« sei die Nachfrage nach seinen Produkten, sagt Groth. »Uns wundert das nicht, denn wir sehen an unseren Daten, dass unter anderem die Häufigkeit von Überflutungen zugenommen hat.« International vernetzte Firmen fragten verstärkt, ob sie sich beispielsweise gegen Überschwemmungen in Ländern absichern können, aus denen sie Rohstoffe, Vorprodukte oder Waren beziehen. Agrarunternehmen zum Beispiel seien immer öfter an Dürreversicherungen interessiert. Dieses Bild bestätigt eine Unternehmensumfrage des Münchner ifo-Instituts: 45 Prozent der Firmen gaben da zum Beispiel an, Hitzewellen würden bereits heute ihre Wertschöpfung beeinträchtigen – doppelt so viele wie noch bei einer Untersuchung 2011. In einer Umfrage der IHK Berlin klagten sogar 66 Prozent der Unternehmen in der Hauptstadt, zu große Hitze schade schon jetzt dem Geschäft.[198]

»Wir raten unseren Kunden dringend, sich Gedanken zu machen, wie sich Klimaveränderungen auf ihr Unternehmen auswirken können«, sagt Risikoberater Groth. Seine Firma helfe dann etwa dabei, Lieferketten zu durchleuchten und Anfälligkeiten aufzuspüren. Bei Kunden mit Produktionsanlagen in Küstennähe frage man schon mal, »ob sie sich eigentlich überlegt haben, wie lange sie dort angesichts steigender Meeresspiegel noch produzieren können«. Eventuelle Umsiedlungen nämlich erfordern lange Planungen. »Und wenn erst mal die Konkurrenz anfängt, nach neuen Standorten zu suchen, findet man selbst womöglich nur noch schwer etwas.«

Stark unterschätzt werde zum Beispiel das Risiko überhitzter Werkhallen, sagt Groth. In der Tat sind die Gewerbegebiete an den Rändern deutscher Städte und Dörfer vollgestellt mit Leichtbauhallen mittelständischer Betriebe. Die sind häufig nur wenig oder gar nicht isoliert, was sich vielleicht in hohen Energiekosten im Winter niederschlug – oft aber auch nicht, weil die Abwärme von Maschinen und Anlagen die Halle nebenher mitheizt. Bisher ließ man im Sommer einfach die Tore offen stehen und den Wind durchstreichen. Doch bei den Hitzewellen, die künftig drohen, wird das nicht mehr funktionieren. Statt wie bisher an höchstens ein paar Tagen im Jahr haben die Betriebe bald wochenlang ein

Hitzeproblem. »Natürlich kann man Werkhallen klimatisieren«, sagt Groth. »Aber das bedeutet enorme Kosten.«

Verschärft wird das Problem dadurch, dass sich Gewerbegebiete mit ihren riesigen versiegelten Flächen im Sommer besonders stark aufheizen – manchmal sogar stärker als dicht bebaute Innenstädte. Einen Vorgeschmack gab auch hier der Sommer 2018. In einem Werk des Spielzeugkonzerns Playmobil im fränkischen Dietenhofen herrschten damals Temperaturen von weit mehr als 30 Grad, was für heftige Konflikte sorgte. Acht Betriebsräte der IG Metall klärten die Belegschaft auf, dass ihnen laut bundesdeutscher Arbeitsschutz-Richtline ASR-A3.5 ab 35 Grad Raumtemperatur Extrapausen gewährt werden müssen. Daraufhin wurden sie von der Geschäftsleitung verklagt, zudem berichteten sie von Einschüchterungsversuchen und miesem Betriebsklima. Das Arbeitsgericht Nürnberg stärkte den Betriebsräten schließlich den Rücken.[199]

Extremwetter können Logistikketten unterbrechen – und Industrieanlagen in die Luft fliegen lassen

Die Liste der Schwierigkeiten, die der Klimawandel verschiedenen Branchen bereiten kann, ist lang. Führen Flüsse häufiger Niedrigwasser, ist das nicht nur für Binnenschiffe ein Problem oder für die Kühlwasserversorgung – zahlreiche Firmen verlassen sich auch darauf, Abwässer einleiten zu dürfen. Bei niedrigem Pegel wird das schwierig bis unmöglich, Produktionsausfälle drohen. Dem Kasseler Düngemittelkonzern K+S zum Beispiel passierte dies 2018 in seinem Werk an der Werra im hessisch-thüringischen Kalirevier. An mehr als 60 Tagen konnte es nur eingeschränkt laufen. Verlust für das Unternehmen: 110 Millionen Euro.

Besonders gefährdet ist die Logistikbranche. Wetterextreme werden künftig deutlich häufiger die Verkehrswege stören – mit Folgen auch für Lieferketten. Die Elbeflut 2013 zum Beispiel führte nicht nur zur monatelangen Unterbrechung einer wichtigen ICE-Trasse, sondern legte zum Beispiel auch den Güterzugverkehr in Teilen Deutschlands und Tschechien lahm. Daraufhin musste das Porsche-Werk in Leipzig die Produktion stoppen, weil Karosserien für den Geländewagen Cayenne aus einer Fabrik im slowakischen Bratislava nicht mehr durchkamen.

Seehäfen sind ebenfalls verwundbar – langfristig durch steigende Meeresspiegel, die unter anderem zu mehr Schäden durch höher auflaufende Sturmfluten führen. Schon kurzfristig macht sich die Zunahme von Extremwettern bemerkbar, Starkregen setzen Lagergut unter Wasser, bei heftigem Sturm können Großkräne oft nicht arbeiten, Containerstapel stürzen um.

Auch auf hoher See können Extremwetter zum Problem werden: Zum Jahreswechsel 2018/19 geriet die *MSC Zoe*, einer der größten Frachter der Welt, auf seinem Weg von Antwerpen nach Bremerhaven ins Sturmtief »Zeetje« und verlor mehr als 200 Gütercontainer. Mindestens einer enthielt gefährliche Chemikalien, andere wurden an den niederländischen Inseln Vlieland, Terschelling und Ameland angeschwemmt, wo dann die Strände mit Plastikspielzeug, Kleidung, Sandalen und Möbeln übersät waren.

Manches Logistik-Unternehmen bereitet sich bereits gezielt auf den Klimawandel vor, zum Beispiel die Firma Paneuropa aus Bakum (Kreis Vechta in Niedersachsen). Weil bei Starkregen immer öfter die Ladung feucht wurde, haben ihre Lkw-Sattelauflieger jetzt generell feste Kofferaufbauten statt Planen. Und um Frachtgut wie Olivenöl vor zunehmender Hitze zu schützen, rüstet sie immer mehr Anhänger mit Kühlaggregaten aus.

Zunehmende Extremwetter erhöhen nicht zuletzt das Risiko für Störfälle. Industrieanlagen können schnell außer Kontrolle geraten, wenn bei Stürmen, Überschwemmungen oder Starkregen etwa der Strom ausfällt und Steuerungsanlagen nicht mehr funktionieren. Das wohl drastischste Beispiel war die Nuklearkatastrophe in Japan im März 2011, als es nach einem Erdbeben und anschließender Tsunami-Welle in mehreren Reaktoren des AKW Fukushima-Daiichi zur Kernschmelze kam. Im texanischen Houston explodierte 2017 ein Chemiewerk, nachdem es durch den Hurrikan »Harvey« unter Wasser gesetzt worden war. Im slowakischen Chemiewerk Spolana spülte das Elbe-Hochwasser 2002 quecksilberhaltige Verbindungen wie Dioxine und Furane in den Fluss.

Wie schnell es auch hierzulande zu brenzligen Situationen kommen kann, zeigte sich im selben Jahr im sächsischen Dohna. In dem Städtchen, wenige Kilometer südlich von Dresden, wird seit fast 120 Jahren Flusssäure produziert, ein hochgiftiger Stoff, der in der Chemie-, Metall- und Erdölindustrie gebraucht wird. Das Werk liegt direkt an dem Flüsschen Müglitz – am 12. August 2002 verwandelte sich der Erzgebirgsbach in ein Ungetüm. Eine sogenannte Fünf-b-Wetterlage, wie sie infolge des Klimawandels häufiger vorkommen dürfte,[200] führte feuchtwarme Mittelmeerluft nach Norden, im Erzgebirge stürzten Fluten vom Himmel. Innerhalb weniger Stunden wurde die Müglitz zu einem reißenden Strom. Am Oberlauf brach ein Regenrückhaltebecken. Entwurzelte Bäume und anderes Treibgut blockierte Wehre und Brückendurchlässe.

Im Chemiewerk bekamen sie all das nur mit, weil stromaufwärts wohnende Kollegen anriefen und Alarm schlugen – eine offizielle Hochwasserwarnung gab es nicht. Sofort fuhr der Betriebsleiter die Anlagen herunter, kurz danach war das Werk überflutet. Die gefährlichen Chemikalien lagerten in großen Kesseln, die vorsorglich auf hohen Stahlstelzen stehen – glücklicherweise wurden sie nicht von vorbeischießendem Treibgut umgerissen. Die heikelste Lage entwickelte sich aber in den Produktionshallen. Die hektisch gestoppte Anlage musste unbedingt weitergekühlt werden, um eine Explosion zu verhindern. Für die erforderlichen Pumpen gab es ein Notstromaggregat, in den Tanks war vorschriftsgemäß Diesel für 48 Stunden. Doch das Hochwasser dauerte länger. Nur weil letztlich Hubschrauber der Bundeswehr weiteren Diesel einflogen, ging der Vorfall glimpflich aus.[201]

Im Nachhinein hat das Umweltbundesamt den Beinahe-Unfall von Dohna und die Sicherheit einiger anderer Chemieanlagen untersucht. Beim »Hochwasserschutz wurden zahlreiche Defizite erkannt«, so das Fazit. Als eine Reaktion wurden die Vorschriften für derartige Anlagen verschärft. Bei ihrer Projektierung muss nun, weil der Klimawandel für mehr Starkregen sorgt, ein Sicherheitsaufschlag von pauschal 20 Prozent eingeplant werden.[202]

Es wird auch Profiteure geben in der Wirtschaft: Hersteller von Klimaanlagen etwa oder Versicherungen

Aber sicherlich wird es unter den Unternehmen auch Nutznießer des Klimawandels geben. Die »Bandbreite der Gefühle« bei seinen Klienten sei extrem breit, sagt Risikoberater Markus Groth. »Sie reichen von ›Das kann zum Ende meines Lebenswerks führen!‹ bis zu ›Jahrzehntelang wollte niemand meine schönen Sandsäcke kaufen – aber jetzt …‹«

Am deutlichsten sind die Chancen bereits im Bereich Klimaschutz. So haben politische Vorgaben zur Emissionsminderung (analog zu »regulatorischen Risiken« könnte man von »regulatorischen Chancen« sprechen) reihenweise neue Produkte, Technologien und Unternehmen hervorgebracht – am augenfälligsten in der Branche der erneuerbaren Energien. Doch auch die Klimaänderungen selbst bieten neue Geschäftsmöglichkeiten, verändern die Nachfrage. »Vor ein paar Wochen war ich zu Besuch bei einem Hersteller für Klimaanlagen«, erzählt Groth. »Dem wird regelrecht die Bude eingerannt.«

Auch für BASF eröffnen zunehmende Extremwetter neue Märkte: An der Ostküste Chinas zum Beispiel unterbrachen starke Taifune in den vergangenen Jahren immer öfter die Stromversorgung. Die üblichen Leitungsmasten sind aus preiswertem Holz oder Beton – doch bei heftigen Wirbelstürmen knickten sie reihenweise um. Chinesische Energiekonzerne beauftragten deshalb BASF Shanghai, eine robustere Lösung zu finden. Der Konzern entwickelte daraufhin Strommasten aus dem hauseigenen Verbundwerkstoff »Elastolit«, einer Kombination aus Glasfaser und Polyurethan, die bereits lange zum Beispiel in der Autobranche für Schiebedächer oder Karosserieteile eingesetzt wird. Strommasten aus diesem Material sind stabil und zugleich biegsam, und weil sie innen hohl sein können, wiegen die Kunststoffpfähle mit rund 250 Kilogramm nur rund ein Viertel jener aus Beton. Als 2014 mit dem Taifun »Rammasun« wieder ein Wirbelsturm über Teile Chinas fegte, warf er mehr als 80000 konventionelle Strommasten um – laut BASF aber keinen aus Kunststoff. Inzwischen werden die Pfähle auch in andere Länder verkauft und unter anderem in entlegenen Gebieten in Norwegen und den Alpen eingesetzt.[203]

Chancen bieten sich ebenso bei Versicherungen. In Deutschland sind mit Münchner Rück und Hannover Rück gleich zwei der weltgrößten Rückversicherer ansässig (Konzerne, bei denen kleinere Versicherungsunternehmen ihre Risiken absichern). Statistiken der Münchner Rück zeigen seit Jahren einen Anstieg bei Schäden durch wetter- oder klimabedingte Naturgefahren, etwa Stürme, Fluten oder Hagel (dabei sind Effekte durch Inflation oder allgemein steigende Werte herausgerechnet). Wenig verwunderlich habe die Nachfrage nach entsprechenden Versicherungen »stark zugenommen«, sagt der Chefklimatologe des Konzerns, Ernst Rauch.

Da ist zum einen der Markt in Deutschland. Auch hierzulande gibt es eine große, wie Rauch es nennt, »Versicherungslücke«. »Zwar hat das Bewusstsein deutlich zugenommen, dass die Natur riskanter wird«, so Rauch – doch noch immer seien erst 40 Prozent der Gebäude gegen sogenannte Elementarschäden versichert (der Fachbegriff für Schäden durch Naturgewalten). Um die Eigenvorsorge zu verstärken, zahlt zum Beispiel die bayerische Landesregierung seit Mitte 2019 nach Naturkatastrophen keine staatlichen Entschädigungen mehr, wenn ein Gebäude versicherbar gewesen wäre.

Das ist sicherlich vernünftig, weil es die Staatskasse entlastet – und bringt den Versicherern neue Kunden.

Zum anderen ist da der viel größere, internationale Markt. Eine mögliche Antwort auf den Klimawandel in ärmeren Ländern sind sogenannte Klimaversicherungen, wie sie seit Jahren auch auf UN-Gipfeln diskutiert werden. Die Idee: Mit Unterstützung der reichen Industriestaaten (die ja hauptverantwortlich für den Klimawandel sind) werden Versicherungen gegen bestimmte Extremwetter abgeschlossen. Wenn die sich dann tatsächlich ereignen, fließt von den Versicherungen vertraglich zugesagtes Geld in die geschädigten Länder – die damit nicht jedes Mal aufs Neue um internationale Spenden betteln müssen. Sogenannte indexbasierte Klimaversicherungen lassen sich an vorab definierte Wetterparameter binden – bei einer Dürre müssen dann Kleinbauern nicht umständlich konkrete Schäden nachweisen, sondern bekommen pauschale Auszahlungen, sobald beispielsweise die Regensumme eines Jahres unter einer bestimmten Mindestmenge lag.

Doch auch für Versicherungen hat der Klimawandel Schattenseiten. Einem größeren Markt stehen größere Unsicherheiten gegenüber. Früher waren die Kalkulationen eines Versicherers relativ simpel: Auf der Basis historischer Wetterdaten konnte er durchrechnen, wie wahrscheinlich bestimmte Ereignisse sind. Daraus folgte, wie oft er mit ungefähr welchen Auszahlungen zu rechnen hatte – und daraus ergab sich, wie teuer er seine Policen verkaufen musste. Der Klimawandel jedoch verschiebt Wettermuster, Extremereignisse werden häufiger und härter – das Klima ist künftig wechselhaft und nicht mehr, wie es im Fachjargon heißt, »stationär«. Die Risiken, die ein Versicherer übernimmt, werden also schwerer kalkulierbar. Genau aus diesem Grund unterhält zum Beispiel die Münchner Rück eine eigene Abteilung für Klimaforschung.

Ernst Rauch, ihr Leiter, sagt: »Wir haben in Deutschland ein moderates Naturgefahrenrisiko« – aber es werde im Zuge des Klimawandels deutlich zunehmen. In manchen Weltgegenden sind Häuser schon heute nicht mehr versicherbar. »Bis etwa 2050 sehen wir das für Deutschland noch nicht als relevantes Problem – es wird eher eine Frage des Preises«, sagt Rauch. Im Klartext: Die Policen werden teurer, etwa für Gebäude an Flüssen oder an den Küsten oder zum Beispiel in Teilen Hamburgs, wo künftig höhere Sturmfluten drohen. Ob sich in einigen Jahrzehnten noch jeder Hausbesitzer oder jeder Mittelständler für seine Betriebsanlagen eine Versicherung wird leisten können, ist alles andere als sicher.

Wird die Siesta auch in deutschen Firmen in einigen Jahrzehnten üblich werden?

Köln, Anfang August 2019. An einem der heißesten Tage des Jahres steht Martin Weihsweiler auf dem Dach eines Hochhauses im Süden der Stadt. Er ist Dachdeckermeister, 20 Leute arbeiten für seine Firma. An diesem Tag hat er ein Thermometer dabei, im Schatten zeigt es 35 Grad, in der Sonne 38 Grad – direkt auf der schwarzen Bitumen-Dachoberfläche sind es teils über 70 Grad. »Man spürt die Hitze sogar durch die Schuhsohlen«, sagt er.

Traditionell waren die Wintermonate für die Baubranche die schwierigste Zeit des Jahres. Weil wegen Schnee und Frost nicht gearbeitet werden konnte, war es früher nicht unüblich, dass Firmen ihre Leute im Herbst entließen und im Frühling wieder einstellten. Ab den 1990er-Jahren zahlten die Arbeitsämter das sogenannte Winterausfallgeld, das die schlechten Zeiten überbrücken sollte. 2005 wurde es durch das »Saison-Kurzarbeitergeld« ersetzt, der entsprechende Gesetzesparagraf definiert eigens eine »Schlechtwetterzeit«: vom 1. Dezember bis 31. März.

Doch in Zeiten des Klimawandels passt das nicht mehr.

»In den letzten beiden Jahren hatten wir im Sommer mehr Ausfall als im Winter«, erzählt Weihsweiler. »2020 haben wir den Januar sogar komplett durchgearbeitet.« Wie ihm geht es inzwischen vielen Firmen, die im Freien arbeiten, zum Beispiel im Straßen- oder im Landschaftsbau. Dafür hat Weihsweiler jetzt immer mehr Ausfallzeiten im Sommer. »Während der heißen Zeit fangen wir möglichst früh an zu arbeiten«, sagt er. »Aber wenn wir in den Sommerferien um 6 Uhr auf dem Dach stehen, beschweren sich die Leute über den Lärm.« Feierabend machen muss er schon mittags, weil es in praller Sonne da oben nicht mehr auszuhalten ist – aber auch weil ein Teil der modernen Baumaterialien dann nicht mehr verarbeitet werden kann, sondern in der heftigen Hitze zum Beispiel Blasen schlägt.

Weihsweiler verteilt im Sommer Wasserflaschen, Sonnenbrillen und Sonnencreme an seine Mitarbeiter, verordnet regelmäßige Schattenpausen. Die Berufsgenossenschaft Bau hat nach den Extremsommern 2018 und 2019 eigens eine Broschüre für den Schutz gegen Sonne veröffentlicht.[204] »Aber es ist leichter, sich vor Kälte zu schützen als vor Hitze«, sagt Weihsweiler. »Im Winter ziehst du halt 'ne Jacke mehr an. Bei Hitze kannst du dich eigentlich nur verstecken.« Er fordert deshalb wie die Handwerksverbände, das Saison-Kurzarbeitergeld unabhängig von den Jahreszeiten zu gestalten. Weihsweiler sagt: »Das alte Denken von Sommer und Winter können wir vergessen.«

Bei Hitze geht es nicht nur um kleinere Unannehmlichkeiten – Sonnenstich, Hitzekollaps, Hitzschlag sind auch für gesunde und kräftige Handwerker gefährlich (siehe Seite 43). In den vergangenen Sommern, warnt die Berufsgenossenschaft, gab es auf deutschen Baustellen bereits mehrere Hitzetote. Wenn die Temperaturen steigen, sinkt zudem die Arbeitsproduktivität. Bisher war dies ein Thema vor allem für Südeuropa oder noch fernere Länder, für Reisbauern in Indien, für Erntehelfer auf Zuckerrohrplantagen in Costa Rica, für Arbeiter in Australien oder den Südstaaten der USA. Schon in den vergangenen Jahren hat der Temperaturanstieg weltweit die Arbeitsproduktivität merklich sinken lassen, bei ungebremsten Emissionen rechnet das McKinsey Global Institute bis

2050 mit einem Verlust an weltweiter Arbeitsleistung von 15 bis 20 Prozent.[205]

In Zukunft wird das Thema auch Deutschland beschäftigen. Das Umweltbundesamt schätzt nach Auswertung zahlreicher Studien, die Arbeitsproduktivität könne während Hitzewellen um drei bis zwölf Prozent sinken. Und bei fortschreitendem Klimawandel bleibt das Phänomen nicht auf Freiluftbranchen beschränkt; auch in Büros sinken Leistungsfähigkeit und geistige Produktivität, wenn die Temperaturen den »Behaglichkeitsbereich« von 23 bis 26 Grad überschreiten.[206]

Bisher sind viele Bürogebäude in Deutschland miserabel für eine solche Zukunft gerüstet. Sie haben oft Glasfassaden und große Fensterfronten, selten Außenjalousien. Bis zum Jahr 2050 werden deshalb Klimaanlagen in Gewerbebauten Standard sein. Doch das treibt zum einen den Energieverbrauch in die Höhe (siehe Seite 270); zum anderen werden Menschen offenbar häufiger krank, wenn sie in künstlich klimatisierten Räumen arbeiten.[207]

Oder man passt die Arbeitszeiten dem Klima an. Risikoberater Markus Groth: »Eine mittägliche Siesta, wie wir sie beispielsweise aus Spanien oder dem Nahen Osten kennen, wird irgendwann eine Maßnahme sein, über die sich einige Unternehmen und Branchen im Sommer Gedanken machen.«

Staaten, die der Klimawandel schwer trifft, werden weniger Geld haben, um deutsche Produkte zu kaufen

In vielen Teilen der Welt werden die Folgen des Klimawandels drastischer ausfallen als in Deutschland. Aber was dort passiert, wird man ökonomisch auch hier spüren – wenige Länder sind global so vernetzt wie der Exportweltmeister Deutschland.

Was das im Detail für hiesige Firmen und Arbeitsplätze bedeuten wird, lässt sich nicht mit Gewissheit sagen – wie erwähnt sind die Unsicherheiten ökonomischer Modellrechnungen groß und die möglichen Reaktionen von Unternehmen auf den Klimawandel vielfältig. Eine vorsichtige Schätzung hat ein mehrjähriges Forschungsprojekt namens ImpactChain (zu Deutsch: »Wirkungskette«) versucht. Im Auftrag des Umweltbundesamtes (UBA) rechneten Wissenschaftler aus Deutschland, Österreich und der Schweiz für einige Aspekte des Klimawandels so gut wie möglich durch, welche Folgen sie für das weltwirtschaftliche Gefüge haben würden. Ergebnis: Obwohl es auch manche positive Wirkung gibt (etwa bessere landwirtschaftliche Ernten in Teilen Russlands, Nordeuropas oder Kanadas), wird der Klimawandel in der weltweiten Gesamtbilanz zu wirtschaftlichen Verlusten führen. Den größten Effekt hat dabei die hitzebedingt abnehmende Arbeitsleistung. Am härtesten trifft es Südostasien, China, Indien, Afrika und die ölexportierenden Länder. In etlichen Staaten wird die Kaufkraft der Haushalte deutlich sinken, in Indien zum Beispiel bis zu acht Prozent.[208] Im Durchschnitt – ärmere Bevölkerungskreise trifft es (wie fast immer) ungleich härter.

Eine sehr naheliegende Folge: Wenn Staaten von Naturkatastrophen und wirtschaftlichem Niedergang heimgesucht werden, haben sie weniger Geld für deutsche Waren – etwa für Autos, Maschinen, Chemie- und Pharmaprodukte. Doch laut der UBA-Studie werden zumindest diese Nachfragerückgänge die deutsche Wirtschaft nur relativ milde treffen. Teilweise profitieren hiesige Firmen sogar: Laut der Modelle werden die Staaten, die am schwersten vom Klimawandel getroffen werden, nicht nur weniger im-, sondern auch weniger exportieren. In der Folge werden andere Länder, die bislang dort einkaufen, vermehrt Produkte aus Deutschland nachfragen. Unterm Strich ergaben die Modellrechnungen deshalb sogar leichte Zuwächse bei den deutschen Exporten, vor allem jenen in andere EU-Staaten.

Doch über solche Ergebnisse sollte man sich nicht zu früh freuen, warnt Martin Peter, Volkswirtschaftler am Zürcher Institut Infras und Forschungsleiter der UBA-Studie. »Was wir modelliert haben, stellt nur die Untergrenze negativer Folgen dar, die der Klimawandel für die deutsche Volkswirtschaft hat«, betont er. »In der Realität gibt es viel mehr ökonomische Wirkungsketten, als wir untersucht haben – zum Beispiel über den Handel mit Dienstleistungen, die Finanzmärkte oder die Ausbreitung klimabedingter Krankheiten. Aber die kann man mit Modellen noch schlechter erfassen.« Außerdem ging die Studie von einem optimistischen Klimaszenario aus, in dem die weltweiten Emissionen in den nächsten Jahrzehnten stark sinken. »Wir haben aufgezeigt, dass selbst dann die wirtschaftlichen Folgen über die Handelskanäle für Deutschland erheblich sind«, sagt Peter. »Steigen die Emissionen jedoch ungebremst weiter, wonach es derzeit aussieht, dann fallen die Schäden natürlich deutlich größer aus.«

Und betrachtet man nicht die Exportseite, sondern die Importe nach Deutschland, dann sehen die Ergebnisse – selbst bei den optimistischen Rahmenbedingungen der UBA-Studie – anders aus. Bei den Einfuhren nämlich sind hiesige Unternehmen viel stärker verwundbar. Importe von Rohstoffen oder Vorprodukten sind oft elementare Voraussetzung für ihre Arbeit. Wie vernetzt die globale Wirtschaft ist, hat gerade erst die Corona-Krise vorgeführt: Schon lange bevor das Virus hierzulande das öffentliche Leben stilllegte, brachte es Firmen aus dem Takt. Vorprodukte fehlten, weil bei Zulieferern in China die Bänder stillstanden. Globale Warenströme waren unterbrochen, weil Hunderttausende Container in chinesischen Häfen festsaßen. Bereits im Februar 2020, als noch kaum jemand das Kürzel COVID-19 kannte, warnte zum Beispiel die Billigstmodekette Primark vor Nachschubproblemen für seine deutschen Filialen. Eine Umfrage bei Unternehmen in Norddeutschland ergab schon vor Jahren, dass viele große Probleme bekommen, wenn zentrale Lieferanten auch nur für wenige Tage ausfallen.

Was ein Virus bewirkt, kann auch der Klimawandel – jedoch dauerhaft, weil die Erderhitzung anders als die Corona-Pandemie nicht irgendwann vorbei ist, im Gegenteil. Je weiter der Klimawandel voranschreitet, desto häufiger und stärker werden Extremwetter, und desto öfter werden weltweite Lieferketten unterbrochen. Auch dafür gibt es Beispiele aus der Vergangenheit: 2010/11 legte Zyklon »Yasi« die australische Provinz Queensland, die viertgrößte Kohleförderregion der Welt, zeitweise still – was die Kohlepreise weltweit steigen ließ. Im Herbst 2011 wurde Thailand von verheerenden Überschwemmungen heimgesucht – in der Folge fehlten auch in Deutschland Computer-Festplatten, weil mehr als 40 Prozent der globalen Produktion in dem asiatischen Land angesiedelt war. Ende 2013 suchte Super-Taifun »Haiyan« die Philippinen heim, den weltgrößten Produzenten von Kokosnuss-Öl; weil danach zahlreiche Plantagen zerstört waren, schoss der Weltmarktpreis des Rohstoffs in die Höhe.[209]

Zwei Entwicklungen potenzieren sich dabei: Globalisierung und Klimawandel. Folgen von Extremwettern irgendwo auf der Welt pflanzen sich deshalb so weit über die Volkswirtschaften fort, weil die ökonomischen Verflechtungen so eng geworden sind.[210] »Seit Beginn des 21. Jahrhunderts hat sich die Struktur unseres ökonomischen Systems derart verändert, dass Produktionsverluste an einem Ort leicht weitere Verluste an anderen Orten zur Folge haben können«, sagt Leonie Wenz vom Potsdam-Institut für Klimafolgenforschung.

Das schwäbische Ulm, direkt an der Landesgrenze von Baden-Württemberg zu Bayern: In der Pfluggasse, nur wenige Schritte vom Ulmer Münster entfernt, gründete der Kaufmann Christoph Seeberger 1844 einen Kolonialwarenhandel. Gewürze, Kaffee, Tee – Seeberger importierte exotische Genüsse aus aller Welt. 1882 eröffnete Sohn Friedrich eine Großrösterei in bester Lage direkt am Marktplatz. Heute ist die Firma Seeberger eine der europaweit führenden Marken für Nüsse und Trockenfrüchte. Die orangefarbenen Tüten mit Obstsnacks oder Studentenfutter stehen in unzähligen Supermarktregalen, daneben röstet und vertreibt Seeberger weiterhin große Mengen Kaffee. Mit mehr als 500 Angestellten erwirtschaftet das inzwischen 175-jährige Familienunternehmen rund 300 Millionen Euro Jahresumsatz.

Der Klimawandel ist für die Firma zu einem ernsten Risiko herangewachsen. Beispielsweise haben die gigantischen Wald- und Buschbrände in Australien zum Jahreswechsel 2019/20 nicht nur Koalas und Kängurus getötet, sondern auch viele Tausend Bienenstöcke vernichtet. Das Land ist der zweitgrößte Exporteur von Mandeln weltweit – auf den riesigen Plantagen fehlten plötzlich Millionen Bienen zum Bestäuben. Oder vor ein paar Jahren die Dürre in Kalifornien – sie ließ, erinnert sich Geschäftsführer Ralph Beranek, »die Preise von Walnüssen, Mandeln und Pistazien explodieren«. Weltweit habe es kaum getrocknete Aprikosen gegeben. Das Geschäft ist also insgesamt unwägbarer geworden; um Risiken zu streuen, sucht die Firma inzwischen gezielt Lieferanten in verschiedenen Kontinenten und Klimazonen.[211]

Bild ist alarmiert: »Bittere Nachrichten zum Frühstück – Der Klimawandel macht den Kaffee teurer!«

Gefährdet ist auch Kaffee, eines der bedeutendsten Agrar-Handelsgüter der Welt. Kaffeepflanzen wachsen nur in relativ eng begrenzten Gebieten der Tropen und sind sehr wetteranfällig. Studien zufolge mindert der Klimawandel bereits heute die Produktion. In Mittelamerika zum Beispiel kann sich die Pilzkrankheit Kaffeerost ausbreiten, weil insbesondere die Nächte wärmer geworden sind. In Brasilien ließ eine Dürre 2014 die Ernten um ein Fünftel einbrechen. Jedes Grad Erwärmung, so jüngst ein australisch-vietnamesisches Forscherteam, reduziert den Kaffeeertrag der populären Sorte Robusta um rund 400 Kilogramm pro Hektar (etwa 14 Prozent der üblichen Ernte). Wegen veränderter Klimaverhältnisse werde bis 2050 rund die Hälfte der globalen Anbaugebiete wegfallen, warnte eine andere Studie. »Bittere Nachrichten zum Frühstück«, titelte daraufhin *Bild.* »Klimawandel macht Kaffee teurer!« Grund zur Sorge haben aber nicht nur Kaffeetrinker, sondern vor allem Hunderttausende Bauern in den Tropen – und etliche deutsche Firmen. Mehr als eine Million Tonnen Rohkaffee importieren sie pro Jahr, eine ganze Branche mit Händlern, Röstereien oder Herstellern von löslichem Kaffee hängt daran. Tchibo, Jacobs, Dallmayr & Co. machen Deutschland zum weltweit größten Exporteur von veredelten Kaffeeprodukten.[212]

Einen Gesamtblick auf alle Branchen und alle Importgüter hat die UBA-Studie »ImpactChain« geworfen: Sie wertete im Detail aus, woher die deutschen Einfuhren stammen – und schaute parallel, welche Länder weltweit am stärksten unter dem Klimawandel leiden werden. Immerhin sechs Prozent der deutschen Importe (im Wert von rund 55 Milliarden Euro pro Jahr) stammen demnach aus Staaten, die als besonders gefährdet gelten: Aus Brasilien u. a. bezieht die Bundesrepublik große Mengen an Soja, außerdem Erze, zum Beispiel für die Stahlindustrie. Aus Vietnam und Thailand kommen elektronische Geräte und Computerkomponenten. Südafrika ist ein wichtiger Zulieferer der Auto- und Maschinenbaubranche – das Land steht für rund drei Viertel der weltweiten Produktion von Platin (wichtig unter anderem für Abgas-Katalysatoren).

Schaut man nicht auf ganze Staaten, sondern auf Regionen, wird die Liste der Risiken noch länger. In China zum Beispiel, bei den Importen Deutschlands wichtigster Handelspartner, gibt es etliche hochgefährdete Landesteile.

Eine der besonders betroffenen Branchen ist laut der UBA-Studie ausgerechnet die deutsche Automobilindustrie, ein Herzstück der Wirtschaft. Einen erheblichen Teil ihrer Zulieferungen bezieht sie aus besonders klimaverwundbaren Ländern. »Gleichzeitig ist der Konkurrenzdruck im internationalen Fahrzeugmarkt groß«, mahnt der Bericht, viele Firmen seien hoch spezialisiert, Lieferanten und Produktionsstandorte »kurzfristig kaum zu ersetzen«.[213]

Wetterextreme werden weltweit den Bergbau stören – also auch die deutsche Rohstoffversorgung

Noch größer seien die Risiken bei Erzen und Rohmetallen – hier komme mehr als die Hälfte der Importe aus stark anfälligen Staaten. Problematisch ist dies vor allem, wenn die Produktion in wenigen Ländern konzentriert ist. Bei Kobalt zum Beispiel, einem wichtigen Stoff etwa für Lithium-Ionen-Akkus, stammen rund zwei Drittel der weltweiten Produktion aus dem Kongo. Bei Platinmetallen gibt es weltweit nur zwei wesentliche Lieferländer, Südafrika und Russland. »Wenn dort eine Mine durch ein Extremwetter überschwemmt würde«, sagt Jan Kosmol, »dann hätte das erhebliche Folgen für den Weltmarkt dieser Rohstoffe – und damit auch für viele deutsche Unternehmen.«

Kosmol arbeitet als Bergbauexperte beim Umweltbundesamt. Er hat eine weitere Untersuchung der Dessauer Behörde koordiniert, die weltweite Lieferketten analysierte. Neun strategisch besonders wichtige Rohstoffe wurden dafür ausgewählt und dann die jeweils größten Förderländer und einzelne Minen sowie deren Klima-Verwundbarkeit betrachtet. Die Studie untersuchte Eisenerz, Kokskohle, Lithium, Platin und Wolfram, außerdem Bauxit, Nickel, Kupfer und Zinn. Bei den letzten vier, so das Ergebnis, bestehe die höchste Gefahr von Störungen und Lieferengpässen, weil große Teile der Produktion und Lagerstätten in Ländern liegen, die stark vom Klimawandel betroffen sind oder sein werden.[214]

Gemessen am Gesamtvolumen der deutschen Einfuhren mögen die importierten Mengen dieser Rohstoffe gering sein – aber für etliche Branchen sind sie unersetzbar. Und bei manchen wird die Bedeutung noch zunehmen: Aus Bauxit etwa wird Aluminium hergestellt, und das wird unter anderem für Leichtbau-Karosserien der Autoindustrie gebraucht wie für die Rahmen von Solaranlagen. Zinn steckt in praktisch jedem Elektronikprodukt, Computerchips und andere Komponenten sind mit dem Metall auf Leiterplatten verlötet – in Zeiten der Digitalisierung werden die verbrauchten Mengen weiter zunehmen.

Oder Kupfer: Die meisten elektrischen Leitungen sind aus dem Metall gefertigt, und weil der Umstieg auf erneuerbare Energien einen massiven Ausbau der Stromnetze erfordert, werden in den kommenden Jahren riesige Mengen davon gebraucht. Ebenso bestehen die Drahtwicklungen von Generatoren, Transformatoren und Elektromotoren aus Kupfer; wegen der Umstellung auf E-Autos werden VW, BMW, Mercedes & Co. künftig ein Vielfaches des bisherigen Bedarfs importieren müssen.[215]

»Es ist klar absehbar, dass der Klimawandel den weltweiten Bergbau beeinträchtigen wird«, fasst UBA-Experte Jan Kosmol die Ergebnisse seines Forschungsprojekts zusammen. »Er wird die Umweltrisiken an den Abbau- und Verarbeitungsstätten verstärken und Lieferketten unterbrechen.« Auch die Branche selbst räumt ihre Verwundbarkeit ein. »Unsere Mitgliedsunternehmen merken bereits, dass sich Wetter- und Klimarisiken verstärkt haben«, konstatiert der Weltverband der Minen- und Metallindustrie – und eine weitere Zunahme sei zu erwarten.[216]

Mehr Wetterextreme treffen dabei auf mehr Bergbau. »Weltweit wird in den kommenden Jahren eine steigende Nachfrage nach Metallen erwartet, unter anderem wegen Digitalisierung und Energiewende«, sagt auch Kosmol. »Überall auf der Welt werden deshalb neue Minen öffnen.« Eines der größten Umweltprobleme der Branche sind Lagerbecken für Schlämme aus der Erzaufbereitung, sogenannte Tailings. Schon heute brechen regelmäßig Dämme – in der Vergangenheit kam es im Durchschnitt alle zwei Jahre irgendwo zu einem schweren Unglück, Tendenz steigend.[217] Eines der schwersten ereignete sich im Januar 2019 in der brasilianischen Eisenerz-Mine von Brumadinho, mehr als 270 Menschen starben. »Viele der Becken sind überhaupt nicht ausgelegt auf künftige Niederschlagsmengen«, warnt Kosmol. »Sie müssen dringend an den Klimawandel angepasst werden.«

Im kalten Blick der Betriebswirtschaft bedeutet der Klimawandel vor allem eines: mehr Unsicherheit. Und Unsicherheit ist nicht gut für Unternehmen, für Business-Pläne, für Investitionsentscheidungen. Man braucht daher nicht viel Fantasie, um sich auszumalen, wie auch deutsche Manager auf die beschriebenen Folgen des Klimawandels reagieren: Sie werden versuchen, Unsicherheiten zu minimieren. Und im Gegenzug versuchen, das zu maximieren, was im Fachjargon »Resilienz« heißt – die Widerstandsfähigkeit ihres Unternehmens für externe Störungen durch den Klimawandel.

Dabei wird sich eine Entwicklung beschleunigen, die schon vor Jahren begann. Bereits seit der Finanzkrise 2008 beobachte sie, dass die weltweite Verflechtung der Wirtschaft wieder sinke, sagt etwa die Münchner Volkswirtschafts-Professorin Dalia Marin. Eine lange Reihe von Ereignissen habe dazu beigetragen, den einstigen Trend zu immer stärkerer Globalisierung umzukehren – etwa die Wahl des Wirtschaftsnationalisten Donald Trump und zuletzt natürlich die Corona-Pandemie, in der die Fragilität weltweiter Handelsströme deutlicher wurde als je zuvor.[218] Schon in den vergangenen Jahren haben zahlreiche deutsche Firmen Produktion wieder zurückgeholt in den Heimatmarkt oder zumindest in die Nähe – wegen steigender Unsicherheiten im Ausland, mangelnder Flexibilität, höherer Handelshemmnisse und anderer Gründe. Zunehmende Wetterextreme wären da nur ein weiterer.

»Wenn Unternehmen die Risiken des Klimawandels stärker erkennen, werden sie ihre Vorleistungsketten und Lieferstrukturen genauer unter die Lupe nehmen«, ist sich auch Martin Peter sicher, der Forschungsleiter der »ImpactChain«-Studie. Zumindest was den Handel mit Waren angeht, rechnet er damit, dass die globalen Verflechtungen in den kommenden Jahrzehnten wieder weniger werden. »Die weltweiten Handelsbeziehungen werden sich verändern und klimaexponierte Regionen eher verlieren«, so Peter. Im Fazit der Untersuchung wird deutschen Firmen sogar explizit dazu geraten: Weil der Klimawandel die Staaten der EU weniger hart treffen wird als andere, solle »die Fokussierung der Handelsbeziehungen Deutschlands auf den EU-Raum« künftig »ein Element einer Strategie« sein, um »die Resilienz gegenüber den indirekten Folgen des weltweiten Klimawandels zu erhöhen«, heißt es da in etwas umständlichen Worten.

Zugleich jedoch warnt Peter davor, es zu übertreiben: »Zu sagen, wir produzieren künftig alles wieder selbst – das wäre eine falsche Schlussfolgerung.« Zöge sich Deutschland oder Europa in seine eigenen Grenzen zurück, dann könne das zugleich bedeuten, dass man sich nicht mehr für andere Weltgegenden interessiere – sie sich selbst und dem Klimawandel überlassen würde. »Das wäre fatal.« Schließlich hätten die Industriestaaten einen Großteil der Klimaerwärmung verursacht, von der andere, viel verwundbarere Länder so hart getroffen werden.

Kapitel 10: **Landwirtschaft**

»Am wohlsten fühlen sich Kühe bei 15 Grad«

Tiere und Pflanzen im Hitzestress, verhagelte Ernten, neue Schädlinge – der Klimawandel wird Bauern schwer zu schaffen machen. Dabei kämpfen viele schon jetzt ums nackte Überleben

Eines der erfolgreichsten meteorologischen Bücher aller Zeiten ist die sogenannte *Bauern-Praktik*. 1508 erstmals in Augsburg veröffentlicht unter dem Titel »Jn disem biechlein wirt gefunden der Pauren Practick unnd regel darauf sy das gantz iar ain auffmerkken haben unnd halten«, sollten mindestens 60 weitere Auflagen folgen. Schnell kam die erste französische Übersetzung auf den Markt, die erste englischsprachige Ausgabe erschien Mitte des 16. Jahrhunderts. Es gab tschechische, holländische, dänische, schwedische, finnische und viele weitere Übersetzungen.[219]

Das Bändchen – die Erstausgabe umfasste nur zehn Seiten – enthielt die gesammelten Erfahrungen unzähliger Bauern-Generationen: Rückschlüsse, die sich aus der Beobachtung konkreter Wetterlagen auf die kommenden Wochen und Monate ziehen lassen. Um sich die »Praktiken der Bauern« besser merken zu können, wurde der Text ab der Züricher Ausgabe 1517 in Reimform publiziert: »Wann der nebel im summer off zücht, Bedüt am tag oder am morgen fücht.« Die Bauernregeln waren geboren: Feuchtigkeit ist schlecht für die Ernte, denn zu feucht eingefahrenes Getreide erwärmt sich, ein optimales Milieu für Pilze entsteht, das Korn droht zu verderben. An einem nebligen Sommermorgen sollte der Bauer deshalb seine Pläne besser ändern und die Sense stehen lassen. Solch Wissen wurde von Bauer zu Bauer, von Generation zu Generation als das weitergegeben, was heute unter dem Begriff »Best Practices« zusammengefasst wird: Kenntnisse, die beispielsweise den Zeitpunkt der Aussaat, der Mahd oder der Weinlese bestimmen; Fachwissen, das hilft, ein bäuerliches Wirtschaftsjahr zu planen und die Wahrscheinlichkeit guter Erträge zu erhöhen.

Kein anderes Gewerbe ist so wichtig für das Überleben der Menschheit wie die Landwirtschaft, kein anderes aber auch so abhängig von den Launen der Natur. Deshalb gibt es auch keinen anderen Berufsstand, der die Klimaerhitzung bereits heute so stark spürt wie die Bauern. »Eine einzelne Hitzewelle, das ist bloß Wetter. Aber mehrere Jahre mit etlichen Hitzewellen nacheinander, das ist Klimawandel«, sagt Bernhard Krüsken, Generalsekretär des Deutschen Bauernverbands.

Die Folgen für die Landwirtschaft sind vielfältig: Mildere Winter führen zum Beispiel zu früherer Keimung und früherem Wachstum der Pflanzen. Wenn Regen fehlt oder in extremen Mengen als Starkregen niedergeht, sorgt das gleichermaßen für verminderte Erntequalität und geringeren Ertrag – bis hin zum Totalverlust. Generell werden Ertragsschwankungen zunehmen, stabile und berechenbare Ernten seltener.

Die Europäische Umweltagentur stellte in einem Bericht aus dem Jahr 2019 fest: »Der Klimawandel hat den Agrarsektor in Europa bereits negativ beeinflusst und wird dies auch in Zukunft tun.« Es möge zwar sein, dass sich einige Aspekte der Erderwärmung auch positiv auswirken, etwa längere Vegetationsperioden und bessere Erntebedingungen. In der Summe jedoch überwiegen eindeutig die Nachteile: »Der Gesamteffekt des Klimawandels für die europäische Landwirtschaft könnte ein signifikantes Minus für den Sektor bringen: bis zu 16 Prozent Einkommensverlust bis 2050, mit großen Unterschieden zwischen den verschiedenen Regionen.«[220]

Zugleich gibt es kaum ein Gewerbe, das so stark zur Erderhitzung beiträgt wie die Landwirtschaft. Wiederkäuer wie Rinder, Schafe und Ziegen produzieren in ihren Mägen große Mengen Methan, ein 25-mal so klimaschädliches Gas wie Kohlendioxid. Lachgas (chemisch: Distickstoffoxid) ist sogar fast 300-mal klimaschädlicher als Kohlendioxid, es entsteht als Folge der Düngung: Wird zu viel Stickstoff zur falschen Zeit auf den Feldern ausgebracht, kann er von den Pflanzen nicht vollständig aufgenommen werden. Mikroorganismen im Boden produzieren daraus Lachgas, das die Atmosphäre weiter anheizt. Oder Ammoniak: Dieses stechend riechende, giftige Gas wird vor allem in der Tiermast freigesetzt, es verschmutzt Land und Wasser – aber schädigt indirekt auch das Klima, weil aus Ammoniak ebenfalls Lachgas entsteht. Nicht zuletzt wird besonders auf intensiv genutzten Ackerflächen etwa durch Pflügen Kohlendioxid frei, das zuvor im Boden gebunden war.

In den vergangenen Jahren hat die deutsche Landwirtschaft ihren Ausstoß an Treibhausgasen nicht gesenkt: Zwar hatte es in den 1990er-Jahren einen Rückgang gegeben, doch nach 2007 nahmen die Emissionen wieder zu. Derzeit verursacht der Agrarsektor pro Jahr rund 64 Millionen Tonnen Kohlendioxid-Äquivalente[221], das sind 7,4 Prozent des gesamten deutschen Ausstoßes an Treibhausgasen. Damit liegt die Landwirtschaft fast gleichauf mit der Industrie.

Zugleich kämpfen viele Bauern in Deutschland um die nackte Existenz. Weniger als 940 000 Menschen arbeiten hierzulande in der Landwirtschaft, Tendenz stark fallend. Gab es 1975 noch mehr als 900 000 landwirtschaftliche Betriebe, waren 2020 lediglich

267 000 übrig. Vor allem kleine Höfe geben auf: 2010 gab es zum Beispiel 4200 Betriebe, die weniger als hundert Schweine hielten, 2019 waren es nur noch 1700 – ein Minus von 60 Prozent in nur neun Jahren. Hingegen sank die Zahl der in Deutschland gehaltenen Schweine im selben Zeitraum lediglich um zwei Prozent (auf rund 26 Millionen Tiere) – die verbleibenden Betriebe werden also immer größer. Analysten der DZ-Bank sagen ein weiteres Höfesterben voraus: Lediglich 100 000 Betriebe würden demnach bis 2040 in Deutschland übrig bleiben.[222]

Hitzesommer bringen große Probleme, bei mehr als 30 Grad zum Beispiel werden die Pollen von Weizen steril

»Willkommen in der Forschungsstadt«, steht am Ortseingang von Müncheberg, etwa 50 Kilometer östlich von Berlin. Seit 1928 ist die 7000-Einwohner-Gemeinde ein bedeutender Wissenschaftsstandort. Damals gründete die Kaiser-Wilhelm-Gesellschaft zur Förderung der Wissenschaften ein Institut für Züchtungsforschung. In der DDR widmete man sich hier Bodenfruchtbarkeit und Pflanzenbau, nach der Wiedervereinigung wurden die Forschungsaktivitäten unter dem Dach der Leibniz-Gemeinschaft als Zentrum für Agrarlandschaftsforschung zusammengefasst.

Wer wissen will, wie die Landwirtschaft in Deutschland im Jahr 2050 aussehen wird, ist bei Claas Nendel richtig. Der Geoökologe ist einer von rund 60 Forscherinnen und Forschern, die sich in Müncheberg seit 2019 im Rahmen eines Projektes namens Dakis damit beschäftigen, wie sich Bauernpraxis und Landleben in den kommenden Jahrzehnten verändern werden. Eine wichtige Frage ist dabei natürlich, wie unsere Kulturpflanzen auf das wärmere Klima reagieren. Nendel modelliert deshalb die Pflanzen der Zukunft. »Mein Gewächshaus ist der Computer«, sagt der Professor. »Atmung, Fotosynthese, Wachstum, Nährstoffaufnahme – alles funktioniert wie bei einem richtigen Gewächs, nur, dass es bei mir aus mathematischen Formeln besteht.« Ziel ist, die virtuelle Pflanze in rund 50 Jahren wachsen zu lassen, und zwar einmal in einer Welt, in der die Menschheit keinen Klimaschutz betrieben hat (das sogenannte RCP8.5-Szenario des Weltklimarates IPCC), um dann vergleichen zu können, wie es der Pflanze ergeht, wenn doch noch mit strengen Emissionsminderungen begonnen und die Klimaerhitzung begrenzt wird.

Hinter dem Bürokomplex liegt das drei Hektar große Versuchsfeld; kleine Schläge Mais oder Weizen stehen hier nebeneinander. Der Roggen ist an seiner grün-bläulichen Farbe zu erkennen, rechter Hand wird gerade ein Acker neu bestellt. Über den Saaten drehen sich Drachen im Wind, um Vögel zu verscheuchen. Überall sind rote Plastik-Füchse aufgestellt gegen Kaninchen. Möglichst nichts soll die Pflanzen auf den Forschungsfeldern stören.

Nendel, Ende 40, trägt Lederhut, randlose Brille, Kinnbart, Sportschuhe. Auf dem Weg zu seinen »echten« Pflanzen stehen alle 20 Meter Schaltkästen. »Im Boden sind Myriaden von Sensoren eingelassen«, erklärt Nendel. Fahrzeuge, die an Golfbuggys erinnern, rollen durch die Reihen, bestückt mit landwirtschaftlichen Geräten. Es gibt eine mobile Beregnungsanlage und einen »Rainout-Shelter«, eine Art Gewächshaus, das über einem Versuchsfeld aufgespannt werden und so die Trockenheit der Zukunft simulieren kann.

»Hier überprüfen wir, ob sich unsere virtuelle Pflanze nach einer gewissen Versuchsdauer richtig verhält«, erklärt Nendel. »Wir sagen dem Computergewächs, unter welchen Bedingungen es sich entwickeln muss, und realisieren exakt die gleichen Verhältnisse hier auf dem Versuchsfeld.« Stimmen Entwicklungsparameter wie Größe, Blattfläche, Gewicht, Wassergehalt bei der Computerpflanze nach einer Wachstumsperiode mit dem Feldgewächs überein, dann ist das mathematische Modell geeignet, künftige Verhältnisse zu simulieren. »Im anderen Fall muss ich nacharbeiten und die virtuelle Pflanze realer machen.«

Ein komplizierter Prozess, in etwa vergleichbar mit der Arbeit von Klimamodellierern. Allerdings sei die Frage nach der Bauernpraxis des Jahres 2050 ungleich komplexer als die Frage etwa nach dem Temperaturanstieg bis 2050, sagt Nendel. Denn bei der Modellierung der künftigen Landwirtschaft spielen noch mehr Faktoren eine Rolle als in Klimamodellen: »Wir müssen auch die Digitalisierung und die Urbanisierung betrachten, zwei der anderen großen Themen, die sich aufs Landleben entscheidend auswirken werden. Und da stochern wir oft im Ungefähren.«

Aber eins ist längst klar: Viele unserer bisherigen Ackerpflanzen werden in den kommenden Jahrzehnten erhebliche Probleme bekommen. Die Frühjahre und Sommer der Zukunft bringen Trocken- und Hitzestress, dabei sind Phasen der Samen- und Fruchtbildung oder das Entfalten der Blüte zum Beispiel bei Getreide oft sehr temperaturempfindlich. Die Pollen von Weizen zum Beispiel werden bei mehr als 30 Grad Celsius steril, jene von Mais bei mehr als 35 Grad. Negativ auswirken können sich auch die milderen Winter: Viele Kulturen brauchen zum Gedeihen die »Vernalisation«, einen Kältereiz, zum Beispiel durch knackigen Frost. Fehlt er, kommt es beispielsweise bei Wintergetreide zu Ernteverlusten.[223] »Auf harten Winters Zucht folgt gute Sommerfrucht«, lautet eine alte Bauernregel. Der Winter 2019 auf 2020 war der zweitwärmste seit Aufzeichnungsbeginn 1881.

Kichererbsen, Hirse und Sojabohnen könnten in Deutschland 2050 weit verbreitete Ackerkulturen sein

Wie in Müncheberg wird an vielen Instituten untersucht, was Ackerpflanzen in Zukunft widerfahren wird. So gibt es weltweit mehrere Dutzend Freilandlabore, die wie Zeitmaschinen funktionieren: Über Feldern, Wiesen und gar Wäldern wird rund um die Uhr Kohlendioxid versprüht, um die künftige Zusammensetzung der Atmosphäre zu simulieren; parallel bringen Heizelemente Luft- und Bodentemperaturen auf das Niveau zum Beispiel des Jahres 2050. Die Experimente laufen teils seit Jahrzehnten, und die Ergebnisse sind zwiespältig: Wenn mehr Kohlendioxid in der Atmosphäre ist, dann regt das einerseits zwar grundsätzlich die Fotosynthese der Pflanzen an, sie wachsen besser. Doch dies bedeutet andererseits nicht automatisch bessere Ernten. Fehlt Wasser, was vielerorts eine Folge des Klimawandels sein wird, verpufft dieser Düngeeffekt oder wirkt höchstens eingeschränkt.[224]

Zugleich, zeigen die Experimente, sinken bei höherer Kohlendioxid-Konzentration in der Atmosphäre zum Beispiel Gehalt und Qualität von Eiweißen in Pflanzen und Früchten. Kühe müssten deshalb mehr Gras fressen, um die gleiche Menge Milch zu bilden.[225] Auch bei Getreide nimmt die Qualität ab. Wissenschaftler der Deutschen Forschungsanstalt für Lebensmittelchemie haben vor ein paar Jahren Weizen zu Brotmehl verarbeitet, der in CO_2-angereicherter Luft angebaut worden war: Die für die Backqualität entscheidenden Gluten-Eiweiße waren um rund 20 Prozent vermindert, stellten sie fest. Dieses sogenannte Kleber-Eiweiß hält den Teig zusammen, mit den heutigen Sorten würde also im Klima der Zukunft das Brot deutlich schlechter. Andere Experimente zeigten, dass Getreidekörner bei höherem Kohlendioxid-Gehalt weniger der wichtigen Vitamine, Mineralien und Spurenelemente wie Zink oder Eisen enthalten – die Gefahr von Mangelernährung wächst.[226]

Um sich für das Klima der Zukunft zu rüsten, brauchen die Bauern neue Sorten – Wissenschaft und Saatgutindustrie arbeiten bereits intensiv an deren Züchtung. Wie stark die Trockenheit zunehmen wird, hat der Deutsche Wetterdienst (DWD) konkret für Winterweizen durchgerechnet, eine der wichtigsten Ackerkulturen hierzulande. Er wird im Herbst ausgesät, überwintert als kleine Pflanze auf dem Feld und wächst (nach der eben erwähnten »Vernalisation«) im Frühjahr weiter. Im Herbst braucht der Winterweizen also Feuchtigkeit, damit die Saat aufgeht – doch in

Zukunft werden die Böden immer öfter nach heißen und trockenen Sommern ausgedörrt sein. Schon ab den 2030er-Jahren, so die DWD-Klimamodelle, könnte die Zahl herbstlicher Trockentage deutlich zunehmen, besonders in der Lausitz, im Emsland, der Westfälischen Bucht, am Niederrhein, im Alpenvorland und im Süden Baden-Württembergs. Bis Ende des Jahrhunderts verschärft sich der Trend, im schlimmsten Fall könnten dann in weiten Teilen Deutschlands bis zu 70 Herbsttage mit extremer Bodentrockenheit üblich sein – dabei hat der Herbst überhaupt nur 91 Tage.[227]

»Weizen wird in Deutschland ein Verlierer des Klimawandels sein«, sagt Roland Hoffmann-Bahnsen, Professor an der Hochschule für Nachhaltige Entwicklung in Eberswalde. Er forscht seit 30 Jahren zur Trockenresistenz von Pflanzen und meint, man solle von der Züchtung keine Wunder erwarten. Widerstandsfähigere Arten zu schaffen, sei »sehr aufwendig und mühsam« – woran auch die bisweilen gepriesene Gentechnik wenig ändere: »Wie eine Pflanze auf Dürre oder Hitze reagiert, hängt von zahlreichen Merkmalen ab«, von Wurzeln, Blättern und vielem anderen, so der Professor. Schätzungsweise 200 Gene hätten deshalb Einfluss auf die Trockenresistenz – aber welches ist das Entscheidende? Eine Resistenz gegen bestimmte Unkrautvernichtungsmittel zu kreieren – ein häufiges Einsatzgebiet der Gentechnik –, sei dagegen viel leichter. »Dafür ist ein Gen verantwortlich.«

Bis Mitte des Jahrhunderts, schätzt Hoffmann-Bahnsen, helfe es vielleicht, wenn man neue Winterweizen-Sorten züchtet oder solche nimmt, die nicht im September oder Oktober ausgesät werden, sondern erst im feuchteren November. »Spätestens nach 2050 aber wird es mit Weizen auf sandigen Böden extrem schwer«, schätzt der Forscher. »Langfristig werden wir das bisherige Spektrum der Ackerkulturen nicht halten können.« Heißt: Die Bauern müssen irgendwann auf ganz andere Pflanzen umsteigen.

Hoffmann-Bahnsen baut auf seinen Versuchsfeldern nördlich von Berlin zum Beispiel Kichererbsen an – mit sehr guten Ergebnissen. »Die letzten drei Jahre waren ganz praktisch für uns«, sagt er leicht sarkastisch. »Das war wie ein Großversuch im Klima der Zukunft.« Außerdem experimentiert sein Team mit Sorghumhirse, der wichtigsten Getreideart Afrikas, oder Rispenhirse. Die braucht nur etwa halb so viel Wasser wie Weizen und wuchs jahrhundertelang auch in Brandenburg, bevor die intensive Landwirtschaft sie verdrängte. »Die Rispenhirse erlebt gerade eine Renaissance«, sagt Hoffmann-Bahnsen, bei bio- und vegan-interessierten Verbrauchern etwa stehe das glutenfreie Getreide hoch im Kurs.

Bei ihm und auch in Müncheberg wachsen auf einigen Versuchsparzellen zudem Sojabohnen – die Pflanze stammt ursprünglich aus Ostasien, aber wird im Zuge des Klimawandels hierzulande immer interessanter. Und der Boom von Fleischersatz-Produkten schafft einen Markt für Soja aus regionalem Bio-Anbau.

Wenn Schwärme GPS-gesteuerter, solarbetriebener Roboter den 300-PS-Diesel-Traktor ersetzen

Die Produktionsbedingungen der Bauern werden sich in den kommenden Jahrzehnten grundsätzlich ändern. »Wir untersuchen zum Beispiel, welche Bodenbearbeitungs-Methoden Mitte des Jahrhunderts zu empfehlen sind«, sagt Leibniz-Forscher Nendel. Einen gravierenden Wandel werde die Digitalisierung bringen, also das Zusammenspiel von Computer-, Mobilfunk- und anderen Technologien. »Apps, mit deren Hilfe der Bauer Pflanzenkrankheiten oder Schädlinge erkennen kann, die gibt es schon – inklusive automatischer Ratschläge, welches Mittel er dagegen einsetzen muss. Genauso wie Sensoren auf dem Traktor, die dem Bauern anzeigen, wie viel Nährstoffe in der Pflanze vor ihm enthalten sind.« Darauf basierend werde die Düngemenge dann exakt dosiert. »Aber natürlich arbeiten die großen Agrokonzerne auch an autonomen Feldmaschinen«, sagt Claas Nendel. Der Trend gehe dahin, den Bauern vom Acker zu holen. Selbstfahrende Feldroboter bräuchten weder Pause noch Nachtschlaf.

Nendel stellt sich vor, dass der 300-PS-Diesel-Traktor im Jahr 2050 Geschichte sein wird. »Stattdessen übernehmen paketgroße mobile Geräte diesen Dienst, 15 Stück im Schwarm mit jeweils 20 PS, elektrisch betrieben, mit Sonnenenergie vom Dach der Scheune.« Solche Maschinen können schon heute Unkraut hacken oder Erdbeeren ernten. Und wenn eine mal in die Werkstatt muss, sind die anderen 14 weiter unterwegs. Felder, wie wir sie heute kennen, werde es 2050 auch nicht mehr geben, sagt Nendel. »Es wird viel kleinteiliger angebaut werden.« Auf den trockenen Kuppen einer hügeligen Landschaft würden trockenresistentere Pflanzen ausgesät, »in den feuchteren Niederungen dagegen anspruchsvollere Sorten«. Autonome Erntemaschinen würden das jeweilige Getreide erkennen und die Körner sortieren.

In Frankreich gebe es bereits Bauern, die auf ihren Feldern bis zu sechs verschiedene Kulturen gleichzeitig aussäen. »Egal, wie das Wetter in einem Jahr wird – irgendetwas wird sicherlich aufgehen«, erklärt Nendel. Dort, wo der Boden kaum Ertrag bringt, würden wieder Hecken angepflanzt, weil sich kleine Feldroboter anders als die breiten, schwerfälligen Mähdrescher von heute daran nicht stören. Der Nutzen sei hoch: »Hecken sind Heimat von Nutzinsekten, vermindern die Verdunstung der Ackerpflanzen und helfen, den Wind abzubremsen, also die Bodenerosion zu lindern.« Denkbar seien auch sogenannte Agroforstsysteme: Zwischen dem Getreide werden Baumreihen gepflanzt, die Schatten spenden, so die Felder kühlen – und dem Landwirt einen zusätzlichen Ertrag bringen.

»Guter Samen will auch guten Boden haben«, sagt die Bauernregel. Boden wird durch Humus fruchtbar – durch die, wissenschaftlich formuliert, »organische Bodensubstanz«. An der Entstehung einer Handvoll Erde sind Myriaden von Lebewesen beteiligt: Asseln, Spinnen, Tausendfüßler, Käferlarven oder Regenwürmer zerkleinern Pflanzenreste, danach kommen Winzlinge wie Milben und Springschwänze, bevor Bakterien, Algen und Pilze die organische Substanz weiter umbauen. Am besten geschieht das, wenn der Boden möglichst wenig gestört, also nicht gepflügt und auch sonst nicht bearbeitet wird. Unter einem Hektar Land leben rund 15 Tonnen Bodenlebewesen[228] – das entspricht dem Gewicht von etwa 20 Rindern.

Asseln, Milben, Pilze – der große Dienst der kleinen Lebewesen. Humusreiche Böden speichern Kohlendioxid

Humusreicher Boden speichert Nährstoffe und Feuchtigkeit besser, ist für das Pflanzenwachstum deshalb produktiver. Je mehr Humus im Boden, desto besser. Doch der Klimawandel wird die Böden verändern. Trockenheit und Temperaturanstieg lassen den Humus schwinden, die Arbeitsgrundlage der Bauern.

Um die Folgen besser abschätzen zu können, wurde am Institut für Meteorologie und Klimaforschung in Garmisch-Partenkirchen das Projekt SUSALP gestartet. »Wir wollen wissen, was ein sich erwärmendes Klima mit den Böden macht und welche Auswirkungen dies für die Bewirtschaftung hat«, sagt Michael Dannenmann, einer der am Projekt beteiligten Forscher. Er und sein Team haben Erde »umgesiedelt«, also aus höheren, kühlen in tiefere Regionen versetzt und so die Klimaerhitzung vorweggenommen. Dazu trieben sie 800 Kunststoffrohre einen halben Meter tief in die Erde und stanzten Bodenproben aus, die dann – mit Sensoren und Messinstrumenten gespickt – am neuen, wärmeren Ort wieder eingegraben wurden. Dannenmann: »Wir können damit sehr gut messen, wie sich der Boden entwickelt.«[229]

Insbesondere in kühlfeuchten Bereichen enthält Boden viel Humus – weil dort Pflanzenreste nicht komplett zersetzt werden. Feuchte Erde ist nämlich schlechter durchlüftet, enthält also weniger

Sauerstoff. Mikroorganismen aber brauchen für ihre Zerkleinerungsarbeit viel Sauerstoff. In einem kühlfeuchten Milieu werden daher abgestorbene Pflanzenreste schlechter abgebaut. Der Humusgehalt steigt und mit ihm das Angebot an verwertbaren Nährstoffen.

Mit steigenden Temperaturen aber kommt dieser Prozess aus dem Takt. Wird es wärmer, werden die Mikroorganismen im Boden aktiver, der Humus wird dadurch stärker abgebaut. »Nach unseren Untersuchungen gehen dadurch mehr Pflanzennährstoffe verloren, als man mit Düngung wieder aufbringen kann«, sagt Dannenmann. Mit weitreichenden Folgen: Der Verlust von Bodenhumus bedeutet nicht nur weniger Fruchtbarkeit und damit weniger Ertrag für den Bauern, sondern schädigt selbst das Klima: Humusreiche Böden binden viel Kohlenstoff – bei der Zersetzung von Humus wird also zusätzliches Kohlendioxid frei. Nicht zuletzt sinkt die Fähigkeit des Bodens, Wasser zu speichern, was insbesondere für den Hochwasser- und Erosionsschutz nachteilig ist.

Für die Bauern werden die Böden der Zukunft also zur Herausforderung: Wie bearbeiten? Wie düngen? Bauernregeln und »Best Practices« wurden aus langen Beobachtungen und Erfahrungen abgeleitet – jedenfalls aus relativ stabilen Verhältnissen. Der Klimawandel jedoch geht rasend schnell. Noch wissen die Forscher nicht genau, was sie Bauern raten sollen. In ungefähr zehn Jahren, hofft Dannenmann, habe man die Reaktion der Böden auf den Klimawandel gut genug verstanden, um Tipps für die Praxis geben zu können.

Weltweit sind in den Böden schätzungsweise 1500 Milliarden Tonnen Kohlenstoff gebunden – fast dreimal mehr als in der gesamten Biomasse der Erde, also allen Lebewesen inklusive aller Wälder. Doch der Druck auf den Boden ist enorm, weil sich Wohn- und Gewerbegebiete und Verkehrswege immer weiter ausbreiten. Pro Tag werden in Deutschland durchschnittlich 56 Hektar Boden versiegelt – also dem Naturkreislauf entzogen und können fortan kein Kohlendioxid mehr binden. 56 Hektar – das entspricht fast 80

Fußballfeldern. Tag für Tag. Und versiegelter Boden ist – zumindest im menschlichen Zeitmaß – für immer verloren: Bis ein Zentimeter Humus neu entsteht, dauert es etwa 100 bis 200 Jahre.

Eigentlich sollte der Bodenfraß bis 2020 auf 30 Hektar täglich reduziert werden, so hatte es die Bundesregierung im Jahr 2007 als Teil ihrer »Nationalen Nachhaltigkeitsstrategie« beschlossen. Im Rahmen des UN-Prozesses zu globalen Nachhaltigkeitszielen (»Sustainable Development Goals«) hat sich Deutschland sogar verpflichtet, den Verlust von Boden bis 2030 auf null zu senken. Doch wie bei so vielen politischen Zielen in Sachen Umwelt oder Klima liegt das Erreichen in weiter Ferne.

Apfelwickler, Kirschfruchtfliege, neue Pilzkrankheiten – ein Obstbauer verklagt die Bundesregierung

Guderhandviertel heißt ein Dorf im Landkreis Stade in Niedersachsen, es liegt nur einen Steinwurf entfernt von Hamburg, mitten im sogenannten Alten Land. Seit dem 12. Jahrhundert ist die Gegend besiedelt – daher der Name –, und seit dem Mittelalter ein wichtiges Obstanbaugebiet. Heute ist es mit mehr als 10 000 Hektar eines der größten in Europa und das nördlichste des Kontinents. Seit 1975 hat sich hier die Baumblüte bereits um rund zwei Wochen nach vorn verschoben.[230] »Wir ernten heute 14 Tage früher als in meiner Kindheit«, bestätigt Claus Blohm.

Der Obsthof Blohm ist ein Familienbetrieb, seit 1848 bearbeitet er 23 Hektar am linken Elbufer. Die Blohms haben sich auf Öko-Anbau spezialisiert, sie ernten Äpfel, Zwetschgen und früher auch Kirschen. Immer wieder mussten die Blohms schwere Rückschläge verkraften, 1977 zum Beispiel, als der ganze Hof abbrannte. Immer wieder rappelten sie sich auf. Jetzt aber sind sie machtlos.

»Die Klimaveränderungen betreffen uns maßgeblich«, sagt Franziska Blohm, die Tochter des Hofes. Im Jahr 2016 zum Beispiel mussten die Blohms alle Kirschbäume fällen, auf einer Fläche von vier Hektar hatte sich die Kirschfruchtfliege breitgemacht, ein Insekt, das seine Eier in die Früchte ablegt, in denen sich dann Maden entwickeln. Die Kirschen werden unverkäuflich. Ursprünglich war die Kirschfruchtfliege nur viel weiter südlich heimisch, im Zuge des Klimawandels breitete sich ihr Lebensraum nach Norden aus. Außer Netzen gibt es im ökologischen Obstbau kein Mittel gegen diesen Schädling – aber für Netze waren die Bäume der Blohms schon viel zu groß. Also blieb nur, die Kirschbäume zu fällen.

Im Frühjahr 2017 war der Hof extremen Niederschlägen, Hagel und Sturm ausgesetzt und erlitt massive Schäden durch Staunässe. Die Wurzeln ganzer Baumreihen waren schlicht ertrunken. »Der Sommer 2018 wiederum war sehr, sehr heiß. Für viele Leute war das wunderschön, alle haben die Sonne genossen«, sagt Franziska Blohm, die den Hof einmal übernehmen soll. Aber ihre Äpfel hätten Sonnenbrand bekommen: Die Schale sengt an, das Obst fault.

Die Probleme der Blohms sind alles andere als eine Ausnahme: Die Agrarforschung beobachtet seit Langem, dass durch den Temperaturanstieg neue Schadinsekten und Krankheitserreger auftreten und altbekannte sich stärker ausbreiten. In warmen Jahren bildet zum Beispiel der Apfelwickler – ein Falter, dessen Maden die Äpfel zerfressen – nicht wie früher üblich nur eine Generation aus, sondern im Spätsommer noch eine zweite. Bei fortschreitendem Klimawandel, warnt eine Studie der Obstbauversuchsanstalt Jork in Niedersachsen, drohe »eine Vervielfachung«.[231] Seit einigen Jahren ist im Alten Land die sogenannte Schwarze Sommerfäule ein Problem – ein dort bisher unbekannter Pilz aus Südeuropa, der die Äpfel verfaulen lässt.

Am Bodensee kämpfen die Bauern gegen den Obstbaumkrebs, eine Infektion mit Pustelpilzen: Der Pilz, dessen Wachstum durch milde Winter begünstigt wird, dringt durch Wunden in den Baum ein und blockiert den Transport von Wasser und Nahrung in die letzten Spitzen. Die Obstregion Bodensee ist mit rund 7500 Hektar

Anbaufläche und einem Produktionsvolumen von 250 000 Tonnen ebenso bedeutend wie das Alte Land.

»Auch wir möchten in Zukunft noch Äpfel ernten«, sagt Franziska Blohm. Deshalb zog die Familie 2018 gemeinsam mit anderen Betroffenen gegen die Bundesregierung vor Gericht (siehe Seite 171). Sie wollten erreichen, dass die Politik mehr gegen den Klimawandel tut, Deutschland den Ausstoß an Treibhausgasen stärker senkt. Die Schäden infolge der Erderhitzung seien ein Eingriff in das Grundrecht der Bauern, argumentierte ihre Anwältin Roda Verheyen: »Denn nicht nur die Zerstörung, auch die Beeinträchtigung von Eigentum ist verboten.«

Etwa 11 000 Betriebe bauen hierzulande Obst an, fast zwei Drittel davon sind auf Baumobst spezialisiert, ein Viertel auf Erdbeeren. Bereits vor Jahren hat das Umweltbundesamt die Folgen der Klimaänderungen für die Branche untersucht. Im sogenannten Vulnerabilitätsbericht aus dem Jahr 2015 ist der Stand der Forschung zusammengefasst: »Auch die Pflanzengesundheit hängt vom Klima ab. Warme Witterungen können Schädlinge begünstigen, vor allem wenn die Winter mild sind. Die Folge sind ein früherer, stärkerer Befall und zum Teil mehr Generationen von Schädlingen.«[232] Obwohl die Sachlage also klar ist, wurde die Klage der Blohms 2019 abgewiesen. Die formaljuristische Begründung des Berliner Verwaltungsgerichts: Den Bauern fehle es an der Klagebefugnis.

Feigen und Kiwi, Safran und Süßkartoffeln – in Deutschland gedeihen immer mehr südliche Pflanzen

Wegen des sich erwärmenden Klimas wachsen in Deutschland bereits neue Obst- und Gemüsearten: Im Alten Land werden neuerdings auch Aprikosen und Nektarinen geerntet. In Velten, nördlich von Berlin, hat ein Bauer zunehmenden Erfolg mit Melonen. In Güstrow, Mecklenburg-Vorpommern, gedeihen Süßkartoffeln mittlerweile auch im Freiland. In Unterdallersbach in Mittelfranken baut ein Landwirt Safran an, eine Gärtnerei in Neufarn bei München Ingwer. Und in etlichen Schrebergärten wachsen längst Feigen, Kiwi oder Physalis.

Doch südliche Sorten sind mehr noch als einheimische empfindlich für Kälteeinbrüche im Frühjahr: »Donner und Fröste im Wonnemond, Müh' und Arbeit wenig lohnt«, besagt eine Bauernregel. 2019 schneite es Anfang Mai etwa im Siegerland, im Harz, in Sachsen. 2020 sanken im Mai die Temperaturen in Thüringen fünf Grad unter den Gefrierpunkt. Spätfrost ist in unseren Breiten nicht unüblich, als »Eisheilige« haben die traditionell kalten Tage Mitte Mai sogar seit Jahrhunderten einen eigenen Namen. Künftig dürfte Spätfrost sogar noch häufiger auftreten.

Der Klimawandel beschert uns nämlich nicht nur heißere Sommer, sondern Studien zufolge auch mehr Kälteeinbrüche im Frühjahr. In den vergangenen Jahren habe es zum Beispiel beim Hopfen und im Obstanbau erhebliche Schäden durch Spätfröste gegeben, sagt der Münchner Professor Hans Pretzsch. Die wirtschaftlichen Folgen seien enorm. »Allein ein einziger Spätfrost im Frühjahr 2017 verursachte in Europa ökonomische Verluste von 3,3 Milliarden Euro, von denen nach Angaben der Münchner Rückversicherung nur 18 Prozent versichert waren.« Gleichzeitig wird sich der Beginn der Obstblüte laut Klimamodellen noch stärker nach vorn schieben, bei Apfelbäumen in Hessen zum Beispiel bis Ende des Jahrhunderts um etwa weitere zwei Wochen.[233]

Ein Hotspot des Klimawandels ist Unterfranken in Nordwest-Bayern entlang des Maintals. Die Gegend hat sich in den vergangenen 140 Jahren bereits um knapp zwei Grad Celsius erwärmt, fast das Doppelte des weltweiten Durchschnitts. Der Grund ist eine besondere topografische Lage, erklärt Heiko Paeth, Professor für Physische Geografie an der Universität Würzburg. Im Windschatten von Steigerwald, Spessart und Rhön kämen immer weniger feuchte Luftmassen nach Unterfranken, sodass es weniger Wolken gebe und damit mehr Sonnenstunden. Zudem gerate die Gegend wegen veränderter Wettermuster häufiger unter den Einfluss von Azorenhochs. Schließlich sei die Dauer der winterlichen Schneebedeckung hier besonders stark zurückgegangen, was wiederum für weitere Erwärmung sorge: Schwindet die helle, reflektierende Oberfläche früher, erwärmt die Sonne den Boden im Jahresverlauf stärker.

Die Landwirtschaft spielt in Unterfranken eine wichtige Rolle. »Hier dominiert Kalkboden, allerdings einer, der in der letzten Eiszeit mit einer dicken Gäu-Schicht gesegnet wurde«, sagt Paeth. Gäu ist die unterfränkische Bezeichnung für Löss, fruchtbare Erde, die Winde am Rande der Gletscher der letzten Eiszeit vor 100 000 Jahren bis zu sechs Meter dick auftürmten. »Die reichen Leute, das waren hier die Bauern«, so Paeth.

»Gut Land will gute Pflege«, lautet eine Bauernregel. Über Generationen haben der Fleiß und die fruchtbare Löss-Auflage in Unterfranken die Scheunen voll und die Landwirte wohlhabend gemacht. »Aber das ist mit dem Klimawandel passé«, sagt Heiko Paeth. Die Region leidet bereits heute unter extremem Wassermangel, im Kalkboden versickert der Regen schnell – wenn er denn überhaupt einmal hier ankommt. »Die Leute merken, dass sich etwas verändert. Deshalb ist das Interesse am Thema bei uns auch besonders groß.«

Gerade untersuchte der Professor, welche Veränderungen speziell auf Unterfranken zukommen, wenn der Klimawandel ungebremst weitergeht. Die Studie ist noch unveröffentlicht, aber Paeth zitiert daraus: Tage, an denen die Temperatur über 25 Grad steigt, »werden sich bis 2050 verelffachen«. Im Zeitraum 1961 bis 1990 gab es in der Region durchschnittlich zwei solcher Tage pro Jahr, 2050 werden es 22 sein. »Ende des Jahrhunderts steigt ihre Zahl sogar auf durchschnittlich 51 pro Jahr«, so Paeth. »Allein daran wird ersichtlich, welche starken Veränderungen auf die Landwirtschaft zukommen.« In einigen Jahrzehnten wird also – ohne strengen Klimaschutz – in Unterfranken ein Klima herrschen, wie man es aus viel weiter südlicheren Gegenden kennt. In 40, 50 Jahren, sagt Paeth, werde die Region dann etwa so warm sein wie heute das Burgund, »und bis Ende des Jahrhunderts wie an der Nordabdachung der Pyrenäen«.

Paeth hat eine ganze Reihe solcher Zukunftsdaten ermittelt. Zum Beispiel die Tage, an denen das Thermometer unter minus 7 Grad fällt – sie sind wichtig unter anderem für die Weinwirtschaft: Ohne eisige Tage gibt es keinen Eiswein. Die Kunst des Eisweinkelterns, hoch angesehen und verbreitet in Unterfranken, sei eine aussterbende, sagt Heiko Paeth. »Wir werden wohl zum letzten Mal 2045 solche Eistage verzeichnen können, danach nicht mehr.« Einen Vorgeschmack gab der Winter 2019/20: Weil er viel zu mild war, konnte erstmals in der Geschichte weder in Franken noch in einem anderen der 13 deutschen Weinbaugebiete irgendein Winzer Eiswein produzieren.

Das größte Thema für die Region wird aber der Regen. Paeth: »Auch in Unterfranken wird die jahreszeitliche Verteilung der Niederschläge zum Problem.« So werde das notwendige Nass in der Wachstumsperiode um 30 Prozent bis 2100 zurückgehen, immer mehr Landwirte würden sich mit Bewässerungstechnik zu helfen versuchen. »Aber das hat den Grundwasserspiegel in vielen Gegenden in den letzten acht Jahren bereits um zwei Meter gesenkt.« Als Folge trocknete 2019 zum Beispiel die Pleichach bei Würzburg aus, ein 34 Kilometer langer Nebenfluss des Mains. »Bislang war bei uns der Wein das ›flüssige Gold‹. Künftig wird es das Wasser sein.«

Typischer, spritzig-herber Frankenwein ist immer schwerer zu produzieren. Stattdessen gedeiht Cabernet Sauvignon

Mehr als tausend Jahre Weinbau, 6250 Hektar Rebfläche, weltweites Renommee – Wein hat Franken geprägt wie kaum etwas anderes. Im Mittelalter wurden die Trauben auf fast 40 000 Hektar angebaut, das größte Weinbaugebiet im Heiligen Römischen Reich nördlich der Alpen. Johann Wolfgang von Goethe liebte Weine aus Würzburg, der Züchter Hermann Müller-Thurgau promovierte 1874 am »Botanischen Institut« der Würzburger Universität. Heute werden pro Jahr 350 000 Hektoliter verkauft, 46 Millionen Flaschen. Typischer Frankenwein ist spritzig und fruchtig und äußerst trocken – man könnte auch sagen: säuerlich-herb; extra für ihn wurde die Geschmacksbezeichnung »fränkisch trocken« eingeführt. Doch weil es immer heißer wird, ändert sich der Charakter der Weine. Mancher Weinberg, der wegen seiner sonnigen Südausrichtung früher als Top-Lage galt, ist bereits zu warm geworden für die traditionellen Rebsorten – sie reifen jetzt viel zu schnell.

»Heißer Sommer, guter Wein«, besagt die Bauernregel. Für den typischen Frankenwein gilt das heute nicht mehr. Den Winzern kommt die verlängerte Vegetationsdauer nicht unbedingt gelegen: Weil die Sonne länger und intensiver scheint, bekämen bereits jetzt viele Trauben regelrechten Sonnenbrand. Heiko Paeth: »Rebsorten wie Bacchus oder Silvaner werden in Unterfranken auf ihren angestammten Standorten nicht überleben.« Zudem sorgen die steigenden Temperaturen für einen zu hohen Alkoholgehalt im Wein und für immer mehr Schädlinge im Weinberg. »Künftig fehlen die kalten Herbsttage, die notwendig sind, um den Trauben die Säure einzutreiben, der Wein schmeckt dann brandig.«

Früher galt der 50. Breitengrad als Grenze des Weinanbaus, Kommunen wie Burg an der Mosel, Mainz oder Stübig im Landkreis Bamberg liegen auf ihm. Eine Ausnahme bildeten die geschützten Flusstäler von Ahr, Unstrut oder Elbe, die Mitte vergangenen Jahrhunderts als die nördlichsten Anbaugebiete galten. Das aber hat der Klimawandel verändert, mittlerweile gedeiht Wein sogar auf Sylt. Riesling wird inzwischen auch in Norwegen gekeltert, die Sorten Phönix, Solaris oder Rondo für den Rotwein werden auf der schwedischen Insel Gotland angebaut. Bis 2050 werden Weine aus Skandinavien normal sein, Weine aus Frankreich oder Deutschland sich verändern. Im Süden Europas wird es dagegen immer schwerer, Wein zu produzieren. In einer um zwei Grad wärmeren Welt, schrieb ein internationales Forscherteam Anfang 2020 im Fachjournal *PNAS*, drohe zum Beispiel in Italien und Spanien der Verlust von mehr als der Hälfte der Weinberge.[234]

Professor Hans Reiner Schultz, Forscher und Präsident der Hochschule Geisenheim, beunruhigt die Geschwindigkeit, mit der sich die Veränderungen vollziehen – teils überhole die Wirklichkeit schon jetzt die Prognosen der Klimamodelle, erklärt er: Zum Beispiel sei der Sommer 2018 so heiß gewesen, wie es vor 20 Jahren die Computerberechnungen für 2050 ergeben hatten. »Wir haben also 2018 den Durchschnittsjahrgang eines Jahres 2050 im Glas!« Schultz ist selbst Winzer, er erfährt den Wandel im eigenen Weinberg: »Viele Dinge, die wir früher gemacht haben, drehen wir jetzt um«, sagt er. Statt etwa mit großen Mühen die Beeren reif zu bekommen, gehe es wegen der gestiegenen Temperaturen inzwischen oft mehr darum, die Reife zu verzögern.[235]

Was vor 30 Jahren klimatisch noch undenkbar war in Deutschland, ist heute Realität: Rotwein-Sorten wie der Cabernet Sauvignon, ursprünglich aus der Region Bordeaux bekannt, gedeihen. Wegen des Klimawandels wird »umgerebt«, wie die Winzer sagen. Im Rheingau zum Beispiel, eine der kleineren Weinregionen am rechten Ufer des Rheins in Hessen, hat sich die Anbaufläche für Cabernet Sauvignon seit der Jahrtausendwende verfünffacht.

Bei mehr als 24 Grad Celsius geraten Milchkühe unter Hitzestress

Löwenstedt, ein 650-Einwohner-Dorf in Schleswig-Holstein, ganz im Norden der Bundesrepublik – bis zur dänischen Grenze sind es nur 30 Kilometer. Kirsten Wosnitza betreibt hier mit ihrem Mann eine konventionelle Milchviehwirtschaft, 120 Kühe stehen im Stall von Hof »Sophiental«. Ihr Land, 90 Hektar, erstreckt sich auf der nordfriesischen Geest, einer baumarmen Sandboden-Landschaft, die durch Ablagerungen während der Eiszeiten entstanden ist.

Die Wosnitzas hoffen, dass ihre Kühe ein gutes Leben führen: »Sie sind viel auf der Weide, wo sie ihr Sozialverhalten ausleben können.« Wind ums Maul, Regen auf der Haut, freilich dürfe das nicht zu stressig werden, erklärt die Bäuerin, »die Kuh ist ein Bakterien-Laboratorium, das Gras in Fleisch und Milch umwandelt. Besser ist, wenn das System im Pansen, also im Verdauungstrakt der Kühe, ohne Störungen verläuft.« Kraftfutter, Mais- und Gras-Silage, Weidegras – über die einzelnen Bestandteile der Ernährung werden Kühe so »eingestellt«, dass sie möglichst viel Milch geben. »10 000 Liter sind es bei uns pro Milchkuh«, sagt Wosnitza, das ist deutlich mehr als der bundesweite Durchschnitt von 8000 Litern.

2017 allerdings litten die Tiere: »Es hat den ganzen Sommer über geregnet.« Damals dauerte eine niederschlagsreiche Wetterlage ungewöhnlich lange an – dass Hoch- oder Tiefdruckgebiete an einem Ort quasi festhängen, kommt seit einigen Jahren häufiger vor. Ursache ist laut Forschern, dass infolge des Klimawandels der Jetstream instabil wird (siehe Seite 117). Rund um den Hof standen damals die Grünlandflächen so unter Wasser, dass die Grasmahd teilweise nicht möglich war. Auf den Weiden wurde das Gras von den Kühen zu Matsch getreten, Schmackhaftigkeit und Futterwert ließen nach. Und damit auch die Milchleistung der Kühe. Kein gutes Wirtschaftsjahr für den Hof »Sophiental«.

2018 war es dann Dürre, die den Tieren zusetzte. »Jeder Bauer will / Regen im April«, lautet eine Bauernregel. Doch in jenem Jahr waren von April bis November ausnahmslos alle Monate zu warm und zu trocken. Eine Kuh muss 70 bis 100 Liter Wasser täglich trinken, etwa eine Badewanne voll. Vor allem aber wuchs 2018 auf Hof »Sophiental« kein Gras mehr. »Wir hatten Angst, dass unsere Futterreserven nicht ausreichen«, erinnert sich Kirsten Wosnitza. Viele Kollegen in der Region seien noch schlimmer dran gewesen, denn oft erlaubt es die finanzielle Lage der Höfe nicht mehr, ausreichend Futterreserven vorzuhalten; sie aber verfügten zum Glück über Vorräte. »Auf dem Weltmarkt Futter zuzukaufen, wie zum Beispiel für Schweine, das geht bei Kühen nur bedingt.« Die brauchen vor allem Gras, Mais und Stroh als Grundfutter. »So etwas über große Distanzen zu transportieren, ist enorm teuer«, so Wosnitza, »sie transportieren ja praktisch grün gewachsenes Wasser.« In den 1980er-Jahren erlebte die studierte Landwirtin schon einmal so eine Situation, damals machte sie ein Praktikum in Australien, eine Dürre sorgte für Futtermangel. »Es blieb den Farmern oft keine andere Wahl, als von Hunger geschwächte Tiere zu erschießen. Häufig war der Transport der Tiere zu den Schlachthöfen teurer als der Erlös.«

2019 folgte die große Hitze, selbst im eigentlich eher kühlen Norddeutschland stieg das Thermometer über 36 Grad. Milchkühe aber geraten schon bei mehr als 24 Grad Celsius unter Hitzestress, die Milchleistung sinkt deutlich.[236] »Am wohlsten fühlen sich Kühe bei 15 Grad«, sagt die Bäuerin. Für Familie Wosnitza bedeutete der Sommer 2019 deshalb mehr Arbeit: Die Kühe mussten durch Ventilatoren und Duschen gekühlt werden – trotzdem war die Milchleistung geringer und damit der Erlös. »Ohnehin ist der betriebswirtschaftliche Druck enorm«, sagt die Bäuerin. Aktuell bekomme sie 50 Euro für ein Kalb der Sorte Schwarzbuntes Rind. »Schon ein Besuch vom Tierarzt, etwa wegen einer Erkältung oder Durchfall, kann schnell mal 60 Euro kosten.« Auch deshalb ist Stress ganz schlecht für die Tiere, denn da gehe es Kühen wie den Menschen: Stress macht krank. Hitzestress sorge nicht nur dafür, dass die Kühe weniger Milch geben – auch ihr Immunstatus sinkt, die Eutergesundheit, die Fruchtbarkeit, der gesamte Stoffwechsel leidet.

Dann 2020: »Schon wieder ein trockenes Frühjahr, schon wieder ein Wetterextrem«, so Kirsten Wosnitza. Der April 2020 war der dritttrockenste seit Beginn der Wetteraufzeichnungen, in Schleswig-Holstein fielen im ganzen Monat nur 15 Millimeter Regen.

Wieder wurden die Futtermittelreserven knapp, wieder waren Höfe wirtschaftlich am Limit. »Noch so ein Dürrejahr, das halten viele Betriebe nicht mehr durch.« 2009 gab es noch 100 000 Milchviehbetriebe in Deutschland, jetzt sind es nicht mal mehr 60 000. »40 Prozent Geschäftsaufgaben in nur zehn Jahren, das gibt es in kaum einer anderen Branche«, sagt die Bäuerin. Schuld sei nicht nur der Preisdruck. Wenn es gut läuft, kann sie den Liter Milch für 40 Cent verkaufen, oft aber läuft es nicht gut. Zu den Problemen auf dem Milchmarkt kommt die Erderwärmung: »Der Klimawandel macht die Bauern zunehmend handlungsunfähig.«

Eine schleichende Entwicklung: Zuerst würden die Landwirte versuchen, mehr zu produzieren, um geringe Gewinnmargen durch größere Absatzmengen zu kompensieren. Das bedeute mehr Arbeit, »auch mehr Selbstausbeutung«. Fehle dann mehrere Jahre der Regen, bleibt der Erfolg aus, was zu Verzweiflung und Ohnmacht führe – oder plötzlich gibt es viel zu viel Regen. Dazu immer mehr Vorschriften, Naturschutzauflagen, die Gülleverordnung, und ständig müsse alles Mögliche aufgeschrieben werden, um im Zweifelsfall belegen zu können, dass man sämtliche Regeln einhält. »Wir verbringen mittlerweile sehr viel Zeit mit der Dokumentation, Zeit, die bei der Betreuung der Tiere fehlt oder der ohnehin knappen Freizeit abgeht.« Die Politik agiere mit zweierlei Maß, sagt Wosnitza und wird wütend: Flugzeugbenzin zu besteuern oder ein Tempolimit für den Klimaschutz einzuführen, das sei in Deutschland nicht möglich. »Aber die Kuh darf auf Deutsch gesagt nicht mehr unter freiem Himmel rülpsen und scheißen, weil dann zu viel Methan und Ammoniak entstehen.«

Kirsten Wosnitzas Arbeitstag beginnt morgens viertel nach fünf im Melkstand und endet am Abend um halb acht, sieben Tage in der Woche, bei einem kalkulierten Stundenlohn von 20 Euro brutto als Betriebsleiterin. Wosnitza macht auch mal Urlaub mit ihrem Mann, aber viele Kollegen kämen seit Jahren nicht raus aus ihrem Trott. »Der wirtschaftliche Druck und nun noch die spürbaren

Folgen der Erderwärmung lassen besonders junge Menschen zweifeln, ob sie den Hof ihrer Eltern weiterführen sollen.«

In einem heißeren Klima, zeigen Studien, werden Kühe weniger oder schlechtere Milch geben[237] – es sei denn, man hält sie in voll klimatisierten Ställen. Doch das wäre wohl nicht nur für Betriebe wie den von Kirsten Wosnitza ein Problem, sondern vor allem für Biolandwirte; das idyllische Bild von Kühen auf der Weide wird in den Sommern der Zukunft in Deutschland selten sein.

Auch andere Tiere sind hitzeempfindlich. Schweine zum Beispiel haben nur wenige Schweißdrüsen, können sich also kaum durch Schwitzen kühlen. Sie fühlen sich bei 18 bis 24 Grad am wohlsten; wird es heißer, fressen sie weniger, Muttersauen geben weniger Milch für ihre Ferkel, die Zahl der Totgeburten steigt. Auch Hühner können nicht schwitzen. Wird es heiß, stehen sie ebenfalls schnell unter Stress, atmen hechelnd mit weit geöffnetem Schnabel – und legen weniger Eier.

Zwischen 1981 und 2017, ergab eine österreichische Studie, hat wegen zunehmend warmer Sommer der Hitzestress in Ställen um 13 Prozent zugenommen. Bis 2050, zeigen Modellrechnungen des Deutschen Wetterdienstes, werden die Sommertage mit Hitzestress für Kühe vielerorts deutlich zunehmen – besonders an der Nordseeküste und in den Alpen, just jenen Regionen, in denen es viele Milchbauern gibt.[238]

Die Industrie verspricht Lösungen für alle Probleme: voll klimatisierte Ställe, Gentechnik, Retortenfleisch

Etliche (konventionelle) Landwirte kühlen oder klimatisieren deshalb schon heute ihre Ställe – der Aufwand dafür wird in den kommenden Jahrzehnten drastisch steigen. Wer Wert auf das Siegel »Weidemilch« legt, muss seine Tiere eine bestimmte Zahl von Stunden unter freiem Himmel grasen lassen – in den Extremsommern 2018 und 2019 ließen manche Bauern ihre Kühe nachts auf die Weide, um trotz Hitze die Vorgabe zu erfüllen.

Die Industrie glaubt, Lösungen für die heiße Zukunft zu haben. »Experten aus der Landtechnik erklären uns: Mit der Digitalisierung werden wir die Probleme des Klimawandels lösen«, sagt Bäuerin Wosnitza. Tatsächlich gibt es Entwicklungen wie den – so die Werbung – »klimaneutralen Stall«: Dort verbringen die Kühe ihr gesamtes Leben im Gebäude; die Luft wird nicht nur klimatisiert, sondern auch alles Methan, das bei der Tierhaltung entsteht, aufgefangen und zur Energiegewinnung genutzt. »In Katar und Saudi-Arabien ist mit solchen Ställen Milchwirtschaft bei 50 Grad Außentemperatur möglich«, sagt Wosnitza. Außerdem könne in solchen Ställen die Milchleistung nochmals gesteigert werden, weil sich genauer als auf jeder Weide steuern lasse, was die Tiere fressen. In Katar zum Beispiel werden so Kühe der Rasse Holsteiner-Friesen gehalten, dieselbe wie auf Hof »Sophiental«. Allerdings geht es in den Wüstenstaaten nicht darum, Klimaschutz zu betreiben, im Gegenteil, die Ställe dort verbrauchen enorm viel Energie und Wasser. Die schnell wachsenden Staaten Katar und Saudi-Arabien machen das, um unabhängiger von Milchimporten zu werden.

Der Agrarforscher Claas Nendel kennt solch einen Stall. »Ich fand ihn nicht so abstoßend, wie er mir in der Projektbeschreibung vorkam«, sagt er. Viel Glas sei verbaut, der Stall habe hell und freundlich gewirkt, die Tiere hätten sich frei bewegen können. »Aber natürlich lebt die Kuh in solch einem Stall wie ein Goldfisch im Glas«, sagt der Müncheberger Wissenschaftler, also nicht artgerecht – »und in der Gesellschaft spielt das Tierwohl eine immer größere Rolle.« Zwar überwiege immer noch jene Kundschaft, die beim Discounter Billigfleisch kauft, »aber der Druck auf den Gesetzgeber ist doch immerhin so groß, dass er Stück für Stück die schlimmsten Auswirkungen der Massentierhaltung unterbindet. Deshalb glaube ich auch nicht, dass es noch erhebliche Leistungssteigerungen bei Nutztieren durch Züchtungen geben wird«, sagt Nendel. Das Euter der 50-Liter-pro-Tag-Kuh sei so prall, dass sie kaum noch laufen könne. Dem Schwein noch eine zusätzliche Rippe und so ein weiteres Kotelett anzuzüchten, »das wird nicht passieren, wir sind heute schon ethisch an der Grenze«.

Auch bei den Versprechen von Saatgutzüchtern, Hitze und Dürre auf den Äckern ließen sich mit gentechnisch veränderten Sorten bewältigen, ist Nendel skeptisch. »Eine Superpflanze, das kann nicht die alleinige Antwort sein. Wir wissen nicht, wie sich die Chimäre in der Umwelt verhält.« Sollte es in Mitteleuropa um vier Grad heißer werden, »können wir immer noch Landwirtschaft betreiben, wie sie heute zum Beispiel in Syrien oder der Türkei praktiziert wird«. Also mit den dort üblichen Arten – aber sicherlich geringeren Erträgen als deutsche Bauern bisher gewohnt sind. Nendel: »Die entscheidende Frage wird der Zugang zu Wasser.« Völlig offen ist, ob es künftig noch flächendeckend genug gibt, um in großem Stile Felder zu beregnen.

Heißt die Lösung vielleicht »Urban Farming« – also Landwirtschaft in der Stadt, in Produktionshallen, auf Hausdächern? »Interessant«, sagt Agrarforscher Nendel, »und das gibt es ja schon heute.« In Berlin etwa werden auf dem Areal einer ehemaligen Malzfabrik im Stadtteil Schöneberg Fisch- und Pflanzenzucht kombiniert: In großen Tanks wachsen Buntbarsche heran, ihre Ausscheidungen werden von Bakterien in Dünger umgewandelt, der für den Anbau von Basilikum genutzt wird. Fische und Kräuter kann man bei der Supermarktkette Rewe kaufen.

»Das Problem am ›Urban Farming‹ ist der Platz«, sagt Nendel, »und die Energie.« In einem Bauernhaus lebt eine Familie, die ein Dach hat, auf das sie beispielsweise eine Solaranlage montieren kann, und der Weg zur Wiese ist kurz. »In einer Stadt aber leben manchmal 50 Familien unter einem Dach, und Energie und Rohstoffe für die Produktion müssen sehr weit transportiert werden.« Deshalb ist das Fischfarm-Basilikum aus Berlin auch noch wesentlich teurer als Basilikum aus dem Bioladen. Diese Form der

Landwirtschaft werde das Nischendasein nicht verlassen, ist Nendel überzeugt. »Allerdings ist es wichtig, dass sich Städter bewusst machen, mit welchem Aufwand ihre Nahrungsmittel produziert werden. Ein Gemeinschaftsgarten im Quartier oder ein Gewächshaus im Supermarkt kann dafür schon ein Gefühl geben.«

Oder wird all dies 2050 vielleicht überflüssig? Längst suchen Industrie und Wissenschaft nach ganz neuen Wegen, Nahrungsmittel herzustellen. Tübinger Forscher untersuchen zum Beispiel die Möglichkeit, Eiweiße mittels Bakterien, Hefen und Pilzen und unter Einsatz erneuerbarer Energien direkt aus Grundstoffen wie Kohlendioxid und Ammoniak zu produzieren. Bei diesem »Power to Protein« genannten Ansatz könnten elektrochemische und biotechnologische Verfahren große Eiweißmengen für die menschliche Versorgung liefern, so die Hoffnung – bei vergleichsweise geringem Energieeinsatz und geringen Klimaschäden.[239]

Der deutsche Appetit auf Fleisch sorgt auch im Ausland für Klimaschäden – zum Beispiel am Amazonas

Im Nordosten Berlins, im Botanischen Volkspark Blankenfelde-Pankow, wo bis zum Ende der DDR die »Agro-Biologische Zentralstation der Thälmann-Pioniere ›Walter Ulbricht‹« stand, betreibt die Zukunftsstiftung Landwirtschaft einen sogenannten Weltacker. Er ist 2000 Quadratmeter groß – so viel Anbaufläche steht statistisch jedem Erdenbürger zur Verfügung, wenn man die globale Ackerfläche von 1,5 Milliarden Hektar durch die aktuelle Weltbevölkerung teilt. Zum Vergleich: Auf ein Standard-Fußballfeld passen gut dreieinhalb dieser Weltäcker.[240]

Mit dem Projekt will die Stiftung beweisen, dass diese Fläche ausreicht, um eine Person zu ernähren. In Berlin-Pankow wird deshalb auf 2000 Quadratmetern (ökologisch) angebaut, was ein Mensch zum Leben braucht: Kartoffeln, Getreide, Gemüse, Obst, aber auch

Sonnenblumen für Öl, Kräuter – und all das Futter für jene Tiere, deren Fleisch, Milch und Eier wir verzehren. Glaubt man der Stiftung, dann genügt diese Fläche tatsächlich – allerdings müssten die Menschen in den Industriestaaten ihre Ernährung umstellen: zum Beispiel mehr Obst, Gemüse und Nüsse essen – und vor allem viel weniger Fleisch. Ganz nebenbei wäre diese Diät auch noch deutlich gesünder.

Bisher jedoch beansprucht jeder Bundesbürger viel mehr als 2000 Quadratmeter – nicht nur in Deutschland, sondern zum Beispiel auch in Brasilien. 200 Millionen Rinder werden in dem südamerikanischen Staat gehalten, mehr als irgendwo sonst auf der Welt. Aber nicht nur Fleisch wird nach Europa exportiert, deutsche Bauern füttern ihre Tiere auch mit Soja aus Brasilien. Die Erntemenge dort ist in den vergangenen 20 Jahren um 400 Prozent gestiegen, mittlerweile erstrecken sich die brasilianischen Sojaplantagen auf 320 000 Quadratkilometer – eine Fläche fast so groß wie Deutschland. Dafür wurden im Amazonas-Becken riesige Flächen gerodet, in den vergangenen 40 Jahren circa eine Million Quadratkilometer. Regenwald aber bindet pro Quadratkilometer rund 20 000 Tonnen Kohlenstoff, der durchs Abholzen (und Abbrennen) in die Atmosphäre als Kohlendioxid freigesetzt wird.[241]

In Südostasien sind es vor allem Plantagen von Ölpalmen, für die der Regenwald zerstört wird. Palmöle stecken zum Beispiel in Pizza und Schokoriegeln, in Shampoo und Lippenstift – nach Angaben der Umweltorganisation Greenpeace enthalten rund die Hälfte aller Produkte in unseren Supermärkten Palmöl. Dazu Gartenmöbel, Fensterrahmen oder Papierfasern aus Tropenholz für den deutschen Markt – das Roden der Regenwälder verursacht zehn bis 15 Prozent der weltweiten Treibhausgas-Emissionen. Vor allem in Brasilien geht der Raubbau unvermindert weiter.

Überall auf der Erde zeigen sich die Folgen des Klimawandels für die Landwirtschaft. Schon in den vergangenen Jahrzehnten, schrieb der Weltklimarat IPCC Mitte 2019 in einem Bericht, verursachte der Klimawandel weltweit deutliche Ernteeinbußen; ein Trend, der sich erheblich verschärfen wird, wenn die Treibhausgas-Emissionen nicht schnell und drastisch sinken. Jedes Grad globale Erwärmung, so der IPCC, bedeute einen Rückgang der weltweiten Erträge bei Mais um rund sieben Prozent, bei Weizen um rund sechs Prozent sowie bei Reis und Soja um jeweils rund drei Prozent.[242]

In einzelnen Regionen werden die Ernten drastisch einbrechen. Für die indochinesische Halbinsel etwa (zu der Laos, Kambodscha, Thailand und Vietnam gehören) erwarten Studien einen Rückgang der Reiserträge um zehn Prozent pro Grad globaler Erwärmung. Bezieht man nicht nur die Folgen des Klimawandels ein, sondern zum Beispiel auch Risiken durch Schadstoffbelastungen der Böden, könnten die Reisernten bis Ende des Jahrhunderts sogar um bis zu 40 Prozent zurückgehen, haben Forscher der Universitäten Stanford, Tübingen und Bayreuth ermittelt.[243]

Zunehmende Wetterextreme werden zudem die jährlichen Erträge viel stärker schwanken lassen. Beispielsweise bei Mais liegt bisher die Wahrscheinlichkeit praktisch bei null, dass in den vier Hauptexportländern USA, Brasilien, Ukraine und Argentinien gleichzeitig schlechte Ernten eingefahren werden. In einer um zwei Grad wärmeren Welt würde sie laut einer Studie auf sieben Prozent steigen, bei vier Grad Erderhitzung gar auf 86 Prozent. Beim Weizen drohen bis 2100 bei ungebremsten Emissionen bis zu 60 Prozent der heutigen Anbaugebiete gleichzeitige Dürren.[244]

Ende 2019 legten Forscher im Fachjournal *Science Advances* eine Gesamtanalyse des Nahrungssystems der Menschheit vor. Sie untersuchten, wie der Klimawandel weltweit Landwirtschaft und Fischerei beeinflussen wird – und verglichen dabei eine Welt ohne Emissionsminderungen mit einer, in der die Klimaschutzziele aus dem Paris-Abkommen eingehalten werden. Ergebnis: Steigt der Ausstoß an Treibhausgasen unvermindert weiter, werden Ende des Jahrhunderts 97 Prozent der Weltbevölkerung in Regionen leben, in denen es entweder bei Landwirtschaft oder Fischerei zu Einbußen kommt, für 90 Prozent der Weltbevölkerung würden sogar beide Nahrungsquellen beeinträchtigt. Besonders stark betroffen wären Mittelamerika, Zentral- und Südafrika sowie Südostasien. Würden sich hingegen die Regierungen der Welt an die Verpflichtung halten, die sie im Klimaabkommen von Paris 2015 eingegangen sind und die Erderhitzung deutlich unter zwei Grad halten, sähe die Zukunft vollkommen anders aus: Die weltweiten Verluste fielen nicht nur viel geringer aus, sondern eine Mehrzahl der Länder könnte sogar mit besseren Ernten und Fischereierträgen rechnen als heute.[245]

Auf die Missstände in der deutschen Landwirtschaft versuchte 2017 das Bundesumweltministerium mit einer großen Werbekampagne aufmerksam zu machen. Dafür ließ die damalige Ministerin Barbara Hendricks (SPD) von einer Berliner PR-Agentur einen Strauß »neuer Bauernregeln« reimen. Da hieß es zum Beispiel: »Steht das Schwein auf einem Bein / ist der Schweinestall zu klein.« Auf Großplakaten, die den Stil kitschiger Stickereien imitierten, sollten die neuen Bauernregeln bundesweit zu lesen sein: »Steh'n im Stall zu viele Kühe / macht die Gülle mächtig Mühe.«[246]

Die Agrarlobby schäumte. Der damalige Landwirtschaftsminister Christian Schmidt (CSU) warf Hendricks vor, einen ganzen Berufsstand der Lächerlichkeit preiszugeben: »Eine vermeintliche ›Meinungselite‹ aus den Metropolen amüsiert sich hier auf Kosten der Menschen im ländlichen Raum.« Bernhard Krüsken, Generalsekretär des Deutschen Bauernverbands, sprach von einem »Tiefpunkt in der agrarpolitischen Diskussion«.[247]

Das Umweltministerium stoppte schließlich die Plakate, die Agrarpolitik blieb unverändert. Der Treibhausgas-Ausstoß der deutschen Landwirtschaft ist weiter fast unverändert hoch. Zwar nicht in der Bauern-Praktik von 1508, wohl aber in der PR-Kampagne gibt es dazu eine passende Bauernregel: »Wenn alles so bleibt, wie es ist / kräht bald kein Hahn mehr auf dem Mist.«

Kapitel 11: **Energie**

»Sicherheit der Stromversorgung hochgradig gefährdet«

Niedrigwasser und Hitzewellen – der Klimawandel ist ein Stresstest fürs Energiesystem. Doch der Umstieg auf Wind- und Solaranlagen hilft: Sie sind viel robuster als Kohle- oder Atomkraftwerke

In Werbeannoncen der Strombranche sieht die schöne neue Energiewelt ungefähr so aus: Lächelnde Menschen – meist jung und gut aussehend – stehen mit lässig zerzausten Haaren am Strand, im Hintergrund drehen sich Windräder. Fröhliche Kleinfamilien blicken hoch zu Solarpaneelen, die auf dem Dach ihres nagelneuen Eigenheims in der Sonne blitzen, in der Auffahrt parkt ein glänzendes Elektroauto.

Und es stimmt ja auch: In den kommenden Jahrzehnten steht ein grundlegender Umbau der Energieversorgung an, wenn die menschengemachte Erderhitzung noch gebremst werden soll. 2050 werden die letzten deutschen Atomkraftwerke seit mehr als 25 Jahren abgeschaltet sein. Wenn es gut läuft, ist bereits der Abriss einiger der alten Reaktoren geschafft – und womöglich ist dann (fast hundert Jahre nach Baubeginn des ersten deutschen AKW!) sogar schon ein Endlager für den hoch radioaktiven Abfall gefunden.

Braun- und Steinkohlekraftwerke sind Mitte des Jahrhunderts ebenfalls Geschichte. Dass im Ruhrgebiet und im Saarland einst Zehntausende Menschen tief unter der Erde in engen Schächten nach schwarzen Brocken buddelten; dass in Ost- wie Westdeutschland ganze Regionen verwüstet wurden, Wälder, Felder und Dörfer riesigen Gruben weichen mussten, aus denen dann gigantische Bagger bergeweise verdichteten Torf mit schlechtem Brennwert holten, den man schließlich in Anlagen verfeuerte, die mehr als die Hälfte der Energie ungenutzt verpuffen ließen und giftiges Quecksilber und Feinstaub übers Land verteilten, von Milliarden Tonnen Kohlendioxid mal ganz abgesehen – an all das wird man sich 2050 vermutlich mit derselben, leicht kopfschüttelnden Verwunderung erinnern, mit der wir heute auf Petroleumlampen blicken oder auf mechanische Schreibmaschinen.

Jedenfalls wird die deutsche Energieversorgung Mitte des Jahrhunderts auf Windkraftanlagen und Solarzellen basieren, ergänzt durch Wasser-, Biomasse- und Gaskraftwerke – und unzählige Speicher verschiedener Technologien. Sie wird weniger Schadstoffe für Natur, Mensch und Klima verursachen. Und laut etlichen Berechnungen wird sie nicht einmal teurer sein als die alte fossile und nukleare Stromversorgung – wahrscheinlich sogar billiger.

Doch ganz so schön, wie Optimisten glauben, wird die neue Stromwelt nicht werden. Denn die Klimaveränderungen treffen auch die Energieversorgung – und dürften ihr einige Probleme bereiten. Was zum Beispiel passieren könnte, hat vor ein paar Jahren der Techniksoziologe und Risikoforscher Ortwin Renn mit einem Team seines Instituts für transformative Nachhaltigkeitsforschung (IASS) in Potsdam durchgespielt:[248]

Schon ab den 2020er-Jahren, so das Szenario, knicken schwere Stürme immer häufiger Hochspannungsmasten um und lösen lokale wie regionale Stromausfälle aus.

Ab den 2030er-Jahren werden Hitzewellen und Dürreperioden zur Regel und treiben in den Sommermonaten den Strombedarf für die drastisch gestiegene Zahl von Kühl- und Klimaanlagen in die Höhe – während zugleich in vielen Flüssen die Pegel sinken, weshalb Kühlwasser für Großkraftwerke fehlt, die dann gedrosselt oder ganz abgeschaltet werden müssen. »Während der Hitzeperioden«, heißt es in dem Forschungspapier, komme es »zeitweise zum Zusammenbruch der Stromversorgung«.

Ab den 2040er-Jahren tritt im IASS-Szenario ein weiteres Risiko hinzu. Als Stütze für die schwankende Erzeugung aus Wind und Sonne dienen dann vor allem Gaskraftwerke – und bei deren Versorgung haben frühere Bundesregierungen das Land abhängig gemacht von russischem Erdgas. Bis Mitte des Jahrhunderts ist aber damit zu rechnen, dass wegen der Erderhitzung Teile der Permafrostgebiete auftauen – unter anderem in Sibirien. Klimaforschern graut es davor, weil das Tauen Verrottungsprozesse in den zuvor dauerhaft gefrorenen Böden in Gang setzt, bei denen das hochwirksame Treibhausgas Methan in schier unvorstellbaren Mengen freigesetzt wird. Dies treibt den Temperaturanstieg der Erde weiter an – eine selbstverstärkende Erhitzungsspirale mit nicht absehbaren Folgen. Unter Wissenschaftlern gilt dieses Tauen der Permafrostgebiete als eines der sogenannten Kippelemente im Klimasystem – einmal ausgelöst, lässt sich der Prozess durch den Menschen nicht mehr rückgängig machen (siehe Seite 294).

Für die deutsche Energieversorgung hätte ein anderer Aspekt der Permafrost-Schmelze ganz direkte Folgen; das Renn-Papier beschreibt ihn in drastischen Worten: »Im russischen Erdgasfördergebiet Jamal-Nenet verwandeln sich große Gebiete in morastige Flächen. Brückenpfeiler sinken ab, auch die Fundamente der Jamal-Europa-Gasleitung sind betroffen. Eine dieser Erdbewegungen führt dazu, dass mehrere Fundamente wegfallen und die Gasleitung bricht. Das ausströmende Gas entzündet sich, eine Explosion zerstört die Gasleitung. Durch die morastige Umgebung ist kein Zugang zur Unglücksstelle möglich. Als Folge muss die Gasleitung abgestellt werden. Sie kann erst nach mehreren Monaten repariert werden, als der nächste Winter die Böden wieder gefrieren lässt.« Um weitere Unglücke zu verhindern, legen die russischen Gaskonzerne vorsichtshalber weitere Pipelines still. Und dies alles, so das IASS-Szenario, »ereignet sich zu einem Zeitpunkt, zu dem die Erdgasspeicher [in Deutschland] durch einen langen strengen Winter leer sind … Es kommt zu einer dramatischen Unterversorgung mit Energie aus Gaskraftwerken und infolgedessen zu weitreichenden Stromausfällen.«

»Der Klimawandel führt dazu«, warnen die Forscher in der Schlussbewertung ihres Szenarios, dass in Deutschland »die Sicherheit der Stromversorgung hochgradig gefährdet« sein könnte.

Nun gehört es zu den Kernaufgaben von Risikoanalysen, auch unwahrscheinliche Ereignisse zu betrachten. Als »Black Swan« – zu Deutsch: »Schwarzer Schwan« – werden unter Experten Ereignisse bezeichnet, die sehr selten eintreten (und die vielen Menschen überhaupt nicht einfallen würden). Spricht man mit Ortwin Renn über seine Risikoanalyse der Energieversorgung 2050, dann betont er: »Was wir da betrachtet haben, sind keine ›Black Swans‹!« Vielmehr seien das, so Renn, »durchaus plausible Szenarien«.

Insgesamt ist das IASS-Papier sogar eher konservativ, denn es hat nur wenige Aspekte des Klimawandels – Stürme, Hitzewellen, Schwund des Permafrosts – betrachtet. Schaut man umfassender auf das Thema, gräbt man etwas tiefer in der einschlägigen Forschungsliteratur und spricht mit Fachleuten aus Wissenschaft und Unternehmen, dann wird schnell klar: Beim Umbau der deutschen Energieversorgung sollte dringend nicht nur auf die Treibhausgas-Emissionen geachtet werden, also darauf, welche Folgen das Energiesystem fürs Klima hat – sondern umgekehrt auch auf die Folgen eines zunehmend veränderten Klimas für das Energiesystem. Sie sind teils erheblich – bei sorgfältiger Vorbereitung aber sicherlich zu bewältigen.

Dass dies so ist, liegt zu großen Teilen an der Energiewende: Sie ist nicht nur gut für das Klima, sondern auch für die Versorgungssicherheit. Ohne Umstieg auf erneuerbare Energien wären die Klima-Risiken für das deutsche Stromsystem viel, viel größer.

Ein Gutteil der deutschen Wasserkraft wird von den Gletschern der Alpen gespeist – die aber schwinden

Etliche Institute und Think Tanks haben in den vergangenen Jahren Pläne und Szenarien dazu erarbeitet, wie Deutschland umgebaut werden müsste, um die Klimaschutzzusagen aus dem Paris-Abkommen zu erfüllen.[249] Eine der Studien legte der Bundesverband der Deutschen Industrie (BDI) vor, erstellt haben das knapp 300-seitige Papier die Beratungsunternehmen Boston Consulting und Prognos. Bei diesen Absendern kann man getrost davon ausgehen, dass es sich nicht um schönfärberische Träumereien handelt.

Die Studie mit dem Titel »Klimapfade für Deutschland« rechnet unter anderem detailliert durch, wie die deutschen Treibhausgas-Emissionen um 95 Prozent gegenüber 1990 sinken können – und skizziert zwei große Umstellungen. Bei der ersten geht es darum, dass 2050 fast die gesamte Energieversorgung auf Strom basiert – auch in den Bereichen Verkehr und Heizung. Es dominieren Elektroautos und elektrische Wärmepumpen; Kohle und Heizöl, Benzin und Diesel hingegen sind fast Geschichte. Erdöl wird praktisch nur noch als Grundstoff für die Chemieindustrie verwendet. Wegen dieses grundsätzlichen Wandels wird – trotz Einsparungen an vielen Stellen – der Gesamtstromverbrauch in Deutschland 2050 viel höher liegen als heute.

Die zweite große Umstellung betrifft die Art der Stromerzeugung: Bis zu drei Viertel des Stroms stammen Mitte des Jahrhunderts laut BDI-Szenario aus Wind und Sonne. Windparks in Nord- und Ostsee (im Fachjargon: »Offshore-Wind«) sind der mit Abstand größte Lieferant, danach kommen Windräder an Land (»Onshore-Wind«), an dritter Stelle Solarzellen (»Fotovoltaik«), vor allem auf Hausdächern. Viel kleinere Rollen spielen Gaskraftwerke, Biomasseanlagen (die Holz, Biogas oder Pflanzenabfall verbrennen) oder die Wasserkraft.

Rheinfelden, ein Städtchen ganz im Süden Deutschlands, an der Grenze von Baden-Württemberg zur Schweiz. Seit 1898 steht hier ein großes Wasserkraftwerk, eines der ältesten Europas. Zwischen 2003 und 2010 investierte eine Tochter des Energieriesen EnBW fast 400 Millionen Euro in eine komplett neue Anlage. Bei vollem Betrieb donnern 1500 Kubikmeter Rheinwasser pro Sekunde über die Wehre und durch vier riesige Turbinen, das entspricht dem Fassungsvermögen von rund 80 großen Tanklast-Lkw.

Voller Betrieb – das wird 2050 deutlich seltener möglich sein als heute. Generell sind für Wasserkraftwerke stabile Pegel günstig. Der Klimawandel jedoch wird am Rhein zu mehr Niedrigwasser im Sommer und mehr Hochwasser im Winter führen – für den Pegel Köln zum Beispiel wird bis Ende des Jahrhunderts im Sommer bis zu 40 Prozent weniger Wasser erwartet als bisher und im Winter bis zu 50 Prozent mehr.[250] Bei dieser Entwicklung überschneiden sich mehrere Klima-Effekte: Weil die Winter milder werden, fällt künftig in den Alpen weniger Schnee und mehr Regen. Während früher der Schnee liegen blieb und erst im Frühjahr schmolz und die Flüsse füllte, läuft künftig ein Großteil der winterlichen Niederschläge sofort ab. Mehr winterliche Hochwasser sind die Folge.

Im Sommer hingegen wird es immer öfter an Wasser fehlen. Zum einen, weil es dann in vielen Regionen Deutschlands schlicht weniger regnet. Zum anderen werden, speziell für den Rhein, die Alpengletscher auf lange Sicht als Wasserreservoir ausfallen. Über Jahrhunderte war es so, dass sie im Winter an Masse zunahmen und im Sommer teils wieder abschmolzen. Ihr Wasser speiste also in den warmen Monaten Bäche und Flüsse. Der Klimawandel jedoch lässt schon seit Jahrzehnten die Alpengletscher rasant schrumpfen, bis Ende des Jahrhunderts wird ein Großteil von ihnen ganz verschwunden sein.[251] Kurzfristig heißt dies: mehr Wasser, weil im Sommer auch Eis schmilzt, das die Gletscher teils über Jahrhunderte angesammelt haben. Langfristig aber ist das Ergebnis: weniger Wasser. In der zweiten Hälfte des Jahrhunderts wird das Fehlen der Alpengletscher sommerliche Niedrigwasser verstärken.

Viele deutsche Wasserkraftwerke, vor allem an Rhein und Donau, aber auch an Inn, Lech, Iller und Isar, hängen wesentlich am Schmelzwasser der Alpengletscher. Deren Schwund betrifft deshalb laut einer Studie des Umweltbundesamtes knapp ein Fünftel der gesamten Wasserkraftkapazität in Deutschland.[252] Noch bis Mitte des Jahrhunderts seien die Folgen eher gering – die »Mindererzeugung« werde allenfalls ein bis vier Prozent betragen. Ab etwa 2050 jedoch, wenn der Rückgang der Sommerniederschläge und der Gletscherschwund voll spürbar sind, wird mit einem Rückgang von bis zu 15 Prozent gerechnet.

Vor allem im Sommer also wird dann Kapazität ausfallen, doch die Folgen für die Energieversorgung werden überschaubar bleiben, weil die Wasserkraft Mitte des Jahrhunderts (laut diverser Studien) nur noch weniger als drei Prozent des deutschen Strommix ausmachen wird. Viel schwerwiegender werden die Folgen übrigens für Österreich oder die Schweiz sein, die viel stärker an der Wasserkraft hängen. Einen Vorgeschmack gab der Hitze- und Dürresommer 2018, da sank an einigen österreichischen Flusskraftwerken bereits die Erzeugung um die Hälfte.

Wind und Sonne liefern 2050 den meisten Strom – der Klimawandel lässt die Erträge leicht sinken

Windenergie soll in Deutschland 2050 das Rückgrat des Energiesystems sein – die entscheidende Frage für die Versorgungssicherheit in Zeiten des Klimawandels ist daher, was er für Windräder bedeutet. Antworten darauf zu finden, ist nicht einfach: Gewiss ist, dass sich Wetter- und Windmuster in einem wärmeren Klima verändern –

weniger sicher ist, wie genau. Denn es spielen, wie fast immer im komplexen Klimasystem, zahlreiche Phänomene zusammen.

Da sind zum einen großräumige Veränderungen: Wer in Deutschland regelmäßig den Wetterbericht hört, für den sind »Islandtief« und »Azorenhoch« gute Bekannte. Starke Tiefdruckgebiete über dem Nordatlantik und Hochdruckgebiete weiter im Süden sind eine regelmäßige Konstellation; sie gehören zu einem Phänomen, das Meteorologen und Klimaforscher »Nordatlantische Oszillation« nennen. Starke Druckunterschiede (wie die häufige Kombination aus »Islandtief« und »Azorenhoch«) bescheren Europa starke Westwinde.

Nun steigen aber im Zuge der Erderhitzung die Temperaturen am Nordpol viel schneller als in Regionen näher am Äquator. Das bedeutet, dass die Temperaturunterschiede und damit auch die Differenz beim Luftdruck kleiner werden. Geringere Differenz aber bedeutet auch weniger Wind. In Nordeuropa dürften daher künftig die dominierenden und wichtigen Westwinde etwas schwächer werden. Zum anderen erwarten Klimamodelle auch zahlreiche kleinräumige Veränderungen. So wird eine künftig wärmere Nordsee dazu führen, dass sich Temperaturen und Schichtungen der Luftmassen über dem Ozean verändern, was zum Beispiel zu stärkeren Winden im Frühjahr führen dürfte.

Insgesamt lassen sich Windverhältnisse in Klimamodellen schwierig simulieren, einige Trends aber zeichnen sich ab. »Anders als etwa bei der Temperatur wird es beim Wind im Jahresdurchschnitt nur sehr kleine Veränderungen geben – dafür aber größere Verschiebungen zwischen den Jahreszeiten«, fasst Joaquim Pinto, Professor für Meteorologie am Karlsruher Institut für Technologie, den Stand der Forschung zusammen: Im Sommer wird es in Deutschland künftig weniger Wind geben, im Winter hingegen mehr.

Ziemlich sicher ist auch, dass durch den Klimawandel im Winter die Sturmaktivität über Nordatlantik und Nordsee und an der

Nordseeküste zunimmt[253] – es steigt also das Risiko, dass Windräder beschädigt werden oder eine aufgepeitschte See Trafostationen in Offshore-Windparks überflutet. Auch dürften, erklärt Pinto, die Schwankungen zwischen den Jahren zunehmen, die Unterschiede zwischen »guten« und »schlechten« Windjahren werden also größer. Insgesamt ergeben Studien, dass das Potenzial der Windkraft für Deutschland leicht sinkt.[254] Pinto mahnt: Selbst wenn sich im Durchschnitt nur wenig ändert, können die größeren Schwankungen und die saisonalen Verschiebungen ein Problem werden. »Zum Beispiel werden die Zeiträume mit Windgeschwindigkeiten unter drei Meter pro Sekunde, in denen typische Turbinen nicht arbeiten können, deutlich zunehmen« – besonders in Süddeutschland. Mehr und längere Flautephasen aber bedeuten eine geringere Verlässlichkeit der Windkraft. Deshalb sollten in Zukunft sicherheitshalber mehr Speicher und mehr Kapazitätsreserven eingeplant werden.[255]

Eher klein dürften die Folgen des Klimawandels auch für die Solarenergie sein – im BDI-Szenario 2050 die zweitwichtigste Energiequelle (mit rund 15 Prozent Anteil am Strommix). Zwar könnten vermehrte Extremwetter wie Sturm oder Hagel die Fotovoltaik-Module beschädigen, doch weiträumige Ausfälle sind dadurch kaum zu erwarten.

Wahrscheinlich wird in den Sommern der Zukunft die Stromausbeute pro Solarzelle etwas niedriger sein, als sie mit gleichen Anlagen heute wäre, weil die Leistung der meisten Zelltypen bei hohen Temperaturen sinkt. Allerdings ist auch dieser Effekt überschaubar, je nach Zellentechnologie knapp ein halbes Prozent Verlust je Grad Erwärmung.[256] »Das ist nichts, was einem Kopfzerbrechen bereiten sollte«, sagt Harry Wirth vom Fraunhofer-Institut für Solare Energiesysteme (ISE) in Freiburg. Sicherlich werde durch technologische Fortschritte der Wirkungsgrad von Solarzellen bis Mitte des Jahrhunderts viel stärker steigen, als durch den Temperatureffekt verloren gehe.

Der wohl größte Vorteil: Anders als andere Energiequellen (etwa Kohlekraftwerke, doch dazu später) liefern Solarpaneele selbst bei Extremtemperaturen zuverlässig Strom. »Physikalisch gibt es bei Fotovoltaik kein Problem mit zu großer Hitze«, sagt ISE-Forscher Wirth. Sicherlich müsse man bei der Materialauswahl der jeweiligen Module die Temperaturen am Einsatzort im Blick haben, aber selbst in Wüsten – wo es heute schon viel heißer ist, als es in Deutschland je werden dürfte – laufen ja seit vielen Jahren Solarkraftwerke.

Den größten Klima-Effekt für die Erzeugung von Sonnenstrom haben Veränderungen der Bewölkung. Ein heißeres Klima bedeutet (anders als Laien vermuten mögen) nicht automatisch mehr Sonne. Ist die Atmosphäre wärmer, steigt auch der Wasserdampfgehalt, weil warme Luft mehr Wasser aufnehmen kann. Zudem verdunstet bei höheren Temperaturen mehr Wasser aus Flüssen, Seen und dem Erdboden. Ein weiterer Faktor für Deutschland ist, dass – wie eben erwähnt – veränderte Windmuster feuchtere Luftmassen nach Nordeuropa leiten. Im Ergebnis zeigen Klimamodelle, dass die Erderhitzung hierzulande im Sommer mehr Wolken bringen dürfte. Auf dem Boden (und auf Solarmodulen) kommen also weniger Sonnenstrahlen an.

Doch dieser Effekt ist gering, Studien beziffern die Minderung des deutschen Solarenergie-Potenzials mal auf zwei bis vier, mal auf drei bis sechs Prozent.[257] Ausgleichen ließe sich dies dadurch, dass ein paar Prozent mehr Fotovoltaik-Flächen errichtet werden. Platz, etwa auf Hausdächern, gäbe es genug. Zudem macht die Forschung nach wie vor große Sprünge – und bald könnten Solarzellen auch in Häuserfassaden, Glasflächen oder Autodächern stecken oder sie Äcker und Weiden gemeinsam mit der Landwirtschaft nutzen, sagt Solar-Experte Wirth. Dann wären die potenziellen Flächen für die Stromerzeugung schier unendlich.

Das Fazit, das ein Forscherteam aus acht EU-Staaten vor einigen Jahren im Fachjournal *Nature Communication* für die Sonnenenergie zog, ist denn auch beruhigend: »Obwohl kleinere Produktionsrückgänge in einigen Teilen Europas erwartet werden, ist es unwahrscheinlich, dass der Klimawandel eine Bedrohung für die Fotovoltaik in Europa darstellt.«[258]

»Das Argument, wir bleiben bei Kohle, um Risiken zu vermeiden, ist völlig daneben.«

Wem das, was er auf den vorherigen Seiten gelesen hat, trotzdem Sorgen macht, der sollte zum Vergleich darauf schauen, wie es denn dem heutigen Energiesystem im Klima der Zukunft erginge.

Rund 50 Prozent des deutschen Stroms stammten 2020 noch aus konventionellen Kraftwerken. Egal, ob mit Braun- oder Steinkohle, mit Atomkraft oder Gas betrieben – sie alle arbeiten nach demselben (uralten) Prinzip: Es wird Wasser zum Sieden gebracht, der so erzeugte Dampf über Turbinen geleitet, die dann elektrische Generatoren antreiben. All diese Anlagen werden deshalb als »thermische Kraftwerke« bezeichnet. Und sie alle müssen im Betrieb ständig gekühlt werden – je nach Technologie und Effizienzniveau mit viel, sehr viel oder unglaublich viel Wasser.

Thermische Großkraftwerke stehen deshalb meist an Flüssen oder am Meer, ein klassischer Steinkohleblock zum Beispiel verbraucht je erzeugter Kilowattstunde Strom rund 150 Liter Kühlwasser. Pro Stunde benötigen diese Großanlagen Zehntausende von Kubikmetern.

Grohnde im südlichen Niedersachsen, nahe Hameln. Seit 1985 steht hier an der Oberweser ein Atomkraftwerk, mit 1360 MW Leistung das drittgrößte in Deutschland. Schon aus vielen Kilometern Entfernung sind zwei weiße lang gezogene Wolken zu sehen. Kommt man näher, tauchen die beiden Kühltürme auf, fast so hoch wie der Kölner Dom. Hier bekommt man eine Ahnung davon, welch gewaltige Wassermassen ein konventionelles Kraftwerk benötigt.

Kurz hinter dem Dorf macht die Weser eine Biegung, und dann zweigt ein künstlicher, fußballfeldbreiter Flussarm ab. Vom Wasser aus ist das nur zu ahnen. Ein etwa 80 Zentimeter hoher Betonkai versperrt an der Oberfläche den Weg, daran ein Warnschild: »Elektrische Fischscheuch-Anlage« – sie soll verhindern, dass Fische dem Kraftwerk zu nahe kommen und massenhaft eingesogen werden.

Das Flusswasser strömt dann durch das Maschinenhaus und einen riesigen Wärmetauscher, es heizt sich auf bis 42 Grad Celsius auf. Je nach Bedarf zirkuliert ein Teil des Kühlwassers zwischen dem Wärmetauscher und den gigantischen Kühltürmen, wo es versprüht und so an der Luft wieder heruntergekühlt wird. Der Rest wird – 33 bis 35 Grad Celius warm – rund zweihundert Meter unterhalb des Kraftwerks zurückgeleitet in die Weser. Die Menge ist so groß, dass Boote mit einem Schild vor Querströmungen gewarnt werden.

Doch in Zeiten des Klimawandels wird – wie geschildert – in vielen Flüssen das Wasser knapp werden, vor allem im Sommer. Und selbst wenn die Flüsse genügend Wasser führen, wird dessen Temperatur immer häufiger ein Problem: Zum Schutz der Flusslebewesen darf die Weser hinter dem Kraftwerk – also nach Einleitung des aufgeheizten Kühlwassers – nicht wärmer als 28 Grad sein. Ist aber im Sommer und vor allem während Hitzewellen das Wasser bereits vor dem Kraftwerk warm, müsste entweder noch mehr Wasser entnommen werden (was bei Niedrigwasser schwerlich geht) – oder aber die Anlage wird gedrosselt.

Schon heute werden im Sommer regelmäßig Großkraftwerke heruntergeregelt oder ganz abgeschaltet. Während der Hitzewelle 2018 zum Beispiel musste Grohnde ebenso seine Leistung mindern wie die AKW Brokdorf (an der Elbe in Schleswig-Holstein) und Philippsburg (am Rhein in Baden-Württemberg), betroffen waren auch Kohleblöcke etwa im nordrhein-westfälischen Hamm und in Karlsruhe. Eine Nachrüstung mit effizienteren Trocken-Kühltürmen kann das Problem mindern, weil die weniger Wasser brauchen – aber die Umrüstung ist teuer, und der Wirkungsgrad der gesamten Anlage sinkt.

Speziell Steinkohlekraftwerke haben noch ein zweites Handicap: Der Brennstoff wird meist mit Binnenschiffen angeliefert; und bei Niedrigwasser können die weniger Ladung transportieren oder überhaupt nicht fahren. Ausgerechnet bei Hitzewellen also, wenn erfahrungsgemäß besonders viel Strom benötigt wird, werden konventionelle Großkraftwerke labil.

In den kommenden Jahrzehnten verschärfen sich diese Probleme drastisch. Studien rechnen für Mitte des Jahrhunderts in Europa mit sommerlichen Leistungsminderungen im Kraftwerkpark um bis zu 19 Prozent. Eine Analyse für zwei Dutzend Kraftwerke an Rhein, Main, Neckar, Donau, Isar und Elbe ergab, dass an extrem heißen Tagen die Gesamtleistung um bis zu ein Drittel einbrechen kann, bei einzelnen Anlagen sogar um zwei Drittel. Als Hotspot in Deutschland wird in der Fachliteratur immer wieder die Rhein-Main-Neckar-Region genannt – dort stehen viele Kraftwerke, zugleich werden die Sommerniederschläge in Südwestdeutschland deutlich zurückgehen und damit auch oft die Wasserstände in den Flüssen. In einer sich erwärmenden Welt, resümieren zwei US-Wissenschaftler, sei »thermische Stromerzeugung systematisch im Nachteil«.[259]

Auch Risikoforscher Ortwin Renn sagt klar: »Das Argument, wir bleiben bei Kohle, um Risiken zu vermeiden, ist völlig daneben.« Thermische Großkraftwerke sind viel anfälliger für die Folgen des Klimawandels als ein Energiesystem aus dezentralen Wind- und Solaranlagen. Renn: »Die Energiewende erhöht die Resilienz!«

Ganz erledigen wird sich das Problem mit den thermischen Anlagen jedoch nicht. Auch Gaskraftwerke, egal, ob sie 2050 noch klimaschädliches Erdgas verbrennen oder schon sauberen Wasserstoff, sind auf Kühlwasser angewiesen. Vor allem aber werden thermische Großkraftwerke in einigen Nachbarländern auch 2050 noch eine große Rolle spielen. Frankreich zum Beispiel setzt auch künftig auf Atomkraftwerke, obwohl etliche von ihnen bereits heute bei Hitzewellen regelmäßig gedrosselt oder abgeschaltet werden müssen. Weil aber die europäischen Stromnetze eng verknüpft sind, können Leistungsschwankungen oder Stromausfälle anderswo auch die deutsche Energieversorgung ins Wanken bringen.

Klimaanlagen fressen 2050 viel Strom – mit Solarzellen lässt sich das Problem dämpfen

Doch nicht nur Probleme auf der Erzeugerseite können Stromnetze destabilisieren – dies kann auch passieren, wenn plötzlich die Nachfrage in die Höhe schnellt. Ähnlich wichtig wie der Blick auf den Kraftwerkspark ist es deshalb, sich den Strombedarf der Zukunft anzuschauen. Er wird – wie eingangs geschildert – wegen des Wandels des Energiesystems viel höher liegen als heute.

Zwar werden sich in Deutschland 2050 (durch höhere Energiepreise, staatliche Vorgaben, technischen Fortschritt oder alles zusammen) sparsame Geräte und Technologien durchgesetzt haben – bei Motoren und Pumpen, in Fabriken, bei Haushaltstechnik, bei Lampen. Doch die Einsparungen werden durch neue Verbraucher mehr als ausgeglichen: Die fortschreitende Digitalisierung zum Beispiel, also die Übertragung immer größerer Datenmengen, immer größere Serverparks, immer mehr Endgeräte, wird sicherlich Strom fressen. Elektrische Wärmepumpen ersetzen in Wohngebäuden Öl- oder Gasheizungen. Nicht zu vergessen zig Millionen Elektroautos.

Diese Veränderungen sind keine direkte Folge des Klimawandels, sondern von Klimapolitik. In einem Bereich hingegen wirkt sich die Erderhitzung direkt auf die Energienachfrage aus: Angesichts der Sommer der Zukunft wird es 2050 viel mehr Kühl- und Klimaanlagen geben. Bislang sind sie vor allem in der Wirtschaft, bei Bürogebäuden oder Einkaufszentren verbreitet, im privaten Bereich jedoch kaum vorhanden. In ganz Europa (inklusive der heißen Mittelmeerländer) verfügen gerade einmal fünf Prozent aller Privathaushalte über Klimaanlagen – verschwindend wenige im Vergleich beispielsweise zur USA (65 Prozent) oder Japan (85 Prozent). Auch bei Gewerbebauten liegt der Anteil in Europa (27 Prozent) weit unter jenem in den USA oder Japan (jeweils über 80 Prozent). Niemand kann sagen, wie hoch die Werte hierzulande 2050 liegen – aber klar ist, dass sie massiv steigen werden: Mit Sicherheit werden etwa Krankenhäuser und Altenheime künftig Klimaanlagen haben, aber sicherlich auch Kindergärten und Schulen, ebenso Fabriken und noch mehr Büros.

»Bisher sind private Klimaanlagen in Deutschland ja fast ein ökologisches No-No«, sagt Almut Kirchner, Direktorin beim Beratungsunternehmen Prognos in Basel. »Aber das wird sich deutlich ändern, gerade angesichts der alternden Bevölkerung.« Sie rechnet damit, dass in Deutschland 2050 bereits 20 Prozent der Wohnflächen klimatisiert sind. Andererseits lässt sich der Stromverbrauch bremsen, zum Beispiel durch effizientere Klimatisierungstechnik. Oder durch, wo immer möglich, natürliche Kühlung, etwa durch kluge Architektur. Unterm Strich könne es deshalb – trotz viel höheren Kühlbedarfs – bei einem relativ moderaten Anstieg des Stromverbrauchs für diesen Sektor bleiben.

Zudem muss das Deutschland der Zukunft weniger heizen. Studien zufolge geht der Bedarf an Wärme im Winter stärker zurück, als der Kühlbedarf im Sommer steigt. (Dies gilt übrigens für fast alle Länder Europas, nur für Italien wird mit einer starken Zunahme des Gesamtenergieverbrauchs durch vermehrte Kühlung gerechnet.)[260] Doch wegen einer Paradoxie des Klimawandels müssen die Häuser hierzulande auch künftig kräftige Heizungsanlagen haben: Im Mittel werden die Winter zwar milder, doch zugleich wird es – so zeigen es Klimamodelle – wegen veränderter Wettermuster in der Arktis immer wieder mal starke Kälteeinbrüche geben, womöglich werden die (wenigen) Kältewellen künftig sogar härter als die bisherigen.

Insgesamt, sagt Almut Kirchner, werden deshalb auch in Deutschland 2050 die kritischsten Momente für das Energiesystem im Winter liegen. Die Verbrauchsspitzen im Sommer könne man mit einer stark ausgebauten Fotovoltaik gut auffangen: »Solarzellen liefern ja genau dann das Maximum an Strom, wenn in der Mittagshitze die Klima-Anlagen hochgefahren werden müssen.«

Stürme, Fluten, Hitzewellen – die Energienetze sind künftig viel stärker durch Extremwetter gefährdet

Lindau, ein Dörfchen im Osten Thüringens, an der Landesgrenze zu Sachsen-Anhalt. Gut 200 Meter hinter den Häusern stehen mächtige Strommasten auf den weiten Feldern. Schon seit DDR-Zeiten verläuft hier eine Höchstspannungsleitung, einen Steinwurf entfernt quert sie die viel befahrene A9 Leipzig–Nürnberg. Die Leitung gehört dem Netzbetreiber 50Hertz, der in ganz Nordostdeutschland und Hamburg für den überregionalen Stromtransport verantwortlich ist.

Im Frühjahr 2018 rückten Bautrupps an. Um vier Masten direkt rechts und links der Autobahn herum wurden neue Fundamente gegossen, dann um die bestehende Stahlkonstruktion jeweils der Schaft eines neuen Masts errichtet. Als Nächstes wurde jedes Kabel – Fachleute sprechen von Leiterseilen – mit riesigen gelben Autokränen abgehängt und auf Hilfskonstruktionen gelegt. Baukletterer demontierten die oberen Teile der alten Masten und errichteten auf den neu gesetzten Füßen im Eiltempo stabilere, bevor sie die Kabel wieder einhängten. Der komplizierte Bauablauf hat das Ziel, die Abschaltung dieser Leitung so kurz wie möglich zu halten.

Schon mehr als 200 Masten hat 50Hertz in den vergangenen Jahren auf diese Weise neu gebaut, bis 2024 sollen es insgesamt 425 werden. Sie stehen an besonders neuralgischen Punkten: wo die Stromtrassen Autobahnen oder Bundesstraßen kreuzen, Bahnlinien, Flüsse oder Kanäle. Wenn dort bei einem Sturm Masten umstürzen, sind die Folgen wegen der notwendigen Sperrungen besonders schwerwiegend. Mehr als 2400 Altmasten an weniger sensiblen Punkten baut 50Hertz nicht komplett neu, sondern verstärkt sie lediglich. Einen dreistelligen Millionenbetrag lässt sich das Unternehmen die gesamte Operation kosten.

Die Investition wird sich bei stärkeren Stürmen im Zuge des Klimawandels auszahlen; 50Hertz spürt bereits deren Zunahme. »Wir haben in den zurückliegenden Jahren signifikant mehr Mastschäden verzeichnet, die auf Wetterextreme zurückzuführen sind«, sagt Dirk Biermann, der für Systembetrieb zuständige Geschäftsführer, und zählt Havarien an den besonders wichtigen 380-Kilovolt-Höchstspannungsleitungen des Unternehmens auf:

- ***2007*** – Orkan »Kyrill« warf im Raum Magdeburg, im Raum Berlin und in Nordthüringen Masten um, gleich mehrere 380-kV-Trassen sind betroffen
- ***2012*** – nahe Bad Sulza in Thüringen knickten Masten ab, vermutlich durch einen lokalen Tornado
- ***2015*** – Mastumbrüche durch Unwetter nahe Eisleben (Sachsen-Anhalt) und Schkölen (Thüringen), zwei Höchstspannungsleitungen fielen aus
- ***2017*** – erneut knickten Masten um, diesmal auf einer 380-kV-Trasse bei Schadewitz in Südbrandenburg, der schwerste Schadensfall, seit das Unternehmen Mitte der 1990er-Jahre mit der systematischen Erfassung solcher Havarien begann

Blickt man auf die Verletzlichkeit der Energieversorgung durch den Klimawandel, dann ist es (neben der Kühlwasserversorgung thermischer Großkraftwerke) vor allem die Netzinfrastruktur, die Experten Sorge bereitet.[261] Und anders als beim Kraftwerkspark werden die Netzrisiken im Zuge der Energiewende nicht weniger, im Gegenteil. Das künftige Stromversorgungssystem mit seinen vielen

Solaranlagen und Windrädern benötigt mehr Leitungen als das heutige – es gibt also auch mehr Leitungen, die von Störungen betroffen sein können. Andererseits ist die Dezentralität der Stromerzeugung auch von Vorteil. Denn bei einer Leitungsunterbrechung ist, selbst wenn sie einen großen Windpark vom Netz abschneidet, die ausfallende Leistung und damit das Risiko für die Stabilität des Gesamtnetzes geringer als bei der traditionellen Struktur mit wenigen, zentralen Großkraftwerken.

Was bei Wetterextremen passieren kann, zeigte sich zum Beispiel im Winter 2005/2006 im Münsterland in Nordrhein-Westfalen. Am 1. Adventswochenende schneite es in den Kreisen Borken und Steinfurt ungewöhnlich stark. Hinzu kamen heftige Sturmböen, die außerdem aus besonders ungünstiger Richtung auf die Leitungen trafen. Später setzte noch Regen ein. Dicke Schnee- und Eispanzer legten sich um Strompfähle und Leitungen, mehr als 80 Masten brachen schließlich unter der Last zusammen. Bis zu 600 000 Menschen waren teils tagelang ohne Strom, gerissene Hochspannungsleitungen stürzten auf die Autobahn A 31, die zeitweise gesperrt werden musste. Es dauerte fast eine Woche, bis der Netzbetreiber RWE die Versorgung zumindest notdürftig wiederhergestellt hatte.

Solche Stromausfälle können – vor allem für die Wirtschaft – ziemlich schnell ziemlich teuer werden. Studien beziffern die Kosten einer einstündigen Netzunterbrechung in Großstädten auf zehn bis 15 Millionen Euro, ein bundesweiter Ausfall von einer Stunde würde volkswirtschaftliche Kosten von schätzungsweise 0,6 bis 1,3 Milliarden Euro verursachen.[262] Bei winterlicher Kälte – wie im Münsterland 2005 – sind sie besonders folgenschwer. Aber auch in den heißen Sommern der Zukunft, wenn etwa Krankenhäuser, Altenheime oder andere Gebäude auf Klimaanlagen angewiesen sind, können Netzzusammenbrüche schon nach kurzer Zeit für eine erhebliche Zahl von Menschen lebensgefährlich werden. Und mit Ausfällen der Energienetze muss in Deutschland 2050 häufiger gerechnet werden. Klar, die Winter werden milder. Doch Temperaturen um den Gefrierpunkt sind bisweilen sogar problematischer als strenger Frost, weil wärmerer, nasser Schnee viel schwerer auf Bäumen lastet, sie leichter umknicken und auf Stromleitungen fallen lässt.

Insgesamt wird es Mitte des Jahrhunderts hierzulande viel mehr und auch deutlich stärkere Extremwetterereignisse geben. Starkregen nehmen zu und mit ihnen Überschwemmungen, Sturzfluten und Erdrutsche. Sie können Strommasten unterspülen, Erdkabel oder auch Gasleitungen wegschwemmen, Trafos und Umspannwerke außer Betrieb setzen. Während des Elbehochwassers 2002 zum Beispiel versanken in Dresden mehrere Umspannstationen und auch das größte Wasserwerk der Stadt in den Fluten. Steigende Meeresspiegel und schwerere Sturmfluten bedeuten voraussichtlich auch mehr Schäden an Offshore-Windparks und den Trafostationen auf hoher See. Blitze werden ebenfalls häufiger, laut einer Studie von US-Forschern pro Grad globaler Erwärmung um rund zwölf Prozent.[263]

»Blitze sind eines der größten Risiken für unsere Systeme«, sagt Dirk Biermann von 50Hertz. Wie alle anderen Netzbetreiber versucht auch sein Unternehmen deshalb, Umspannwerke und Freileitungen zu schützen, unter anderem mit unzähligen Blitzableitern und Überspannungssicherungen. Im Zuge des Klimawandels wird dies noch wichtiger. Auf die Stürme der Zukunft bereitet sich 50Hertz durch sein »Mastverstärkungsprogramm« vor. Und dann sind da natürlich die immer häufigeren und extremeren Hitzewellen, die auf gleich dreierlei Weise Probleme machen können: Sie beeinträchtigen – wie oben beschrieben – die Stromerzeugung, zugleich steigt der Stromverbrauch. Und just bei Hitze sinkt auch noch die Leitungskapazität von Stromkabeln.

»Dabei geht es aber nur um wenige Prozent, in der Praxis wird das kein großes Problem«, sagt Biermann, schließlich gebe es auch in viel heißeren Gegenden überall auf der Welt funktionierende

Stromnetze. Laut Vorschriften dürfen die Standard-Leiterseile von Freileitungen rund 80 Grad Celsius heiß werden – ob die Umgebungstemperatur im Sommer 30, 40 oder gar 45 Grad erreicht, sei da nicht so kritisch. »Und das Problem ist nicht die Temperatur selbst, sondern dass sich das Material der Freileitungen bei hohen Temperaturen ausdehnt, sie daher weiter durchhängen.« Dies lässt sich durch sogenannte Hochtemperatur-Leiterseile vermeiden, die heißer werden dürfen, weil sie weniger durchhängen. 50Hertz hat sie bereits auf einigen Trassen installiert.

Schließlich sind da noch die riesigen Transformatoren zum Beispiel in den Umspannwerken – auch sie müssen auf die Hitzewellen der Zukunft ausgelegt werden. Weil Planung, Genehmigung und Bau neuer Netze und Trafos gut und gern zehn Jahre dauern können und sie dann typischerweise 40 Jahre in Betrieb sind, müssen sich Netzbetreiber heute bereits Gedanken machen über die 2070er-Jahre – und eben auch über das Klima, das dann herrschen wird. Ein Beispiel: Die Trafos werden mit Öl gekühlt, und das Öl gibt die aufgenommene Energie über einen Wärmetauscher an die Umgebung ab. Je heißer es ist, desto leistungsfähiger muss die Anlage, desto größer müssen zum Beispiel die Ventilatoren sein. »Prinzipiell können Trafos mit starken Hitzewellen klarkommen, zum Beispiel stehen ja auch in den Golfstaaten mit ihren heute schon extremen Klimabedingungen solche Geräte«, sagt Dirk Biermann. »Man muss sie allerdings entsprechend auslegen.«

Um Deutschland auch ab 2050 sicher mit Energie versorgen zu können, muss man also schleunigst mit den Vorbereitungen beginnen. Auch Ortwin Renn und sein Team vom Potsdamer IASS haben in ihrer eingangs zitierten Risikoanalyse einige Ratschläge formuliert: In besonders sturmgefährdeten Gebieten könnte man störanfällige Freileitungen durch Erdkabel ersetzen. Man könnte Stromnetze engmaschiger strukturieren, sodass es bei lokalen Havarien mehr Ersatzleitungen gibt und sie nicht großflächig kollabieren. Und man sollte viel mehr Speicher vorsehen, damit bei Stromausfällen kritische Infrastruktur weiterlaufen kann – erst recht in einer Zukunft, die viel stärker vernetzt und digitalisiert ist.

Weiterhin empfiehlt die Risikoanalyse, generell Erzeugungsanlagen – Windräder ebenso wie (Gas-)Kraftwerke – so auszulegen, dass sie »schwarzstart-fähig« sind, also nach einem Blackout auch ohne externe Energiezufuhr wieder hochgefahren werden können. Wind- und Solarparks solle man weiträumig verteilen, um lokale Wetterextreme auszugleichen. Und es sei klug, nicht nur strombetriebene Klimaanlagen zu installieren, sondern auch andere Kühltechnologien vorzusehen und durch bauliche Maßnahmen, etwa Dachbegrünung, den Energieverbrauch zu senken. Eines haben alle diese Vorschläge – und auch das, was Netzbetreiber wie 50Hertz heute bereits tun – gemeinsam: Sie kosten Geld, viel Geld. Und sie reagieren nur auf die Folgen des Klimawandels.

Die Ursachen für die Risiken jedoch, so die IASS-Forscher in etwas gestelzter Sprache, »lassen sich grundlegend nur durch einen konsequenten und massiven Klimaschutz, das heißt eine deutliche und rechtzeitige Reduktion der weltweiten Treibhausgasemissionen, verringern«.[264]

Kapitel 12: **Tourismus**

Erholung, Urlaub, Katastrophe

Die Deutschen sind Reiseweltmeister, viele ihrer Lieblingsziele wird der Klimawandel hart treffen. Doch auch im Inland steht die Tourismusbranche vor tiefgreifenden Veränderungen

Normalerweise kann man hier das Wasser schon hören: Wer den *Mosi-oa-Tunya* besuchen will – in der Sprache der Kololo den »Rauch, der donnert« –, der muss an einem schilfgedeckten Tor 30 Dollar zahlen. US-Dollar wohlgemerkt, denn im bitterarmen Simbabwe ist die amerikanische Währung das für Touristen übliche Zahlungsmittel. Normalerweise zögert hier aber niemand, seinen Geldbeutel zu zücken. Das Wasserrauschen in der Luft verrät, dass es gleich etwas ganz Außergewöhnliches zu bestaunen gibt: die Victoriafälle, die wohl schönsten Wasserfälle der Welt. Der Sambesi donnert hier an der Grenze zu Sambia mehr als einhundert Meter in die Tiefe. Dabei erzeugt er einen Sprühnebel, der noch kilometerweit entfernt zu sehen ist; umtanzt von Regenbögen, die aus der Gischt aufsteigen. Und eben ein Brausen, das man schon lange hört, bevor das Wasser sichtbar wird.

Nicht so im Herbst 2019. Nichts donnerte am Kassenhäuschen, und vom Nebel gab es auch keine Spur. Das sonst so gewaltige Naturschauspiel war zu einem Rinnsal geschrumpft, der Sambesi führte so wenig Wasser wie zuletzt vor 25 Jahren. »Die Trockenzeit ist normal, da gibt es immer weniger Wasser im Fluss«, sagt ein jugendlicher Souvenirverkäufer. »Aber noch nie hat die Trockenzeit so früh begonnen, diesmal schon im Juni.«

Sogar in Deutschland machte das Ereignis Schlagzeilen: »Klimawandel: Die Victoriafälle sind trocken«, titelte beispielsweise der MDR. Viele Zeitungen druckten Vorher-nachher-Vergleiche: Bilder der sonst schäumenden Gischt an den sogenannten *Main Falls*, dem wichtigsten Punkt der Victoriafälle – daneben Fotos, die zeigten, wie es dort im Dezember 2019 aussah: kahle Felsen, an denen zwei dürre Wasser-Strahlen nach unten plätschern. Die Tageszeitung *Welt* fragte besorgt: »Wie schlimm steht es um die Victoriafälle wirklich?« Droht dem Naturwunder in mehr als 10000 Kilometern Entfernung Gefahr, dann ist das hierzulande offenbar von enormem Interesse.

Kein Wunder – die Deutschen sind Reiseweltmeister. Im Vor-Corona-Jahr 2019 haben die Deutschen 1,7 Milliarden private Reisetage verlebt, fast 4,7 Millionen Reisejahre. Wohlgemerkt in einem Jahr! Sie gaben 69,5 Milliarden Euro für Privatreisen aus, statistisch gerechnet 837 Euro pro Kopf, neuer Rekord. Laut ADAC-Reisemonitor unternimmt mittlerweile jeder dritte Deutsche pro Jahr zwei Urlaubsreisen, die mindestens fünf Tage dauern, jeder Sechste macht sogar noch mehr solche Urlaube. Nicht einmal das Corona-Virus konnte die Reiselust stoppen – sondern lediglich umlenken: Eine Auswertung anonymisierter Mobilfunkdaten ergab, dass die Deutschen im Sommer und Herbst 2020 ähnlich viel wegfuhren wie vor Beginn der Pandemie. Zwar gab es viel weniger Flugreisen, doch inländische Ziele wie Rügen oder die Mecklenburgische Seenplatte oder während der Weinlese das Moseltal um Cochem verzeichneten Anstiege der Besucherzahlen um mehr als 50 Prozent.[265]

»Traumurlaub unter Spaniens Sonne« oder »La Dolce Vita am Meer« – mit solchen Slogans bewarben Reiseveranstalter vor Corona ihre Angebote an den Küsten des Mittelmeers. Spanien und Italien sind mit Abstand die beliebtesten Ziele der Deutschen im Ausland, fast jeder fünfte deutsche Reisende besuchte 2019 eines dieser beiden Länder. Zählt man noch die Besucher von Griechenland, Malta, der Adria-Anrainer Montenegro, Kroatien und Slowenien sowie Frankreich mit seiner Mittelmeerküste hinzu, so ging 2019 fast jede dritte Auslandsreise eines Bundesbürgers ans »Mare Mediterraneum«. Das aber ist ein Meer im Wandel. Der Mittelmeerraum erwärmt sich – und trocknet gleichzeitig aus.

Spaniens Süden verwüstet, Urlaub am Mittelmeer ist Mitte des Jahrhunderts »out«

Die »Union für das Mittelmeer« – 43 Staaten sind in diesem Zweckbündnis zusammengeschlossen, darunter Deutschland – wollte wissen, was das genau bedeutet. Im Jahr 2015 rief sie die Initiative »Mediterranean Experts on Climate and Environmental Change« ins Leben, in der 600 Wissenschaftlerinnen und Wissenschaftler aus 35 Ländern die Ursachen und Folgen des Klimawandels für die Region genauer untersuchten. Sie kamen zu dem Ergebnis, dass der Temperaturanstieg im Mittelmeer-Raum 25 Prozent schneller verlaufen wird als im globalen Durchschnitt. Verglichen mit dem vorindustriellen Niveau ist es hier bereits 1,5 Grad wärmer geworden. Bis 2040 wird die Durchschnittstemperatur auf Mallorca und Korsika, in Barcelona oder Rom schon um rund 2,2 Grad gestiegen sein, bis Ende des Jahrhunderts in einigen Regionen sogar um mehr als 3,8 Grad. Diese Schätzungen basieren auf einem Szenario, das von ziemlich starken Klimaschutz-Maßnahmen ausgeht – mehr, als momentan von den Regierungen weltweit beschlossen wurde. Gut möglich also, dass die realen Temperaturen 2040 noch höher liegen werden.[266]

Auch der Meeresspiegel steigt – mit Folgen nicht nur für die vielen Inseln im Mittelmeer. Der anschwellende Ozean versalzt Böden und Grundwasserreservoirs an den Küsten, was den Wasserhaushalt weiter belasten wird. Der Mittelmeerraum gehört zu den Weltgegenden, in denen die Trockenheit im Zuge des Klimawandels am stärksten zunimmt: Bei zwei Grad Erderwärmung, warnen Forscher, werden weite Teile Südspaniens zur Wüste.[267]

»Traumurlaub unter Spaniens Sonne« im Jahr 2050? Wer karge Landschaften mag und schweißtreibende Hitze, für den werden Spanien, Süditalien oder die griechischen Inseln auch dann noch attraktive Orte sein. Allerdings werden sie kaum mehr jene Touristenströme anziehen, für die die spanische »Costa del Sol« oder der italienische »Lido di Jesolo« mit Hotelburgen zugepflastert wurden. Es dürfte dann ein Klima wie bisher in Nordafrika herrschen, dort wiederum steigen die Spitzentemperaturen im Sommer von heute 43 Grad Celsius auf etwa 46 Grad Mitte des Jahrhunderts (und fast 50 Grad bis Ende des Jahrhunderts).[268]

Urlaub am Mittelmeer werde in Zukunft »out« sein, erklärten Forscher bereits 2005, nachdem sie das Klima Europas im 21. Jahrhundert modelliert hatten. Angesichts extremer Sommerhitze und zunehmender Trockenheit würden bald die Südeuropäer in Scharen nach Norden pilgern, um bei uns Erholung zu suchen. 2008 veröffentlichte die Forschungsabteilung der Deutschen Bank eine Studie »Klimawandel und Tourismus: Wohin geht die Reise?«, in der mögliche regionale und saisonale Verschiebungen der Touristenströme untersucht wurden. Die Reiseindustrie am Mittelmeer werde zu den Verlierern zählen, so das Fazit, Mitteleuropa hingegen sahen die Autoren »auf der Gewinnerseite«.[269]

Andreas Matzarakis regen solche Aussagen fürchterlich auf. »Als ob der Klimawandel irgendwo auf der Welt Gewinner hervorbringen könnte«, echauffiert sich Matzarakis, der am Zentrum für Medizin-Meteorologische Forschung in Freiburg arbeitet, einer Einrichtung des Deutschen Wetterdienstes. Die hiesige Nord- und

Ostseeküste könne »die neue Badewanne Europas« werden, hatten die Analysten der Deutschen Bank gemutmaßt. »Unverantwortlich«, nennt der Forscher solche »Ökonomen-Träume«. Bereits heute sei die Infrastruktur an der Ostsee im Sommer komplett ausgelastet. »Es gibt weit und breit keinen Flughafen, und mit Wassertemperaturen von gerade einmal 20 Grad kann man einen Griechen auch nicht ins Meer locken, selbst wenn sie langsam steigen werden«, sagt Andreas Matzarakis, der selbst in Griechenland geboren ist. Zudem seien schon heute weite Teile der Ostsee »ein totes Meer«, es gebe jedes Jahr eine Algenblüte, und der Klimawandel werde weitere schwerwiegende Veränderungen bringen (siehe Seite 179). Aber anscheinend funktioniere der Mensch nun einmal so: »Selbst im Angesicht der Katastrophe wird noch nach dem eigenen Vorteil gesucht, nach einem Schlupfwinkel, um sich die Situation zurechtzubiegen«, so Matzarakis.

Zwanzig Prozent der spanischen Wirtschaftsleistung hängen direkt vom Tourismus ab, auch in Griechenland und in Italien ist die Branche eine sehr wichtige Einnahmequelle. »Wenn die wegbricht, haben auch weniger Leute in Spanien oder Griechenland Geld zum Verreisen.« Mehr Hitze im Süden gleich mehr Touristen im Norden – Matzarakis warnt vor solch eindimensionalen Prognosen.

Malerische Sandstrände verschwinden, Korallenriffe sterben

Neuere Forschungen zeigen zudem Gefahren für den Strandurlaub: So bedroht beispielsweise der Anstieg des Meeresspiegels die Hälfte aller Sandstrände weltweit. Bis 2050 könnten sich die Küstenlinien bis zu 99 Meter nach hinten verschieben, ergab eine Studie, bis Ende des Jahrhunderts stellenweise gar bis zu 247 Meter. Gut möglich also, dass dann kein Badeurlaub mehr möglich ist, wo heute noch eine neue Hotelanlage gebaut wird.[270]

Sandstrände nehmen knapp ein Drittel der (eisfreien) Küsten der Erde ein. Und sie sind nicht nur für den Tourismus wichtig, sondern auch für Küstenschutz und Ökosysteme. Schon immer sind Sandstrände Wind und Wetter und Gezeiten ausgesetzt. Doch die steigenden Meeresspiegel nagen das Land schneller ab, als sich an der neuen Küstenlinie auf natürliche Art neuer Sandstrand bilden kann. Seit Mitte der 1980er-Jahre sind weltweit bereits rund 28 000 Quadratkilometer Land erodiert – doppelt so viel, wie anderswo aufgeschwemmt wurde. Es bröckeln selbst Küsten, die jahrhundertelang als stabil galten, die Kreidefelsen von Sussex beispielsweise, ein touristisches Highlight im Süden Englands. Besonders betroffen sind die Strände Mitteleuropas, im östlichen Nordamerika, in Süd- und Westasien sowie in Australien und auf etlichen Inseln. Allerdings gibt es auch Sandküsten, die zulegen, zum Beispiel im Amazonasgebiet oder in Ostasien.[271]

Andere touristische Ziele wird die Erderhitzung komplett vernichten: Die Tauchgründe vor den Seychellen etwa, die Korallenbänke im Roten Meer, die exotischen Riffe vor Sansibar oder die besonders artenreichen rund um Bali – solche tropischen Korallenriffe werden fast vollständig absterben. Korallen lebten bereits zu Zeiten der Dinosaurier, ihre Riffe gibt es seit mehr als 225 Millionen Jahren. Perfekt haben sich die Bewohner dieser Unterwasserwelten an alle Veränderungen in der Erdgeschichte angepasst. Machtlos ausgeliefert aber sind sie den Hitzewellen, die es als Folge des menschgemachten Treibhauseffekts auch in den Ozeanen immer häufiger gibt: Tage mit unnormal hoher Wassertemperatur. Ihre Häufigkeit hat in den letzten hundert Jahren global um 34 Prozent zugenommen, ihre Dauer um 17 Prozent, wie Forscher ermittelten. Nach einer Untersuchung Schweizer Wissenschaftler hat sich die Zahl der Hitzetage in den Weltmeeren zwischen 1982 und 2016 verdoppelt. Und die Entwicklung wird weitergehen.[272]

Neben Hitze setzen den Korallenriffen die Versauerung der Ozeane, Meeresverschmutzung und stellenweise der Tourismus zu.

Ihr Sterben ist ein weiteres Kippelement im weltweiten Klimasystem: Einmal geschehen, lässt es sich nicht mehr rückgängig machen (siehe Seite 167). »Wird Ozeanwasser dauerhaft um 1,5 Grad Celsius wärmer, haben die Korallen keine Überlebenschance«, erläutert Mojib Latif, Professor am Geomar-Helmholtz-Zentrum für Ozeanforschung Kiel. »Tot ist tot, mit dramatischen Folgen für die Artenvielfalt und die Nahrungskette.« Selbst wenn die Temperaturen später durch strengen Klimaschutz wieder sänken, würde es mehrere Tausend Jahre dauern, bis ein Korallenriff wieder herangewachsen ist. Der Weltklimarat IPCC erwartet, dass bereits bei einem Anstieg der globalen Temperatur um 1,5 Grad Celsius zwischen 70 bis 90 Prozent aller Korallenriffe verloren gehen, bei zwei Grad sogar 99 Prozent.[273]

Wer will sich schon in seinem Urlaub für viel Geld sterbende Korallen ansehen, etwa das Great Barrier Reef in Australien? Eine Erhebung im Auftrag der Umweltorganisation Climate Council warnte 2017 davor, dass künftig bis zu eine Million Urlauber pro Jahr diesem (bisher) imposantesten Korallenriff der Welt fernbleiben. Der Region würden Einnahmen von umgerechnet mehr als 700 Millionen Euro entgehen. Ein ähnliches Schicksal wird auch andere Staaten treffen, etwa die Seychellen oder die Malediven, deren Haupteinnahmequelle der Tourismus ist – und die obendrein gegen steigende Meere ankämpfen müssen.

Der Klimawandel setzt historischen Parks und Gärten zu – eine uralte Kulturtechnik des Menschen verdurstet

Doch auch hierzulande sind Idylle und Reiseziele bedroht. Mehrere Dürrejahre in Folge haben in vielen Binnenseen die Wasserspiegel drastisch sinken lassen – nicht nur für die Natur, sondern auch für Urlauber ein Problem. Oder Schloss Schwetzingen nahe Heidelberg, die einstige Sommerresidenz der pfälzischen Kurfürsten: Im

Sommer 2019 rief Verwaltungschef Michael Hörrmann für die historischen Gärten den Klimanotstand aus. Die extreme Trockenheit in Kombination mit dem fallenden Grundwasserspiegel gefährde das fragile System der Landschaftsarchitektur. Anders ausgedrückt: Der Ort, an dem die pfälzischen Herrscher einst lustwandelten, vertrocknet langsam.

Englischer Garten, Französischer Garten, »Garten der Vernunft« mit Minervatempel, Moschee oder das römische Wasserkastell – fast eine dreiviertel Million Menschen besuchen jedes Jahr die Schwetzinger Gartenbaukunst. Inzwischen können die Touristen auch den Klimawandel besichtigen. Allein im Bestand der Rotbuchen, mit einem Alter von 100 bis 200 Jahren die charakteristischen Bäume im Schwetzinger Landschaftsgarten, war nach dem Dürrejahr 2019 jeder zweite so geschädigt, dass er nicht mehr oder nicht mehr vollständig austrieb. Viele mussten aus Sicherheitsgründen gekappt werden, traurige Stümpfe ragen nun in den Himmel.[274]

»Gärten sind ein uralter Kulturausdruck des Menschen«, sagt Michael Rohde, Gartendirektor der Stiftung Preußische Schlösser und Gärten Berlin-Brandenburg. Jetzt aber fällt diese Kultur der Klimaerhitzung zum Opfer: Allein im Jahr 2019 konnten um die 750 Bäume im Schlosspark Potsdam-Sanssouci nicht mehr gerettet werden, darunter solche, die schon 200 Jahre alt waren. Auch 2020 blieben die meisten Monate wieder viel zu trocken.

Rohde ist seit 15 Jahren Gartendirektor, der 60-Jährige will eigentlich einem Restaurator ähnlich arbeiten, die Landschaftsbilder erhalten, wie sie im 18. und 19. Jahrhundert aussahen. Doch immer öfter müssen die Gärtner sich um Verkehrssicherung, Schadensbeseitigung und Instandsetzung kümmern, sagt Rohde. Statt mit Gartenschere und Spaten die historischen Märchenlandschaften zu pflegen, geht es in Sanssouci vielerorts ums Überleben. Bis eine Nachpflanzung so groß ist, dass die ursprünglichen Naturbilder wiederhergestellt sind, dauert es Jahrzehnte – falls sie nicht zuvor einer neuen Dürre zum Opfer fällt.

Christian Striefler, der Chef vom »Schlösserland Sachsen«, macht noch auf ein anderes Problem aufmerksam: »Es gibt auch Pilzerkrankungen, die es vorher nicht gab.« Vom Schloss Moritzburg über den Barockgarten Zabeltitz bis zum Fürst-Pückler-Park in Bad Muskau betreut Strieflers Verwaltung ungefähr 30 000 Bäume, manche stammen noch aus der Barockzeit von vor etwa 300 Jahren. Allein 2019 mussten mehr als 200 Bäume gefällt werden, die mit den heißen und trockenen Wetterbedingungen nicht mehr zurechtkamen. Nicht nur die Bewässerungskosten steigen, plötzlich taucht auch ein ganz neuer Ausgabeposten im Haushalt der gemeinnützigen GmbH auf: Einen Baum zu fällen, kann schnell mal 1000 Euro kosten.[275]

Kleinode wie Schloss Moritzburg oder der Fürst-Pückler-Park sind wirtschaftlich für die Region wichtig, wie die Besuchszahlen verdeutlichen: Mehr als 2,1 Millionen Touristen erkundeten im Vor-Corona-Jahr 2019 Sachsens Schlösser und Gärten (bei einer Gesamteinwohnerzahl von rund vier Millionen). Nicht nur dort, sondern in vielen Teilen Deutschlands ist Tourismus ein wichtiger Wirtschaftsfaktor. Vor der Pandemie, 2019, setzte das Gastgewerbe 93 Milliarden Euro um – fast zweieinhalb Mal so viel wie die deutsche Landwirtschaft.

Luftkurorte müssen hierzulande strenge Vorgaben erfüllen, in vielen Gemeinden könnte es bald zu heiß werden

Wellness-Kuren, Heilbäder oder Physiotherapie: Im Gesundheitstourismus gehört Deutschland zu den weltweit beliebtesten Reisezielen. Dabei ist die Zukunft etlicher Kurorte unsicher. »Es gibt Grenzwerte für therapeutische Bedingungen«, sagt der Human-Biometeorologe Andreas Matzarakis. Beispielsweise beginnt eine »Wärmebelastung« in Kurorten bei einer »gefühlten Temperatur« von 29 Grad Celsius um 16 Uhr. Mehr als 20 solcher Hitzetage im

Jahr dürfen nicht überschritten werden, will eine Kommune den Status als Kurort tragen. Grenzwerte gibt es auch für UV-Strahlung, Sonnenscheindauer oder Lufthygiene. »Alle zehn Jahre steht in einem Kurort die sogenannte Prädikalisierung an«, erklärt Matzarakis. Dann überprüfen die Landesheilbäderverbände in Zusammenarbeit mit Behörden, ob eine Gemeinde noch zu Recht die Bezeichnung »Bad« oder Luftkurort trägt, also ob die »Grenzwerte für therapeutische Bedingungen« eingehalten werden.

»Besser wäre für manche Kurorte, wenn sie 300 Meter höher lägen und nicht ausgerechnet im Talkessel«, sagt Matzarakis. Vor allem in Süddeutschland werde es zur Mitte des Jahrhunderts wahrscheinlich, dass die Hitze-Grenzwerte überschritten werden. Aber auch höher gelegene Orte würden Probleme bekommen, weiterhin ihren im Gesundheitstourismus so wichtigen Titel zu behalten, etwa die sogenannten Luftkurorte. Matzarakis: »Der Klimawandel wird die Pollensaison verlängern und die Pollenkonzentrationen ansteigen lassen« (siehe Seite 70). So gerät der Grenzwert in der Lufthygiene in Gefahr.

Orte des Wintersports müssen solche Überprüfungen nicht fürchten. »Wintersportort« oder »Skigebiet« darf sich nennen, wer über einen Hang mit Lift verfügt. Zum Beispiel Braunlage, ganz im Südosten Niedersachsens, auf einer Höhe von 600 Metern. »Rasante Abfahrten, atemberaubende Ausblicke und herzliche Gastfreundschaft – das bietet der Wurmberg seinen Skigästen«, heißt es in der Selbstdarstellung des 6000-Einwohner-Städtchens im Kreis Goslar. Anfang Februar 2020 carven tatsächlich glückliche Skifahrer über weiße Pisten in den gleißenden Sonnenschein – allerdings nur auf den Bildschirmen am Eingang der Seilbahn, die auf den 971 Meter hohen Wurmberg hinaufführt: In der Realität ist die Abfahrt verwaist, der letzte Hauch von Weiß schmilzt in dem – laut Eigenwerbung – »schneesichersten alpinen Skigebiet Norddeutschlands« vor sich hin. Die Skipisten und Rodelbahnen auf dem höchsten Berg Niedersachsens sind gesperrt.

Der stämmige Mann mit Basecap im Ski- und Rodelverleih sagt: »So ein Wetter, das hatten wir früher nie zu dieser Jahreszeit.« Früher, da hätten Anfang Februar hier in der Verleihstation fünf Leute gleichzeitig gearbeitet, Skier und Schlitten an ungeduldige Touristen ausgegeben. Heute ist er allein. »Seit zwei Jahren bleibt der Schnee im Winter weg«, sagt der Harzer missgelaunt, oder der Schnee komme, wenn ihn keiner mehr braucht. »Immerhin, die Schneekanonen laufen, eine blaue Piste ist geöffnet, die können sie bis zur Mittelstation herunterrodeln.« Aber: Auf eigene Gefahr!

In Deutschland gibt es mehr als 1300 Skilifte und ähnlich viele Pistenkilometer. Was für Tauchtouristen lebendige Korallen und farbenfrohe Fische sind, ist für Skifahrer der Schnee. Schneesicherheit ist der wichtigste Faktor bei der Wahl des Urlaubsorts. Eine Studie der Universität Innsbruck konstatiert, dass »Ziele mit marginalen Schneebedingungen wahrscheinlich starke Nachfrageverluste hinnehmen werden müssen«. Für Ziele mit »mittlerer Schneesicherheit« können günstige Angebote eine Zeit lang die abnehmende Nachfrage kompensieren. »Sind jedoch alle Skigebiete von sich verschlechternden Schneebedingungen betroffen, verringert sich die Gesamtnachfrage um 64 Prozent.«[276]

Trotz millionenteurer Schneekanonen: 2050 wird es in Deutschland wohl nur noch zwei Skigebiete geben

Als »schneesicher« gilt ein Skigebiet, wenn es an wenigstens hundert Tagen einer Skisaison eine Schneehöhe von 30 Zentimetern aufweisen kann – und das in wenigstens sieben von zehn Wintern. In den vergangenen 130 Jahren ist zum Beispiel in Bayern die Durchschnittstemperatur bereits um 1,4 Grad Celsius gestiegen, wie der Klimareport der Staatsregierung 2015 ausführt. Bis 2050 werden bis zu zwei Grad erwartet, bis 2100 könnten es gar 4,5 Grad mehr werden. Eistage, also solche, an denen die Lufttemperatur den Gefrierpunkt nicht überschreitet, gab es in den Jahren 1971 bis 2000 durchschnittlich 30 in Bayern. Sie werden in den kommenden Jahrzehnten um 9 bis 21 Tage abnehmen und Ende des Jahrhunderts wohl nur noch eine Ausnahme sein. Auch die Schneedeckentage werden deshalb künftig weniger. Schon in den vergangenen 50 Jahren hat ihre Zahl etwa in der Zugspitz-Region um sieben Tage abgenommen, im Berchtesgadener Land gar um 31 Tage (ein Minus von 20 Prozent).[277]

Kein anderer Tourismuszweig leidet so sehr unter den steigenden Temperaturen wie der Wintersport. Die Saison 2019/20 bescherte dem Sauerland eine der schlechtesten Winter-Bilanzen der vergangenen 20 Jahre: Statt der sonst kalkulierten 800 000 Gäste kamen lediglich 300 000 ins »größte Schneevergnügen nördlich der Alpen«, wie die Region im Südosten Nordrhein-Westfalens für sich wirbt. Im Fichtelgebirge war Skifahren nur an 30 Tagen möglich, mancher Lift lief kein einziges Mal. Auf der Wasserkuppe in der Rhön, mit 950 Metern Hessens höchster Berg, gab es 39 Lifttage, im Vorjahr waren es noch 72.

Viele Skigebiete versuchen, mit millionenschweren Investitionen gegen das Unvermeidliche Zeit zu kaufen. Im Thüringer Wald wurden vor drei Jahren vier Millionen Euro ausgegeben, um die Infrastruktur der »Winterwelt Schmiedefeld« angeblich zukunftssicher auszurüsten. Trotzdem fiel die Skisaison 2019/20 fast komplett ins Wasser, weil es selbst für Kunstschnee zu warm war: Erstmals abfahren konnte man am 29. Februar. Mehr als 125 Millionen Euro gab die »Wintersport-Arena Sauerland« in den vergangenen 20 Jahren für neue Beschneiungsanlagen, Pistenbullys und Skilifte aus; hier, im höchsten Teil des Rothaargebirges arbeiten jetzt 650 »Schnee-Erzeuger«. Der Liftverbund Feldberg im Hochschwarzwald erarbeitet gerade einen neuen Masterplan, 30 bis 50 Millionen Euro sollen investiert werden, auch ein neues Speicherbecken für Wasser zur Kunstschnee-Produktion ist geplant.

Nach Erhebungen des bayerischen Umweltministeriums wurden 2017 ein Viertel aller Pisten im Freistaat künstlich beschneit:

943 Hektar. (2009 waren es erst 590 Hektar.) Anfangs, so erzählt es Thomas Frey, Alpen-Experte beim Bund Naturschutz Bayern, sei es in den Skigebieten nur um eine punktuelle Beschneiung besonders neuralgischer Punkte durch einzelne Kanonen gegangen. Mittlerweile aber wäre ohne Kunstschnee weder in Bayerns Mittelgebirgen noch im Schwarzwald Wintersport möglich, weder im Hunsrück, dem Erzgebirge noch im Thüringer Wald.

»Kunstschnee« müsste eigentlich »technischer Schnee« heißen: Er hat eine andere Kristallstruktur, ist weniger luftdurchlässig und weniger wärmedämmend als Naturschnee. Zu seiner Herstellung sind viel Wasser und Energie notwendig, die Düsen der Schneekanonen verwirbeln das Wasser zu feinsten Tröpfchen. Ein Teil des Wassers verdunstet und entzieht der Umgebungsluft dadurch Wärme. So unterkühlt der größte Teil der Tröpfchen und gefriert. Zwar gibt es Anlagen, die auch bei Plus-Graden technischen Schnee erzeugen können. Dann allerdings brauchen sie sehr viel Energie, was die Kosten noch weiter in die Höhe treibt.

Rein physikalisch könnte man den Technikschnee-Irrsinn vermutlich noch einige Jahrzehnte weitertreiben – die Grenzen sind eher ökonomischer und ästhetischer Art. »Das Produkt Skifahren wird immer teurer«, sagt Jürgen Schmude, Professor für Tourismusforschung an der Ludwig-Maximilians-Universität München. Und es ist abzusehen, dass sich der Wettlauf gegen den Klimawandel nicht gewinnen lässt. »Skibegeisterte wollen nicht auf einem weißen Band durch eine grüne Landschaft fahren, das deprimiert mit der Zeit.« Besonders in den Mittelgebirgen sei es deshalb unsinnig, am Skitourismus festhalten zu wollen: »Mittelfristig wird es den nicht mehr geben.« Schmude gilt als Experte für die Zukunft der Reisebranche, und in einem seiner Forschungsprojekte untersuchte er die Zukunft des deutschen Skitourismus.[278] Sein Fazit: »Wir werden bis 2050 voraussichtlich noch allenfalls ein bis zwei deutsche Skigebiete haben. Das werden wohl Oberstdorf und Garmisch mit dem Zugspitzgebiet sein.«

Bereits heute werde die Refinanzierung der Investitionen schwierig, »bislang waren die Tage rund um Weihnachten die Hauptgeschäftszeit der Veranstalter«, so Schmude. Weiße Weihnacht aber gibt es hierzulande immer seltener, die Skiindustrie müsste stärker auf weißen Fasching oder weiße Ostern setzen. Doch das funktioniere nicht, meint Schmude. »Die biologische Uhr in Mitteleuropa ist zu Ostern schon auf Sommer und Sommeraktivitäten eingestellt – nicht auf Skifahren.«

Nicht nur in den Mittelgebirgen wurde aufgerüstet, auch in den Alpen. Dort werden nach Erhebungen des Bund Naturschutz derzeit pro Skisaison 280 Millionen Kubikmeter Wasser für die Beschneiung der Pisten verbraucht, dreimal so viel, wie die Stadt München in einem Jahr durch ihre Trinkwasserleitungen schickt. In Österreich werden inzwischen 70 Prozent der Pisten mit Kunstschnee bedeckt, in manchen Regionen Südtirols bereits hundert Prozent. Etwa 2100 Gigawattstunden Strom werden dafür jedes Jahr aufgewandt, mehr als der Stromverbrauch einer Millionenstadt. Allein die Seilbahnen in Österreich haben in der Saison 2019/20 insgesamt 754 Millionen Euro investiert, davon 150 Millionen in technischen Schnee – jener Winter war in den Alpen der zweitwärmste seit Beginn der Wetteraufzeichnungen.[279]

»Natürlich gibt es Konzepte«, sagt der Mann vom Ski-Verleih am Wurmberg. Hier, im Harz, habe man in den vergangenen Jahren »an die hundert Schnei-Lanzen« aufgestellt, Schneekanonen ohne Turbinen für eine zielgenaue Pistenpräparation. »Aber wie willst du denn beschneien bei zweistelligen Temperaturen?« Lediglich 20 Tage war im Winter 2019/20 die Abfahrt am Wurmberg offen. Auch dem Skiverleiher dämmert, dass für Wintersport mehr notwendig ist als ein Berg, ein paar Ski und Schneeanlagen. Er hat es mal mit der Vermietung von Monsterrollern versucht, überdimensionierten Tretrollern mit dicken Reifen und Scheibenbremsen. »Aber das wurde nicht angenommen«, sagt er, der Boden sei zu weich, und oben in den Bergen lägen zu viele tote Bäume auf den Wegen.

Oben – das ist beispielsweise im Torfhaus-Gebiet, wo Dürrejahre und Borkenkäfer für apokalyptische Bilder sorgen: Nackte Stämme ragen in Gruppen in den Winterhimmel, Wanderwege sind gesperrt, überall liegt Totholz. Statt »Waldesruh« findet der Wanderer hier neuerdings einen Friedhof. Das aber ist für Wanderfreunde wie ein totes Korallenriff für Taucher. Warum sollte jemand einen Fußmarsch auf den 1141 Meter hohen Brocken wagen, wenn er von toten Baumtorsi an die eigene Vergänglichkeit erinnert wird, womöglich an seinen eigenen Beitrag zum Klimawandel? Warum sollten Urlauber einen Berg erklimmen, wo ihnen das Herz wund wird ob all der kahlen silbergrauen Gerippe?

Mehr Starkregen, weniger Frost – der Klimawandel bringt das Hochgebirge ins Rutschen

Zumal Wandern in den Bergen gefährlicher wird, etwa am Hochvogel, mit 2592 Höhenmetern einer der markantesten Gipfel der Allgäuer Alpen. Er droht auseinanderzubrechen, bis zu 260 000 Kubikmeter Fels könnten ins Tal stürzen. »Von dem Hauptriss, der drei bis zehn Zentimeter im Jahr aufgeht und schon zehn Meter tief ist, gehen inzwischen mehrere Seitenrisse ab«, erklärt Michael Krautblatter, Geologieprofessor an der TU München. Zunehmende Extremwetter vergrößern das Risiko. »Nach jedem Starkniederschlag verstärkt sich die Felsbewegung zwei, drei Tage lang«, so Krautblatter. Dann verschieben sich Teile des gesamten Massivs in kurzer Zeit, manchmal um mehrere Millimeter. »Sicherlich hat es Starkregen immer gegeben. In den vergangenen Jahren aber sind Anzahl und Intensität um den Faktor zwei bis drei gestiegen.« Vermutlich würde der Hochvogel auch ohne Klimawandel irgendwann auseinanderbrechen – aber die Starkregen beschleunigen den Prozess.

An vielen anderen Orten im Hochgebirge sind direkt die steigenden Temperaturen das Problem: Sie bedeuten nicht nur schmelzende Gletscher; auch der Permafrost, der Berggipfel zusammen- und Hänge festhält, schwindet rasant. Schweizer Forscher warnen, dass Steinschlag, Erdrutsche oder Felsstürze in alpinen Lagen häufiger werden und extremere Ausmaße annehmen, wenn die einst dauerhaft (»perma«) gefrorenen Gebiete weniger werden. Im Aletsch-Gebiet zum Beispiel (Kanton Wallis) sind bereits Wanderwege verlegt worden, weil Fels plötzlich instabil ist. Im norditalienischen Val Ferret wurden im August 2020 für einige Tage Straßen gesperrt und Häuser evakuiert – am Planpincieux-Gletscher an einer Flanke der Grandes Jorasses im Montblanc-Gebiet waren 500 000 Kubikmeter Eis ins Rutschen geraten und drohten, abzubrechen und ins Tal zu donnern.[280]

»Am Montblanc-Massiv gab es in Höhen um 3000 Meter im vergangenen Jahrzehnt bereits Hunderte Felsstürze«, sagt Geologieprofessor Krautblatter. Mittlerweile verändere sich die Landschaft so massiv, dass Bergführer bei gewissen Routen nicht mehr sicher sagen können, ob sie gefahrlos sind. Erfahrungswissen der Alpenbewohner, von Generation zu Generation weitergegeben, gilt nicht mehr. »Die Hoffnung liegt auf einer schnellen Lernkurve der Wissenschaft«, sagt Krautblatter. Er und sein Team versuchen, durch Modellierung am Computer bereits im Vorfeld zu verstehen, welche Bereiche eines Felses instabil werden könnten.[281]

Im Schneefernerhaus auf der Zugspitze zum Beispiel, mit knapp 3000 Metern die höchstgelegene Forschungseinrichtung Deutschlands, beobachten sie das gar nicht mehr ewige Eis. 2007 trieb das Bayerische Landesamt für Umwelt direkt unter der Seilbahnstation ein gut 40 Meter langes Bohrloch quer durch den Gipfel und brachte mehr als 20 Temperatur-Sensoren an.

»Man kann hier oben den Permafrost sehen«, sagt Krautblatter. Und zwar im Kammstollen, der 1928 auf 2800 Höhenmetern für den Tourismus gegraben wurde: Skifahrer sollten damals bequem von der österreichischen Zugspitzbahn auf die deutsche Seite gelangen. Heute steht im grob gehauenen Zwei-mal-zwei-Meter-Tunnel auf einem Schild: »Stollen wegen Frostschäden teilweise schlecht begehbar.« Aber der Schacht dient ohnehin nur noch Forschungszwecken. »Wie Kitt hält Permafrost den Berg zusammen, die Spalten und Risse sind mit Eis gefüllt«, erklärt Krautblatter. Eiszapfen sieht man im Stollen nirgends, denn die entstehen aus wiedergefrierendem Schmelzwasser – und das gibt es hier nicht. Allerdings zeigen die Messungen, dass auch dieses Eis immer wärmer wird. 2007 registrierten die Forscher im Kammstollen noch durchschnittlich -1,2 Grad Celsius, mittlerweile sind es nur noch -0,7 Grad. »Wir nähern uns dem kritischen Punkt«, so Krautblatter. »In zehn, spätestens 20 Jahren wird man hier voraussichtlich keinen Permafrost mehr besichtigen können.«

Dieser Schwund hat ungeheures Zerstörungspotenzial – nicht nur durch abstürzende Felsen, sondern auch für das Klima. Ein Viertel der Landfläche der Nordhalbkugel ist dauerhaft gefroren. Alaska, Nordkanada, weite Teile Sibiriens – auf 23 Millionen Quadratkilometern wirkt der Permafrost wie eine riesige Tiefkühltruhe: Im gefrorenen Boden sind gigantische Mengen abgestorbener Pflanzenreste eingeschlossen. Taut das Eis, werden sie durch Mikroben zersetzt und dabei Treibhausgase wie Methan, Lachgas oder Kohlendioxid frei. Allein im oberen Bereich der Permafrostböden stecken bis zu 1600 Milliarden Tonnen Kohlenstoff – fast doppelt so viel, wie sich derzeit in der Erdatmosphäre befindet. Wird er frei, wäre das eine Katastrophe. Forschern gilt der Permafrost als möglicher Selbstverstärkungs-Mechanismus des Klimawandels: Hat die Erdtemperatur einen bestimmten Wert einmal überschritten und das Tauen angestoßen, beschleunigen die dann frei werdenden Treibhausgase die Erhitzung noch weiter. Schon jetzt sind die Dauerfrostgebiete in Sibirien und Nordamerika drastisch geschrumpft, ihre Grenze hat sich um bis zu hundert Kilometer Richtung Nordpol zurückgezogen.

Nicht nur in Sibirien, auch in Nordamerika birgt die sich öffnende Kühltruhe weitere Gefahren. »Sonne weckt tödliche Bakterien im Permafrost«, lautete im Sommer 2016 eine Zeitungsschlagzeile.[282] Damals war es im Nordwesten Sibiriens ungewöhnlich warm, die Temperaturen kletterten auf bis zu 35 Grad Celsius. Plötzlich erkrankten Menschen an Milzbrand, einer hochansteckenden Krankheit, die seit 1941 in Sibirien als ausgerottet galt. Experten gehen davon aus, dass Sporen des *Bacillus anthracis* jahrzehntelang gefroren in vergrabenen Kadavern überdauert und von den ungewöhnlich hohen Temperaturen wieder zum Leben erweckt wurden. Eine Epidemie konnte 2016 verhindert werden, weil die dünn besiedelte Region schnell abgeriegelt und mehr als 40 000 Rentiere geimpft wurden und es so gelang, die Übertragungswege zu kappen.

Ansteigende Meere überfluten Flughäfen, Passagiere werden von heftigeren Turbulenzen durchgeschüttelt

Die COVID-19-Pandemie hat die Reisebranche hingegen durcheinandergewirbelt. »Der Tourismus wird nach Corona anders aussehen als vorher«, sagt der Münchner Tourismusprofessor Jürgen Schmude. Er rechnet damit, dass die Deutschen auf absehbare Zeit weniger reisen werden – und vor allem bewusster. Vielen Leuten sei in der Krise klar geworden, »dass nicht jede Reise, die wir gemacht haben, so sinnvoll war«. Auch der Radius, in dem wir unsere Urlaube verbringen, werde schrumpfen. Schmude: »Der Fernreisesektor wird – zumindest kurz- und mittelfristig – an Bedeutung verlieren.«[283]

Und langfristig kommt dann der Klimawandel hinzu, der viele Sehnsuchtsziele hart treffen wird: Die Dominikanische Republik und andere Karibikinseln – werden heißer, meist trockener und durch die Zunahme starker Hurrikans besonders getroffen.[284] Die Strände und Küstenstädte Floridas – werden wegen des steigenden

Meeresspiegels viel öfter überschwemmt.[285] Thailand – wird unter Hitze, Dürren und extremen Überflutungen leiden.[286] Oder das südliche Afrika: Eine Safari in die Savanne, Büffel, Elefant, Leopard, Löwe und Nashorn in freier Wildbahn erleben – ob das 2050 noch geht, ist offen. Weil die Temperaturen steigen und sich Verbreitungsgebiete verschieben, könnten laut Weltklimarat IPCC bis Mitte des Jahrhunderts in den afrikanischen Nationalparks südlich der Sahara zehn bis 15 Prozent der Säugetierarten verschwinden, bis zum Jahr 2080 sogar 25 bis 40 Prozent.

Afrika gehört zu jenen Weltgegenden, die am stärksten unter den Folgen der Erderhitzung leiden werden. In bereits trockenen Gegenden wird die Trockenheit weiter zunehmen, Missernten sind programmiert. Staaten wie Madagaskar, Mosambik oder Simbabwe tauchen schon heute regelmäßig im Klima-Risiko-Index auf, in dem die Umwelt- und Entwicklungsorganisation Germanwatch jedes Jahr die am stärksten von Extremwettern betroffenen Länder listet. Mal ist es zu viel Wasser – Tropenstürme wie 2019 die Zyklone Idai und Kenneth werfen mit ihren Überschwemmungen solche Länder immer wieder zurück. Mal ist es zu wenig Wasser – wie man 2019 auch an den Victoriafällen besichtigen konnte. Zwar warnen Wissenschaftler davor, aus jeder Dürre gleich die Klimaerhitzung lesen zu wollen – doch im Sambesi-Becken häufen sich Trockenphasen und bestätigen damit Szenarienberechnungen der Wissenschaft. Und der Bevölkerungszuwachs verschärft die Probleme des Klimawandels zusätzlich.[287]

»Extreme Wetterereignisse werden weltweit zunehmen«, fasst Tourismusforscher Jürgen Schmude zusammen. »Dürren, Hitze, Stürme – bestimmte Räume werden von der Landkarte der Tourismusindustrie komplett verschwinden.« Südspanien zählt er dazu, die türkische Mittelmeerküste, Ägypten und eben auch das südliche Afrika.

Der beliebte Städtetourismus bleibt ebenfalls nicht verschont: In London wird 2050 ein Klima herrschen wie heute in Barcelona, zeigen Studien, in Madrid werden die Sommer der Zukunft so heiß wie heute jene in Marrakesch. Metropolen wie Bangkok oder Jakarta, Shanghai oder Hongkong sind vom Anstieg der Meere bedroht. »Venedig«, sagt der Potsdamer Klimaforscher Anders Levermann, »wird definitiv untergehen.« Dutzende weitere UNESCO-Weltkulturerbe-Stätten sind gefährdet, zeigte er 2014 in einer Studie: das Opernhaus von Sydney, die historische Altstadt von Brügge, Havanna oder Split, Robben Island in Südafrika, der Marinehafen von Karlskrona in Schweden und, und, und.[288]

Oder New York: Die Stadt wurde einst auf Inseln und Halbinseln errichtet und verfügt über 830 Kilometer Küste. Würde heute eine drei Meter hohe Sturmflut auf New York zurollen, Battery Park City in Manhattan stünde genauso unter Wasser wie die Börse an der Wall Street und das Bellevue Hospital Center. Die Häfen wären genauso unbenutzbar wie die U-Bahn-Schächte, die schon im normalen Zustand mit Riesenaufwand leer gepumpt werden müssen, weil ständig Wasser hereinläuft. Laut Klimamodellen werden Hochwasser in New York künftig häufiger, und sie werden stärker ausfallen. Einen Ausblick bot 2012 Hurrikan »Sandy«, der den Atlantik vor den Toren der Stadt sogar auf vier Meter auftürmte. Der Sturm überflutete die Start- und Landebahnen des Flughafens La Guardia, der daraufhin drei Tage lang schließen musste.[289]

Wie dort wurden an vielen Flughäfen die Rollbahnen nahe ans oder sogar ins Wasser gebaut. Dutzende Airports weltweit sind deshalb schon in naher Zukunft von steigenden Meeresspiegeln bedroht, weil Stürme künftig deutlich höher auflaufen – der London City Airport zum Beispiel oder Marseille-Provence, Miami oder San Francisco. In Singapur-Changi wurde ein neuer Passagierterminal vorsorglich fünf Meter über Meeresniveau errichtet, der Flughafen von Hongkong versucht seine Rollbahn durch eine 13 Kilometer lange Mauer zu schützen.[290]

Die Erderhitzung macht dem Luftverkehr noch auf andere Weise Probleme: Wenn es heiß ist, können Flugzeuge schwerer starten –

bei hohen Temperaturen nämlich ist die Luft dünner, die Flügel erzeugen dann weniger Auftrieb. Um trotzdem abheben zu können, müssten Jets zum Beispiel ihre Zuladung verringern oder nachts starten, wenn es kühler ist. Der Airport in Phoenix im US-Bundesstaat Arizona bekam das Phänomen im Juni 2017 bereits zu spüren; als während einer extremen Hitzewelle das Thermometer auf 48 Grad Celsius stieg, wurden mehr als 50 Flüge abgesagt oder umgeleitet. Sind die Jets in der Luft, hören die Problem nicht auf: In Zeiten des Klimawandels können Flüge erheblich unruhiger werden. Weil sich der Jetstream verändert, ein Starkwindband rings um den Nordpol, wird es vor allem auf Transatlantikflügen zu häufigeren und heftigeren Turbulenzen kommen. Fluggäste werden also deutlich mehr durchgeschüttelt.[291]

Dann vielleicht doch besser zu Hause bleiben? Der Tourismus ist Opfer des Klimawandels, er ist aber auch Täter. Rund acht Prozent des globalen Ausstoßes von Treibhausgasen entstehen durchs Urlauben, ergab eine Studie australischer und taiwanesischer Forscher.[292] Sie bezogen dabei nicht nur die Emissionen von Transportmitteln und Hotels ein, sondern buchten zum Beispiel auch Speisen, Getränke und die dem Tourismus zugrunde liegenden Lieferketten ein: Demnach produzieren deutsche Urlauber jährlich 329 Millionen Tonnen Treibhausgase. Zum Vergleich: 2019 war die Bundesrepublik insgesamt für rund 805 Millionen Tonnen verantwortlich. Die drei, vier Urlaubswochen verursachen also etwa 40 Prozent jener Emissionen, die ganz Deutschland mit all seiner Industrie und seinem inländischen Verkehr pro Jahr produziert. Doch in der internationalen Klimabilanzierung werden diese Reiseemissionen von Bundesbürgern nicht Deutschland zugeschlagen, sondern den Zielländern. Nicht zu reisen oder zumindest nicht so weit zu reisen, wäre also Klimaschutz – gerade für die Reiseweltmeister.

Die Folgen der Erderhitzung können wir genauso gut daheim besichtigen, zum Beispiel in St. Peter-Ording, dem größten Ort auf der Halbinsel Eiderstedt an der Nordseeküste. Der Sandstrand ist hier gut zwölf Kilometer lang und bis zu zwei Kilometer breit, sein Wahrzeichen sind hölzerne Stelzenhütten, manche sieben Meter hoch. Die Pfahlbauten thronen teils seit mehr als hundert Jahren auf Lärchenbohlen, sie beherbergen Restaurants, Wassersportzentren, sogar eine Mehrzweckhalle gibt es. Kommt hier die Flut, kann man ganz gemütlich das Meeresrauschen genießen.

Zumindest noch. Wegen der steigenden Meeresspiegel wird der Strand schmaler, pro Jahr um rund sechs Meter. Die Strandbar »54 Grad« zum Beispiel stand vor sieben Jahren noch im Spülsaum, also dort, wo die Wellen Muscheln, Algen und Unrat antragen – inzwischen ist sie bei Flut komplett von Wasser umgeben, Wellen und Strömungen bedrohten deshalb die Stabilität der Pfahlfundamente. Im Juli 2020 beschloss der Gemeinderat, die Bar abzureißen und gut 200 Meter landeinwärts neu aufzubauen.[293]

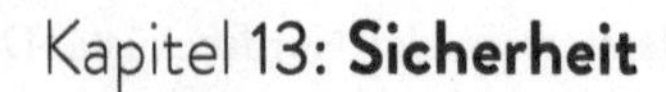

Kapitel 13: **Sicherheit**

»Es wird künftig richtig ungemütlich werden«

Hitzewellen, Waldbrände, Fluten – Feuerwehren und andere Rettungsdienste bekommen viel mehr zu tun. Und zusätzlich drohen globale Sicherheitsrisiken: Kriege, Migration, Hungersnöte ...

»Die Stadt glüht in der Mittagshitze. Das Thermometer klettert auf 45 Grad Celsius – im Schatten. In diesem August deutet alles auf einen neuen Rekord hin. Familie Weber hat sich in ihrer 3½-Zimmer-Wohnung vor den beiden Ventilatoren versammelt, die die stickige Luft umrühren.«

Mit diesen Sätzen beginnt ein Blick in die Zukunft, den das »Zukunftsforum Öffentliche Sicherheit« kürzlich vorgelegt hat.[294] Der Verein wurde vor mehr als zehn Jahren in Berlin von Fachpolitikern verschiedener Parteien gegründet, um sich vernachlässigten Sicherheitsthemen zu widmen, vor allem der Katastrophenvorsorge. Er befasst sich unter anderem mit dem Schutz sogenannter kritischer Infrastrukturen, also der Abwehr technischer Angriffe etwa auf Strom- oder Telefonnetze – aber auch mit dem Klimawandel. »Im Gegensatz zu neuen Gefahren wie Cyber-Attacken hat es

Wetterextreme schon immer gegeben – aber sie wurden und werden häufiger, stärker, länger andauernd«, erklärt Marie-Luise Beck, Mitglied im Gesamtvorstand des Zukunftsforums. »Aus diesen quantitativen Verschiebungen ergeben sich qualitativ ganz neue Herausforderungen.« Beck ist im Hauptberuf Geschäftsführerin des Deutschen Klima-Konsortiums, des Dachverbandes der Forschungsinstitute, die hierzulande zur Erderwärmung arbeiten. Sie appelliert: »Bevölkerungs- und Katastrophenschutz müssen sich dringend auf die Folgen des Klimawandels vorbereiten.«

Ende 2020 hat der Verein ein sogenanntes Grünbuch zur Öffentlichen Sicherheit veröffentlicht mit drei Schwerpunkten, bei denen politisch besonders großer Handlungsbedarf bestehe – einer davon ist der Klimawandel. In Erzählform malen die Experten konkret aus, wie das Leben in Deutschland am Ende einer sechsjährigen Dürre aussähe – ein Szenario, das laut Klimamodellen sehr realistisch ist. Und durchaus schon vor 2050.

Die Erzählung begleitet also die fiktive Familie Weber, irgendwo in einer deutschen Großstadt. Der Vater leitet ein Seniorenheim, die Mutter ist Ingenieurin, sie haben eine kleine Tochter und einen jugendlichen Sohn. Im Szenario des Zukunftsforums begann die Dürre 2025, aber im ersten Jahr nahm sie kaum jemand ernst. 2026 klagte die Industrie über niedrige Flusspegel, vereinzelt mussten erste Ortschaften durch Tankwagen mit Trinkwasser versorgt werden – aber auch das kümmerte nur wenige. Im dritten Jahr wurde »luxuriöser Wasserverbrauch« bundesweit verboten, zum Beispiel Rasensprengen. »Die Trinkwasserpreise begannen zu steigen. Es häuften sich Nachbarschaftsstreitereien.«

Ab 2028 dann eskaliert die Lage: »Während es in den drei Jahren zuvor noch gelungen war, die schlechten Ernten in Mitteleuropa durch Importe auszugleichen, kam es im vierten Jahr nun auch zu ersten Engpässen im Lebensmittelbereich.« Andere Länder hatten Exportstopps verhängt, um ihre eigene Bevölkerung besser versorgen zu können. »Die Preise vieler Lebensmittel stiegen deutlich.«

Und weil Klimaanlagen immer mehr Energie fraßen, drohten die Stromnetze zusammenzubrechen. Um dies zu verhindern, wurden erste Großverbraucher aus der Industrie zwangsabgeklemmt.

»2029: Ein investigativer Journalist veröffentlicht, dass ein Top-Fußballer seinen riesigen Swimmingpool heimlich mit Frischwasser füllen ließ, um dort eine Privatparty zu feiern. Der Wasserversorger wurde dafür bestochen. Es kam zu einem Shitstorm, die Staatsanwaltschaft ermittelte, der Umweltminister trat zurück.«

2030 schließlich, im sechsten Jahr, kommt zur Trockenheit die größte Hitzewelle hinzu, die je in Europa gemessen wurde. Familie Weber schwitzt erbärmlich. Eigentlich wollten die vier die Oma in der Provinz besuchen. »Dort ist es kühler, und die Kinder freuten sich auf eine frische Brise bei maximal 35 Grad und – das war der entscheidende Punkt – eine Nacht bei unter 20 Grad. Endlich wieder mal richtig schlafen.« Doch daraus wird nichts. Die Autobahn ist wegen eines ausufernden Böschungsbrandes gesperrt; Ausweichstrecken sind verstopft oder ebenfalls geschlossen, weil der Asphalt unter der Hitze schmilzt.

Krise herrscht auch im Altenheim des Vaters. Viele der Bewohner haben lebensbedrohliche Kreislaufprobleme, »eine Bewohnerin ist auf dem Weg zur Toilette kollabiert und gestorben. Durch die vielen Toten in der Stadt sind die Beerdigungsinstitute überlastet. […] Das größte Problem ist jedoch die Trinkwasserversorgung. Einige Regionen in Deutschland leben inzwischen mit Ersatzwasserversorgung, die vor allem Krankenhäuer und Pflegeheime vor kaum lösbare Probleme stellt.« Frau Weber kümmert sich derweil um eine greise Nachbarin. Der ambulante Pflegedienst war schon seit Tagen nicht mehr da, Hilfsorganisationen wie das Rote Kreuz sind völlig überlastet. Die Schule des Sohns hat wegen unerträglich warmer Klassenräume geschlossen. Irgendwann erlässt das Gesundheitsamt tagsüber eine Ausgangssperre, damit auch Unvernünftige sich während der größten Hitze nicht mehr im Freien aufhalten …

Dürren und Hitzewellen wie die im »Grünbuch« beschriebene sind bei Weitem nicht das Einzige, was Behörden, Rettungsdiensten und Katastrophenschützern Sorgen bereitet beim Blick in die Zukunft. Doch lang anhaltende Trockenphasen seien besonders gefährlich, weil sie »ein typisches schleichendes Risiko« sind, wie Marie-Luise Beck erklärt. »Ein Hochwasser zum Beispiel kommt mit Ansage, die Pegel steigen, und es gibt einige Tage Vorwarnzeit.« Eine Dürre hingegen mache sich erst bemerkbar, wenn man bereits mittendrin ist – und viele Folgen sehe man erst nach Wochen, Monaten oder gar Jahren. Außerdem seien Trockenheit und Hitze großräumige Phänomene; anders als etwa bei lokalen Starkregen können hier nicht so einfach Rettungskräfte aus anderen Gegenden zu Hilfe eilen – sie werden dort selbst gebraucht.

Vor allem aber sei eine Dürreperiode kombiniert mit starker Hitze »für Deutschland ein neues Phänomen«, so Beck. Zwar mögen auch Hochwassergefahren mehr werden – aber mit ihnen wüssten die Einsatzkräfte umzugehen, zumindest im Prinzip. Es braucht vielleicht mehr Technik, größere Pumpen. »Mit Dürren oder Hitzewellen jedoch hat Deutschland noch wenig Erfahrung«, sagt Beck, »der Bevölkerungsschutz hat die aus ihnen folgenden Herausforderungen noch nicht richtig auf dem Schirm.«

Die Erderhitzung wird Deutschland auf vielerlei Weise zu einem weniger sicheren Land machen. »Es wird künftig richtig ungemütlich werden«, fasst Wolfram Geier zusammen, Abteilungsleiter beim Bundesamt für Bevölkerungsschutz und Katastrophenhilfe in Bonn. Schon heute kämen die Einsatzkräfte von Feuerwehren oder Technischem Hilfswerk (THW) vor allem im ländlichen Raum immer öfter »an die Grenzen ihrer Durchhaltefähigkeit«. Es sei deshalb »zwingend erforderlich«, Konzepte und Strukturen des Katastrophenschutzes an den Klimawandel anzupassen. Und daneben, mahnt Geier, drohten ja auch noch indirekte Gefahren aus dem Ausland: »Mittelfristig wird der Klimawandel ein kräftiger Katalysator für bestehende und neue Konflikte mit kriegerischen

Auseinandersetzungen in anderen Teilen der Welt sein, der auch den globalen Migrationsdruck nochmals erhöht.« Die Folgen werde man auch in Deutschland spüren. Das bisher Erlebte, sagt Katastrophenschützer Geier, sei »im Vergleich mit dem, was uns droht, nur ein bescheidenes Menetekel«.

Die Waldbrandgefahr steigt drastisch. Feuerwehren stoßen immer öfter an die Grenzen ihrer Kräfte

Experten sind sicher, dass Deutschland zum Beispiel mehr und größere Waldbrände erleben wird. In Brandenburg mit seinen sandigen Böden und ausgedehnten Kiefernforsten sind sie schon lange ein Problem – doch in den Dürre- und Hitzejahren 2018 und 2019 erlebte das Land einige der schlimmsten Feuer seit Beginn der Statistiken. Beim bisher größten standen im Juni 2019 mehr als 700 Hektar auf einem ehemaligen Truppenübungsplatz nahe Jüterbog zwischen Berlin und Leipzig in Flammen. Insgesamt zählten die Behörden 2018 und 2019 rund tausend solche Feuer in Brandenburg; und der Waldbrandschutzbeauftragte des Landes, Raimund Engel, blickt bang in die Zukunft: »Das brauchen wir eigentlich nicht jedes Jahr – aber ich befürchte, darauf müssen wir uns einstellen. Das wird der Klimawandel mit sich bringen.«[295]

Die Landesregierung tut bereits einiges. Rund 70 Millionen Euro an Zuschüssen flossen in den vergangenen Jahren an Feuerwehren im Bundesland – damit sie mehr Löschfahrzeuge anschaffen können, die zum Beispiel mit Allradantrieb und großen Wassertanks speziell für Waldbrände ausgerüstet sind. Moderne Sensortechnologie überwacht die weiten Brandenburger Forste: Mit mehr als hundert Türmen sind sie überzogen, an deren Spitze sich Kameras drehen, die kilometerweit Rauchwolken über den Baumkronen erkennen – und dann Alarm melden an zwei zentrale Leitstellen. Ähnliche Systeme sind in Sachsen und Sachsen-Anhalt in Betrieb,

Mecklenburg-Vorpommern und Niedersachsen prüfen die Anschaffung.

Auch dank solcher Technik werden Waldbrände heute meist schneller entdeckt – doch im Gegenzug erhöht der Klimawandel das Feuerrisiko. Bereits in den vergangenen Jahrzehnten, so zeigen es Daten des Deutschen Wetterdienstes (DWD), ist in Teilen der Republik die Zahl der Tage mit hoher Waldbrandgefahr stark gestiegen – und laut der DWD-Klimamodelle geht das so weiter:[296] Mehr Dürren und Hitzewellen machen die Wälder anfälliger für Brände. Insekten wie der Borkenkäfer vermehren sich massiv, und tote oder geschwächte Bäume fangen leichter Feuer. Ein häufiger Auslöser von Waldbränden sind Blitze – Klimaforscher erwarten, dass ihre Zahl im Zuge des Klimawandels zunimmt, weil die Atmosphäre mehr Energie speichert. Mit jedem Grad Erderhitzung, so eine US-Studie, steige die Zahl der Blitze um rund zwölf Prozent.[297]

Mindestens so wichtig wie bessere Löschtechnik ist es deshalb, den Wald selbst auf die brandgefährlichen Zeiten vorzubereiten. Zwar ist Deutschland dicht besiedelt, die Wälder sind daher von vielen Straßen und Wegen durchzogen, weshalb Feuerwehren besser an Brände herankommen als etwa in den Weiten Skandinaviens. Zugleich jedoch reichen die Wälder hierzulande nahe an Siedlungen heran. Gefährdet seien aber nicht nur Häuser, erklärt Frank Kliem, Vize-Präsident des Brandenburger Feuerwehrverbandes, sondern zum Beispiel auch große Viehställe. Hunderte oder Tausende Tiere im Brandfall zu retten, sei – wie er es zurückhaltend ausdrückt – eine »besondere Herausforderung«. Außerdem sei »die Brandlast« der hiesigen Wälder groß: Kiefern-Plantagen wie in Brandenburg enthalten oft viel Holz pro Quadratmeter, noch dazu mit einem großen Anteil an hochbrennbarem Harz. Entzünden sie sich, sind die entstehenden Flächenbrände viel mächtiger als etwa in Spanien oder Griechenland mit ihrer meist kargen Vegetation.

Was Umweltschützer aus ökologischen Gründen schon lange fordern, empfiehlt deshalb mit Blick auf den Brandschutz auch

Feuerwehrmann Kliem: einen Waldumbau. Mischwälder aus Laub- und Nadelbäumen entflammen und brennen weniger schnell und sind grundsätzlich widerstandsfähiger gegenüber Trockenheit und Hitze. Auch sollten Waldeigentümer Schneisen durch ihre Forste ziehen, rät Kliem, damit sich Feuer langsamer ausbreiten. Waldwege sollten regelmäßig freigeschnitten und so befahrbar gehalten werden, vorsorglich Löschteiche oder Brunnen angelegt werden. Aber all dies kostet Geld; und viele Waldbesitzer sind sowieso schon finanziell unter Druck, auch wegen des Klimawandels.

Löschflugzeuge anzuschaffen, wie es bisweilen gefordert wird, halten viele Fachleute hingegen für wenig hilfreich. Solche Flugzeuge brauchen zum Auftanken große, freie Wasserflächen, die es im dicht besiedelten Deutschland selten gibt. Als sinnvoller gelten Wassertanks, die unter Hubschraubern befestigt werden können. Sie sind flexibler und insgesamt preiswerter, weil bei großen Einsätzen Helikopter von Polizei, Bundeswehr oder Privatfirmen mitgenutzt werden können.

Aber auch jenseits großer Technik muss investiert werden: Wald- oder andere Flächenbrände bekämpft man anders als etwa ein Feuer in einem Wohnhaus, deshalb brauchen Einsatzkräfte neue Schulungen und Trainings. Oder die übliche Schutzkleidung der Feuerwehr: Sie ist hierzulande schwer und dick – optimal, um brennende Häuser zu löschen. Doch in den Sommern der Zukunft werden die Anzüge selbst zum Risiko. Sogar gesundheitlich fitte Personen drohen in ihnen zu kollabieren, wenn man sie während einer Hitzewelle tragen oder wenn man bei Waldbränden stundenlang und über weite Strecken in ihnen herumrennen muss.

Zum größten Problem jedoch werden die Feuerwehrleute selbst – beziehungsweise die Tatsache, dass sie zu wenige sind. Die Zahl der Einsätze sei wegen des Klimawandels bereits deutlich gestiegen, sagt der Brandenburger Verbandsvize Frank Kliem – nicht nur durch Waldbrände. Ebenso nehme zum Beispiel die Zahl von

Kellern zu, die nach Starkregen und Sturzfluten leer gepumpt werden müssen.

Das sei ein genereller Trend, bestätigt Karl-Heinz Knorr, einer der Vizepräsidenten im Bundes-Feuerwehrverband. Nicht nur Wälder brennen in trockenen Jahren vermehrt, auch Äcker und Böschungen, erklärt Knorr. Daten der Versicherungsbranche bestätigen dies: Im Extremsommer 2018 kam es viel häufiger als in anderen Jahren vor, dass zum Beispiel heiß gelaufene Erntemaschinen Feldbrände entfachten. »Die Feuerschäden nehmen zu und werden größer«, heißt es etwa bei der Versicherung LVM aus Münster. Um mehr als 75 Prozent gegenüber den Vorjahren sei 2018 allein in der Landwirtschaft die Schadenssumme gestiegen.[298]

Wegen des Klimawandels muss die Feuerwehr nicht nur öfter ausrücken – zudem nehmen just solche Einsätze besonders stark zu, die lang andauern. Bei Hochwasser Sandsäcke zu füllen und zu stapeln, nach einem Starkregen eine überschwemmte Ortschaft trockenzulegen und aufzuräumen, gegen einen großen Waldbrand zu kämpfen – all das ist nicht nach ein paar Stunden erledigt wie das Löschen eines brennenden Dachstuhls. »Die allermeisten Feuerwehren in Deutschland, aber auch zum Beispiel die Einheiten des Technischen Hilfswerkes basieren auf ehrenamtlicher Arbeit«, erklärt Knorr. Lediglich rund hundert große Städte können sich Berufsfeuerwehren leisten, die anderen der bundesweit rund 23 000 Feuerwehren bestehen aus Freiwilligen. »Die werden von ihren Arbeitgebern freigestellt, wenn sie zum Einsatz müssen – geht es um ein brennendes Haus im Heimatort, dann hat der Chef meist Verständnis.« Alle paar Jahre mal einen längeren Einsatz zu haben, sagt Knorr, sei auch noch okay. »Doch wenn die Leute ständig gerufen werden und regelmäßig über Tage oder gar Wochen irgendwo bei einem Waldbrand helfen, dann fängt das schnell an wehzutun.«

Hinzu komme ein »Wandel sozialer Werte« und ein »anderes Freizeitverhalten«, ergänzt der Brandenburger Frank Kliem. Immer weniger junge Leute seien bereit, langfristig in Feuerwehren mitzuarbeiten. Einen noch weiteren Bogen schlägt Wolfram Geier vom Bonner Bundesamt für Katastrophenhilfe. »Der Klimawandel geht in Deutschland einher mit einem Bevölkerungswandel«, sagt er. Der Anteil Jüngerer an der Gesamtbevölkerung nehme ab, zugleich werde die Mobilität stetig größer. »Wer lebt denn heute noch über Jahrzehnte am selben Ort?«, fragt Geier. »Wer kann denn überhaupt regelmäßig an Fortbildungen teilnehmen und dann auch noch an immer häufigeren Einsätzen?«

Spricht man mit Knorr, Kliem, Geier oder auch anderen Fachleuten über die Zukunft des Bevölkerungs- und Katastrophenschutzes in Deutschland, dann schwingt eine gewisse Ratlosigkeit mit. Die bisherigen Strukturen von Rettungsdiensten werden in den kommenden Jahrzehnten immer stärker an ihre Grenzen stoßen.

Starkregen und Schlammlawinen, Hochwasser und Hagel – wenn Wetter lebensgefährlich wird

Edelsberg in Mittelhessen, ein 500-Einwohner-Dorf zwischen Limburg und Wetzlar. Es ist Ende Mai 2018, eine heiße Frühsommerwoche am Beginn des historischen Hitzejahrs. Tagelang wüten Unwetter über Hessen. In Wiesbaden werden Straßen überflutet, in Marburg läuft ein Teil des Kellers unter der nagelneuen Universitätsbibliothek voll. Doch am heftigsten trifft es Edelsberg im hügeligen Landkreis Limburg-Weilburg – gleich viermal hintereinander wird das Dorf von Starkregen heimgesucht.

Am 27. Mai, einem Sonntagabend, lösen die extremen Regenmengen an einem höhergelegenen, durchweichten Acker eine Schlammlawine aus, die sich bis zu 50 Zentimeter hoch durch Teile des Ortes wälzt. Feuerwehr und THW eilen herbei, pumpen Wasser ab, schippen Schlamm weg, entsorgen bergeweise Hausrat. »Das hatten wir bis Dienstagnachmittag geschafft«, erzählt eine Anwohnerin, »dann kam das nächste Gewitter.« Die nächste Lawine. Wieder steht knietief Schlamm in den Häusern. Am Mittwoch geht erneut ein Unwetter nieder – noch eine Schlammlawine. »Da habe ich einfach auf der Treppe gesessen und geheult«, erinnert sich die Frau.[299] Auch Feuerwehr und Technisches Hilfswerk sind am Limit. In der Nacht darauf füllen dennoch Einsatzkräfte und freiwillige Helfer mehr als hundert Tonnen Sand in Säcke und stapeln sie zu Barrieren unterhalb des Ackers und vor den am schwersten betroffenen Hauseingängen. Nur deshalb bleiben größere Schäden aus, als am Donnerstag der vierte Sturzregen niedergeht.

»Das Wetter hat vier Tage verrückt gespielt«, sagt Bürgermeister Jörg Lösing, als es endlich vorbei ist. Doch ungewöhnlich waren weniger die Gewitter an sich, die sind für Frühsommer in Deutschland normal – ungewöhnlich war ihre Zahl. Üblicherweise nämlich ziehen hierzulande Hoch- und Tiefdruckgebiete in zügiger Folge übers Land. Doch seit ein paar Jahren gibt es immer öfter sogenannte »stagnierende« oder »blockierende Wetterlagen« – die dann zum Beispiel anhaltende Hitzewellen bedeuten oder wiederholte Starkregen am selben Ort (siehe Seite 117). Fälle wie Edelsberg dürften deshalb in den kommenden Jahrzehnten häufiger werden. »Das Risiko von Sturzfluten wächst«, warnte 2017 Christoph Unger, der damalige Präsident des Bundesamtes für Bevölkerungsschutz und Katastrophenhilfe. Zunehmend treffe es Orte, wo man sie bislang nicht erwartet habe.

Siedlungen an kleinen Flüssen, in Mulden, an den Hängen von Mittelgebirgen gibt es tausendfach in Deutschland, sie sind dort über viele, viele Jahre gewachsen, nicht selten seit dem Mittelalter. Doch im Klima der Zukunft sind die Ortschaften plötzlich viel stärker durch Sturzfluten gefährdet. Gebäude und Kanalisation sind ebenso wenig vorbereitet wie die Rettungskräfte. Und immer wieder passiert es, dass die freiwillige Feuerwehr nicht oder nur verzögert helfen kann, weil auch das eigene Gerätehaus unter Wasser steht – in Buchen im Odenwald passierte dies bereits, in Delitzsch in Sachsen, in Großhansdorf in Schleswig-Holstein, in Niederehe in Rheinland-Pfalz. Fast überall in Deutschland steigt künftig die Wahrscheinlichkeit von Starkregen. Besonders betroffen, so Experten, sind die Mittelgebirge, etwa Schwarzwald, Erzgebirge, Sieger- und Sauerland sowie der Alpenrand.[300]

Die Liste der wetterbedingten Gefahrenlagen, die häufiger werden, ist lang: So zeigen Klimamodelle, dass an einigen Flüssen in Deutschland vor allem im Winterhalbjahr das Risiko von Hochwassern steigt, zum Beispiel am Rhein – Messdaten belegen, dass die Entwicklung schon in vollem Gange ist. Seit den 1960er-Jahren haben laut einer Studie im Fachjournal *Nature* die Hochwasser in Nordwesteuropa bereits deutlich zugenommen.[301]

Dasselbe gilt für die Gefahren durch Schnee: Im Januar 2019 versanken Teile Oberbayerns in einem weißen Chaos, mehrere Menschen starben. Die Landkreise Bad Tölz-Wolfratshausen, Berchtesgadener Land, Garmisch-Partenkirchen, Miesbach und Traunstein riefen den Katastrophenfall aus. In Agatharied schaufelten Helfer tagelang Schnee von Dächern des örtlichen Krankenhauses, damit sie nicht einstürzen. In Balderschwang im Oberallgäu traf eine 300 Meter breite Lawine ein Hotel, das zum Glück vorsorglich geräumt worden war. Zwar werden die Winter in Deutschland im Zuge des Klimawandels milder und bringen insgesamt weniger Schnee – die Gefahren steigen dennoch. Wärmere Luft kann mehr Feuchtigkeit speichern, das bedeutet nicht nur mehr Regen, sondern kann eben auch zu heftigeren Schneefällen führen. Zudem wird bei milden Temperaturen der Schnee nasser und schwerer. Dadurch steigt das Risiko, dass Dächer unter der Last zusammenbrechen wie Anfang 2006 bei einer Eissporthalle in Bad Reichenhall – 15 Menschen starben damals, darunter zwölf Kinder.

Auch das Lawinenrisiko steige durch den Klimawandel, sagt Hans Konetschny vom Lawinenwarndienst Bayern. »Die Dynamik der Schneemassen wird intensiver«, erklärt er. Immer häufiger folgten auf starke Schneefälle direkt höhere Temperaturen bei gleichzeitig starkem Wind. Wenn nach einer wärmeren Phase dann wieder Schnee fällt, könnten sogenannte Gleitschnee-Lawinen entstehen, die sich selbst ohne äußere Einwirkung auslösen.[302]

Oder Hagel: »Neuere wissenschaftliche Untersuchungen lassen erwarten, dass Hagelgewitter in vielen Regionen durch den Klimawandel zunehmen«, sagt Ernst Rauch, Chefklimatologe des Versicherungskonzerns Münchner Rück. Vor allem im Süden und Südwesten Deutschlands, in einem breiten Streifen vom Ruhrgebiet über das Rhein-Main-Gebiet und den Raum Stuttgart bis München und die Alpen, sehen Klimamodelle einen Anstieg des Risikos.[303]

Hagel sorgt regelmäßig für Milliardenschäden, zum Beispiel im Juni 2019 im Alpenvorland, im Harz und im Erzgebirge, deshalb ist die Münchner Rück selbst an Forschungen zum Thema beteiligt. Ein Ergebnis ist, dass wegen des Klimawandels die Hagelkörner wohl deutlich größer werden – und das bedeutet zunehmende Gefahren: für Ernten und Autos, Fassaden, Dächer und Solarzellen, ab einer Körnergröße von etwa sechs Zentimeter auch für Leib und Leben. Was passieren kann, zeigte sich zum Beispiel im Juli 1984 in München. Eisbrocken groß wie Tennisbälle stürzten damals vom Himmel, rund 400 Menschen wurden verletzt, in den Notaufnahmen der Krankenhäuser drängten sich Leute mit teils tiefen Schnittwunden von zersplittertem Glas.[304]

Für Stürme sind die Ergebnisse von Klimamodellen nicht eindeutig; einige Berechnungen ergeben, dass vor allem im Norden und Westen Deutschlands und in den Höhenlagen die Gefahren durch Winterstürme deutlich zunehmen dürften. Klimaforscher und Versicherungsbranche halten es für möglich, dass die jährlichen Sturmschäden bis 2100 durch den Klimawandel bundesweit um bis zu 50 Prozent steigen.[305]

Auch die hierzulande eher seltenen Tornados macht der Klimawandel gefährlicher. Zuletzt sorgte ein solcher Wirbelsturm 2016 für größeres Aufsehen, als er innerhalb weniger Minuten eine Spur der Verwüstung durch den Hamburger Stadtteil Farmsen zog. Im Jahr zuvor verletzte ein Tornado in Bützow (Mecklenburg-Vorpommern) 30 Personen, deckte in ganzen Straßenzügen Dächer ab, die Schäden betrugen mehrere Millionen Euro. Zwar nehme hierzulande wahrscheinlich nicht die Zahl von Tornados durch die Erderhitzung zu, sagt Andreas Friedrich vom Deutschen Wetterdienst, wohl aber ihre Stärke.[306]

Ob Corona oder Klimawandel: Jahrzehntelang hat Deutschland die Notvorsorge vernachlässigt

Wenn also eines sicher ist, dann das: Deutschland wird unsicherer. »Bislang sind wir es nicht gewohnt, dass Wetterextreme lebensgefährlich sein können«, sagt Karl-Heinz Knorr, der Vize-Präsident des Feuerwehrverbandes. »Wir hatten glücklicherweise ein Klima, in dem schwere Naturkatastrophen eher selten waren«, sagt Knorr. »Wenn es mal irgendwo eine Windhose gab, kam das gleich in die Tagesschau.«

Umwelthistoriker und Soziologen wissen, dass sich die »Katastrophenkultur« von Gesellschaft zu Gesellschaft unterscheidet – also wie Menschen mit Naturgefahren umgehen.[307] In Ländern zum Beispiel, die häufig von Wirbelstürmen getroffen werden, ist es normal, bunkerartige Schutzräume unter die Häuser zu bauen. Hierzulande hingegen ist nicht einmal die Hälfte aller Wohngebäude überhaupt gegen Sturm oder andere sogenannte Elementarschäden versichert. Dabei wäre dies ziemlich preiswert, es würde meist nur weniger als hundert Euro pro Jahr kosten (bei ihren Autos sind die Deutschen übrigens viel vorsichtiger, dort ist die Versicherungsquote doppelt so hoch). Fachleute fordern deshalb seit einigen Jahren eine Versicherungspflicht für Gebäude.

Bislang jedoch nimmt manch einer Unwetterwarnungen eher beiläufig zur Kenntnis und geht schulterzuckend trotzdem aus dem Haus. »Die Menschen werden sich umgewöhnen müssen«, sagt Feuerwehr-Vize Knorr. Es dürfte normal werden (und ohne Murren hingenommen werden), dass Großveranstaltungen wegen drohender Unwetter ausfallen. Die Deutsche Bahn zum Beispiel hat bereits reagiert und stoppt inzwischen häufiger bei Sturmwarnungen vorsorglich den Verkehr. In vielen Bereichen muss viel mehr investiert werden, um für die klimabedingten Gefahren der Zukunft gerüstet zu sein.

Seit 2012 fertigt das Bundesamt für Bevölkerungsschutz und Katastrophenhilfe jährliche »Risikoanalysen«, um verschiedene Ernstfälle theoretisch durchzuspielen. Sie behandeln jeweils ganz unterschiedliche Ereignisse und deren Folgen: vom Super-GAU in einem Atomkraftwerk bis zum schweren Wintersturm. Eine der ersten Analysen behandelte eine Pandemie durch ein Virus aus Südostasien – die Corona-Krise offenbarte dann, dass die Experten mit ihren Warnungen richtiggelegen hatten (und viele ihrer Rufe ungehört verhallt waren). Es lohnt sich also, diese Papiere aufmerksam zu lesen.

Zwei der bisherigen Risikoanalysen beschäftigten sich mit Katastrophen, die durch den Klimawandel deutlich verschärft werden würden: 2014 ging es um eine Sturmflut an der deutschen Nordseeküste mit schwerem Orkan (siehe Seite 175), 2018 untersuchten die Bevölkerungsschützer eine sechsjährige Dürre, wie sie auch das Zukunftsforum Öffentliche Sicherheit mit seinem eingangs zitierten »Grünbuch« behandelt. Die Folgen einer anhaltenden Trockenheit wären auch nach Einschätzung der Bonner Behörde schwerwiegend: Trinkwassermangel in Teilen des Landes, einbrechende Ernteerträge, Stromausfälle wegen gedrosselter Großkraftwerke.[308]

Die Analysen sind in typischem Beamtendeutsch verfasst, sie sind zurückhaltend, scheuen kritische Worte. Dennoch ist seitenlang aufgelistet, wo es »Handlungsbedarf« gibt – also wo Deutschland nicht gut vorbereitet ist. So müssten beispielsweise Krankenhäuser oder Arztpraxen baulich auf künftige Hitzewellen vorbereitet werden, bisher besitzen sie nur selten Klimaanlagen. Weil bei Niedrigwasser die Binnenschifffahrt Probleme bekommt, solle der Ausbau der Bahn geprüft werden, um im Ernstfall Ersatzkapazitäten zu haben. Auch die Trinkwasserversorgung müsse krisensicherer, alle Wasserbetriebe sollten auf Schwachstellen untersucht werden.

Erwähnt wird in dem Papier auch die Versorgung der Bevölkerung mit Notbrunnen, von denen es bundesweit gut 5000 gibt. Errichtet wurden sie während des Kalten Krieges, um für den Verteidigungsfall vorbereitet zu sein. Heute sollen sie eine Basisversorgung bei Katastrophen sicherstellen. Doch zum Beispiel in Berlin wurden die Brunnen seit der Wiedervereinigung vernachlässigt, bei den Ausgaben für Pflege und Wartung wurde massiv gespart – im Ernstfall wäre deshalb heute lediglich ein Drittel der Berliner Not-Zapfstellen tatsächlich einsatzbereit.[309]

Unter anderem dort rächt sich etwas, das erst im Zuge der Corona-Krise ins breite Bewusstsein rückte: In den vergangenen Jahrzehnten hat sich Deutschland viel zu sicher gefühlt und die Notvorsorge vernachlässigt. Ein Grund sind wohl die Besonderheiten des Föderalismus. Traditionell ist der Bund nur für den sogenannten Zivilschutz zuständig, den Schutz der Bevölkerung im Falle eines Krieges. Alle anderen Katastrophen – ob durch Viren, Feuer oder Wetterextreme – fallen in die Zuständigkeit der Bundesländer beziehungsweise der Landkreise. Die Idee dahinter ist, dass vor Ort schneller und besser reagiert werden kann, zum Beispiel bei einer Sturzflut durch Starkregen. Im Ernstfall rücken dann die lokalen Feuerwehren aus, unterstützt durch Organisationen wie Deutschem Roten Kreuz, Malteser, Johanniter oder Arbeiter-Samariter-Bund mit ihren bundesweit mehr als einer halben Million Freiwilligen.

Doch besonders die Kommunen litten in den vergangenen Jahren unter Finanznot. Sie haben Ausgaben zusammengestrichen, Personal abgebaut, Aufgaben privatisiert. Generell waren seit den 1990er-Jahren ökonomische Liberalisierung und ein »schlanker Staat« schwer in Mode, radikal wurde etwa das Gesundheitswesen auf Effizienz getrimmt. Zugleich kappte der Bund nach dem

Ende des Kalten Krieges die Militärausgaben und damit auch den Zivilschutz: Rund 200 Notfallhospitäler wurden ebenso aufgelöst wie Hunderte Lager mit Medikamenten oder Hilfsgütern; Tausende Einsatzfahrzeuge, die im Alltag des Katastrophenschutzes stets mitgenutzt wurden, finanzierte der Bund nicht mehr. Das Prinzip des Doppelnutzens, Material und Infrastruktur für den Verteidigungs- wie den Katastrophenfall vorzuhalten, brach zusammen – und Ersatz wurde in Ländern oder Kommunen kaum geschaffen. »Der Katastrophenschutz wurde kaputtgespart«, kritisierte der Präsident des Bayerischen Roten Kreuzes angesichts der Corona-Krise. »Heute rächen sich die Einsparungen der letzten 30 Jahre.«

Ein Grunddilemma beklagen viele Katastrophenschützer: Sie haben es stets schwer im politischen Verteilungskampf um Finanzen, weil sie mit seltenen Ereignissen und hypothetischen Szenarien argumentieren. Vor allem aber ist Bevölkerungsschutz, wenn er funktioniert, quasi unsichtbar: Passiert in einer Krise nichts, erregt das keine Schlagzeilen – Vorsorge ist genau dann erfolgreich, wenn schlimme Folgen ausbleiben. Aber das bemerkt dann halt niemand.

»Den Reichen macht der Klimawandel das Leben teurer und unbequemer. Die Armen sterben.«

Bei allem Interesse für Deutschland sollte man nicht vergessen, dass der Klimawandel anderen Weltgegenden noch viel größere Katastrophen bringen wird. Eine Kommission des Medizin-Fachblatts *The Lancet* hat die Ungerechtigkeit der Erderhitzung so zusammengefasst: »Die Reichen werden in einer Welt leben, die teurer, ungemütlicher, unbequemer, zerrissener und blasser ist; ganz allgemein unerfreulicher und unberechenbarer, vielleicht sogar in hohem Maße. Die Armen jedoch werden sterben.«[310]

Wissenschaftliche Studien und mahnende Berichte dazu, was der Klimawandel etwa in Lateinamerika, Afrika und Asien anrichten wird, füllen Bibliotheken. Das McKinsey Global Institute zum Beispiel, gegründet von der Unternehmensberatung McKinsey und damit eher unverdächtig, ökologischen Alarmismus zu betreiben, veröffentlichte Anfang 2020 einen Report zu weltweiten Klimarisiken. Sinke der Ausstoß an Treibhausgasen nicht schnell und drastisch, seien »hundert Millionen Menschenleben, Billionen von Dollar an Wirtschaftskraft sowie das physische und das natürliche Kapital der Welt gefährdet«, so das Fazit. Besonders problematisch sei, dass ohne Emissionssenkungen das Klima dauerhaft instabil wird: Die Zukunft wäre nicht nur heißer, sondern es gäbe keine kalkulierbaren Wetterverhältnisse mehr. »Finanzmärkte, Unternehmen, Regierungen oder Individuen hatten bisher fast nie mit einem sich stetig verändernden Umfeld zu tun«, sie alle müssten sich komplett umstellen. »Entscheidungen auf der Basis von Erfahrungen sind nicht mehr verlässlich.«[311]

Das McKinsey-Institut warnt unter anderem vor unvorstellbaren Hitzewellen, Ernteausfällen und Hungersnöten, explodierenden Schäden an Gebäuden und Infrastrukturen durch Stürme und steigende Meeresspiegel. Die Gegenden der Welt, in denen es regelmäßig so heiß wird, dass auch für gesunde Menschen Lebensgefahr besteht, würden sich massiv ausdehnen: Bislang leben nur sehr wenige Menschen in solchen Gebieten – im Jahr 2030 würden es schon rund 300 Millionen, 2050 eine Milliarde sein.

Das Problem: Seit Jahrtausenden lebt der größte Teil der Weltbevölkerung in jenen Gegenden der Erde, in denen die Temperatur im Jahresschnitt nicht niedriger als 11 Grad Celsius liegt und nicht höher als 25 Grad, betonte ein internationales Forscherteam im Mai 2020 im Fachmagazin *PNAS*.[312] Dies sei die »bemerkenswert konstante klimatische Nische«, in der Menschen leben und ihre Zivilisation gedeihen kann, erklärt Marten Scheffer, einer der Autoren und Professor an der Universität Wageningen in Holland. Doch werden, wenn die Emissionen nicht drastisch sinken, bis etwa 2070 weite Teile der Erdoberfläche heißer als 29 Grad Durchschnittstemperatur, so die Studie. 29 Grad im Durchschnitt – das gibt es derzeit nur auf 0,8 Prozent der weltweiten Landfläche, vor allem in der Sahara. Bei ungebremstem Klimawandel jedoch dehnen sich solche Gebiete in den kommenden 50 Jahren auf rund 19 Prozent aus. Ein Gürtel »nahezu unbewohnbarer« Region zöge sich dann entlang des Äquators: Betroffen wären Teile Mittelamerikas, fast das komplette Amazonas-Becken, ein Streifen durchs nördliche Afrika mit bevölkerungsreichen Staaten wie Nigeria, Ägypten und Äthiopien sowie weite Teile der arabischen Halbinsel, Pakistans und Indiens bis nach Thailand, Indonesien und den Norden Australiens. Bis etwa 2070 würde damit die Heimat von rund 3,5 Milliarden Menschen aus der »klimatischen Nische« rutschen.

Klimaforscher warnen zudem vor wachsender Wasserknappheit in vielen Regionen, bis zu drei Milliarden Menschen könnten bis 2050 davon betroffen sein. Die jährlichen Schwankungen der landwirtschaftlichen Erträge werden drastisch steigen, Missernten häufiger. Weil sich die Gegenden ausweiten, in denen sich tropische Mücken wohlfühlen, werden Hunderte Millionen Menschen mehr als heute von Krankheiten wie Malaria oder Dengue betroffen sein. Die Zahl heftiger Wirbelstürme wird stark steigen, zum Beispiel erwarten Klimamodelle bis Ende des Jahrhunderts achtmal so viele ultrastarke Tropen-Zyklone wie bisher. Selbst für das religiöse Leben hat der Klimawandel Folgen: Die jährliche Pilgerfahrt nach Mekka hat im Islam zentrale Bedeutung – doch in der saudischen Wüste wird es schon 2050 so heiß, dass der Hadsch, der zu großen Teilen unter freiem Himmel stattfindet, lebensgefährlich wäre.[313]

An vielen Orten der Erde potenzieren sich die Risiken. Zum Beispiel wiesen britische und irische Forscher darauf hin, dass im künftigen Klima Wetterlagen möglich sind, bei denen auf Zyklone sofort Extremhitze folgt. Der wären die Menschen dann völlig schutzlos ausgeliefert, weil der Wirbelsturm zuvor Häuser und Stromnetze zerstörte. Für eine Studie im Fachjournal *Nature Climate Change* legte ein internationales Forscherteam 2018 die Landkarten künftiger Risiken übereinander, etwa von Dürren, Waldbränden, Hitzewellen, Fluten und so weiter. Ergebnis: Bei ungebremsten Emissionen werden bis Ende des Jahrhunderts die meisten Weltgegenden von drei solcher Risiken gleichzeitig betroffen sein, in manchen ballen sich gar sechs. Wenn aber Wetterextreme häufiger und mehrfach am selben Ort zuschlagen, wird es immer fraglicher, ob die Staaten der jeweiligen Regionen den Wiederaufbau nach einer Katastrophe schaffen.[314]

Und längst nicht ausgeschlossen ist, dass die Klimamodelle zu konservativ sind – dass die Forschung also Tempo und Ausmaß des anstehenden Klimawandels unterschätzt. Das australische Breakthrough Institute hat 2019 in einem Arbeitspapier skizziert, was bei einem »plausiblen Worst-Case-Szenario« passieren könnte – also einem Szenario, das laut der Modelle zwar nicht hochwahrscheinlich ist, aber eben auch nicht ganz unwahrscheinlich: Die Meere könnten bis Ende des Jahrhunderts nicht um lediglich einen Meter steigen, sondern um zwei oder gar drei. Der Golfstrom würde sich stark abschwächen und das Klima für Nordeuropa durcheinanderbringen. Die Himalaja-Gletscher schmölzen um ein Drittel, was Wassermangel in den großen Flüssen Asiens bedeutete. Der südliche Mittelmeerraum, Teile Westasiens, Australiens und der Südwesten der USA würden Wüste, so das Papier. »Kriege um knappe Ressourcen sind wahrscheinlich, und ein Atomkrieg ist möglich.« Der Klimawandel, so das düstere Fazit, stelle »eine existenzielle Bedrohung der menschlichen Zivilisation dar«.[315]

Militärstrategen stufen den Klimawandel längst als »Bedrohung für die nationale Sicherheit« ein

Die Luftwaffenbasis Uvda an der Südspitze Israels, zwei Rollbahnen mitten in der Negev-Wüste. Es ist ein sonniger Sonntagvormittag im November 2019, das Thermometer zeigt knapp 30 Grad. Unter krachendem Lärm steigen drei Eurofighter der deutschen Luftwaffe in den tiefblauen Himmel auf. Im Formationsflug mit drei israelischen Kampfflugzeugen donnern sie über die karge Landschaft und schroffen Berge.

Die deutschen Jets gehören zum Taktischen Luftwaffengeschwader »Richthofen« der Bundeswehr, beheimatet im ostfriesischen Wittmund. Zwei Wochen lang halten sie in Israel mit mehreren NATO-Partnern das multinationale Manöver »Blue Flag« ab, üben den Luftkampf. Fiktive Aggressoren werden mit geschickten Flugoperationen und simulierten Abschüssen vernichtet. Das Szenario des Manövers: Die mit Deutschland befreundete Nation »Falcon State« wird durch feindliche Aktivitäten des Nachbarlands »Nowhereland« bedroht. Unter anderem geht es um Wasserquellen, die auf dem Hoheitsgebiet von »Falcon State« liegen; die deutschen Piloten helfen bei der Verteidigung. Das Manöver führe vor Augen, erklärt hinterher ein Oberleutnant, »wie hoch die Gefahr von militärischen Konflikten aufgrund des Klimawandels sein kann«.

Seit Langem schon ist die Erderhitzung ein Thema auch für Sicherheitspolitiker und Militärstrategen. Sie sprechen von einem Bedrohungsmultiplikator. Damit ist gemeint, dass Veränderungen der Klimaverhältnisse andere Sicherheitsrisiken verstärken. Wird zum Beispiel eine Region trockener, erhöht das die Konkurrenz um fruchtbare Böden oder um Wasser. Bestehende Konflikte zwischen Bevölkerungsgruppen oder Staaten könnten sich zuspitzen, neue entstehen. Genau darum ging es beim Manöver »Blue Flag«.

Seit den 1990er-Jahren haben zum Beispiel Planer des US-Verteidigungsministeriums oder die US-Geheimdienste dutzendfach Reports zu Klimarisiken vorgelegt, unter demokratischen wie republikanischen Präsidenten. Die Erderhitzung bedrohe die nationale Sicherheit, heißt es darin, schon 2003 forderte ein Bericht an das Pentagon: »Die zunehmenden Risiken des Klimawandels sollten jetzt angegangen werden, denn es ist fast sicher, dass sie schlimmer werden, je länger wir warten.«[316]

Fatalerweise trifft der Klimawandel solche Weltgegenden am stärksten, in denen viele Staaten schwach und arm sind (und das Bevölkerungswachstum hoch ist). »Der Klimawandel birgt ernst zu nehmende Destabilisierungspotenziale für Staaten und Gesellschaften, insbesondere wenn diese über eine geringe Problemlösungskapazität (Resilienz) verfügen«, warnte 2012 auch das Planungsamt der Bundeswehr.[317]

Wo auf der Welt es künftig welche Konflikte geben wird, lässt sich natürlich nicht exakt vorhersagen. Denn ob der Klimawandel zum Sicherheitsproblem und zur Bedrohung des Friedens wird, hängt nicht direkt von Temperaturen oder Niederschlagsmengen ab, sondern vor allem davon, wie Menschen und Staaten darauf reagieren. Zu Ersterem sagen Klimamodelle eine Menge, zu Letzterem jedoch nichts. Intensiv wird in der Forschung über den Zusammenhang von Klimawandel, Konflikten und staatlicher Stabilität diskutiert. Für großes Aufsehen sorgte vor Jahren eine Studie von Klima- und Politikwissenschaftlern, die den Bürgerkrieg in Syrien auf eine vorherige Dürre zurückführte.[318] Viele Fachkollegen hielten die These für gewagt – zwar mag der Klimawandel die Dürre verstärkt haben, sie also ein Faktor gewesen sein bei den Protesten gegen Diktator Assad. Doch erst durch dessen äußerst brutale Reaktion wurde der Konflikt zum Bürgerkrieg mit Hunderttausenden Toten und Millionen Flüchtlingen. Auch das Nachbarland Jordanien war von derselben Dürre betroffen, aber einen Bürgerkrieg gab es dort nicht.

»Widrige Klimaverhältnisse führen nicht automatisch zu einem höheren Risiko für Konflikte, sondern nur in Kombination mit einer Reihe sozialer und politischer Faktoren«, fasst das Berliner Beratungsinstitut adelphi den Stand der Forschung zusammen.[319] Wenn zum Beispiel Staaten schwach sind, es bereits Verteilungskonflikte gibt, die Einkommen vor allem in ländlichen Regionen niedrig und Menschen von politischen Entscheidungen ausgeschlossen sind – in solchen Konstellationen können die Folgen des Klimawandels gefährliche Kettenreaktionen in Gang setzen.

Schon im vergangenen Jahrhundert habe der Klimawandel bei drei bis 20 Prozent aller bewaffneten Konflikte eine Rolle gespielt, so 2019 eine *Nature*-Studie – und sein Einfluss werde künftig stark steigen.[320] Forscher warnen insbesondere vor dem Zerfall ohnehin instabiler Staaten. Man solle sich darunter aber keinen plötzlichen Kollaps vorstellen, sagt Lukas Rüttinger von adelphi: »Ein Staat bricht selten auf einen Schlag zusammen.« Viel wahrscheinlicher, sagt er, sei ein langsamer Niedergang, eine graduelle Verschärfung der Probleme, also langes, quälendes Siechtum.

Offen ist, was von diesen Entwicklungen das Leben in Deutschland beeinflussen wird – und wie stark. Doch es wäre äußerst naiv zu denken, man bekäme hierzulande nichts davon zu spüren.

Verteidigungsministerin Annegret Kramp-Karrenbauer bekannte im Oktober 2020, der Klimawandel fordere die Bundeswehr schon heute – ob beim Einsatz in der dürregeplagten Sahel-Region oder bei der Waldbrandbekämpfung in Brandenburg. Auf diese »zentrale Herausforderung für globale Sicherheit und Stabilität« müsse sich die Truppe gezielt vorbereiten. »Das betrifft Ausrüstung und Infrastruktur genauso wie unsere Krisenfrüherkennung und Ausbildung.«[321]

Sicherlich wird die Bundeswehr durch den Klimawandel mehr zu tun bekommen, etwa durch angeheizte Rohstoffkonflikte; nicht umsonst nimmt sie bereits an einschlägigen Manövern teil. Manche Sicherheitsexperten erwarten zum Beispiel Krieg in der Arktis. Dort gibt das schwindende Eis riesige Lagerstätten von Bodenschätzen frei. Russland hat bereits 2007 mit einer symbolträchtigen Aktion Ansprüche angemeldet: Ein U-Boot platzierte auf dem Meeresgrund eine Nationalflagge. Andere Staaten, etwa Norwegen, Kanada oder die USA, halten dagegen; im Falle einer Eskalation könnte Deutschland als NATO-Partner schnell hineingezogen werden.

Vielleicht versuchen in einigen Jahrzehnten auch einzelne Staaten eigenmächtig, den immer extremer werdenden Klimawandel mit technischen Mitteln zu bremsen (»Geo-Engineering«). Konkret geforscht wird zum Beispiel daran, die Erde durch das Versprühen von Schwefelpartikeln in der Atmosphäre zu kühlen. Als Nebenfolge erwarten Wissenschaftler unter anderem Veränderungen der weltweiten Niederschlagsverteilung – Verliererländer entschließen sich womöglich zum militärischen Eingreifen. Deutschland als einer der bedeutendsten Staaten weltweit könnte sich aus solchen Konflikten schwerlich heraushalten.

Doch mögliche Kriege sind nicht das Einzige, worauf sich die Truppe einstellen muss. »Die Streitkräfte werden künftig häufiger zu humanitären Hilfseinsätzen herangezogen werden«, erwartet Michael Rühle, Leiter des Referats für Hybride Herausforderungen im Internationalen Stab der NATO. Und wer weiß: Vielleicht beschließt ja irgendwann der UN-Sicherheitsrat eine militärische Intervention im Amazonas, wenn die brasilianische Regierung nicht gegen die großflächige Abholzung dieser Klimaanlage der Erde vorgeht? Wie positioniert sich dann die Bundesregierung?

Missernten, Mega-Hurrikans, Flüchtlingsströme – die Folgen werden auch Deutschland treffen

Auch jenseits von Kriegen droht vielerlei. Die Deutschen mögen glauben, sie lebten in einem wohlhabenden Land und könnten die Anpassung an den Klimawandel locker bezahlen. Aber was, wenn die global so vernetzte deutsche Wirtschaft ins Schlingern kommt? Wenn ihr durch Naturkatastrophen im Ausland Absatzmärkte wegbrechen? Wenn Rohstoff-Lieferungen ausfallen oder immens teurer werden? Wenn dann Steuereinnahmen sinken und die Arbeitslosigkeit steigt? Wie viel Wohlstand bleibt dann übrig? Haben wir dann wirklich noch genug Geld, um beispielsweise höhere Ausgaben für das Gesundheitswesen zu zahlen, für höhere Deiche, den Umbau aller Gebäude und Infrastrukturen und so weiter?

Und wer garantiert eigentlich, dass wir 2050 noch genügend zu essen haben? Klimawissenschaftler rechnen für die Zukunft weltweit mit bislang unvorstellbaren Hungersnöten. Wie erwähnt kann die Abschwächung des Jetstreams hierzulande längere Hitzewellen bringen und geballte Starkregen (siehe Seite 117). Global betrachtet jedoch vervielfacht eine Schwächung dieses Starkwindbandes das Risiko (aufs bis zu Zwanzigfache), dass es in einigen der weltweit wichtigsten Anbauregionen von Mais, Reis, Soja und Weizen gleichzeitig zu Extremhitze kommt, warnte Anfang 2020 ein internationales Forscherteam. Für »die großen Kornkammern« unter anderem im Mittleren Westen der USA und in Osteuropa sei das ein »hochgradiges Risiko«.[322]

Die möglichen Folgen lässt ein Blick auf die Jahre 2010 und 2011 ahnen. Damals litt Russland, drittgrößter Getreideexporteur der Welt, unter einer Hitzewelle. Trockenheit und Flächenbrände vernichteten rund 30 Prozent der Weizen-Ernte. Die Regierung in Moskau erließ ein Ausfuhrverbot, der Weltmarktpreis schoss in die Höhe. In den Monaten darauf kam es in zahlreichen Ländern Afrikas und des Nahen Ostens zu Unruhen, sogenannten *food riots*, weil Lebensmittel für viele Menschen plötzlich zu teuer wurden. In den wohlhabenden Ländern hingegen war von Missernten bisher wenig zu spüren – man zahlte halt höhere Preise oder importierte von anderswo her. Bei simultanen Dürren in mehreren Anbaugebieten aber, wenn gleich in mehreren Ländern die dortigen Regierungen Exportverbote erlassen, wird das schwierig.

Ökonomen warnen, der Klimawandel könne auch die globalisierten Finanzmärkte durcheinanderwirbeln. Wegen ansteigender Meere und häufigerer Hochwasser werden weltweit Vermögensgegenstände entwertet, so erwartet das McKinsey Global Institute allein für Wohngebäude an den Küsten Floridas bis 2050 einen Wertverlust von 15 bis 35 Prozent. Die Folgen sind unkalkulierbar; Forscher rechnen damit, dass der Klimawandel das Risiko von Banken-Crashs (und milliardenteuren Rettungspaketen der öffentlichen Hand) drastisch erhöht.[323] Selbst ganze Staaten könnten in die Pleite rutschen: Wird ein Land ständig von Extremwettern getroffen, dürfte ihm kaum ein Investor noch Kredit geben für den Wiederaufbau – oder nur zu extrem hohen Zinsen, die sich der Staat aber irgendwann nicht mehr leisten kann.

Und über alldem schwebt das Thema Migration – vermutlich die Klimawandel-Folge, vor der sich hierzulande die meisten Leute fürchten. Schon heute fliehen in zahlreichen Weltgegenden Menschen vor Dürren oder Fluten, die wegen der Erderhitzung häufiger und heftiger werden. Allein in Afrika gebe es bereits 20 Millionen Klimaflüchtlinge, sagt beispielsweise Entwicklungshilfeminister Gerd Müller (CSU). Das renommierte Internal Displacement Migration Centre des Norwegischen Flüchtlingsrats registrierte 2019 weltweit rund 24 Millionen Menschen, die wegen Extremwettern ihre Heimat verlassen mussten: vor allem wegen schwerer Stürme, etwa verheerenden Zyklonen in Indien, Bangladesch und Mosambik, aber auch wegen Waldbränden, Erdrutschen oder Extremhitze.[324]

Bis 2050 werde die Zahl der Klimaflüchtlinge weltweit auf rund 200 Millionen steigen, warnt seit Jahren Norman Myers, Professor für Ökologie an der Universität Oxford. Bei anderen Forschern stoßen solche Aussagen auf Kritik. »Genaue Vorhersagen gelten als höchst umstritten«, erklärt Silja Klepp, Geografie-Professorin an der Universität Kiel. Man solle vorsichtig sein mit »alarmierenden Szenarien«, warnt sie. Manche Nichtregierungsorganisation hoffe vermutlich, dass Warnungen vor Millionen von Flüchtlingen die Menschen hierzulande dazu bringen, sich für mehr Klimaschutz einzusetzen – doch ebenso möglich sei ein ganz anderer Effekt: »In den vergangenen Jahren sind solche Zahlen auch dazu verwendet worden, für mehr Abschottung in Europa zu werben«, kritisiert Christiane Fröhlich vom Leibniz-Institut für Globale und Regionale Studien in Hamburg. Rassisten und Rechtspopulisten könnten Alarmrufe zur Angstmache nutzen.[325]

Jenseits konkreter Zahlen ist sicher, dass stärkerer Klimawandel mehr Flüchtlinge bedeutet. Doch das heißt nicht, dass sie alle nach Europa strömen. Zahlreiche Studien und Statistiken zeigen, dass die meisten Flüchtlinge innerhalb ihrer Heimatländer umsiedeln oder allenfalls in die direkte Nachbarschaft.[326] (Und je ärmer die Menschen, desto weniger weit können sie überhaupt fliehen.) Diese sogenannte Binnenmigration werde im Zuge der Erderhitzung stark zunehmen, warnte 2018 die Weltbank. Bis 2050 rechnet sie weltweit mit mehr als 140 Millionen Betroffenen, davon allein in Afrika mehr als 85 Millionen. »Wir sehen immer stärker, wie der Klimawandel zu einem Motor der Migration wird«, sagte die damalige Weltbank-Chefin Kristalina Georgiewa – und mahnte zum einen, Emissionen zu senken, zum anderen, betroffene Länder zu unterstützen. Wenn kluge Entwicklungspolitik den Flüchtlingen vor Ort neue Lebenschancen biete, müsse Klimamigration nicht zur Krise werden, so die Weltbank.[327]

Solche Finanzhilfen sind seit vielen Jahren Thema auf UN-Klimagipfeln – und sorgen verlässlich für Streit. Entwicklungs- und Schwellenländer fordern, dass die Industriestaaten ihre Verantwortung anerkennen – schließlich sind sie für den allergrößten Teil der Treibhausgase verantwortlich, die seit Beginn der Industrialisierung ausgestoßen wurden. Beschlusslage ist, dass der reiche Norden ab 2020 den Ländern des globalen Südens mit hundert Milliarden US-Dollar helfen soll – und zwar jedes Jahr. Wie das Geld aufgebracht werden soll, ist allerdings völlig unklar.

Vehement wehren sich die Industriestaaten dagegen, dass Klimaflüchtlinge ein Recht auf Asyl bekommen. Doch dazu fällte der UN-Menschenrechtsausschuss Anfang 2020 eine potenziell weitreichende Entscheidung: Kläger war Ioane Teitiota aus dem pazifischen Inselstaat Kiribati, der für sich und seine Familie Aufnahme in Neuseeland verlangte, weil seine Heimat im Meer versinkt. Die neuseeländischen Behörden hatten das Asylbegehren abgelehnt. Der UN-Ausschuss bestätigte zwar diese konkrete Entscheidung –

beschied aber, dass der Klimawandel im Grundsatz durchaus ein Asylgrund sein könne, wenn das Leben von Menschen ganz direkt in Gefahr ist.[328]

Mit all diesen Fragen befasste sich bereits 2007 der Wissenschaftliche Beirat der Bundesregierung Globale Umweltveränderungen (WBGU) – heraus kam ein fast 300 Seiten dickes Gutachten.[329] »Ohne entschiedenes Gegensteuern«, lautete damals das zentrale Ergebnis, werde der Klimawandel »bereits in den kommenden Jahrzehnten die Anpassungsfähigkeit vieler Gesellschaften überfordern«, daraus resultierende Gewalt und Destabilisierung »die nationale und internationale Sicherheit in einem erheblichen Ausmaß bedrohen«. Noch bis 2020, so das Gutachten, gebe es ein »Zeitfenster zur Vermeidung von Klimakonflikten«.

Die Professorinnen und Professoren des Beirats empfahlen vor mehr als zehn Jahren eine Reihe von Dingen: eine Reform der Vereinten Nationen, einen ehrgeizigen Weltklimavertrag, eine Energiewende in der EU, Hilfe für arme Staaten, Schutzregeln für Umweltmigranten im Völkerrecht. Doch kaum etwas davon wurde umgesetzt, stattdessen stiegen die weltweiten Treibhausgas-Emissionen weiter und weiter.

Hauptautor war Dirk Messner, damals Direktor des Deutschen Instituts für Entwicklungspolitik in Bonn; heute ist er Präsident des Umweltbundesamtes. Blickt man mit ihm zurück auf das Gutachten, dann klingt er hin- und hergerissen. »In der Tat ist die Welt den damals beschriebenen Szenarien in den vergangenen 14 Jahren näher gekommen«, sagt Messner. »Und was wir seither über das Klimasystem gelernt haben, gibt Grund, noch viel besorgter zu sein.« Als das Gutachten 2007 entstand, ging die Forschung noch davon aus, die sogenannten Kipppunkte im Klimasystem lägen bei rund drei Grad Celsius. »Heute wissen wir, dass es für einige schon um zwei Grad herum kritisch wird und Domino-Effekte ausgelöst werden könnten«, so Messner. Gut möglich, dass etwa das Abschmelzen des grönländischen Eisschildes bereits in Gang gekommen ist –

rund sieben Meter Meeresspiegel-Anstieg wären langfristig die Folge (siehe Seite 167).

Auch die Erfahrung der sogenannten Flüchtlingskrise ab 2015 habe ihn pessimistischer gemacht, sagt Messner. »Was man da als ›Krise‹ bezeichnet, war nur ein Bruchteil dessen, womit zum Beispiel die Weltbank bis 2050 an Flüchtlingsbewegungen rechnet – und doch hat es fast die EU gesprengt und in Deutschland eine Rechtsaußen-Partei etabliert.« Globalpolitisch sei die Lage heute ebenfalls schwieriger als 2007. In etlichen Ländern gebe es Regierungschefs, die eine weltweite Zusammenarbeit ablehnen – die es aber brauche, um den Klimawandel zu bremsen.

Dennoch sieht Messner auch Anlass für Optimismus. »Die Transformation der Wirtschaft steht ebenfalls an einem Kipppunkt. Zum Beispiel sind erneuerbare Energien inzwischen so preiswert, dass ihr Siegeszug nicht mehr aufzuhalten ist.« Die neue EU-Kommission habe mit dem »Green Deal« zu grünem Wachstum einen Paradigmenwechsel eingeleitet. Und immerhin gebe es mit dem Klimavertrag von Paris ein international verbindliches Klimaziel. »Natürlich, es könnte schärfer sein, aber in ihm haben sich alle Staaten zu Klimaschutz verpflichtet. Und bei den Emissionszielen gibt es Bewegung.«

Eines, sagt Dirk Messner, sei jedenfalls klar: »Wenn uns die Wende nicht gelingt, wird die zweite Hälfte des Jahrhunderts sehr, sehr unschön.« Der Hauptbefund des Gutachtens sei jedenfalls gültiger denn je: »Die indirekten Folgen des Klimawandels in anderen Weltgegenden können für uns gefährlicher sein als alles, was wir hierzulande an Veränderungen bewältigen müssen.«

Kapitel 14: **Politik**

»Der Klimawandel passt nicht zur menschlichen Intuition«

Wieso reagieren Politik und Gesellschaft so zögerlich auf die Erderhitzung? Und bedeutet der Klimawandel vielleicht das Ende der Demokratie? Ein Interview mit dem Soziologen Ortwin Renn

Potsdam, ein roter Neubau nahe der Glienicker Brücke. Ein riesiges Foyer, ein Treppenhaus mit begrünten Wänden, lange Flure. Das Institute for Advanced Sustainability Studies (IASS), zu Deutsch: Institut für Transformative Nachhaltigkeitsforschung. Ortwin Renn sitzt in seinem Büro im 2. Stock. Eine Wand ist komplett mit Bücherregalen ausgefüllt, darin der letzte IPCC-Report, Schriften von Al Gore, Max Weber und ein Band »Demokratie als Teilhabe«. Daneben ein Mehrweg-Kaffeebecher aus Kork.

Renn forscht seit vielen Jahren über den Umgang moderner Gesellschaften mit Risiken; sein Institut ist eine der ersten Adressen, wenn es um Krisen geht und um Lösungen, um den Umbau von Wirtschaft und Gesellschaft hin zu mehr ökologischer Verträglichkeit. Es gibt wohl kaum jemand Besseren für ein Gespräch darüber, was die Politik mit dem Klimawandel macht – und der Klimawandel mit der Politik.

Herr Professor Renn, wird Deutschland 2050 noch eine Demokratie sein?

Ich bin Optimist – deshalb glaube ich, die Antwort ist »Ja«. Aber ich bin sicher, dass die Demokratie in den kommenden Jahrzehnten stärker unter Beschuss kommen wird. Es ist jedenfalls nicht selbstverständlich, Demokratie langfristig zu erhalten.

Zugleich gehe ich davon aus, dass die demokratischen Kräfte und die demokratischen Traditionen, die wir im Verlaufe der vergangenen Jahrzehnte entwickelt haben, stark genug sind, um die Anfeindungen abzuwehren. Aber es wird mit Sicherheit kein einfacher Kampf.

Kann die Demokratie das Klimaproblem lösen?

Das ist eine andere Frage. Wir werden das Problem vermutlich nicht in dem Sinne lösen, dass wir einen zugleich vernünftigen und für alle akzeptablen Ausweg aus der Klimakrise finden. Es wird mit Sicherheit Gewinner und Verlierer geben. Ich bin jedoch überzeugt, dass auch kein anderes Regierungsmodell eine irgendwie bessere Lösung finden könnte.

Die bisherige Klimabilanz der deutschen Politik ist lausig. Seit 1990 hat eine Bundesregierung nach der anderen Reduktionsziele für den deutschen Treibhausgasausstoß formuliert – und verfehlt. Ohne die Corona-Lockdowns wäre auch das Ziel für 2020 völlig außer Reichweite gewesen.

Wohlwollend könnte man immerhin sagen: In Deutschland stehen Klimawandel und Klimaschutz heute ganz oben auf der Agenda. Für wirklich alle politisch relevanten Gruppen ist das Klima ein wichtiges Thema – und das gilt nicht nur für alle Parteien, mit Ausnahme der randständigen AfD, sondern auch für die Wirtschaft, die Kirchen und so weiter – sogar für den Sportbund. Nach meiner Wahrnehmung ist das auch nicht nur Rhetorik, sondern durchaus ernst gemeint. Aber natürlich sagt das nichts darüber, wie effektiv der Klimaschutz war und ist.

Lange Zeit haben wir uns in Deutschland vorgemacht, Weltmeister im Klimaschutz zu sein. Dabei bekamen wir einen Großteil unserer Klimaerfolge durch die Wiedervereinigung quasi geschenkt. Die Emissionen an Treibhausgasen gingen nach 1990 zurück – viele glaubten, das sei das Ergebnis engagierter Politik und posaunten es überall herum. Dabei war es schlicht die Folge des Zusammenbruchs der DDR-Industrie.

Wenn wir die wissenschaftlichen Fakten betrachten, dann ist der Klimawandel die größte Bedrohung der menschlichen Zivilisation. Doch Politik und Gesellschaft reagieren darauf mit einer atemraubenden Gleichgültigkeit. Woran liegt das?

Da sehe ich mindestens vier Gründe; und die haben einerseits mit dem Klimawandel zu tun, andererseits mit uns Menschen.

Ein erster Punkt ist, dass die meisten Veränderungen des Klimas langsam ablaufen – und unser Sinnes- und Denkapparat dafür schlicht nicht ausgelegt ist. Der Biologieprofessor Paul R. Ehrlich von der Stanford-Universität hat es mal so auf den Punkt gebracht: »Wir sind eigentlich immer noch Savannenmenschen.« Deren Überleben hing davon ab, dass sie schnell und wirksam auf plötzliche Gefahren reagieren konnten – etwa den Angriff eines Tigers. Doch bei Risiken, die schleichend daherkommen, sind wir von der Evolution her außerordentlich schlecht vorbereitet, sie wahrzunehmen und sie gefahrengerecht zu bewerten.

Zweitens widerspricht die Dynamik des Klimawandels der menschlichen Intuition. Ein wichtiges Merkmal ist ja, dass Klima-Veränderungen nicht linear verlaufen. Wenn beim Temperaturanstieg auf der Erde bestimmte Schwellenwerte überschritten werden, kommen Prozesse in Gang, die nicht oder fast nicht mehr umkehrbar sind …

… Sie meinen das, was Klimaforscher als »Kippelemente« im Klimasystem bezeichnen.

Genau! Und ein solches Kippverhalten geht gegen die normale

Mentalität des Menschen. Wir leben nach dem Prinzip »Versuch und Irrtum«.

Der Irrtum bringt uns weiter?

Das ist das Prinzip des menschlichen Erkenntnisgewinns. Unser gesamtes Wirtschaftssystem funktioniert so: Leute gründen ein Unternehmen; und wenn sie in Konkurs gehen, können sie noch mal von vorn anfangen. Dasselbe sehen wir im Bildungssystem mit Klassenarbeiten und Klausuren – wer eine vergeigt, nimmt Nachhilfe und versucht es noch mal.

Das Klima jedoch funktioniert nicht so: Wir haben es mit einem Phänomen zu tun, wo es zuerst kleine, schleichende Veränderungen gibt, aber irgendwann einen Quantensprung, wenn bestimmte Schwellenwerte überschritten werden. Das ist unseren menschlichen Erfahrungen eher fremd, deshalb sehen wir auch kein grelles Signal, »Achtung: Hier müssen wir einschreiten!«

So kommt es, dass praktisch alle Leute rein kognitiv um das Problem mit dem Klimawandel wissen und zum Beispiel in Umfragen auch angeben, dass sie das für ein wichtiges Thema halten. Aber die besondere Dynamik des Klimawandels führt dazu, dass er die Menschen nicht wirklich alarmiert, dass er sie nicht veranlasst, sofort und grundlegend ihr Leben umzustellen. Deshalb ist das auch kein Thema, mit dem man in Deutschland Wahlen gewinnen kann. Die Leute sagen halt: Wenn es wirklich so schlimm kommt, kann man sich ja immer noch darum kümmern. Dass das nicht stimmt, ist sehr, sehr schwer vermittelbar.

Dem Klimawandel fehlt die Alarmglocke?

Das kann man so sagen. Und das bringt mich zum dritten Punkt, einem zutiefst menschlichen: Lieb gewonnene Verhaltensweisen ändert man ungern, eher leugnet man das Problem.

Wer sich selbst ändern soll, um ein Risiko zu minimieren, der sucht alle möglichen Ausreden. Und er zeigt auf andere, die doch bitte anfangen sollen. Meinen eigenen Beitrag zu einem Problem finde ich immer marginal. Da kommen dann Sätze wie: »Deutschland ist nur für gut zwei Prozent des weltweiten CO_2-Ausstoßes verantwortlich.«[330] Oder: »Wenn ich mich ändere, bringt das nichts. Mein Nachbar kauft sich ein noch größeres Auto – und ich soll mich bei strömendem Regen auf dem Fahrrad abstrampeln?«

Sie sprachen von vier Punkten – was ist der vierte?
Dass es beim Klimawandel keine einfachen Rezepte gibt. Den Unterschied hat man sehr deutlich in der Corona-Krise gesehen: Da bekamen die Leute von der Wissenschaft vier, fünf klare Ratschläge – zum Beispiel Masken zu tragen oder persönliche Begegnungen mit anderen Leuten stark herunterzufahren. Eine wirklich große Zahl der Menschen hat das dann überwiegend diszipliniert umgesetzt.

Aber beim Klimawandel gibt es auch klare Rezepte!? Zum Beispiel: »Wir müssen weniger Treibhausgase ausstoßen.«
Als Maxime mag das simpel sein. Aber die Maßnahmen, wie man die Emissionen im Einzelnen herunterbekommt, die sind vielfältig, oft kleinteilig, und häufig stoßen sie im Detail auf Widerstände.

Schon wenn wir uns nur den Energiebereich anschauen, wird es schnell unübersichtlich. Und es gibt viele weitere Bereiche, in denen etwas passieren muss. Jeder einzelne Bereich spaltet sich dann weiter auf, im Verkehr etwa in Gütertransport, Flugverkehr, den Bereich Privat-Pkw und so fort. Schließlich gibt es Bereiche, die schwer vermittelbar sind, Landwirtschaft und Ernährung beispielsweise: Da wird gefordert, weniger Fleisch zu essen. Aber um zu erklären, wie solch ein Verzicht den Ausstoß von Treibhausgasen senkt, braucht man schon ziemlich viele Worte.

Wenn ich auf Veranstaltungen mit Leuten diskutiere, die gegen den Ausbau der Windkraft kämpfen, dann sagen die: Wir bauen ein Windrad nach dem anderen und verschandeln unsere Landschaft, aber die deutschen CO_2-Emissionen gehen trotzdem nicht zurück!

Die Kette zwischen Maßnahme und Wirkung ist zu lang?
Genau. Zum einen wirkt jede einzelne Klimaschutzmaßnahme winzig, wenn man sie an der Größe der Atmosphäre misst oder an der gesamten Menge der weltweit ausgestoßenen Treibhausgase. Zum anderen sind wir Menschen trainiert auf Wirkungen, die hier und jetzt und gleich passieren. Deshalb sprechen wir zum Beispiel auch von »weit hergeholt«, wenn wir etwas als wenig plausibel einstufen. Es ist intuitiv echt schwierig zu vermitteln, dass meine Autofahrt einen Einfluss haben soll auf eine Überflutung in Bangladesch.

Wir haben in diesem Buch versucht klarzumachen, wie der Klimawandel auch Deutschland treffen wird.
Natürlich, einige Wirkungen kommen uns inzwischen sehr nahe. Hier, bei mir zu Hause in Potsdam, sind in den beiden Dürresommern 2018 und 2019 in den Parks und Schlossgärten reihenweise alte Bäume vertrocknet – das hat die Leute mehr bewegt als das Schicksal der Eisbären.

Dennoch macht sich bisher kaum jemand eine Vorstellung, was Klimawandel wirklich für ihn bedeutet – dass die ganze Gesellschaft betroffen sein wird, die gesamte Wirtschaft. Im Zweifelsfall meinen die Leute immer noch, dass es die anderen trifft und nicht sie. Es gibt in Deutschland kaum ein Gefühl dafür, wie verheerend Naturkatastrophen sein können, denn bislang gab es hierzulande kaum welche. Selbst als wir in den beiden Hitzejahren die vertrockneten Äcker sahen, die darniederliegende Landwirtschaft – da gab es dann ja staatliche Hilfen, so richtig schlecht ging es letztlich wohl niemandem.

Und so, denken sich die Leute, werde es auf Dauer weitergehen.

Aber was passiert denn, wenn wir in ein paar Jahren plötzlich fünf oder sechs Dürresommer in Folge erleben?
Ich erwarte zwei gegenläufige Entwicklungen. Die einen Leute werden sagen: Die bisherigen Maßnahmen waren zu schwach, man

muss viel mehr machen – und viel schneller. Da wird es dann auch extreme Forderungen geben, ich karikiere jetzt mal: »Wir brauchen einen Klimawart in jedem Haus, der kontrolliert, ob alle wirklich klimaschonend leben!« So ein bisschen chinesischer Überwachungsstaat – nur eben mit ökologischen Vorzeichen.

Auf der anderen Seite werden Leute nach dem x-ten Dürresommer sagen: Der ganze Klimaschutz hat ja ersichtlich nichts gebracht. Man solle endlich aufhören mit dem teuren, sinnlosen Unfug. Dann werden natürlich noch viel stärker als heute Scharlatane kommen, Pseudo-Experten, die behaupten: Der Klimawandel habe ja gar nichts mit unserem Verhalten zu tun, Schuld sei die Sonne oder die Venus und man müsse jetzt zur Sonne beten, oder was weiß ich.

Also wird sich in einem Teil der Gesellschaft eine anti-wissenschaftliche Stimmung verstärken?

Das psychologische und politische Problem ist, dass Emissionsminderungen keine schnelle, direkte Wirkung zeigen. Das Klimasystem der Erde reagiert sehr träge. Selbst wenn heute mit sofortiger Wirkung jeglicher Treibhausgas-Ausstoß weltweit auf null gesetzt würde, ginge die Erderwärmung wegen der bereits ausgestoßenen Mengen ja erst mal weiter. Selbst in diesem hypothetischen Falle würde es mehr als zehn Jahre dauern, bis man überhaupt etwas an der Temperatur der Erde merkt.[331]

Auch das ist ein Aspekt des Klimawandels, der kontraintuitiv ist: Das Klimasystem ist wie eine Badewanne, wir lassen seit mehr als hundert Jahren mit unseren Emissionen immer mehr Wasser ein. Selbst wenn wir jetzt plötzlich alle Hähne zudrehten, bliebe der Wasserstand ja erst mal auf dem hohen Niveau. Es dauert viele Jahre, bis die zusätzlichen Treibhausgase durch natürliche Prozesse wieder abgebaut werden. Um im Bild zu bleiben: Der Badewannenabfluss ist nur winzig.

Da geht es übrigens um Zeiträume, die viel länger sind als jede

Wahlperiode. Wenn Sie mit Politikerinnen und Politikern sprechen, dann sagen die ganz offen: Wieso soll ich jetzt etwas Unpopuläres beschließen, dessen positive Wirkung erst irgendwann nach Ende meiner Amtszeit eintritt?

Selbst wenn wir schärfsten Klimaschutz umsetzen, wird der Klimawandel also nicht unverzüglich stoppen – und da wird dann ein Teil der Gesellschaft wahrscheinlich schnell ungeduldig werden. Das konnten wir zum Beginn der Corona-Krise gut beobachten: Als im Frühjahr 2020 die Schulen und Geschäfte schlossen und die Leute zu Hause bleiben sollten – da ging schon nach 14 Tagen eine Debatte los, was das wirklich bringe, dass jetzt mal genug sei, dass man die Maßnahmen endlich lockern müsse. Nach nur 14 Tagen!

Und gemessen am Corona-Virus hat der Klimawandel eine schier unendliche Inkubationszeit …

… da bekommt man natürlich eine ganz andere Welle von Widerstand und von Zweifeln und von Klagen.

Ich rechne jedenfalls fest damit, dass der Klimawandel die politische Polarisierung zuspitzt. Auf der einen Seite wird es jene geben, denen all die getroffenen Maßnahmen nicht drastisch genug sind – auch das war ja bei Corona so. Da gab es Leute, die noch schärfere Ausgangssperren wollten oder Überwachungen, die wirklich demokratiegefährdend gewesen wären. Auf der anderen Seite hatten wir jene, die alle wissenschaftlichen Analysen anzweifelten und meinten, mit dem Risiko müsse man sich halt abfinden, man solle das Leben genießen, solange wir können.

Beide Flügel werden sich ausbreiten – und die große Frage ist dann: Was macht die Mitte der Gesellschaft?

Und? Was wird sie machen?

Das weiß ich natürlich auch nicht, es kann in die eine wie die andere Richtung gehen. In der Corona-Krise jedenfalls zeigte die Mitte der Gesellschaft eine steigende Zustimmung zur Regierung. Angela

Merkel war plötzlich wieder hoch angesehen. In Krisen schart man sich immer um die Führung. Aber ob das auch in einer Dauerkrise wie dem Klimawandel so sein wird, kann ich nicht sagen!

Könnte im Angesicht des Problems der Ruf nach »dem starken Mann« lauter werden?
Solche Rufe könnten sogar aus beiden Flügeln kommen – man kann sich ja sowohl einen Klima-Diktator vorstellen als auch einen, der Schluss macht mit Klimaschutz.

Ersteres halte ich zwar für nicht sehr wahrscheinlich. In den links-grünen Kreisen, aus denen der Ruf nach einem Klima-Diktator kommen müsste, ist autoritäre Politik nun wirklich nicht beliebt. Allenfalls könnte ich mir vorstellen, dass es von dort die Forderung nach einem »starken Mann auf Zeit« gibt. Also einem, der jetzt mal für ein paar Jahre die Grundrechte außer Kraft setzt, weil wir uns dieses ausgedehnte Gelabere nicht länger leisten können, den ganzen Bund-Länder-Schnickschnack, die parlamentarischen Anhörungen und all diesen Kram. Auf dem linken Flügel wird niemand offen sagen, die Demokratie habe versagt – eher wird es heißen, in so einer schwierigen Situation brauchen wir jetzt halt mal ein paar Jahre lang Notstandsgesetze.

Die andere Seite wird ganz anders argumentieren: Demokratie hat uns ins Verderben geführt. Wir haben jahrzehntelang auf die Wissenschaft gehört, und gebracht hat es nichts, das Klima geht trotzdem den Bach runter. Wir brauchen wieder klare Führung, jetzt mal Vorfahrt für die Wirtschaft, »Germany first, alles andere second«. Wir haben doch gesehen, dass die anderen Länder beim Klimaschutz sowieso nicht mitmachen, warum sollen ausgerechnet wir vorangehen? Und so weiter.

Aus Ihrer Analyse könnte man ableiten, die Demokratie könne mit dem Klimawandel gar nicht fertigwerden. Wenn man keine Diktatur will, was wäre mit einer Monarchie? Da sind die Amtszeiten in der

Regel länger, Herrscher müssen ihre Politik nicht von Wahltermin zu Wahltermin rechtfertigen …

Das ist exakt, was die Chinesen sagen: »Unser Herrschaftsmodell kann schnell reagieren und einschneidend verändern.« Das haben wir auch nach dem Corona-Ausbruch in Wuhan gehört. Ich bin viel in China unterwegs, bei genauer Betrachtung sieht man natürlich die Kehrseiten: Hätte es in China eine Meinungs- und Pressefreiheit gegeben, wäre die Epidemie wahrscheinlich viel früher bekämpft worden – jedenfalls wären Warnungen viel früher bekannt geworden.

Ein weiterer Aspekt: Wenn sich die Führung in Peking irrt, läuft das ganze Land in die falsche Richtung. Nicht zuletzt sieht man fernab der Glitzerwelt von Metropolen wie Shanghai gigantische Fehlinvestitionen. Überall im Land stehen Tausende leere Wohnungen herum, gebaut in dem Wahn, irgendwo eine neue Millionenstadt zu erschaffen – aber dann wollte niemand dorthin ziehen. Oder man sieht Windkraftanlagen auf dem Land, die haufenweise stillstehen. Die wurden auf Befehl dort hingeklotzt, aber es gibt keine Wartung. Wer sich zum Beispiel die Statistiken anschaut, wie hoch die Stromerzeugung pro installiertem Megawatt Windleistung wirklich ist, der wird China ganz hinten finden. Deutschland oder die USA liegen da meilenweit vorn.

Das heißt, Demokratie und Marktwirtschaft sind zwar langsamer als eine autoritäre Planwirtschaft – aber in der Umsetzung von Politik effizienter?

In der Tat baut China viel mehr, aber sie bauen auch oft völlig daneben. Das Land kann sich solche Ineffizienzen nur leisten, weil das Lohnniveau noch relativ niedrig ist.

Zurück nach Deutschland: Wir haben über die Folgen des Klimawandels für die Politik gesprochen – was aber macht er mit der Gesellschaft? Zum Beispiel mit ihrem Zusammenhalt?

Das kommt auf uns selbst an! Wir haben in Deutschland zwar

größere soziale Ungleichheiten – aber auch ein starkes Bestreben, sie auszugleichen. Staatliche Umverteilung ist in unserer Gesellschaft ein akzeptiertes Mittel, auf Ungleichheit zu reagieren. Jedenfalls ist das Soziale in der Marktwirtschaft nach meinem Eindruck lebendig, auch wenn dies immer wieder mal ein bisschen schwankt. Die entscheidende Frage ist: Wie stark werden die Verwerfungen infolge des Klimawandels in der Gesellschaft tatsächlich ausfallen? Gibt es dann zum Beispiel überhaupt noch etwas zum Umverteilen?

Ehrlich gesagt sehe ich wenige wirkliche Gewinner …

… vielleicht die Baubranche?

Weil nach immer mehr Extremwetterereignissen immer irgendwo irgendetwas wieder aufgebaut werden muss? Mag sein. Ich sehe eher Branchen, die kaum berührt sein werden vom Klimawandel: die Digitalbranche zum Beispiel, die wird boomen, die wird richtig Geld verdienen.

Auf der anderen Seite sehe ich Bereiche, die es wirklich hart treffen wird: die Landwirtschaft zum Beispiel wird sich stark umstellen müssen. Und es stellt sich natürlich die Frage, wer das finanziert. Hält da die gesellschaftliche Solidarität? Oder setzt sich irgendwann der neoliberale Impuls durch: Jeder ist sich selbst der Nächste!

Was vermuten Sie?

Ich glaube, dass in Krisensituationen der Solidargedanke eher noch gestärkt wird – zumindest in einer Gesellschaft wie der deutschen.

Selbst wenn es nicht wirklich Gewinner des Klimawandels geben wird – es existieren ja doch Unterschiede, wie schwer man getroffen wird. Bei einer Hitzewelle geht es mir in einer Villa mit Garten besser als in einer winzigen Mietwohnung in der aufgeheizten Innenstadt …

Natürlich gibt es gesellschaftliche Gruppen, die verletzlicher sind als andere, zum Beispiel ältere Leute, Ärmere oder Menschen mit Vorerkrankungen. In der Hitzewelle 2003 lag das Sterberisiko von alten Menschen deutlich höher als bei anderen. Bei späteren Hitzewellen sah man aber auch, dass sich etwas gegen dieses Risiko unternehmen lässt – da wurden mancherorts alte Leute gezielt aufgesucht und betreut.

Wenn sich eine Gesellschaft solche Ungleichheiten bewusst zum Thema macht, kann sie diese kompensieren – zwar nicht vollständig, aber doch ein Stück weit. Geschieht dies jedoch nicht und wird gesagt, es solle doch jeder selbst schauen, wie er klarkommt – dann läuft alles auf ein unbarmherziges Land hinaus.

Beim Klimawandel geht es also nicht nur darum, wie heiß unsere Sommer werden, sondern auch, wie wir künftig zusammenleben?
Ich bin überzeugt, dass die Fragen zumindest sehr eng miteinander verwoben sind.

Was würden Sie empfehlen, wie sollten sich Politik und Gesellschaft auf den eskalierenden Klimawandel vorbereiten?
Am wichtigsten ist, dass die Politik ein gemeinsames Klimaanpassungsnarrativ entwickelt, und zwar jenseits aller Parteigrenzen. Darunter verstehe ich, dass sie die gefährlichen Entwicklungen und möglichen Konsequenzen der Erderwärmung beschreibt und zugleich formuliert, wie wir trotzdem unsere pluralistische und auf gegenseitigen Respekt ausgerichtete Gesellschaft erhalten können. Dieses Ziel sollte man als konstitutives Element nicht einer einzelnen Partei verstehen, sondern der gesamten politischen Kultur – es wäre dann auch nicht abwählbar, egal, wer die nächste Wahl gewinnt.

Zweitens sollte die Klimapolitik ehrlicher sein und mit der Inflation der Reduktionsziele aufhören. In der Vergangenheit war es ja so: Wurde eine versprochene Treibhausgas-Senkung verpasst, dann verschleierte die Politik das eigene Versagen dadurch, dass das künftige Klimaziel umso schärfer formuliert wurde – ohne allerdings Instrumente zu entwickeln oder gar zu beschließen, mit denen dieses Ziel tatsächlich erreicht werden könnte.

Reduktionsziele als Symbolpolitik?

Wir haben es in den vergangenen Jahrzehnten weltweit ja nicht einmal geschafft, den Anstieg der Emissionen zu stoppen – geschweige denn, sie zu verringern. Weil man aber trotzdem an dem Ziel festhält, bis 2050 klimaneutral zu werden, wird der Pfad dorthin immer steiler. Mittlerweile wäre für das Erreichen des Ziels eine jährliche Emissionsminderung nötig, die meiner Ansicht nach vollkommen unrealistisch ist.

Damit die Rechnung doch irgendwie aufgeht, sagen manche Klimapolitiker inzwischen: Dann machen wir halt in ein paar Jahrzehnten »negative Emissionen«, also holen Kohlendioxid wieder aus der Atmosphäre. Dabei weiß niemand, wie das im notwendigen Maßstab funktionieren soll. Aber Teile der Wissenschaft machen solche Manöver bisher bereitwillig mit. Offenbar wollen auch viele Forscher das Scheitern partout nicht eingestehen.

Irgendwann jedoch wird das auffliegen, dann ist der Schaden umso größer. Demokratie verspielt so ihre Glaubwürdigkeit.

Was wäre der praktische Nutzen des von Ihnen gewünschten »Klima-Narrativs«?

Es könnte Lebensstile im Angebot haben, die sowohl klimaverträglich sind als auch attraktiv. Der müsli-kauende, verzichtspredigende Sandalenträger als Leitmotiv ist es nicht – jedenfalls nicht für die breite Masse. Wir müssen überlegen, welche Zukunftsvisionen es für die Armen, die Mittelklasse, die Reichen gibt – ohne dass sie das Klima zugrunde richten. Hier liegt in der Corona-Krise vielleicht eine Mini-Chance: Sie hat gezeigt, dass ein gutes Leben mit weniger Konsum, weniger Tempo, nicht zuletzt weniger Flugverkehr durchaus möglich ist.

Vielleicht ist auch die Grunderzählung der Menschheit an ein Ende gekommen. Über Jahrhunderte sagten ja die Eltern zu ihren Kindern: »Du sollst es einmal besser haben.« Mein Großvater zum Beispiel war bitterarmer Bauer, mein Vater war Lehrer, ich bin Professor. Vielleicht sind wir die Generation, die den Höhepunkt erreicht hat.

Was könnte denn nach Professor noch kommen?

Vielleicht muss gar nichts mehr kommen! Ich sehe das an meinen Kindern, die sagen: »Papa, ich will gar nicht mehr werden als du. Und deine Work-Life-Balance möchte ich auch nicht.« Es braucht also andere Ideen davon, was ein erfülltes Leben ist. Zugleich muss man sich davor hüten, Armut zu idyllisieren.

Ich bringe bei Vorträgen immer ein Beispiel: Im Durchschnitt kauft jeder Mensch auf der Welt Woche für Woche ein neues Kleidungsstück. In der Folge landen in Europa mehr als 5,8 Millionen Tonnen Textilien pro Jahr im Müll, in den USA sind es 14 Millionen Tonnen. In Deutschland werden alle fünf Minuten mehr als 9000 Kleidungsstücke »entsorgt«, die Hälfte aller T-Shirts wird nach weniger als 37 Tagen weggeschmissen.[332] Wenn ich das erzähle, werden die meisten Zuhörer ziemlich still und überlegen, wie viele T-Shirts denn sie im letzten Jahr gekauft und wie viele davon sie noch im Kleiderschrank liegen haben. Das ist nur ein Punkt, wo jeder sagen kann, dass ein Mehr nicht zu mehr Lebensqualität führt.

Also doch wieder ein Verzichtsnarrativ!?

Das ist nicht der Punkt. Wir brauchen eine Erzählung, wie ein gutes Leben aussieht – und dass zum Beispiel Solidarität unbedingt dazugehört. Ein Großteil unseres Konsums ist vor allem demonstrativ, er soll zeigen, wie es uns geht. Davon kann man eine ganze Menge weglassen, ohne gleich zu darben. Hier gäbe es dann auch einen Ausweg aus dem Dilemma, dass Klimaschutz nicht sofort weniger Hitzewellen bedeutet.

Es muss Anreize zu Emissionsminderungen jenseits des Klimaschutzes geben, sonst sagen die Leute irgendwann: »Hey, ich verzichte auf so vieles, verkneife mir das Fliegen, hab eine Solaranlage für 10000 Euro aufs Dach geschraubt, statt für das Geld eine Kreuzfahrt zu buchen. Aber das Klima wird immer noch nicht besser.« Genau deshalb muss ich ein Narrativ haben, das mir zum Beispiel sagt: Mit dieser Solar-Anlage fühle ich mich wohler, sie macht Spaß, nebenbei entlastet sie die Umwelt, und Geld kann ich auch noch damit verdienen.

Man soll also aus anderen Gründen das Richtige tun?
Na ja, auch aus anderen. Dann ist es nicht mehr so tragisch, wenn die Klima-Dividende länger auf sich warten lässt.

Wenn Sie auf Deutschland im Jahr 2050 und die Folgen des Klimawandels schauen – was ängstigt Sie da am meisten?
Das Großthema Migration. Der Klimawandel wird ja nicht alle Länder der Welt gleichmäßig treffen. Schon heute verlässt ein wesentlicher Teil der Flüchtlinge weltweit seine Heimat aus Umwelt- und Klimagründen, ihre Zahl wird in den kommenden Jahrzehnten rasant steigen. Dürren und andere Extremwetter nehmen nämlich gerade in den Teilen der Welt zu, wo die Staaten schon jetzt oft instabil sind. Dann bleiben die Leute natürlich nicht dort und lassen sich stoisch alles gefallen.

Wenn ich kein wirtschaftliches Auskommen habe und es keine Aussichten der Besserung gibt, dann versuche ich übers Mittelmeer zu kommen – koste es, was es wolle. Und dann gibt es für uns Europäer zwei Möglichkeiten. Entweder sitzen wir an der Grenze – krass gesagt – mit Maschinengewehren. Oder wir versuchen, irgendwie eine geordnete Einwanderung zu organisieren. Das gibt aber wiederum innenpolitisch den Kräften Auftrieb, die Abschottung propagieren.

Die heutigen Debatten um Einwanderung und Islamismus, um Seenotrettung, »Schutz« der Außengrenzen und Verteilung von Flüchtlingen sind nur eine Ouvertüre?
Ich befürchte eine Zerreißprobe für Europa, wie wir sie uns bis-

her nicht vorstellen können. Schon in der Vergangenheit gab es Spannungen zwischen Süd- und Nordeuropa – aber daraus wird ein extremer Konflikt werden. Nicht nur wegen der Flüchtlinge, die vor allem im Süden ankommen – sondern auch, weil die Staaten in Südeuropa stärker unter dem Klimawandel leiden werden als der Norden der EU. Stehen dann auch bei uns Landwirtschaft, Industrie oder Gesundheitswesen unter Druck, weil es immer heißer wird – dann ist eine Re-Nationalisierung der vermeintliche Königsweg. Dann werden die Stimmen lauter, dass wir uns vorrangig um uns selbst kümmern müssen.

Wenn die Zahl der Flüchtlinge groß genug ist, dann ist es jedenfalls unmöglich, sie zu stoppen. Diese Kombination aus weltweiter Migration und Etablierung eines rechtspopulistischen Autoritarismus in wohlhabenderen Staaten – das ist, was mich am Klimawandel am meisten beängstigt.

Der Klimawandel bedroht also letztlich die freie Gesellschaft?
Nicht der Klimawandel als solcher, sondern die Reaktion der Menschen darauf. Ich bin hoffnungsvoll, dass es auch Gegenbewegungen gibt – aber ich bin nicht sicher, ob sie stark genug sind.

Dank

Im Jahr 2050 werden wir – falls wir dann noch leben – 83 und 78 Jahre alt sein. Vielleicht ist es also sogar noch unsere eigene Zukunft, in die wir mit diesem Buch geblickt haben. Wir möchten herzlich allen Wissenschaftlerinnen und Wissenschaftlern und anderen klugen und aufgeschlossenen Menschen danken, die uns bei dieser Zeitreise geholfen haben.

Grundsätzlichen Rat gaben Friedrich-Wilhelm Gerstengarbe, Walter Kahlenborn, Mojib Latif, Stefan Rahmstorf, Alex Rühle, Inke Schauser, Carl-Friedrich Schleussner und Hans von Storch. Und ohne die Unterstützung des Umweltbundesamtes und des Beratungsinstituts adelphi wäre das gesamte Buch kaum möglich gewesen.

Bei den Recherchen haben wir mit ungezählten Expertinnen und Experten aus Theorie und Praxis gesprochen – danke an alle für ihre Zeit und Offenheit, unter anderem an Mareike Buth, Astrid Endler, Marc-Steffen Fahrion, Patrick Graichen, Stefan Greiving, Clemens Hasse, Fred Hattermann, Heike Hübener, Almut Kirchner, Boris Koch, Ralph Krolewski, Frank Peter, Petra Pinzler, Thomas Remke, Fritz Reusswig, Jacob Schewe, Nadine Steinbach, Peter Trute, Sebastian Ulbert, Stefan Vögele und Sven Willner. Eine unschätzbare Hilfe waren die Mitarbeiterinnen und Mitarbeiter des Deutschen Wetterdienstes, die uns ihre Türen geöffnet, unsere Unwissenheit ertragen und geduldig alle Fragen beantwortet haben.

Nick Reimer dankt Steffi Reichel für die Geduld, Stephan Kosch für den Familienausflug, seinen Eltern für den anerzogenen Blick auf die Natur, Familie Blume für das Praktikum, Heike Hohlefeld und Gudrun Bläsche für die Entlastung.

Toralf Staud bittet seine Kinder um Verzeihung dafür, dass sie so oft vor der verschlossenen Tür des Arbeitszimmers standen. Er dankt Hanjörg Pfettscher fürs scharfsichtige Erstlesen sowie dem Team von klimafakten.de, das ihm seit Jahren ein immer tieferes Eintauchen in die Klimaforschung ermöglicht und wo die Idee zu diesem Buch entstand.

Besonders verpflichtet sind wir Barbara Wenner, die als unsere Agentin auch dieses Buch ans Licht der Welt brachte, Nikolaus Wolters und nicht zuletzt Stephanie Kratz und allen Menschen bei Kiepenheuer & Witsch.

Berlin, Januar 2021

Wir möchten uns herzlich bedanken bei allen Menschen, die unser Buch seit Erscheinen gekauft, gelesen oder verschenkt, die es weiterempfohlen, rezensiert oder als Buchhändlerin prominent platziert haben – ohne sie alle wäre es kein Bestseller geworden!

Neu in der Taschenbuch-Ausgabe ist die Temperaturkurve zur Erderhitzung im Vorwort. Auf die Idee dazu brachte uns der großartige Randall Munroe (sein Comic: www.xkcd.com/1732/). Bei der Datenrecherche halfen Oliver Heiri und Darrell Kaufman, zeithistorische Beratung kam von Jasmin Kaiser, die grafische Umsetzung stammt von Thomas Krautwig, Veronika Wunderer und Svenja Hinrichs; im Verlag begleitete Elisabeth Reith alles mit großer Geduld.

Und wir danken Ilka Heinemann, die bei Kiepenheuer & Witsch diese Taschenbuch-Ausgabe betreut hat.

Berlin, Februar 2023

Anmerkungen

Wissenschaftliche Fachveröffentlichungen sind im Folgenden meist mit ihrer Nummer im internationalen System »Digital Object Identifier« bezeichnet. Gibt man diesen Code auf der Website www.doi.org ein, gelangt man direkt zur entsprechenden Quelle.
Einzelne Befunde verschiedener Studien zu ähnlichen oder gleichen Themen sind oft nicht direkt vergleich- oder kombinierbar (und mögen manchmal in Details vielleicht widersprüchlich wirken), weil häufig die genaue Definition der untersuchten Parameter, die genutzten Klimamodelle oder auch Basiszeiträume und Emissionsszenarien differieren.

Vorwort zur Taschenbuch-Ausgabe 2023

1 Friedlingstein et al. (2022a) – DOI: 10.5194/essd-14-1917-2022; Friedlingstein et al. (2022b) – DOI: 10.5194/essd-14-4811-2022
2 WMO: Greenhouse Gas Bulletin 2022 und Press Release Nr. 26102022; IPCC 2021, AR6, WG1, SPM A.2.2; www.carbonbrief.org/analysis-global-co2-emissions-from-fossil-fuels-hit-record-high-in-2022/
3 www.worldweatherattribution.org/heavy-rainfall-which-led-to-severe-flooding-in-western-europe-made-more-likely-by-climate-change/ sowie www.worldweatherattribution.org/western-north-american-extreme-heat-virtually-impossible-without-human-caused-climate-change/
4 www.axios.com/2022/08/22/china-heat-wave-drought-unprecedented; Khan et al. (2022) – DOI: 10.1038/s41586-022-05301-z; IEA-Report Coal 2022; Die Weltmeere haben sich 2022 übrigens ebenfalls auf einen neuen Rekordstand erwärmt, vgl. Chen et al. (2023) – DOI: 10.1007/s00376-023-2385-2
5 www.dlr.de/content/de/artikel/news/2022/01/20220221_sorge-um-den-deutschen-wald.html
6 www.uebermedien.de/73142/im-spassbad-der-hitzebilder/ oder auch

www.klimafakten.de/meldung/planschende-kinder; heute journal vom 19. Juli 2022

7 www.bkk-lv-nordwest.de/download.php?id=1958

8 dpa am 21. November 2022 und rbb am 23. Juli 2022

9 EEA Report No 7/2022 – DOI: 10.2800/67519; speziell zu psychischen Erkrankungen siehe auch zwei Positionspapiere der DGPPN unter www.dgppn.de/schwerpunkte/klima-und-psyche.html

10 Pressemitteilung Nr. 343 vom 9. August 2022 auf destatis.de, außerdem www.destatis.de/DE/Themen/Gesellschaft-Umwelt/Bevoelkerung/Sterbefaelle-Lebenserwartung/sterbefallzahlen.html; Epidemiologisches Bulletin 42/2022, S. 3f. sowie Winkelmayr et al. (2022) – DOI: 10.3238/arztebl.m2022.0202. Demnach lag die Zahl hitzebedingter Sterbefälle 2018 bei rund 8700, im Jahr 2019 bei rund 6900 und 2020 bei rund 3700; auch im Jahr 2021 war die die ermittelte Zahl mit 1700 erhöht, lag aber unter der Schwelle der statistischen Signifikanz.

11 Benitez et al. (2021) – DOI: 10.1002/essoar.10507632.1; www.helmholtz-klima.de/aktuelles/die-wucht-heutiger-hitzewellen-einer-waermeren-welt; Fischer et al. (2021) – DOI: 10.1038/s41558-021-01092-9; He et al. (2022) – DOI: 10.1016/S2542-5196(22)00139-5; neue Belege zum Zusammenhang von Hitze und Frühgeburten gab es u. a. aus China: Zhang et al. (2022) – DOI: 10.1038/s41467-022-35008-8

12 Mora et al. (2022) – DOI: 10.1038/s41558-022-01426-1

13 Lawrence et al. (2021) – DOI: 10.1111/gcb.15916

14 Bauman et al. (2022) – DOI: 10.1038/s41586-022-04737-7; Boulton et al. (2022) – DOI: 10.1038/s41558-022-01287-8; Harris et al. (2021) – DOI: 10.1038/s41558-020-00976-6; Covey et al. (2021) – DOI: 10.3389/ffgc.2021.618401

15 Zweiter Bayerischer Gletscherbericht »Zukunft ohne Eis«, April 2021; www.badw.de/die-akademie/presse/pressemitteilungen/pm-einzelartikel/detail/gletscherschwund-der-suedliche-schneeferner-verliert-seinen-status-als-gletscher.html

16 Vitasse et al. (2021) – DOI: 10.1111/brv.12727; Carlson et al. (2022) – DOI: 10.1038/s41586-022-04788-w

17 Madakumbura et al. (2021) – DOI: 10.1038/s41467-021-24262-x; Robinson et al. (2021) – DOI: 10.1038/s41612-021-00202-w; Süddeutsche Zeitung vom 27. Juli 2021; DWD-Pressemitteilung vom 26. August 2021 zum Projekt KlamEx – www.dwd.de/DE/presse/pressemitteilungen/DE/2021/20210826_pm_behoerdenallianz.html

18 Büntgen et al. (2021) – DOI: 10.1038/s41561-021-00698-0; Rakovec et al. (2022) – DOI: 10.1029/2021EF002394; www.ufz.de/index.php?de=36336&webc_pm=16/2022
19 Grundwasser-Atlas von Correctiv.org sowie ARD-Magazin report München am 30. August 2022; Wunsch et al. (2022) – DOI: 10.1038/s41467-022-28770-2
20 www.prognos.com/de/projekt/bezifferung-von-klimafolgekosten-deutschland
21 FAZ vom 6. September 2021; https://www.swissre.com/media/press-release/nr-20210422-economics-of-climate-change-risks.html; capital.de vom 27. Juni 2021
22 Zhao et al. (2021) – DOI: 10.1007/s10584-021-03160-7; Osberghaus/Schenker 2022, ZEW-Discussion Paper No. 22-035; Kotz et al. (2022) – DOI: 10.1038/s41586-021-04283-8
23 www2.deloitte.com/de/de/pages/sustainability1/articles/germanys-turning-point-de.html; Alogoskoufis et al. (2021) – ECB Occasional Paper Series No 281
24 Ercin et al. (2021) – DOI: 10.1038/s41467-021-23584-0; Jägermeyr et al. (2021) – DOI: 10.1038/s43016-021-00400-y; Caparas et al. (2021) – DOI: 10.1088/1748-9326/ac22c1; IPCC 2022, AR6, Band 2, SPM B.4.3
25 Armstrong McKay et al. (2022) – DOI: 10.1126/science.abn795
26 Im ARD-Deutschlandtrend vom Dezember 2022, erhoben durch das Institut infratest dimap, antworteten 82 Prozent der gut 1300 Befragten, sie sähen »sehr großen« oder »großen Handlungsbedarf beim Klimaschutz«. Unter den Anhängern von Bündnis 90/Die Grünen waren es 100 Prozent, bei der FDP 89 Prozent, der SPD 88 Prozent, bei CDU/CSU 86 Prozent und der Linkspartei 82 Prozent. Selbst Anhänger der AfD, in deren Programmen der menschengemachte Klimawandel teils direkt geleugnet wird, lehnten Klimaschutz nicht rundheraus ab – dort sahen 47 Prozent einen großen oder sehr großen Handlungsbedarf gegenüber 45 Prozent, die wenig oder gar keinen sahen (der Rest »weiß nicht«/»keine Angabe«). vgl. www.tagesschau.de/inland/deutschlandtrend/deutschlandtrend-pdf-105.pdf, S. 17

Einleitung

1 siehe z. B. Leiserowitz et al.: Climate change in the American mind. March 2016. Yale University/George Mason University, Grafik S. 14
2 Gilbert: If only gay sex caused global warming. Los Angeles Times vom

2. Juli 2006 – www.latimes.com/archives/la-xpm-2006-jul-02-op-gilbert2-story.html; Marshall: Don't even think about it. Bloomsbury 2014 – www.klimafakten.de/meldung/marshall-buch

3 Das gesicherte Wissen haben sechs Institutionen der Klimaforschung und -kommunikation im September 2020 kompakt zusammengefasst: www.deutsches-klima-konsortium.de/de/basisfakten.html – Die weltweit verlässlichste Quelle sind die Berichte des Intergovernmental Panel on Climate Change (IPCC): www.ipcc.ch bzw. www.de-ipcc.de

4 diese und weitere Befunde in DWD: Nationaler Klimareport. 4. Auflage. 2020; Umweltbundesamt: Monitoringbericht 2019

5 Groeskamp/Kjellson (2020) – DOI: 10.1175/BAMS-D-19-0145.1

6 DIE ZEIT vom 28. November 2019; siehe auch den Weltbank-Bericht »Turn Down the Heat« – http://hdl.handle.net/10986/11860

7 Wie sehr die Menschheit die Erde bereits aufgeheizt hat, zeigt ein Blick auf die Top Ten der heißesten Jahre seit 1880 – sie traten sämtlich seit der Jahrtausendwende auf: 2016, 2020, 2019, 2015, 2017, 2018, 2014, 2010, 2013 und 2005 (Quelle: Datensatz der US-Ozean- und Atmosphärenbehörde NOAA)

Kapitel 1: Klimamodelle

8 Detailreiche Überblicke zur Wetter- und Klimamodellierung des DWD: www.dwd.de/DE/klimaumwelt/klimaforschung/klimaprojektionen/klimaprojektionen_node.html oder www.dwd.de/DE/fachnutzer/luftfahrt/download/produkte/wettermodelle/wettemodelle_download.pdf

9 UNEP: Emissions Gap Report 2019 (S. 26) und 2020 (S. 35)

10 Hausfather et al. (2019) – DOI: 10.1029/2019GL085378; siehe auch: www.klimafakten.de/modelle

11 Manabe/Wetherald (1967) – DOI: 10.1175/1520-0469(1967)024<0241:TEOTAW>2.0.CO;2; siehe auch www.carbonbrief.org/the-most-influential-climate-change-papers-of-all-time

12 Willeit et al. (2019) – DOI: 10.1126/sciadv.aav7337; siehe auch: Blog KlimaLounge auf spektrum.de vom 17. Januar 2020

13 DWD: Nationaler Klimareport. 4. Auflage 2020, S. 17; die dortige Angabe 1,1 °C bis 1,5 °C bezieht sich auf den Anstieg zwischen dem Basiszeitraum 1971–2000 und dem Zielzeitraum 2020–2050. Addiert werden müssen noch 0,8 °C, denn um diesen Wert sind die Temperaturen zwischen dem Beginn der Aufzeichnungen (Mittelwert des Zeitraums 1881–1910) und dem Basiszeitraum 1971–2000 gestiegen. Bis 2050 unterscheiden sich

die Ergebnisse in den verschiedenen Emissionsszenarien (RCP2.6 bis RCP8.5) kaum.

14 vgl. www.dwd.de/DE/leistungen/klimavorhersagen/start.html

15 DWD: Nationaler Klimareport. 4. Auflage 2020, S. 17; zur dortigen Angabe 2,7 °C bis 5,2 °C müssen noch 0,8 °C addiert werden (siehe Erläuterung in Fußnote 13).

16 vgl. Nationaler Klimareport. 4. Auflage, DWD 2020, S. 18; wie erwähnt liegen die Projektionen für 2050 in den verschiedenen Szenarien noch nahe beieinander: Bei strengem Klimaschutz (RCP2.6) sind es +1,3 Grad, im pessimistischen Szenario (RCP8.5) hingegen +1,5 Grad. Die Jahreszeitenwerte in den beiden Szenarien: Frühling +0,9 bzw. +1,1 Grad, Sommer +1,1 bzw. +1,4 Grad, Herbst +1,2 bzw. +1,8 Grad, Winter +1,1 bzw. +1,5 Grad. Für einen Vergleich mit vorindustriellem Niveau müssen jeweils 0,8 °C addiert werden – siehe Fußnote 13.

17 Supran/Oreskes (2017) – DOI: 10.1088/1748-9326/aa815f; www.insideclimatenews.org/project/exxon-the-road-not-taken

Kapitel 2: Mensch

18 Leyk et al. (2019) – DOI: 10.3238/arztebl.2019.0537

19 www.dwd.de/DE/wetter/thema_des_tages/2018/2/23.html; vgl. auch den Eintrag »Hitzeindex« auf de.wikipedia.org

20 Mora et al. (2017a) – DOI: 10.1161/CIRCOUTCOMES.117.004233

21 Mora et al. (2017b) – DOI: 10.1038/NCLIMATE3322; siehe auch die interaktive Website https://maps.esri.com/globalriskofdeadlyheat/

22 Costello et al. (2009) – DOI: 10.1016/S0140-6736(09)60935-1, S. 1693

23 www.who.int/news-room/fact-sheets/detail/climate-change-and-health; Carleton et al. (2020) – www.nber.org/papers/w27599

24 Jacob et al. (2014) – DOI: 10.1007/s10113-013-0499-2 (Eine Hitzewelle wurde für diese Studie definiert als mindestens drei Tage in Folge, die heißer sind als die heißesten Tage von Sommern der Jahre 1971–2000.); Nowak et al. (2019) – DOI: 10.3238/arztebl.2019.0519

25 RKI: Epidemiologisches Bulletin 34/2003, S. 276

26 RKI: Epidemiologisches Bulletin 38/2003, S. 307 ff.

27 an der Heiden et al. (2019) – DOI: 10.1007/s00103-019-02932-y; diese Schätzung gilt als eher konservativ, andere kamen für Deutschland auf mehr als 9.000 Tote, vgl. Robine et al. (2008) – DOI: 10.1016/j.crvi.2007.12.001; Daten zu Hitzetoten in den Jahren 2001 bis 2015 in UBA: Monitoringbericht 2019, S. 34; der Lancet Countdown 2020 kon-

statiert eine drastische Zunahme der Hitzemortalität seit dem Jahr 2000 – DOI: 10.1016/S0140-6736(20)32290-X, S.7 f.

28 www.umweltbundesamt.de/publikationen/umid-012018

29 Reusswig et al. (2016): Anpassung an die Folgen des Klimawandels in Berlin (AFOK). Teil 1 (Hauptbericht), S. 1; Christidis et al. (2014) – DOI: 10.1038/nclimate2468

30 Watts et al. (2019) – DOI: 10.1016/S0140-6736(19)32596-6, S. 1841

31 BG Bau/SVLFG: Sonnenschutz bei Arbeiten im Freien. April 2020

32 siehe z.B. Sahu et al. (2013) – DOI: 10.2486/indhealth.2013-0006; Zander et al. (2015) – DOI: 10.1038/nclimate2623; www.nytimes.com/2017/08/03/us/politics/climate-change-trump-working-poor-activists.html

33 Flensner et al. (2011) – DOI: 10.1186/1471-2377-11-27; Barreca/Schaller (2019) – DOI: 10.1038/s41558-019-0632-4; Ward et al. (2019) – DOI: 10.1007/s00484-019-01773-3; Cox et al. (2016) – DOI: 10.1136/jech-2015-206384; Aghdassi et al. (2019) – DOI: 10.3238/aerztebl.2019.0529; Steil et al. (2019) – DOI: 10.1007/s00103-019-02938-6

34 Karlsson/Ziebarth (2018) – DOI: 10.1016/j.jeem.2018.06.004; RKI: Epidemiologisches Bulletin 23/2019, S. 193 ff.; Krug/Mücke (2018) – UMID: Umwelt&Mensch-Informationsdienst des UBA 2/2018, S. 67 ff.

35 Eis et al. (2010): Klimawandel und Gesundheit. Ein Sachstandsbericht. Hrsgg. vom Robert-Koch-Institut, Berlin. S. 131

36 Chen et al. (2019) – DOI: 10.3238/aerztebl.2019.0521

37 Je kühler das Normalklima einer Gegend, desto eher sterben Menschen bei einer Erwärmung. In Oslo zum Beispiel nimmt die Sterblichkeit bereits zu, wenn die Temperaturen über 10 Grad Celsius steigen, in Madrid liegt diese Schwelle erst bei 26 Grad; für deutsche Städte und Regionen wurden Temperaturschwellen zwischen 14 und 20,5 Grad ermittelt. – Vgl. Eis et al. (2010), S. 108 und 110

38 Zacharias/Koppe (2015): Einfluss des Klimawandels auf die Biotropie des Wetters und die Gesundheit bzw. die Leistungsfähigkeit der Bevölkerung in Deutschland. UBA-Reihe Umwelt & Gesundheit 6/2015, S. 25, 76, 73, 78

39 Eis et al. (2010): Klimawandel und Gesundheit. Ein Sachstandsbericht (RKI), S. 131; EASAC (2019): The imperative of climate action to protect human health in Europe. EASAC policy report 38, S. 15 f.

40 zum Thema auch Grewe (2011) – DOI: 10.1007/s11553-011-0295-0

41 Bunz (2016) – UMID: Umwelt&Mensch-Informationsdienst des UBA 2/2016, S. 30 ff.; Burke et al. (2018) – DOI: 10.1038/s41558-018-0222-x

42 Plante et al. (2017) – DOI: 10.1093/acrefore/9780190228620.013.344; Fritsche et al. (2012) – www.wissenschaft-und-frieden.de/seite.php?artikelID=1796; Ranson (2014) – 10.1016/j.jeem.2013.11.008; Schinasi/Hamra (2017) – DOI: 10.1007/s11524-017-0181-y; Harp/Karnauskas (2020) – DOI: 10.1088/1748-9326/ab6b37; Wyon et al. (2010) – DOI: 10.1080/00140139608964434; Stern/Zehavi (1990) – DOI: 10.2307/623096
43 UBA: Vulnerabilität Deutschlands gegenüber dem Klimawandel. Climate Change 24/2015, S. 606 ff.
44 UBA: Klimawirkungs- und Risikoanalyse 2021, Teilbericht 5, Climate Change 24/2021, S. 158 ff.
45 Pluskota et al. (2008) – www.researchgate.net/publication/267362365
46 www.ecdc.europa.eu/en/dengue-fever/facts/factsheet
47 Thomas et al. (2018) – DOI: 10.3390/ijerph15061270; https://climate.copernicus.eu/warming-europe-invites-dangerous-mosquitos
48 Jansen et al. (2019) – DOI:10.3390/v11060492
49 aktuelle Daten: www.ecdc.europa.eu/en/search?f[0]=diseases:197
50 Tjaden et al. (2017) – DOI: 10.1038/s41598-017-03566-3
51 Alkishe et al. (2017) – DOI: 10.1371/journal.pone.0189092; Whitehorn/Yacoub (2019) – DOI: 10.7861/clinmedicine.19-2-149
52 Fischer et al. (2010) – DOI: 10.4081/gh.2010.187
53 Baker-Austin et al. (2017) – DOI: 10.1016/j.tim.2016.09.008; Baker-Austin et al. (2016) – DOI: 10.3201/eid2207.151996
54 Brennholt et al. (2014) – DOI: 10.5675/Kliwas_38/2014_3.04; Semenza et al. (2017) – DOI: 10.1289/EHP2198; Baker-Austin et al. (2012) – DOI: 10.1038/nclimate1628
55 Tirado et al. (2010) – DOI: 10.1016/j.foodres.2010.07.003; Yun et al. (2016) – DOI: 10.1038/srep28442; Eis et al. (2010): Klimawandel und Gesundheit. Ein Sachstandsbericht (RKI), S. 219
56 EASAC (2019): The imperative of climate action to protect human health in Europe. EASAC policy report 38, S. 17 f.
57 Augustin et al. (2017) – DOI: 10.1007/978-3-662-50397-3_14; Augustin et al. (2018) – DOI: 10.1007/978-3-662-55379-4_8; HLUG (2015): Klimawandel in Hessen – Folgen des Klimawandels für die menschliche Gesundheit, S. 18
58 Lake et al. (2017) – DOI: 10.1289/EHP173
59 UBA: Vulnerabilität Deutschlands gegenüber dem Klimawandel. Climate Change 24/2015, S. 610 ff.; UBA: KLENOS-Endbericht, Texte 84/2016

Kapitel 3: Natur

60 Lauscher (1978) – DOI: 10.1007/BF02243239
61 JMA: Climate Change Monitoring Report 2017, S. 42
62 aktueller Titel: Jahrbücher der Zentralanstalt für Meteorologie und Geodynamik; zum Thema siehe auch: Phänologie-Journal des DWD, Nr. 45 (Dezember 2015)
63 DWD: Nationaler Klimareport, 4. Auflage 2020, S. 34; www.dwd.de/DE/leistungen/phaeno_uhr/phaenouhr.html
64 Soroye et al. (2020) – DOI: 10.1126/science.aax8591
65 Quintero/Wiens (2013) – DOI: 10.1111/ele.12144; für einen breiten Forschungsüberblick: IPCC (2013/14): AR5, WG II, Kapitel 4
66 Trisos et al. (2020) – DOI: 10.1038/s41586-020-2189-9; The Guardian vom 8. April 2020; Albano et al. (2021) – DOI: 10.1098/rspb.2020.2469
67 Deutsche Anpassungsstrategie an den Klimawandel, Kabinettsbeschluss vom 17. Dezember 2008, S. 25
68 Chen et al. (2011) – DOI: 10.1126/science.1206432; IPCC (2013/14): AR5, WG II, Kapitel 4.3.2.5
69 Rabitsch et al. (2011): Auswirkungen des rezenten Klimawandels auf die Fauna in Deutschland. NaBiV, Heft 98
70 Pompe et al. (2011): BfN-Skripten 304; UBA: Vulnerabilität Deutschlands gegenüber dem Klimawandel. Climate Change 24/2015, S. 210 f.
71 Seebens et al. (2020) – DOI: 10.1111/gcb.15333
72 General-Anzeiger vom 9. März 2020
73 O'Reilly et al. (2015) – DOI: 10.1002/2015GL066235; Woolway et al. (2021) – DOI: 10.1038/s45186-020-03119-1
74 Wilhelm/Adrian (2007) – DOI: 10.1111/j.1365-2427.2007.01887.x; Wagner/Adrian (2009) – DOI: 10.4319/lo.2009.54.6_part_2.2460
75 Westdeutsche Allgemeine Zeitung vom 30. Juli 2018
76 Nilson et al. (2020), S. 134 f. – DOI: 10.5675/ExpNNE2020.2020.07
77 Sperle/Bruelheide (2020) – DOI: 10.1111/ddi.13184
78 Newbold (2018) – DOI: 10.1098/rspb.2018.0792; siehe auch IPBES (2019): Global Assessment Report on Biodiversity and Ecosystem Services, Summary for Policymakers, S. 16
79 Warren et al. (2018) – DOI: 10.1126/science.aar3646; Urban et al. (2016) – DOI: 10.1126/science.aad8466
80 Reuters vom 11. März 2020; UNEP Frontiers 2016 Report: Emerging issues of environmental concern; Johnson et al. (2020) – DOI: 10.1098/rspb.2019.2736

81 Süddeutsche Zeitung vom 29. Oktober 2020; IPBES (2020), Executive Summary S. 6 und Section 2 – DOI: 10.5281/zenodo.4147317

Kapitel 4: Wasser

82 https://epub.ub.uni-muenchen.de/12900/1/4Phys.861_1789.pdf; siehe auch die DWD-Zeitschrift Promet, Heft 4/1996

83 DWD: Nationaler Klimareport, 4. Auflage 2020, S. 23 f.: Für den Zeitraum 2021–2050 wird demnach ein Plus der mittleren Jahressumme des Niederschlags von vier Prozent erwartet, bis Ende des Jahrhunderts (2071–2100) sechs Prozent.

84 Lehmann et al. (2015) – DOI: 10.1007/s10584-015-1434-y; vgl. auch Fowler et al. (2021) – DOI: 10.1038/s43017-020-00128-6

1 Forschungsüberblick in CSC (2012): Machbarkeitsstudie »Starkregenrisiko 2050«. Abschlussbericht, S. 4 ff.

2 Müller/Pfister (2011) – DOI: 10.1016/j.jhydrol.2011.10.005

3 Reimer, Nick (2002): Als der Regen kam. Sandstein-Verlag, S. 12

4 Bayernkurier vom 17. Juni 2016

5 Deutschlandfunk am 7. Juni 2016; www.dwd.de/DE/service/lexikon/begriffe/V/Vb-Wetterlage_pdf

6 Pressemitteilung des DWD vom 7. August 2014; Ziese et al. (2016): Andauernde Großwetterlage Tief Mitteleuropa entfaltet ihr Unwetterpotenzial (Hrsgg. vom DWD), S. 11

7 Martel et al. (2020) – DOI: 10.1175/JCLI-D-18-0764.1; CSC (2012): Machbarkeitsstudie »Starkregenrisiko 2050«. Abschlussbericht, S. 50

8 www.ufz.de/duerremonitor; zur wissenschaftlichen Methodik Zink et al. (2016) – DOI: 10.1088/1748-9326/11/7/074002

9 www.ufz.de/index.php?en=40114

10 Hari et al. (2020) – DOI: 10.1038/s41598-020-68872-9, Samaniego et al. (2018) – DOI: 10.1038/s41558-018-0138-5

11 Börgens et al. (2020) – DOI: 10.1029/2020GL087285

12 UBA: Monitoringbericht 2019, S. 48 f.

13 Badische Zeitung vom 29. September 2019; Lehner et al. (2018) – DOI: 10.1007/s10584-016-1616-2

14 Bastos et al. (2020) – DOI: 10.1126/sciadv.aba2724

15 KLIWA-Berichte, Heft 17 (2012), S. 8 – ISBN 978-3-88251-363-9

16 Bundestags-Drucksache 19/9521, S. 10 f.

17 Mi et al. (2020) – DOI: 10.1016/j.scitotenv.2020.141366

18 Freie Presse vom 4. Februar 2020

19 Rheinische Post vom 17. August 2020
20 Anter et al. (2018): Entwicklung des regionalen Bewässerungsbedarfs. Thünen Working Paper 58, S. 125 ff.

Kapitel 5: Wald

21 Landtag Nordrhein-Westfalen, Drucksache 17/5517
22 Lau/Kim (2012) – DOI: 10.1175/JHM-D-11-016.1
23 Schubert et al. (2011) – DOI: 10.1175/JCLI-D-10-05035.1; Cattiaux et al. (2010) – DOI: 10.1029/2010GL044613; Comou et al. (2015) – DOI: science.1261768; Kornhuber et al. (2019) – DOI: 10.1088/1748-9326/ab13bf; vgl. auch www.carbonbrief.org/jet-stream-is-climate-change-causing-more-blocking-weather-events
24 Nakamura/Huang (2018) – DOI: 10.1126/science.aat0721; Mann et al. (2018) – DOI: 10.1126/sciadv.aat3272
25 Choat et al. (2012) – DOI: 10.1038/nature11688; Young et al. (2016) – DOI: 10.1111/ele.12711
26 Triebenbacher/Petercord (2019): Buchdrucker und Kupferstecher im Steilflug, LWF-aktuell 120 (1/2019); grundsätzlich zu Pflanzenschädlingen in einem wärmeren Klima: Deutsch et al. (2018) – DOI: 10.1126/science.aat3466
27 UBA: Klimawirkungs- und Risikoanalyse 2021, Teilbericht 2, Climate Change 21/2021, S. 293 ff.
28 Deutschlandfunk vom 30. September 2019
29 Blumröder in Ibisch et al. (2018), S. 66 – ISBN: 978-3-946815-06-8
30 Bonfils et al.: Die Eiche im Klimawandel. Zukunftschancen einer Baumart. Merkblatt für die Praxis 55 (August 2015)
31 European Red List of Trees 2019 – DOI: 10.2305/IUCN.CH.2019.ERL.1.en
32 UBA: Klimawirkungs- und Risikoanalyse 2021, Teilbericht 2, Climate Change 21/2021, S. 274 ff.
33 NDR 1 Niedersachsen vom 13. September 2019
34 Stock/Toth: Mögliche Auswirkungen von Klimaänderungen auf das Land Brandenburg. Pilotstudie. Potsdam (PIK) 1996, S. 6
35 Spiegel Online vom 25. Juli 2020
36 UBA: Klimawirkungs- und Risikoanalyse 2021, Teilbericht 2, Climate Change 21/2021, S. 305 ff.
37 die tageszeitung vom 10. August 2019
38 Hanewinkel et al. (2013) – DOI: 10.1038/nclimate1687

39 Pan et al. (2011) – DOI: 10.1126/science.1201609
40 Hubau et al. (2020) – DOI: 10.1038/s41586-020-2035-0
41 Seidl et al. (2017) – DOI: 10.1038/nclimate3303

Kapitel 6: Städte

42 Kuttler, Wilhelm: Zur Geschichte der Stadtklimatologie. In: Warnsignal Klima. Die Städte. Hamburg 2019. S. 28 ff.
43 Papalexiou et al. (2018) – DOI: 10.1002/2017EF000709
44 Reusswig et al. (2016): Anpassung an die Folgen des Klimawandels in Berlin (AFOK). Teil 1 – Hauptbericht, S. 1
45 Eigene Berechnung auf Basis der Datenreihe zu Tropennächten für die Station Berlin-Alexanderplatz, die freundlicherweise vom DWD-Büro Potsdam zur Verfügung gestellt wurde: Wir haben je ein elfjähriges Mittel gebildet für den Beginn der Datenreihe (1975 bis 1985) sowie für dessen Ende (das sich wegen Datenausfällen in vier Jahren von 2005 bis 2019 erstreckte).
46 Reusswig et al. (2016): AFOK, Teil 1 – Hauptbericht, S. 30
47 Die Daten für die genannten Städte stammen aus: Reusswig et al. (2016), S. 32; DWD-Klimareport Niedersachsen (2018), S. 43; DWD-Bericht 237: Frankfurt am Main im Klimawandel (2011), S. 59; LANUV-Fachbericht 50: Klimawandelgerechte Metropole Köln (2013), S. 72; Stadtklimatische Untersuchungen der sommerlichen Wärmebelastung in Stuttgart als Grundlage zur Anpassung an den Klimawandel, DWD 2017, S. 73; Klimaschutz & Klimaanpassung. Wie begegnen Kommunen dem Klimawandel? Difu 2015, S. 76
48 Vortrag beim ClimEx-Symposium am 6. Mai 2019 – www.climex-project.org/sites/default/files/ClimEx_Day%201_5_Impact%20studies%20in%20Qu%C3%A9bec%20and%20Bavaria_Mailhot.pdf
49 persönliche Mitteilung des DWD sowie Bastin et al. (2019) – DOI: 10.1371/journal.pone.0217592 oder als interaktive Grafik: https://hooge104.shinyapps.io/future_cities_app/
50 Diese und weitere Orte mit Temperaturen über 40 °C laut www.dwd.de/DE/leistungen/besondereereignisse/temperatur/20190801_hitzerekord_juli2019.pdf – Der damals für Lingen vermeldete Deutschlandrekord von 42,6 °C wurde später als Messfehler annulliert.
51 www.uc2-program.org
52 Klimaanalyse Singen, Abschlussbericht, S. 39 ff. – www.in-singen.de/Klimaanalyse.812.html

53 Broschüre Anpassungskonzept Dortmund-Hörde auf www.dortmund.de, S. 8 und 14
54 Gabriel/Endlicher (2011) – DOI: 10.1016/j.envpol.2011.01.016
55 Reusswig et al. (2016): AFOK Teil 1 – Hauptbericht, S. 16; für die folgenden Zahlen: Stadtentwicklungsplan Klima (StEP-Klima-Broschüre), Senatsverwaltung für Stadtentwicklung, Berlin 2011, S. 34
56 https://extrema.space/
57 vgl. z. B. zur chinesischen Hafenmetropole Tianjin Chen/You (2018) – DOI: 10.1007/s11027-019-09886-1
58 LANUV-Fachbericht 50: Klimawandelgerechte Metropole Köln (2013), S. 78
59 Interview auf Zeit Online am 26. Juli 2019
60 Im Westen sind es knapp über 40 Prozent, im Osten wegen der Modernisierungen nach der Wiedervereinigung mehr als 70 Prozent.
61 BBSR (2020): KliBau – Weiterentwicklung und Konkretisierung des klimaangepassten Bauens. Endbericht, zu Hitze v. a. Kap. 6.1 und 7.3
62 www.hagelregister.ch
63 ClimaBau – Planen angesichts des Klimawandels. Schlussbericht. BFE 2017. Projektnummer SI/501318, siehe z. B. S. 86
64 Integriertes Klimaanpassungskonzept Stadt Hagen. Abschlussbericht 2018. BMU-Förderkennzeichen: 03das057B, S. 56 ff.
65 für die genannten Städte: www.hw-karten.de/index.html, www.gis.umwelt.bremen.de/starkregenvorsorge/ und www.starkgegenstarkregen.de/starkregenkarte/

Kapitel 7: Küste

66 Daschkeit/Schottes (2002) – DOI: 10.1007/978-3-642-56369-0
67 DWD: Nationaler Klimareport. 4. Auflage (2020), S. 33
68 gegenüber dem Zeitraum 1985-2005; IPCC (2019): SROCC, SPM, B.3.1 und A.3.1
69 Deutschlandfunk vom 2. August 2013
70 IPCC (2019): SROCC, SPM, B.3.1 und B.3.3; die Angaben für den künftigen Anstieg an Nord- und Ostsee basieren auf IPCC (2013): AR5, WG 1, Kap. 13 und ICDC (2014), zit. nach UBA: Klimawirkungs- und Risikoanalyse 2021, Teilbericht 3, Climate Change 22/2021, S. 120 ff.
71 Sasgen et al. (2020) – DOI: 10.1038/s43247-020-0010-1; Tedesco/Fettweis (2020) – DOI: 10.5194/tc-14-1209-2020
72 Eine Climate-Central-Simulation im Emissionsszenario RCP8.5 haben wir unter dem Kurzlink www.t1p.de/kueste2050 hinterlegt.

73 Deutschlandfunk Kultur vom 24. März 2016
74 Die Welt vom 9. Januar 2020
75 Trusel et al. (2018) – DOI: 10.1038/s41586-018-0752-4; Bevis et al. (2019) – DOI: 10.1073/pnas.1806562116; IMBIE (2020) – DOI: 10.1038/s41586-019-1855-2
76 IPCC (2013), AR5, WG 1, Kapitel 3, Box 3.1; Chen et al. (2020) – DOI: 10.1007/s00376-020-9283-7; CNN vom 13. Januar 2020
77 Winkelmann et al. (2015) – DOI: 10.1126/sciadv.1500589
78 Die Website flood.firetree.net zum Beispiel kombiniert NASA-Daten zur Topografie der Erde mit einer Art Schieberegler, auf dem man Meeresspiegel-Anstiege von null bis 60 Meter einstellen kann.
79 IMBIE (2018) – DOI: 10.1038/s41586-018-0179-y; Rignot et al. (2019) – DOI: 10.1073/pnas.1812883116; Levermann/Feldmann (2019) – DOI: 10.5194/tc-13-1621-2019; Pattyn/Morlighem (2020) – DOI: 10.1126/science.aaz5487
80 Zemp et al. (2019) – DOI: 10.1038/s41586-019-1071-0; für jährlich aktualisierte Daten siehe auch www.wgms.ch
81 Slater et al. (2021) – DOI: 10.5194/tc-15-233-2021; Bloomberg News vom 25. Januar 2021
82 NDR-Fernsehen vom 22. November 2016
83 die tageszeitung (taz) vom 20. September 2016; dpa vom 21. September 2020
84 Süddeutsche Zeitung vom 25. April 2019
85 Seiffert et al. (2015) – www.researchgate.net/publication/283044901
86 Bundestags-Drucksache 18/3682
87 Reguero et al. (2019) – DOI: 10.1038/s41467-018-08066-0; KLIWAS-Abschlussbericht – https://henry.baw.de/handle/20.500.11970/105424
88 Süddeutsche Zeitung vom 17. September 2012
89 Deutschlandfunk vom 2. Januar 2020; Dahlke et al. (2020) – DOI: 10.1126/science.aaz3658
90 von Storch et al. (2018), S. 63 – DOI: 10.1007/978-3-662-55379-4; Dieterich et al. (2019) – DOI: 10.3390/atmos10050272
91 Carstensen et al. (2014) – DOI: 10.1073/pnas.1323156111; Jokinen et al. (2018) – DOI: 10.5194/bg-15-3975-2018
92 Meier et al. (2019) – DOI: 10.1007/s13280-019-01235-5; Metzing et al. (2010) – www.researchgate.net/publication/236200602
93 Horten et al. (2020) – DOI: 10.1038/s41612-020-0121-5; Bamber et al. (2019) – DOI: 10.1073/pnas.1817205116

94 Ganopolski et al. (2016) – DOI: 10.1038/nature16494; van Renssen (2019) – DOI: 10.1038/s41558-019-0466-0

Kapitel 8: Verkehr

95 Forzieri et al. (2018) – DOI: 10.1016/j.gloenvcha.2017.11.007

96 Bott et al. (2020), S. 36 – DOI: 10.5675/ExpNBF2020.2020.05

97 EBA-Forschungsbericht 2018-08

98 Adaptation of Railway Infrastructure to Climate Change, Juli 2011 – http://ariscc.org

99 EBA-Forschungsbericht 2018-13; Lohrengel et al. (2020) – DOI: 10.5675/ExpNLAF2020.2020.06

100 Lohrengel et al. (2020), S. 29 und S. 25 – DOI: 10.5675/ExpNLAF2020.2020.06; Schlussbericht zum BASt-Forschungsprojekt FE-Nr. 05.0168/2011/GRB (2019)

101 BMVI-Expertennetzwerk: Themenfeld 1 – Verkehr und Infrastruktur an den Klimawandel und extreme Wetterereignisse anpassen. Forschungsbericht der Förderphase 2016-2019, S. 45 ff.

102 Hänsel et al. (2020), S. 46 – DOI: 10.5675/ExpNHS2020.2020.03 und Rauthe et al. (2020), S. 89 – DOI: 10.5675/ExpNRM2020.2020.04

103 www.bast.de/BASt_2017/DE/Publikationen/Foko/2017-2016/2017-11.html sowie Norpoth et al. (2020), S. 38 f. – DOI: 10.5675/ExpNNM2020.2020.08

104 Nilson et al. (2020), S. 106 ff. – DOI: 10.5675/ExpNNE2020.2020.07; siehe auch UBA: Klimawirkungs- und Risikoanalyse 2021, Teilbericht 4, Climate Change 23/2021, S. 138 ff.

105 Norpoth et al. (2020), S. 63 ff. – DOI: 10.5675/ExpNNM2020.2020.08

106 Nilson et al. (2020), S. 106 – DOI: 10.5675/ExpNNE2020.2020.07

107 BMVI-Expertennetzwerk: Themenfeld 1 – Verkehr und Infrastruktur an den Klimawandel und extreme Wetterereignisse anpassen. Forschungsbericht der Förderphase 2016-2019, S. 57 ff. u. 87; vgl. auch Nilson et al. (2020), S. 113 ff. – DOI: 10.5675/ExpNNE2020.2020.07

108 Nilson et al. (2020), S. 123 f. – DOI: 10.5675/ExpNNE2020.2020.07

109 BMVI-Expertennetzwerk: Themenfeld 1 – Verkehr und Infrastruktur an den Klimawandel und extreme Wetterereignisse anpassen. Forschungsbericht der Förderphase 2016-2019, S. 59

110 ebd., S. 57

Kapitel 9: Wirtschaft

111 DIW-Wochenbericht 11/2007 und 12-13/2008
112 EEA: Climate change, impacts and vulnerability in Europe 2016, Key findings; vollständiger Report – DOI: 10.2800/534806
113 Bundestags-Drucksache 18/9282, S. 2
114 Ifo-Schnelldienst 8/2020, S. 45ff sowie IHK Berlin: Berliner Unternehmen fit für den Klimawandel machen, Juli 2020
115 Süddeutsche Zeitung vom 8. August 2018; Arbeitsgericht Nürnberg Az. 10 BV 76/18
116 Volosciuk et al. (2016) – DOI: 10.1038/srep32450
117 UBA: Schutz von neuen und bestehenden Anlagen gegen natürliche, umgebungsbedingte Gefahrenquellen, insbesondere Hochwasser, Texte 42/2007, UFO-Plan-Nr. 203 48 362, Kap. 6.7.2, S. 246
118 TRAS 310 (Vorkehrungen und Maßnahmen wegen der Gefahrenquellen Niederschläge und Hochwasser) von 2012
119 UBA: Folgen des globalen Klimawandels für Deutschland. Erster Teilbericht: Die Wirkungsketten in der Übersicht, Climate Change 20/2019, S. 66 ff.
120 BG Bau/SVLFG: Sonnenschutz bei Arbeiten im Freien. April 2020
121 Roelofs/Wegman (2012) – DOI: 10.2105/AJPH.2014.302145; Watts et al. (2019) – DOI: 10.1016/S0140-6736(19)32596-6, S. 1842; McKinsey Global Institute (2020): Global risk and response. Physical hazards and socioeconomic impacts, S. 23 und S. 57
122 Eine EU-Studie beziffert die Produktivitätseinbußen bei zwei Grad Erderhitzung für südeuropäische Länder auf zehn bis 15 Prozent (im Vergleich zu heute), für skandinavische und baltische Staaten auf zwei bis vier Prozent. Deutschland läge also irgendwo dazwischen. Vgl. EEA (2019) – DOI: 10.2800/534806, S. 11; UBA: Monitoringbericht 2019, S. 194 f.
123 Weller et al. (2016) – DOI: 10.1007/978-3-658-13011-4; Mendell (2004) – DOI: 10.1093/ije/dyh264
124 UBA: Folgen des globalen Klimawandels für Deutschland. Abschlussbericht und Politikempfehlungen. Climate Change 15/2020, S. 76
125 Haraguchi/Lall (2015) – DOI: 10.1016/j.ijdrr.2014.09.005; Bloomberg News vom 18. Februar 2014
126 Levermann (2014) – DOI: 10.1038/506027a; Wenz/Levermann (2016) – DOI: 10.1126/sciadv.1501026
127 Handelsblatt vom 4. März 2020
128 UBA: Folgen des globalen Klimawandels für Deutschland. Erster Teilbe-

richt: Die Wirkungsketten in der Übersicht, Climate Change 20/2019, S. 46; Kath et al. (2020) – DOI: 10.1111/gcb.15097; Bunn et al. (2015) – DOI: 10.1007/s10584-014-1306-x

129 UBA: Folgen des globalen Klimawandels für Deutschland. Erster Teilbericht: Die Wirkungsketten in der Übersicht, Climate Change 20/2019, S. 34

130 UBA: Impacts of climate change on mining, related environmental risks and raw material supply. Climate Change 106/2020

131 Van der Voet et al. (2018): DOI: 10.1111/jiec.12722; Elshkaki et al. (2018) – DOI: 10.1021/acs.est.7b05154; OECD (2019) – DOI: 10.1787/9789264307452-en

132 ICMM (2019): Adapting to a Changing Climate, S. 11

133 Bowker/Chambers (2017) – DOI: 10.3390/environments4040075; siehe auch www.worldminetailingsfailures.org

134 Wirtschaftswoche vom 14. März 2020

Kapitel 10: Landwirtschaft

135 Faksimile unter https://digital.staatsbibliothek-berlin.de/werkansicht?PPN=PPN82812521X

136 EEA-Report 04/2019, S. 6 – DOI: 10.2800/537176

137 In Klimabilanzen werden üblicherweise alle Treibhausgase in jene Menge Kohlendioxid umgerechnet, die dieselbe Erwärmungswirkung in der Atmosphäre hätte. Eine Tonne Methan fließt deshalb als 25 Tonnen »Kohlendioxid-Äquivalente« in Statistiken ein, eine Tonne Lachgas als 298 Tonnen »CO2-Äquivalente« usw. – Die im Text genannten Emissionsdaten geben den Stand 2018 wieder.

138 www.destatis.de/DE/Themen/Branchen-Unternehmen/Landwirtschaft-Forstwirtschaft-Fischerei/Landwirtschaftliche-Betriebe/_inhalt.html – Die Beschäftigtenzahl des Statistischen Bundesamtes enthält auch Nebenerwerbslandwirte sowie mehr als 200.000 Saisonarbeitskräfte; Branchenanalyse der DZ-Bank vom 13. Februar 2020

139 Brasseur et al. (2017), S. 185 – DOI: 10.1007/978-3-662-50397-3

140 Reich et al. (2014) – DOI: 10.1038/ngeo2284; Hovenden et al. (2018) – DOI: 10.1007/s10584-018-2227-x; Weigel/Manderscheid (2016) – DOI: 10.3220/CA1448954386000; vgl. auch www.scientificamerican.com/article/ask-the-experts-does-rising-co2-benefit-plants1/

141 www.hlnug.de/fileadmin/dokumente/klima/Face2Face_Broschuere.pdf

142 Wieser et al. (2008) – DOI: 10.1021/jf8008603; Pleijel/Uddling (2011) –

DOI: 10.1111/j.1365-2486.2011.2489.x; Myers et al. (2014) – DOI: 10.1038/nature13179; Dietterich et al. (2015) – DOI: 10.1038/sdata.2015.36

143 Berechnungen des DWD mit dem agrarmeteorologischen Modell AMBAV für die Klimawirkungs- und Risikoanalyse 2021 des UBA (Teilbericht 2, Climate Change 21/2021, S. 204 ff.); die genannten Zahlen sind Ergebnisse für das 85. Perzentil im Emissionsszenario RCP8.5, das jeweils den pessimistischen Fall darstellt.

144 Heinrich-Böll-Stiftung (Hrsg.): Bodenatlas 2015, S. 12

145 www.reklim.de/magazin/boeden-im-klimawandel/

146 von Storch et al. (2018), S. 156 – DOI: 10.1007/978-3-662-55379-4

147 Weber (2014): Anpassung des Obstbaus der Niederelbe an den Klimawandel. Landwirtschaftskammer Niedersachsen, S. 2

148 UBA: Vulnerabilität Deutschlands gegenüber dem Klimawandel. Climate Change 24/2015, S. 224

149 Zohner et al. (2020) – DOI: 10.1073/pnas.1920816117; Süddeutsche Zeitung vom 21. Mai 2020; Blümel/Chmielewski (2013): Klimawandel in Hessen. Endbericht CHARIKO, Humboldt-Universität Berlin

150 Morales-Castilla et al. (2020) – DOI: 10.1073/pnas.1906731117

151 hr-Fernsehen vom 20. April 2020; dpa vom 5. August 2019

152 Brasseur et al. (2017), S. 188 – DOI: 10.1007/978-3-662-50397-3

153 Ranjitkar et al. (2020) – DOI: 10.1007/s10584-020-02688-4; Blanco-Penedo et al. (2020) – DOI: 10.1007/s10584-020-02818-y; Walter/Löpmeier (2010) – www.cabdirect.org/cabdirect/abstract/20103144531

154 Schauberger et al.: Die Haltung landwirtschaftlicher Nutztiere in Stallungen, CCCA-Factsheet #26/2019; die Modellberechnungen zum künftigen Hitzestress bei Kühen wurden vom DWD für die Klimawirkungs- und Risikoanalyse 2021 des UBA durchgeführt (Teilbericht 2, Climate Change 21/2021, S. 194 ff.)

155 Mishra et al. (2020) – DOI: 10.1016/j.joule.2020.04.008

156 www.2000m2.eu/de

157 alle Zahlen nach Gonstalla (2019): Das Klimabuch

158 IPCC (2019): SRCCL, Summary for Policymakers, A2 und A5; IPCC (2018): SR1.5, Kapitel 3.4.6.1

159 Li et al. (2017) – DOI: 10.1002/joc.5072; Muehe et al. (2019) – DOI: 10.1038/s41467-019-12946-4

160 Tigchelaar et al. (2018) – DOI: 10.1073/pnas.1718031115; Trnka et al. (2019) – DOI: 10.1126/sciadv.aau2406

161 Thiault et al. (2019) – DOI: 10.1126/sciadv.aaw9976

162 https://tinkerbelle-werbeagentur.de/arbeiten/landwirtschaft/
163 Zeit Online vom 3. Februar 2017

Kapitel 11: Energie

164 Renn, Ortwin (Hrsg.): Das Energiesystem resilient gestalten: Szenarien, Handlungsspielräume, Zielkonflikte. München 2017, S. 19f.
165 z.B. im Auftrag des Bundeswirtschaftsministeriums (www.bmwi.de/Redaktion/DE/Publikationen/Studien/entwicklung-der-energiemaerkte-energiereferenzprognose-endbericht.html), des Bundesumweltministeriums (www.bmu.de/download/ergebnisse-des-projekts-klimaschutz szenarien-2050/), des Umweltbundesamtes (www.umweltbundesamt.de/publikationen/den-weg-zu-einem-treibhausgasneutralen-deutschland), von Greenpeace (www.greenpeace.de/2050-DerPlan) oder des BDI (https://bdi.eu/publikation/news/klimapfade-fuer-deutschland/)
166 vgl. z.B. Bosshard et al. (2014) – DOI: 10.1175/JHM-D-12-098.1
167 für einen Forschungsüberblick: http://wiki.bildungsserver.de/klimawandel/index.php/Gletscher_in_den_Alpen
168 UBA: Klimafolgen für die Wasserkraftnutzung in Deutschland und Aufstellung von Anpassungsstrategien. Texte 23/2012
169 Feser et al. (2015) – DOI: 10.1002/qj.2364
170 Für Süddeutschland wird ein leichtes Minus erwartet, für Norddeutschland ein leichtes Plus; vgl. Tobin et al. (2018) – DOI: 10.1088/1748-9326/11/3/034013 oder Koch et al. (2015) – DOI: 10.1127/metz/2015/0530. Für die Iberische Halbinsel und Teile Italiens sehen Klimamodelle übrigens deutliche Einbußen bei der Windkraft.
171 Moemken et al. (2018) – DOI: 10.1029/2018JD028473, Weber et al. (2018) – DOI: 10.1371/journal.pone.0201457
172 Peters/Buonassisi (2019) – DOI: 10.1109/PVSC40753.2019.8980515
173 www.atlas.impact2c.eu/en/energy/solar-photovoltaics-potential/
174 Jerez et al. (2015) – DOI: 10.1038/ncomms10014
175 van Vlieth et al. (2012) – DOI: 10.1038/nclimate1546. Weltweit werden Mitte des Jahrhunderts mehr als 80 Prozent der thermischen Kraftwerke wegen Wassermangel von Drosselung bedroht sein: van Vlieth et al. (2016) – DOI: 10.1038/nclimate2903; Hoffmann et al. (2013) – DOI: 10.1016/j.energy.2012.10.034; UBA: Methode einer integrierten und erweiterten Vulnerabilitätsbewertung. Climate Change 13/2013, S. 81ff.; UBA: Vulnerabilität Deutschlands gegenüber dem Klimawandel. Climate Change 24/2015, S. 520; Coffel/Mankin (2020) – DOI: 10.1088/1748-9326/abd4a8

176 Damm et al. (2016) – DOI: 10.1016/j.cliser.2016.07.001

177 Groth et al. (2018): Auswirkungen des Klimawandels auf den Energiesektor in Deutschland. Zeitschrift für Umweltpolitik und Umweltrecht, 3/2018, S. 344; siehe auch UBA: Vulnerabilität Deutschlands gegenüber dem Klimawandel. Climate Change 24/2015, S. 531

178 mehrere Studien zusammengefasst in Groth et al. (2018), S. 342

179 Romps et al. (2014) – DOI: 10.1126/science.1259100

180 Renn, Ortwin (Hrsg.): Das Energiesystem resilient gestalten: Szenarien, Handlungsspielräume, Zielkonflikte. München 2017, S. 32

Kapitel 12: Tourismus

181 https://interaktiv.tagesspiegel.de/lab/corona-fast-so-viele-reisen-wie-vor-der-pandemie/

182 Cramer et al. (2018) – DOI: 10.1038/s41558-018-0299-2; Zappa et al. (2020) – 10.1073/pnas.1911015117; zusammenfassend: www.medecc.org/medecc-booklet-isk-associated-to-climate-and-environmental-changes-in-the-mediterranean-region/

183 ebd., S. 11; Guiot/Cramer (2016) – DOI: 10.1126/science.aah5015

184 Lelieveld et al. (2016) – DOI: 10.1007/s10584-016-1665-6

185 www.scinexx.de/news/geowissen/klimawandel-extreme-folgen-fuer-europa/; Deutsche Bank Research (März 2008): Aktuelle Themen 416

186 Vousdoukas et al. (2020) – DOI: 10.1038/s41558-020-0697-0

187 Luijendijk et al. (2018) – DOI: 10.1038/s41598-018-24630-6; Mentaschi et al. (2018) – DOI: 10.1038/s41598-018-30904-w; Hurst et al. (2016) – DOI: 10.1073/pnas.1613044113

188 Oliver et al. (2018) – DOI: 10.1038/s41467-018-03732-9; Frölicher et al. (2018) – DOI: 10.1038/s41586-018-0383-9

189 IPCC (2019): SR1.5, Summary for Policymakers, B.4.2

190 dpa vom 28. August 2019, Spiegel Online vom 12. Juli 2020

191 Sächsische Zeitung vom 25. Februar 2020

192 Steiger et al. (2020) – DOI: 10.1016/j.ecolecon.2019.106589

193 www.bestellen.bayern.de/shoplink/stmuv_klima_008.htm

194 Berghammer/Schmude (2014) – DOI: 10.5367/te.2013.0272

195 Süddeutsche Zeitung vom 11./12. Januar 2020; dpa vom 12. November 2019

196 Bast et al. (2020) – www.researchgate.net/publication/340814182; dpa vom 28. August 2020; Deutsche Welle vom 9. August 2020

197 Draebing/Krautblatter (2012) – DOI: 10.5194/tc-6-1163-2012; Kraut-

blatter et al. (2012) – DOI: 10.1002/esp.3374; Dietze et al. (2020) – DOI: 10.1002/esp.5034

198 Die Welt vom 3. August 2016

199 WDR 5 vom 2. Juni 2020

200 Mendelsohn et al. (2012) – DOI: 10.1038/nclimate1357; Acevedo (2016) – DOI: 10.5089/9781475544763.001; Taylor et al. (2018) – DOI: 10.1175/JCLI-D-17-0074.1; www.gfdl.noaa.gov/global-warming-and-hurricanes/

201 Fu et al. (2016) – DOI: 10.1016/j.ocecoaman.2016.09.009; EPA: What Climate Change Means for Florida – EPA 430-F-16-011; Raimi et al.: Florida Climate Outlook 2040. RFF Report 20/01

202 Marks et al. (2011) – www.jstor.org/stable/41288828; IPCC (2014): AR5, WG II, Kapitel 24; UNESCO (2016): Climate change vulnerability mapping for greater Mekong sub-region

203 IPCC (2007): AR4, WG II, Kapitel 9.4.5; AR5 (2014), WG II, Kapitel 22; www.germanwatch.org/de/kri; Harrison/Whittington (2002) – DOI: 10.1016/S0022-1694(02)00096-3

204 Bastin et al. (2019) – DOI: 10.1371/journal.pone.0217592; Zeit Online vom 19. November 2019; Marzeion/Levermann (2014) – DOI: 10.1088/1748-9326/9/3/034001

205 Orton et al. (2019) – DOI: 10.1111/nyas.14011

206 http://floodlist.com/protection/flood-protection-options-airports; New York Times vom 30. September 2017, Reuters vom 1. Oktober 2018

207 www.ensia.com/features/air-travel/; Williams (2017) – DOI: 10.1007/s00376-017-6268-2

208 Lenzen et al. (2018) – DOI: 10.1038/s41558-018-0141-x

209 Die Welt vom 18. Januar 2018; Husumer Nachrichten vom 22. Juli 2020

Kapitel 13: Sicherheit

210 https://zoes-bund.de/themen/gruenbuch, S. 11 ff.

211 RBB/Antenne Brandenburg am 6. Januar 2020

212 Deutscher Klimaatlas – Forstwirtschaft auf www.dwd.de; BBSR: GIS-ImmoRisk Naturgefahren, Endbericht, Juli 2019, Abb. 21 auf S. 62

213 Romps et al. (2014) – DOI: 10.1126/science.1259100

214 GDV: Naturgefahrenreport 2019, S. 33

215 Bild Frankfurt vom 1. Juni 2018

216 UBA: Vulnerabilität Deutschlands gegenüber dem Klimawandel. Climate Change 24/2015, S. 626; CSC/GDV: Machbarkeitsstudie »Starkregenrisiko 2050«. Abschlussbericht 2012, S. 50

217 Blöschl et al. (2019) – DOI: 10.1038/s41586-019-1495-6

218 Bayerischer Rundfunk vom 22. Oktober 2019

219 BBSR: GIS-ImmoRisk Naturgefahren, Endbericht, Juli 2019, S. 45 f.; Lozan et al. (2018): Warnsignal Klima: Extremereignisse. S. 240

220 www.munichre.com/topics-online/de/climate-change-and-natural-disasters/climate-change/hail.html; Süddeutsche Zeitung vom 10. Juli 2014

221 BBSR: GIS-ImmoRisk Naturgefahren, Endbericht, Juli 2019, S. 40 ff.

222 dpa am 10. Juli 2018

223 Krüger et al.: Cultures and Disasters. Routledge 2015

224 Bundestags-Drucksache 19/9521

225 Abgeordnetenhaus Berlin, Drucksache 18/21334

226 Costello et al. (2009), S. 1701 – DOI: 10.1016/S0140-6736(09)60935-1

227 McKinsey Global Institute (2020): Global risk and response. Physical hazards and socioeconomic impacts; siehe auch Spiegel Online vom 16. Januar 2020

228 Xu et al. (2020) – DOI: 10.1073/pnas.1910114117

229 Gosling/Arnell (2016) – DOI: 10.1007/s10584-013-0853-x; Costello et al. (2009) – DOI: 10.1016/S0140-6736(09)60935-1, S. 1702 f.; Bhatia et al. (2018) – DOI: 10.1175/JCLI-D-17-0898.1; Kang et al. (2019) – DOI: 10.1029/2019GL083686

230 Matthews et al. (2019) – DOI: 10.1038/s41558-019-0525-6; Mora et al. (2018) – DOI: 10.1038/s41558-018-0315-6

231 Existential Climate-related security risk: A scenario approach. Melbourne 2019; Bradford et al. (2019) – DOI: 10.1111/gcb.15075

232 Mehr als hundert derartige Dokumente aus der Zeit von 1987 bis heute hat der US-Umweltwissenschaftler Peter Gleick ausgewertet – siehe www.gleick.com/blog/a-history-of-u-s-defense-intelligence-and-security-assessments-of-climate; vgl. auch www.yaleclimateconnections.org/2019/04/the-long-history-of-climate-change-security-risks/

233 Klimafolgen im Kontext. Implikationen für Sicherheit und Stabilität im Nahen Osten und Nordafrika. Berlin 2012, S. 5

234 Kelley et al. (2015) – DOI: 10.1073/pnas.1421533112

235 Detges (2017): Climate and Conflict: Reviewing the Statistical Evidence. A Summary for Policy-Makers; vgl. auch Mosello et al. (2019): The Climate Change-Conflict Connection. The Current State of Knowledge

236 Mach et al. (2019) – DOI: 10.1038/s41586-019-1300-6

237 Bundespressekonferenz am 5. Oktober 2020; vgl. auch Bundestags-Drucksache 19/15249

238 Kornhuber et al. (2020) – DOI: 10.1038/s41558-019-0637-z
239 Lamperti et al. (2019) – DOI: 10.1038/s41558-019-0607-5
240 Global Report on Internal Displacement 2020, S. 10; vgl. auch IFRC: World Disasters Report 2020
241 Aus Politik und Zeitgeschichte 21-23/2018, S. 34; taz vom 19. Dezember 2019
242 vgl. z. B. IOM World Migration Report 2020 und Hoffmann et al. (2020) – DOI: 10.1038/s41558-020-0898-6
243 World Bank (2018): Groundswell. Preparing for Internal Climate Migration
244 OHCHR, Abschnitt 9.11 des Entscheids CCPR/C/127/D/2728/2016 vom 7. Januar 2020
245 WBGU (2018): Welt im Wandel: Sicherheitsrisiko Klimawandel, S. 1

Kapitel 14: Politik

246 Für eine detaillierte Widerlegung dieser populären Aussage: www.klimafakten.de/nur2prozent
247 Samset et al. (2020) - DOI: 10.1038/s41467-020-17001-1; wäre der weltweite Kohlendioxid-Ausstoß im Jahr 2020 schlagartig und komplett gestoppt worden, würde sich das laut dieser Studie erst im Jahr 2033 auf den Temperaturanstieg niederschlagen. Würden die globalen Emissionen ab 2020 jedes Jahr um fünf Prozent reduziert (ein extrem ambitioniertes Szenario), sähe man das ab 2044 an der Temperaturkurve.
248 Thomas, Dana: Fashionopolis. The Price of Fast Fashion and the Future of Clothes. Penguin Random House 2019

Ortsregister

T

U

V

W

Z